A. JOLY

PRÉCIS DE CHIMIE

LIBRAIRIE HACHETTE ET Cie

PRÉCIS

DE CHIMIE

OUVRAGES DU MÊME AUTEUR

Cours élémentaire de chimie (notation atomique).

Chimie générale. — Métalloïdes, à l'usage des candidats aux baccalauréats classique et moderne, aux Écoles Polytechnique et Centrale et à l'Institut agronomique, 4e édition, revue et complétée par M. Lespieau, docteur ès sciences, chargé de conférences à l'École normale supérieure. Un vol. in-16, broché. 5 fr.

Métaux et Chimie organique, à l'usage des candidats aux baccalauréats classique et moderne, 2e édition. Un vol. in-16, broché. . . . . 5 fr.

Manipulations chimiques. Un vol. in-16, broché. 2e édit. 2 fr. 50

Le cartonnage toile de chaque vol. se paie en plus. . 50 c.

Éléments de chimie (notation atomique), conformes aux programmes officiels du Baccalauréat classique et de l'École Navale. 7e édition. Un vol. in-16, cartonnage toile. . . . . 3 fr.

45732. — Imprimerie LAHURE, 9, rue de Fleurus, à Paris.

PRÉCIS
DE CHIMIE

(NOTATION ATOMIQUE)

RÉDIGÉ CONFORMÉMENT AUX PROGRAMMES OFFICIELS

A L'USAGE DE

L'Enseignement secondaire moderne,
de l'Enseignement des jeunes filles, des Écoles normales primaires,
des Écoles d'agriculture
et de l'Enseignement primaire supérieur

PAR

A. JOLY

Ancien professeur à la Faculté des sciences de Paris
Ancien maître de conférences à l'École normale supérieure

CINQUIÈME ÉDITION REVUE

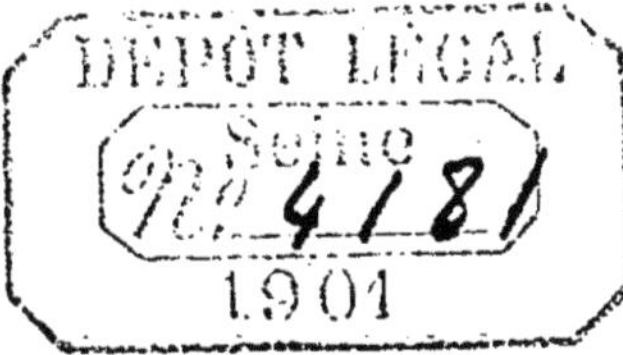

PARIS
LIBRAIRIE HACHETTE ET Cie
79, BOULEVARD SAINT-GERMAIN, 79

1901

AVERTISSEMENT

En rédigeant ce Précis nous n'avons pas eu la préoccupation de répondre aux exigences d'un programme universitaire quel qu'il fût. Nous avons voulu exposer les principes d'une science expérimentale qui prend chaque jour plus de développements et qui intéresse tant de personnes par ses applications. Nulle connaissance scientifique préliminaire n'est nécessaire pour lire et comprendre les premiers chapitres; ils ne contiennent que des faits qu'il faut tout d'abord apprendre à observer, et la description que nous nous sommes efforcé de rendre aussi claire que possible, de quelques expériences simples, faciles à reproduire. Ce n'est que plus tard que nous introduisons l'exposé sommaire des théories et les notations symboliques; enfin, compliquant peu à peu, comme il convient de faire dans tout enseignement bien réglé, nous n'avons pas craint d'aborder dans les derniers chapitres l'étude de quelques questions délicates, complexes comme toutes celles qui touchent aux êtres vivants, mais que l'industriel ou l'agriculteur trouve journellement sur sa route et à l'intelligence desquelles il doit s'attacher.

Si, dans un enseignement oral, il est possible de subdiviser les matières soumises à l'étude et de les répartir d'après l'ordre des difficultés qu'elles présentent, il ne peut en être ainsi dans la rédaction d'un livre. Le lecteur trouvera donc sur sa route, dès les premiers chapitres, mêlés aux questions les plus élémentaires, quelques paragraphes plus difficiles à comprendre et dont l'étude ne peut être utilement abordée que lorsque ses idées seront plus précises; qu'il les néglige dans une première étude; ces paragraphes sont imprimés en petits caractères et se distinguent ainsi nettement.

Bien que nous ne nous soyons astreints, dans le choix des matières contenues dans ce volume, à répondre aux exigences de tel ou tel ordre d'enseignement, on nous permettra cependant de faire remarquer que nous nous adressons à tous ceux qui n'ayant fait que des études scientifiques très élémentaires, suivent les cours des Écoles normales primaires des Écoles primaires supérieures, des Écoles d'agriculture, ou qui, sortant des classes purement littéraires de nos lycées ont en vue le Certificat des études physiques, chimiques et naturelles.

Conformément au désir qui nous a été exprimé, nous avons divisé l'ouvrage en deux parties correspondant aux programmes des Écoles primaires supérieures : 1re partie. Cours de 1re année, *Métalloïdes*. — 2e Partie. Cours de 2e et 3e années, *Métaux et Chimie organique*.

Novembre 1894.

PRÉCIS DE CHIMIE

INTRODUCTION

Divers états de la matière. — Parmi les corps qui nous entourent et avec lesquels nous sommes journellement en contact, il en est qui tombent immédiatement sous nos sens, que nous pouvons toucher et voir, ce sont les corps *solides* et les *liquides*. Nous savons en outre différencier les divers corps solides d'après leur aspect extérieur, leur forme, leur couleur et parfois aussi d'après la façon particulière dont ils affectent le sens de l'odorat. Quant aux liquides, l'eau peut leur servir de type; les divers liquides s'en distingueront aussi d'après la façon dont ils affectent nos divers sens.

Mais, il est un troisième état de la matière plus difficile à caractériser, c'est l'*état gazeux*; ni la vue, ni le toucher ne nous donnent la sensation des gaz lorsque, ni une couleur particulière, ni une odeur spéciale ne viennent à notre aide; c'est ainsi que l'atmosphère gazeuse qui enveloppe la terre ne nous est pas immédiatement perceptible. Or ce sont précisément les gaz qui entrent dans la composition de l'air atmosphérique que nous nous proposerons d'étudier en premier lieu, tant à cause de leur intervention dans les phénomènes de la vie, que par le rôle qu'ils jouent dans les opérations les plus simples que nous aurons à effectuer. Dès les premières *expériences* que nous serons conduits à réaliser, nous verrons un gaz se dégager par bulles à l'extrémité d'un tube de verre plongé dans l'eau: nous pourrons recueillir facilement ces bulles dans un vase rempli d'eau, et l'étude des gaz deviendra tout aussi simple que celle des solides ou des liquides.

L'expérience journalière nous apprend d'ailleurs que l'eau se solidifie pendant les froids de l'hiver, qu'il suffit d'élever sa température pour la vaporiser; le soufre, la cire fondent quand on les chauffe pour se solidifier de nouveau par le refroidissement.

La propriété d'être solide, liquide ou gazeux n'est donc pa caractéristique de chaque corps.

Corps simples et corps composés. — L'observation attentive des diverses substances qui constituent le sol ou que nous pouvons extraire du sein de la terre établit entre eux des différences extérieures qui nous permettent de les distinguer et de les classer. Les êtres vivants, animaux ou végétaux, leurs organes et les parties constitutives de ces organes peuvent être aussi différenciés et classés. Mais nous nous proposons de pénétrer plus avant dans l'étude de la matière. En soumettant toutes ces substances à des traitements divers, nous pourrons en extraire des corps doués de propriétés bien distinctes et nous verrons ainsi qu'un petit nombre de *corps simples, principes* ou *éléments* groupés deux à deux, trois à trois ou même en plus grand nombre, suffisent à former les roches qui forment la terre, l'eau qui ruisselle à sa surface, l'atmosphère qui l'enveloppe et les organes des êtres qui la peuplent. C'est ainsi que le caillou de la route, l'eau de la source, la fibre du bois, l'os et la chair de l'animal ont un principe commun que nous pourrons en extraire par des méthodes plus ou moins compliquées et qui sera identique à un des gaz qui entre dans la composition de l'atmosphère, l'*oxygène*. L'*azote* qui, mélangé à l'oxygène forme l'air atmosphérique, entre aussi dans la composition des tissus des êtres vivants; c'est encore un élément; directement ou indirectement c'est à l'atmosphère que les végétaux et les animaux l'empruntent pour le restituer ultérieurement à l'atmosphère ou au sol. Le *carbone*, que nous appelons vulgairement charbon quand il est souillé par des matières étrangères, entre dans la composition de tous les tissus des êtres vivants; c'est dans les roches, dans les eaux que ceux-ci vont le chercher.

Sans multiplier outre mesure ces exemples, nous pouvons dire que la *Chimie* a pour but de caractériser les *éléments* ou *corps simples* qui par leurs groupements plus ou moins complexes forment les *corps composés*, d'étudier ces corps composés, de les réunir à leur tour pour former de nouvelles combinaisons ou, revenant en sens inverse, d'en extraire les éléments constitutifs.

La chimie n'intéresse pas seulement le savant qui cherche à formuler les lois qui régissent les combinaisons des éléments entre eux, elle intéresse aussi l'industriel auquel elle apprend à préparer les métaux, les tissus végétaux et leur teinture, les matières alimentaires; elle s'adresse à l'agriculteur auquel elle enseigne quels sont les éléments nutritifs essentiels au développement de la vie végétale.

CHAPITRE I

OXYGÈNE. — AZOTE. — AIR ATMOSPHÉRIQUE.

OXYGÈNE.

1. Préparation. — 1° *Calcination de l'oxyde de mercure.* — Introduisons quelques grammes d'une poudre rouge, que nous désignerons sous le nom d'*oxyde de mercure,* dans un petit tube en verre peu fusible, bouché à son extrémité inférieure, ou dans une petite cornue (fig. 1). Adaptons à l'ouverture du tube ou au col

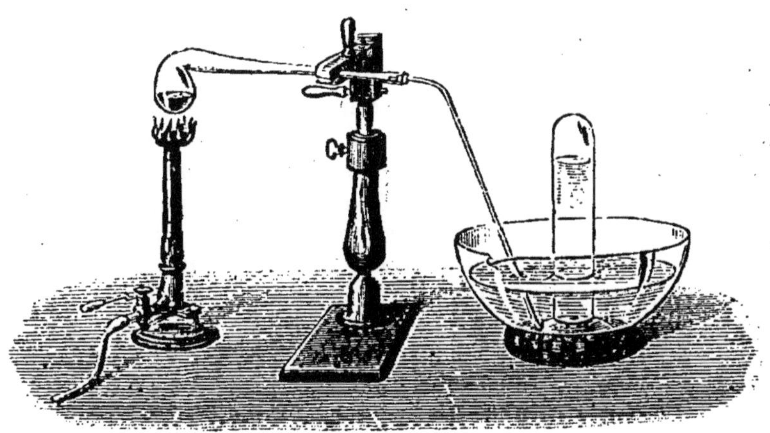

Fig. 1.

de la cornue un bouchon et un tube de verre recourbé (*tube de dégagement* ou *tube abducteur*) qui plonge par son extrémité libre dans un vase rempli d'eau. Chauffons la partie du tube qui contient la poudre rouge, avec précaution tout d'abord, puis plus fortement. Nous verrons cette poudre devenir d'un rouge brun, noircir, et des bulles de gaz se dégager par l'extrémité du tube recourbé. L'air contenu dans l'appareil, dilaté par la chaleur, se dégage tout d'abord; mais, lorsque nous verrons quelques fines gouttelettes de mercure se déposer sur les parties froides du tube et venir y former un miroir métallique, plaçons au-dessus de l'extrémité du tube abducteur, qui est plongé dans l'eau, une petite cloche remplie d'eau (*éprouvette à gaz*[1]). Les bulles de gaz qui se dégagent s'élèvent au sommet de la cloche et, déplaçant l'eau, la remplissent.

Le gaz que nous recueillons ainsi ne diffère pas de l'air atmosphérique par ses caractères physiques extérieurs; il est incolore comme lui, sans odeur, très peu soluble dans l'eau. Mais une expérience simple va nettement le différencier.

Retournons une de ces petites éprouvettes et plongeons rapidement à l'intérieur une allumette presque éteinte, n'ayant plus que quelques points incandescents; nous la verrons immédiatement se rallumer et brûler avec un vif éclat.

Ce gaz a reçu le nom d'*oxygène*.

Nous pouvons préparer un gaz identique à celui que nous a fourni la calcination de l'oxyde de mercure par des méthodes différentes moins coûteuses et qui nous fourniront plus facilement des volumes de gaz suffisants pour que nous puissions en étudier les propriétés.

2° *Calcination du bioxyde de manganèse.* — On introduit dans une cornue en grès une matière noire, d'apparence terreuse, que l'on trouve toute formée dans la nature et qui est connue sous le nom de *bioxyde de manganèse*. La cornue en grès est placée dans un fourneau en terre surmonté d'un dôme, dit *fourneau à réverbère* (fig. 3), dans lequel on porte peu à peu du charbon de bois à l'incandescence, de façon à chauffer la cornue au rouge vif. On adapte au col de la cornue, au moyen d'un bouchon, un tube abducteur. Laissant perdre les premières bulles de gaz qui se dégagent, et qui sont formées par de l'air dilaté par la chaleur, on recueille, dans des éprouvettes ou dans de grands flacons remplis d'eau et renversés sur la cuve, au-dessus de l'orifice du tube de dégagement, un gaz qui est de l'*oxygène*.

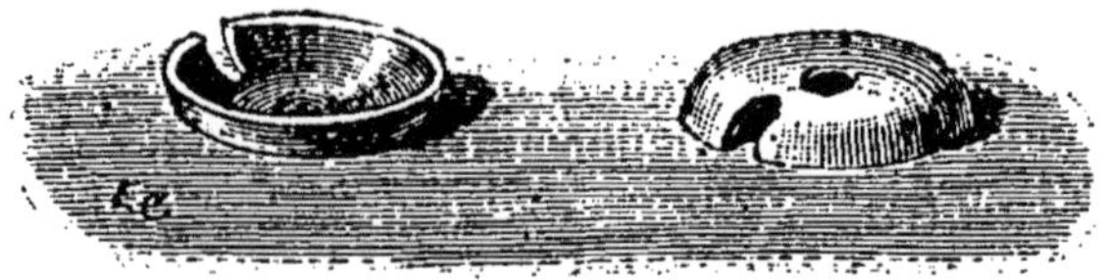

Fig. 2.

1. L'éprouvette repose sur un *têt à gaz*, sorte de capsule en terre percée d'un trou central et d'une échancrure latérale qui laisse passer le tube de dégagement (fig. 2).

Il reste dans la cornue une matière brune dont le poids est

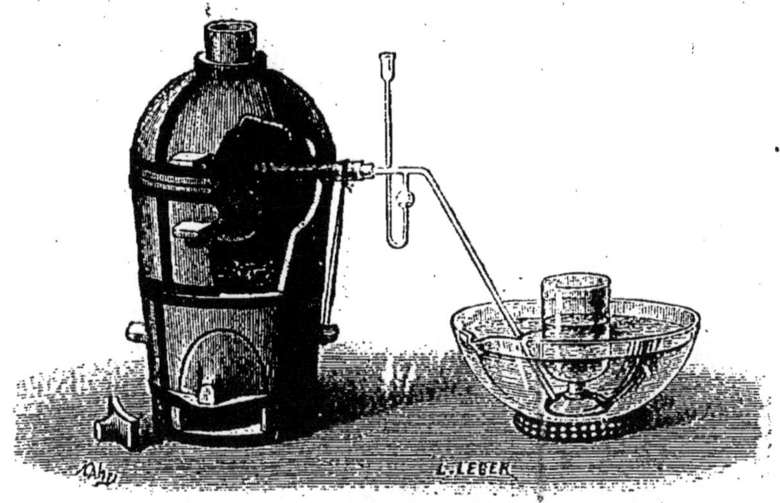

Fig. 3.

inférieur au poids de la matière introduite et sur laquelle la chaleur n'a plus d'action : c'est l'*oxyde brun de manganèse.*

3° *Calcination du chlorate de potassium.* — Le chlorate de potassium est une matière saline blanche que fournit l'industrie. On le chauffe dans un appareil identique à celui qui a servi à décomposer l'oxyde rouge de mercure (fig. 1). Le sel fond tout d'abord en un liquide incolore, limpide comme de l'eau; puis, la température s'élevant, des bulles de gaz se dégagent, une sorte d'ébullition se produit, et l'on recueille dans des éprouvettes, sur la cuve à eau, du gaz *oxygène.* On facilite la décomposition du chlorate de potassium en le mélangeant avec un poids égal d'*oxyde brun de manganèse*, résidu de la calcination du bioxyde. L'oxygène se sépare avant que le chlorate de potassium soit fondu, et le dégagement se fait régulièrement; quant à l'oxyde brun de manganèse, il ne subit aucune altération.

2. **Propriétés.** — L'oxygène est un peu plus lourd que l'air; le rapport entre les poids de volumes égaux de deux gaz dans les mêmes conditions de température et de pression est ce qu'on appelle la *densité* du premier gaz par rapport au second. La densité de l'oxygène par rapport à l'air est 1,105. Le poids de 1 litre d'air à 0° et sous la pression normale de 76 centimètres de mercure étant $1^{gr},293$, le poids de 1 litre d'oxygène sera de

$$1^{gr},293 \times 1,105 = 1^{gr},430.$$

L'eau n'en dissout que 0,041 de son volume à 0°.

Une allumette ne présentant plus que quelques points en ignition se rallume, avons-nous dit, et brûle avec éclat lorsqu'on l'introduit dans une éprouvette remplie d'oxygène. C'est là en effet une propriété caractéristique de ce gaz, que les corps y brûlent avec beaucoup plus d'éclat que dans l'air. Ces faits sont faciles à constater.

Fig. 4.

1° Dans une coupelle en terre supportée par un fil de fer fixé à un large bouchon de liège (fig. 4), on place un morceau de soufre, que l'on enflamme. On introduit la coupelle dans un flacon d'oxygène, et le soufre brûle avec une flamme bleue beaucoup plus éclatante que celle qui accompagne la combustion du soufre dans l'air atmosphérique. L'oxygène se trouve bientôt remplacé par un gaz d'une odeur désagréable, qui provoque la toux : c'est le *gaz sulfureux*. Quelques gouttes d'une teinture végétale bleue, la *teinture de tournesol*, étendues d'eau et versées dans le flacon dissolvent le gaz et rougissent immédiatement.

Cette propriété est commune à un certain nombre de corps que l'on appelle des *acides*. Nous disons que le *soufre s'est uni à l'oxygène* et a formé, en présence de l'eau, un acide, l'*acide sulfureux*.

2° Remplaçons le soufre par un fragment de phosphore; si on l'enflamme, ce corps brûle avec un très vif éclat et l'atmosphère du flacon se remplit d'une sorte de fumée blanche qui se dépose sur les parois. Ces fumées sont solubles dans l'eau, à laquelle elles communiquent la propriété de rougir la teinture bleue de tournesol. Il s'est formé de l'*acide phosphorique*.

3° Un morceau de charbon de bois léger, tel que du fusain, fixé à un fil de fer par une de ses extrémités et allumé d'autre part, brûle avec éclat dans une atmosphère d'oxygène; un gaz s'est formé qui, dissous dans l'eau, rougit encore la teinture bleue de tournesol, en lui communiquant toutefois une coloration *rouge vineux* distincte de la coloration *rouge jaune* ou *rouge pelure d'oignon* que lui communiquait l'acide phosphorique. Le charbon s'est uni à l'oxygène et a formé *l'acide carbonique.*

4° Un fil de magnésium que l'on enflamme en le plongeant par une extrémité dans une lampe à alcool, et que l'on introduit rapidement dans une atmosphère d'oxygène, brûle avec une lumière éblouissante. Le métal fixe l'oxygène, et donne une matière blanche, l'*oxyde de magnésium* ou *magnésie* : cette magnésie est légèrement soluble dans l'eau à la longue. Cette solution bleuit le tournesol.

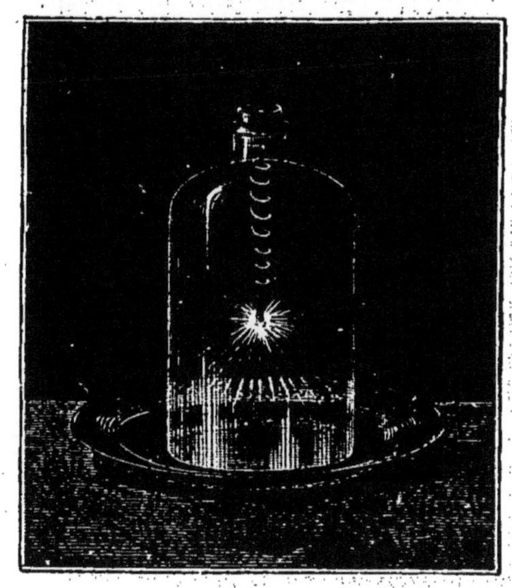

Fig. 5.

5° Une spirale d'acier (fig. 5), fixée à un large bouchon, porte à son extrémité libre un morceau d'amadou; on enflamme celui-ci et on plonge rapidement la spirale dans le flacon plein d'oxygène. L'incandescence se communique à la spirale métallique, qui brûle avec un vif éclat en lançant de tous côtés des étincelles. Le fer se transforme en une matière brune qui, portée à une température élevée, fond et se détache de temps en temps en un globule qui, si l'on n'avait soin de laisser un peu d'eau au fond du vase, s'y incrusterait et en déterminerait la rupture.

Ici encore le fer s'est uni à l'oxygène et a formé un *oxyde de fer*, insoluble dans l'eau et sans action par conséquent sur la teinture de tournesol.

Dans chacun de ces cas, l'oxygène disparaît en se *combinant* au corps combustible ; on dit qu'il s'est formé des *combinaisons* de l'oxygène avec le soufre, le phosphore, le carbone, le magnésium ou le fer.

AZOTE.

3. Préparation. — 1° *Par la combustion du phosphore dans un volume limité d'air.* — On place sur la cuve à eau un flotteur en liège, supportant une petite coupelle en terre dans laquelle on introduit un fragment de phosphore (fig. 6); on enflamme ce dernier, et on place immédiatement au-dessus du flotteur une grande cloche en verre plongeant par son extrémité inférieure dans l'eau de la cuve.

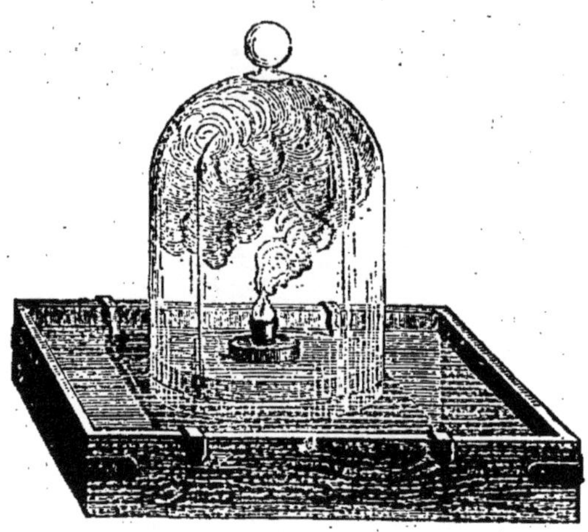

Fig. 6.

Des fumées blanches analogues à celles qui accompagnent la combustion du phosphore dans l'oxygène, se produisent et se dissolvent dans l'eau. Le gaz contenu dans la cloche se dilate tout d'abord sous l'action de la chaleur et quelques bulles s'échappent de la cloche; mais peu à peu la combustion du phosphore se ralentit, puis s'arrête.

Après refroidissement, on constate que le liquide s'est élevé sous la cloche. On laisse les fumées blanches se dissoudre dans l'eau et on transvase le gaz dans des éprouvettes pour l'examiner.

Il ne diffère pas à première vue de l'air atmosphérique ou de l'oxygène; mais si nous plongeons une bougie allumée dans une des éprouvettes, elle s'éteint.

2° *Par un courant d'air passant sur du cuivre chauffé au rouge.* — Remplissons de cuivre en tournure un tube de verre peu fusible placé sur une grille à charbon ou à gaz (fig. 7). Adaptons à une des extrémités un tube de dégagement et faisons arriver par l'autre extrémité de l'air provenant d'un grand flacon dans lequel, par un tube à entonnoir plongeant jusqu'au fond, nous ferons couler de l'eau. Lorsque le tube aura été porté au rouge, le gaz que nous recueillerons sur la cuve à eau aura perdu la propriété d'entretenir la combustion.

4. Propriétés. — Le gaz que nous venons de préparer se distingue immédiatement de l'oxygène, comme nous l'avons constaté tout à l'heure, en ce qu'un corps enflammé s'éteint immédiatement quand on le plonge dans une atmosphère de ce gaz ; un

Fig. 7.

animal placé dans un bocal rempli d'azote ne tarderait pas à succomber. Il n'entretient donc pas la vie ; de là le nom d'*azote* qui lui a été donné (du grec *a* privatif et *zoè*, vie).

Ajoutons, pour achever de le caractériser, que l'azote est un peu plus léger que l'air ; sa densité est 0,972, c'est-à-dire que le poids d'un litre d'azote est les 972 millièmes de celui d'un litre d'air, soit $1^{gr},293 \times 0,972 = 1^{gr},263$[1].

AIR ATMOSPHÉRIQUE

5. Propriétés physiques. — Rappelons tout d'abord les principales propriétés physiques de l'air atmosphérique, afin de mettre en évidence les différences qu'elles présentent avec les gaz que nous venons d'étudier : l'oxygène, l'azote et l'argon[1].

Incolore lorsqu'il est pur, l'air, vu sous une grande épaisseur, présente une teinte bleue plus ou moins foncée, suivant la pureté de l'atmosphère.

Le poids d'un litre d'air est $1^{gr},293$, à la température de 0° et sous la pression normale de 76 centimètres de mercure. Pour une élévation de température de 1°, l'air se dilate de $\frac{1}{273}$ de son volume à 0°.

6. Analyse qualitative de l'air. — L'air atmosphérique est essentiellement formé d'oxygène et d'azote. Reportons-nous en effet aux deux expériences que nous avons faites pour préparer

1. Argon. Lord Rayleigh et M. Ramsay ont montré, en 1894, que l'azote, extrait de l'air par les procédés que nous venons d'indiquer, n'était pas rigoureusement pur. Il n'est pas absorbé totalement par le magnésium chauffé au rouge. La partie non absorbée (un peu moins de $\frac{1}{100}$) est un gaz incolore, de densité 1,40 et que l'on n'a pu jusqu'ici combiner nettement à aucun corps. C'est en raison de cette absence d'affinités chimiques que ses inventeurs lui ont donné le nom d'*argon*.

On peut avoir de l'azote pur se combinant totalement au magnésium en l'extrayant des combinaisons ammoniacales par exemple (159).

le gaz azote. Dans la première, le phosphore a brûlé aux dépens de l'oxygène et s'est éteint lorsque l'atmosphère de la cloche en a été privée.

Dans la seconde, le cuivre examiné après le refroidissement du tube a perdu son éclat caractéristique; il est noir et par le frottement on en détache une matière pulvérulente qui, nous le constaterons bientôt, résulte de l'union du métal avec l'oxygène.

Le cuivre chauffé au rouge s'est donc uni avec l'oxygène de l'air et a laissé l'azote, qui a continué sa route.

7. Analyse quantitative de l'air. — Il nous suffit de modifier légèrement ces expériences pour les transformer en méthodes de mesure.

1° *Par le phosphore à froid.* — Lorsqu'on abandonne un bâton de phosphore dans un volume limité d'air, il absorbe peu à peu l'oxygène; dans l'obscurité, des lueurs bleuâtres enveloppent le bâton de phosphore, et lorsque ces lueurs ont cessé, le gaz résidu a perdu la propriété d'entretenir la combustion : c'est de l'azote.

Introduisons dans une cloche graduée, sur le mercure, un volume connu d'air atmosphérique; faisons passer un bâton de phosphore *humide* qui occupera toute la partie supérieure de la cloche (fig. 8). Au bout de quelques heures, l'absorption de l'oxygène sera complète, et si nous mesurons le volume du résidu, nous aurons le volume d'azote contenu dans le volume d'air mis en expérience.

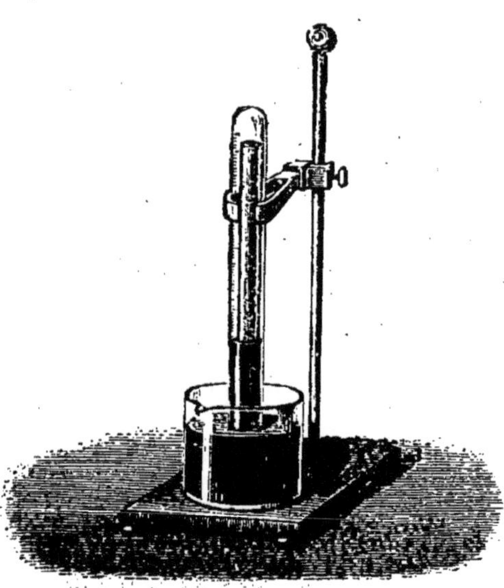

Fig. 8.

2° *Par le phosphore à chaud.* — Dans une cloche courbe (fig. 9) renfermant un volume d'air connu et reposant dans un verre rempli d'eau, faisons passer un fragment de phosphore, qui s'arrêtera dans une petite cavité disposée à cet effet à la partie horizontale de la cloche. Chauffons avec une lampe à alcool, légèrement d'abord pour chasser l'eau qui peut se trouver dans cette cavité, puis plus fortement, de façon à volatiliser le phosphore et à l'enflammer. Les vapeurs de phosphore brûleront aux dépens de l'oxygène de l'air, avec une petite flamme verte qui descendra peu à peu jusqu'au niveau du liquide. A ce moment

Fig. 9.

l'expérience est terminée; on laisse refroidir et on mesure le volume de l'azote.

8. **Résultats.** — Le volume d'air sur lequel on a opéré dans les deux expériences précédentes, a été mesuré à une température et à une pression connues. Nous devrons mesurer l'azote à la même température et à la même pression, ou du moins, connaissant sa température et sa pression, ramener, par le calcul, ce volume à ce qu'il serait s'il avait été mesuré à la même température et à la même pression que l'air initial.

On trouve ainsi que 100 volumes d'air contiennent 79 volumes d'azote environ et par conséquent 21 volumes d'oxygène[1].

9. **Analyse eudiométrique.** — Dans un eudiomètre[2] à mercure (fig. 10), on introduit un volume déterminé d'air que l'on peut représenter par 100, et 100 volumes d'hydrogène. Si l'on fait passer une étincelle électrique, l'oxygène de l'air et l'hydrogène se combinent avec explosion pour donner de l'eau qui se condense, et il reste un résidu formé d'azote et d'un excès d'hydrogène. Ce résidu représente 137 volumes. Il a donc disparu 63 volumes qui ont formé de l'eau. Or, d'après la composition de l'eau (28), 42 volumes sont de l'hydrogène, et 21 volumes de l'oxygène.

1. Cette conclusion que le volume d'oxygène contenu dans 100 volumes d'air est égal à la différence entre 100 et 79, ce dernier nombre représentant le volume d'azote trouvé expérimentalement, doit être vérifiée directement. L'analyse eudiométrique et l'analyse par pesées la légitimeront.

2. Un eudiomètre consiste essentiellement en une éprouvette à parois résistantes traversée à sa partie supérieure par deux fils métalliques qui, se terminant à peu de distance l'un de l'autre, permettent de faire éclater une étincelle électrique dans la masse gazeuse qui y est contenue.

Nous pouvons donc dire que 100 volumes d'air renferment 21 volumes d'oxygène, et nous sommes certains qu'il n'y en avait pas davantage, puisqu'il reste de l'hydrogène non combiné; il doit en rester 100 — 42 = 58 volumes.

Si le résidu de 137 volumes renferme 58 volumes d'hydrogène, il doit contenir

Fig. 10.

137 — 58 = 79 volumes d'un gaz différent; c'est précisément là le volume d'azote que les expériences précédentes nous ont accusé.

Faisons passer ces 137 volumes de gaz dans l'eudiomètre en même temps que 29 volumes d'oxygène; en présence du trait de feu de l'étincelle, de l'eau se forme, se condense, et il reste un résidu formé de 79 volumes d'un gaz incapable d'entretenir la combustion : c'est de l'azote.

Ainsi, l'expérience eudiométrique nous permet d'établir directement que

100 volumes d'air renferment { 21 volumes d'oxygène,
79 — d'azote.

10. **Analyse de l'air en poids.** — En disposant l'eudiomètre de façon à rendre rigoureuses les mesures du volume, de la pression et de la température des gaz que l'on introduit dans l'appareil, Regnault a fait de la méthode eudiométrique une méthode d'analyse précise et souvent commode.

Pour déterminer la composition de l'air, Dumas et Boussingault ont employé la méthode des pesées, méthode qui est susceptible d'une grande précision.

Un ballon à robinet B est relié, par un tube court et étroit, à un tube de verre peu fusible, muni de deux garnitures métalliques à robinet r et r' (fig. 11). Ce tube renferme de la tournure de cuivre et communique avec une série de tubes destinés à dessécher l'air et à absorber l'acide carbonique. On a fait le vide dans le ballon B et on l'a pesé : soit P son poids. On a fait le vide dans le tube à cuivre et, après avoir fermé les robinets r et r', on l'a pesé : soit p son poids.

L'appareil étant monté comme l'indique la figure 11, on porte le cuivre au rouge, et on ouvre successivement et lentement les robinets r', r et R. Un appel d'air est ainsi produit. Ce gaz passe à travers les tubes purificateurs, puis dans le tube à cuivre, y abandonne son oxygène et pénètre dans le ballon. Lorsque les bulles de gaz ne traversent plus le tube à liquide L, l'expérience est terminée. On ferme les robinets r', r et R, on laisse refroidir le tube à cuivre, et on pèse le ballon et le tube. Soient P' et p' leurs nouveaux poids.

Le poids de l'azote contenu dans le ballon est P' — P. L'augmentation du poids du tube à cuivre est due à ce que le cuivre s'est oxydé et à ce que le tube est

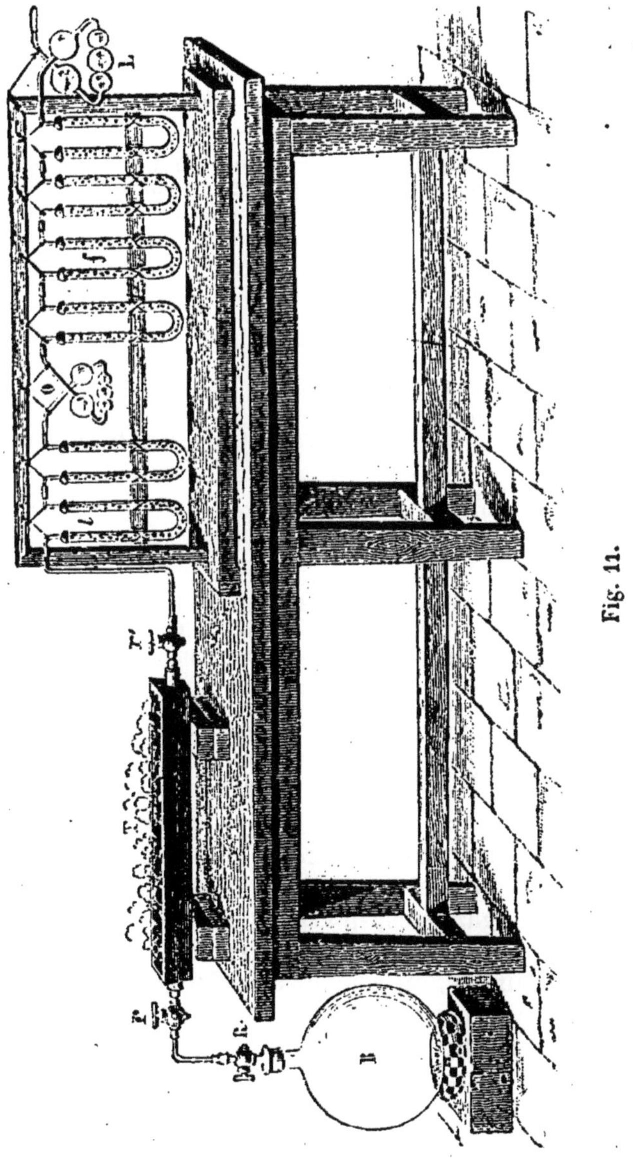

Fig. 11.

plein d'azote. Si l'on fait le vide dans ce tube, et si p'' est le nouveau poids,

$p' - p''$ sera le poids d'azote qu'il contenait,
$p'' - p$ sera le poids d'oxygène absorbé.

On aura donc ainsi pour poids

de l'azote	$P' - P + p' - p''$
de l'oxygène	$p'' - p,$

et le poids total de l'air analysé est

$$P' - P + p' - p.$$

On déduit facilement des nombres fournis par une expérience les résultats que l'on aurait obtenus si l'on avait opéré sur un poids d'air égal à 100.

Dumas a trouvé en moyenne par cette méthode :

Oxygène.	23
Azote	77
	100

Remarque. — Dans les analyses anciennes il n'était pas tenu compte de l'argon dont on ignorait l'existence.

La composition de 100 grammes d'air est en réalité la suivante :

Oxygène	23,2
Azote	75,5
Argon	1,3

11. Constance de la composition de l'air. — Les analyses de l'air faites à des époques différentes, à des altitudes variables, et en des points de la surface du globe très distants les uns des autres, ont donné des résultats sensiblement concordants.

Si la composition n'est pas absolument constante, elle ne varie cependant qu'entre des limites très restreintes. Regnault, en analysant de l'air de diverses provenances, a trouvé des nombres compris, quant à la proportion d'oxygène, entre 20,860 et 20,999 pour cent, en volumes.

12. Air dissous dans l'eau. — Lorsqu'on chauffe de l'eau qui a été exposée au contact de l'air, on voit tout d'abord s'élever de petites bulles gazeuses, qui peuvent être recueillies dans une éprouvette, sur le mercure. Pour recueillir les gaz dissous dans l'eau et les étudier, on remplit complètement d'eau un ballon de 2 à 3 litres, et on le ferme à l'aide d'un bouchon muni d'un tube de dégagement (fig. 12). Si le ballon a été complètement rempli d'eau, le tube se remplit de liquide lorsqu'on enfonce le bouchon. Le tube de dégagement plonge dans une cuve à mercure, sous une éprouvette remplie de ce métal et, lorsqu'on chauffe de façon à porter peu à peu le liquide à l'ébullition, le gaz vient se réunir à la partie supérieure de l'éprouvette, en même temps qu'une certaine quantité d'eau s'y condense. On analyse ce gaz comme on l'a fait pour l'air atmosphérique et on trouve qu'il renferme, indépendamment d'une certaine quantité d'acide carbonique, de l'oxygène et de l'azote ; le rapport des volumes de ces deux gaz

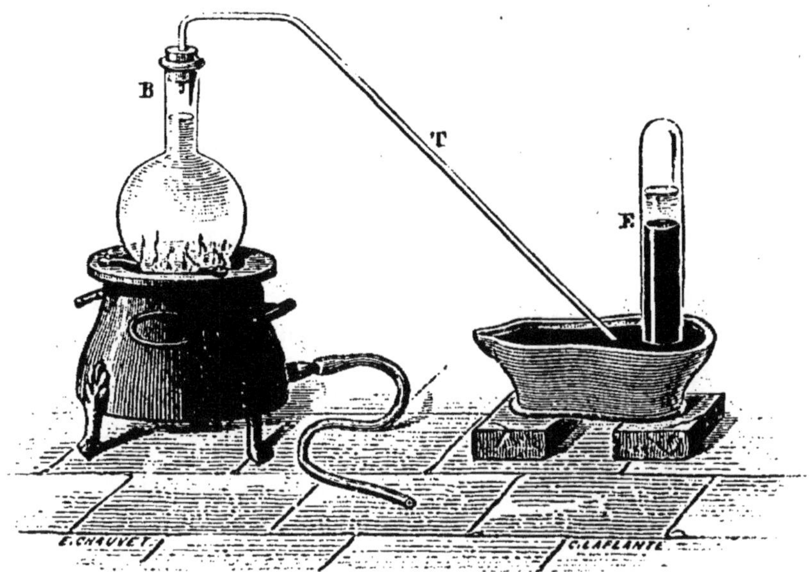

Fig. 12.

n'est plus le même que dans l'atmosphère. Ce gaz est formé de :

Oxygène.	33,7 volumes.
Azote.	66,3
	100,0

ou à peu près : oxygène $\frac{1}{3}$, azote $\frac{2}{3}$.

13. **Vapeur d'eau dans l'atmosphère.** — L'atmosphère renferme toujours de la vapeur d'eau. L'eau qui se condense sur les vitres des appartements chauffés, en hiver, ou sur les corps froids, nous en est une preuve indirecte. La tension de la vapeur d'eau dans l'atmosphère est très variable; les *hygromètres* servent à la déterminer.

14. **Présence du gaz carbonique dans l'atmosphère.** — Indépendamment de l'oxygène et de l'azote qui en sont les principes constituants essentiels et qui en forment la presque totalité, l'atmosphère contient encore d'autres gaz, qui n'y existent d'ailleurs qu'en quantité minime. Exposons à l'air, dans un vase large et peu profond, une dissolution de chaux dans l'eau, de l'*eau de chaux*; nous verrons, en quelques instants, se former à sa sur-

face un voile d'une matière solide, blanche, qui fait effervescence avec les acides et laisse dégager un gaz identique à celui qui se produit dans la combustion du charbon dans l'oxygène, le *gaz carbonique*, vulgairement appelé *acide carbonique*. Ce gaz existait dans l'atmosphère, et, en présence de la chaux dissoute dans l'eau, il a formé un composé solide, le *carbonate de chaux*, matière insoluble dans l'eau et présentant la même composition que la craie, le marbre, la pierre à bâtir. La proportion d'acide carbonique est toujours faible; 10 litres d'air n'en contiennent guère que 3 centimètres cubes environ.

Nous trouverons encore dans l'atmosphère de l'*ammoniaque* et des particules solides en suspension, des poussières. Ce sont ces poussières qui s'illuminent lorsque, par une ouverture pratiquée au volet d'une chambre noire, on laisse pénétrer la lumière solaire.

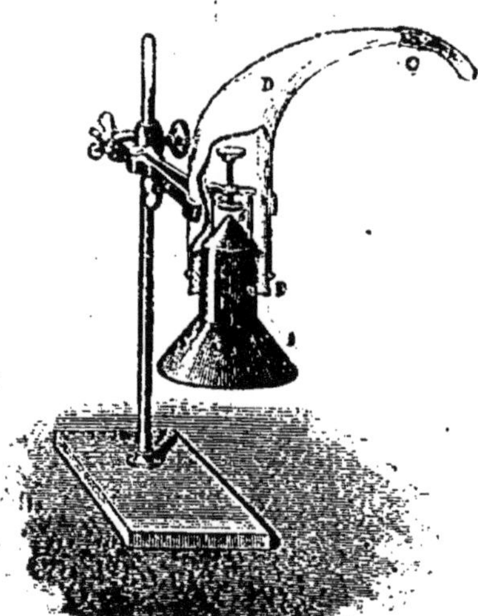

Fig. 13.

On peut recueillir ces poussières et les étudier, en employant, par exemple, le dispositif suivant : Une petite plaque de verre *b* (fig. 13) est recouverte sur sa face inférieure d'un liquide visqueux, tel que de la glycérine. Elle est placée à l'intérieur d'un tube large auquel on adapte un entonnoir A terminé par une très petite ouverture placée un peu au-dessous de la plaque. Si, par l'extrémité C du tube, on détermine un appel d'air, celui-ci, en pénétrant par l'orifice de l'entonnoir, rencontre la couche de glycérine, laquelle fixe les poussières entraînées. En transportant cette plaque de verre sur le porte-objet d'un microscope, on reconnaît que ces poussières sont formées de débris de matières minérales et de matières organisées, de spores de végétaux microscopiques qui, lorsqu'ils rencontrent un milieu convenable à leur développement, produisent des fermentations et des putréfactions (Pasteur).

15. L'air est un mélange d'oxygène et d'azote. — Dans tous les phénomènes de combinaison que nous avons observés jusqu'ici, le *corps composé* diffère de ses *composants* par des propriétés physiques nettement caractérisées. L'oxygène est un gaz;

le soufre, le phosphore, le carbone sont des solides et il résulte de leur union des corps composés solides (acide phosphorique) ou gazeux (acide sulfureux et acide carbonique) qu'il n'est pas possible de confondre avec l'oxygène. Ces combinaisons sont en outre accompagnées de phénomènes lumineux ou calorifiques. Enfin nous verrons qu'un même poids de soufre, de phosphore ou de carbone donne toujours un poids invariable du composé oxygéné. En d'autres termes, dans l'acide phosphorique, l'acide sulfureux ou l'acide carbonique, les rapports entre les poids d'oxygène d'une part, de phosphore, de soufre ou de carbone de l'autre, sont invariables. Il n'en est plus de même pour l'air, comme le montrent les variations, faibles il est vrai, mais indiscutables, observées dans la composition de l'air. Si l'air était un corps gazeux résultant de la combinaison de l'azote avec l'oxygène, il devrait se dissoudre dans l'eau sans changer de composition. Or il n'en est pas ainsi, comme nous venons de le voir (12). Du sucre, du sel, ou des gaz composés que nous étudierons se dissolvent dans l'eau et s'en séparent sans que leur composition soit altérée.

Air liquide. — Enfin on peut obtenir l'air sous forme liquide. Ce liquide commence à bouillir à 192° au-dessous de zéro sous la pression atmosphérique. Pendant cette ébullition l'azote et l'oxygène se séparent grossièrement : les portions devenues gazeuses au début ne renferment guère que de l'azote, l'oxygène distille ensuite; tandis que la distillation ne sépare jamais deux corps combinés.

COMBUSTION.

16. **Combustions vives.** — Si nous chauffons un morceau de charbon dans une atmosphère d'azote, nous pourrons le porter à l'incandescence et son poids n'éprouvera aucune variation. Mais si nous le chauffons dans l'oxygène, nous le verrons *brûler* avec éclat. Il paraîtra se volatiliser, car son poids diminuera et, la combustion terminée, il ne restera qu'un peu de cendres. Mais l'oxygène aura été remplacé par un gaz doué de propriétés nouvelles et que nous avons désigné déjà sous le nom de *gaz carbonique.*

Nous pouvons chauffer du soufre, du phosphore dans le gaz azote ; ces corps fondent, se volatilisent, mais leur poids ne subit aucune altération, et le gaz azote subsiste avec toutes ses propriétés caractéristiques. Dans l'oxygène au contraire, le soufre et le phosphore *brûlent*, l'oxygène disparaît; dans le cas du phosphore, un corps nouveau apparaît, solide, blanc, soluble dans l'eau, l'acide *phosphorique*, dont le poids est supérieur au poids du phosphore mis en expérience. Le soufre disparaît aussi complètement, mais une nouvelle matière gazeuse a pris la place de l'oxygène, douée de propriétés tellement caractéristiques, qu'on ne peut la confondre avec lui : c'est le *gaz sulfureux*.

Lorsqu'on chauffe du charbon, du soufre, du phosphore au contact de l'air, on observe des faits du même genre; les mêmes produits prennent naissance, mais le phénomène lumineux est moins éclatant; c'est là toute la différence.

Une *combustion* est donc une combinaison d'un corps avec l'oxygène, une *oxydation*; lorsque du charbon brûle dans l'air, il se combine avec l'oxygène de l'air pour donner de l'acide carbonique, et cette combinaison est accompagnée d'un dégagement de chaleur et de lumière : c'est là une *combustion vive*.

17. Expériences de Lavoisier. — C'est Lavoisier [1] qui a précisé, en 1774, le rôle que joue l'oxygène dans les phénomènes de combustion, en même temps qu'il fixait la composition de l'air.

Un métal tel que le cuivre, l'étain, le fer, que l'on chauffe au contact de l'air, se ternit. Quelques chimistes avaient remarqué que le métal, dans ces circonstances, augmentait de poids. Lavoisier démontra que cette augmentation de poids était due à ce que le métal fixait un des principes constituants de l'air atmosphérique, l'oxygène; il fit l'expérience suivante :

Un ballon, dont le col recourbé (fig. 14) s'élevait presque au sommet d'une cloche placée sur la cuve à mercure, contenait du mercure; en aspirant à l'aide d'un tube recourbé une partie de l'air contenu dans la cloche, il fit monter le niveau du liquide un peu au-dessus du mercure de la cuvette, et marqua ce niveau. Puis il chauffa le ballon pendant douze jours.

Dès le second jour, des parcelles rougeâtres apparurent à la surface du métal; et leur nombre augmenta pendant quatre ou cinq jours, en même temps que le mercure montait dans la cloche.

Lorsque la *calcination* du métal lui parut terminée, au bout de douze jours, Lavoisier laissa refroidir l'appareil. Le volume d'air qu'il contenait avait diminué de $\frac{1}{5}$ environ. Le gaz qui restait dans la cloche et dans le ballon éteignait une bougie

1. Lavoisier naquit à Paris, le 16 août 1743. Condamné comme fermier général par le tribunal révolutionnaire, il périt sur l'échafaud le 8 mai 1794.

allumée; ce n'était plus de l'air, mais ce gaz que nous avons étudié sous le nom d'*azote*.

Les parcelles rouges furent recueillies. Introduites dans une

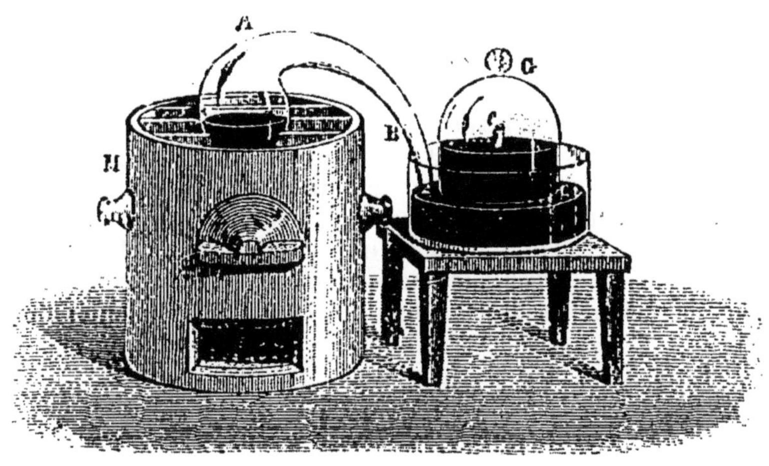

Fig. 14.

petite cornue en verre et chauffées, elles laissèrent dégager un gaz qui occupait un volume égal à celui qui avait disparu pendant la calcination. Dans ce gaz, une bougie brûlait avec un vif éclat; mélangé avec l'air restant dans la cloche, il reconstituait l'air atmosphérique.

Si l'expérience de Lavoisier n'était pas assez précise pour établir la composition exacte de l'air, elle en donnait du moins la composition qualitative, et établissait que, dans les combustions, l'oxygène entre seul en réaction.

18. **Combustions lentes.** — Les combustions vives ne sont pas les seuls phénomènes d'oxydation que nous puissions observer. Un morceau de fer que l'on abandonne à l'air humide se ternit peu à peu, se recouvre d'une matière pulvérulente brune que l'on appelle la *rouille*. Cette rouille est une combinaison oxygénée du fer différente de celle que nous avons obtenue en brûlant du fer dans l'oxygène. A ce phénomène d'oxydation qui se produit sans dégagement de lumière, mais qui est néanmoins accompagné d'un dégagement de chaleur, on donne le nom de *combustion lente*.

Beaucoup de ces combustions lentes s'effectuent autour de nous aux dépens de matières minérales ou organiques. Il en est une surtout qui doit attirer notre attention, c'est la *respiration*.

C'est encore à Lavoisier que nous devons d'avoir précisé le rôle que joue l'oxygène dans la respiration. Lorsque l'air pénètre dans les poumons, l'oxygène traverse par *endosmose* les parois des vésicules pulmonaires, se fixe sur les globules du sang qui l'entraînent dans le réseau des capillaires, et là, aux dépens des matières organiques qui toutes renferment du carbone et de l'hydrogène, s'effectue une véritable combustion. De l'acide carbonique prend naissance et ce gaz est ramené par les globules aux poumons où, à travers les parois des vésicules, un échange se produit entre l'oxygène de l'air inspiré et l'acide carbonique du sang veineux. L'acide carbonique s'échappe des poumons avec de l'azote et de l'oxygène non utilisé. La fixation de l'oxygène sur les matières organiques ou *combustion lente* est accompagnée d'un dégagement de chaleur; telle est l'origine de la chaleur animale.

CHAPITRE II

HYDROGÈNE. — EAU.

HYDROGÈNE.

19. Préparation. — Lorsqu'on verse sur des morceaux de fer ou de zinc de l'acide sulfurique étendu d'eau, une effervescence se produit et il se dégage un gaz inflammable (fig. 15).

On introduit dans un flacon, qui porte une tubulure latérale, du zinc en grenaille ou en lamelles, et par un tube à entonnoir qui pénètre par le goulot du flacon et plonge jusqu'au fond, on verse par petites portions de l'acide sulfurique étendu de cinq à six fois son volume d'eau (fig. 16). Par un tube deux fois recourbé adapté à la tubulure latérale et qui plonge dans une terrine remplie d'eau, on voit se dégager des bulles gazeuses. Si l'on place au-dessus de l'orifice du tube de dégagement une *éprouvette*, préalablement remplie d'eau, le gaz, plus léger que le liquide, chasse peu à peu celui-ci et remplit l'éprouvette.

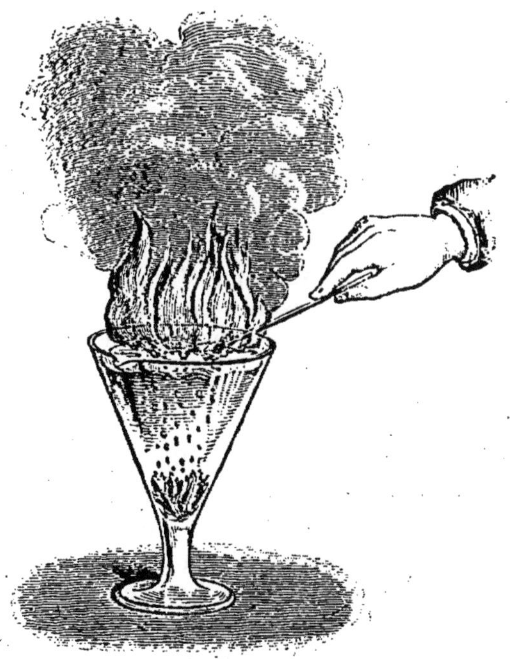

Fig. 15.

Au lieu d'acide sulfurique, on peut verser dans le flacon un liquide acide que nous étudierons sous le nom d'*acide chlorhydrique*.

20. Propriétés physiques. — L'hydrogène est un gaz incolore,

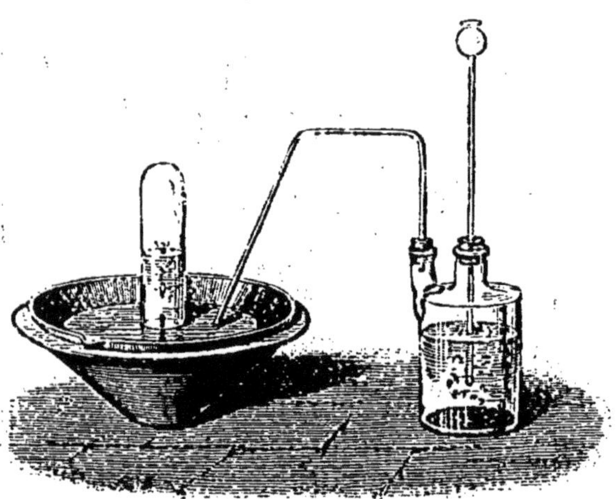

Fig. 16.

inodore lorsqu'il est pur, et sans saveur. Il est très peu soluble dans l'eau, qui n'en dissout que 0,19 de son volume environ.

Il est difficile d'obtenir l'hydrogène sous forme liquide. Sous cette forme il bout en effet à 252° au-dessous de zéro.

1° *L'hydrogène est plus léger que l'air.* — C'est le plus léger de tous les gaz connus: il pèse 14 fois et demie moins que l'air sous le même volume, et dans les mêmes conditions de température et de pression. En d'autres termes, un litre d'air pesant 1gr,293, un litre d'hydrogène pèsera $\frac{1,293}{14,5} = 0^{gr},089$.

La densité (2) de l'hydrogène sera $\frac{1}{14,5} = 0,0694$. On met en évidence l'extrême légèreté de l'hydrogène par les expériences suivantes :

Une éprouvette remplie d'hydrogène peut être tenue verticalement sans que ce gaz s'échappe, pourvu que l'ouverture soit tournée vers le bas. Mais si l'on retourne l'éprouvette en dirigeant l'ouverture en haut, l'hydrogène, plus léger que l'air, s'élève et l'éprouvette n'en renferme bientôt plus.

Si l'on plonge dans l'eau de savon l'extrémité d'un tube par lequel se dégage de l'hydrogène, des bulles se forment et s'élèvent dans l'atmosphère (fig. 17).

2° *L'hydrogène traverse les corps poreux.* — Un tube en terre poreuse (vase de pile) est fermé par un bouchon en caoutchouc (fig. 18). Par un tube B, on fait arriver un courant d'hydrogène

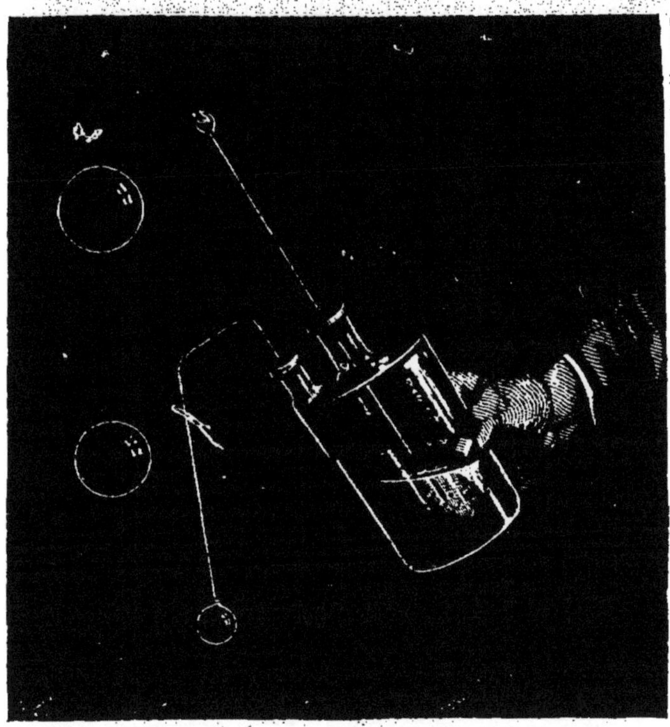

Fig. 17.

qui chasse l'air et s'échappe par le tube vertical C à travers un liquide coloré. Lorsque l'appareil est rempli d'hydrogène, on interrompt l'arrivée du gaz et l'on voit immédiatement le liquide monter dans le tube vertical, montrant ainsi que la pression a diminué à l'intérieur du vase poreux. L'hydrogène s'est échappé de ce vase plus rapidement que l'air n'est rentré : de là un vide partiel.

L'expérience suivante est l'inverse de celle-ci. Au bouchon du vase poreux A (fig. 19) on adapte un tube recourbé renfermant un liquide coloré qui s'élève au même niveau dans les deux branches lorsque la pression de l'air contenu dans le vase poreux est égale à la pression atmosphérique. On recouvre le vase poreux d'une cloche dans laquelle, par le tube B, on fait arriver un courant d'hydrogène. On voit immédiatement le liquide baisser du côté du vase et s'élever de l'autre, accusant une augmentation de pression à l'intérieur du vase poreux. L'hydrogène a pénétré à l'intérieur de celui-ci plus rapidement que l'air n'en est sorti.

Il faudra donc éviter, dans l'installation de tout appareil où l'hydrogène doit circuler, l'emploi de vases poreux ou de tubes en

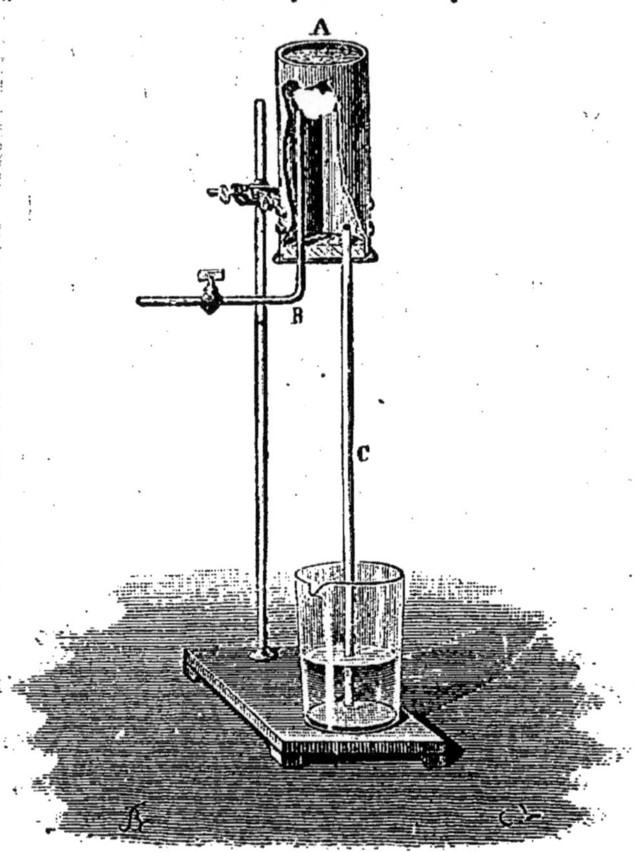

Fig. 18.

terre non vernissée que ce gaz traverserait. Il traverse également les métaux chauffés au rouge (tubes de fer ou de platine) et les enveloppes de caoutchouc.

21. **Propriétés chimiques.** — 1° L'*hydrogène est combustible.* — De l'ouverture d'une éprouvette remplie d'hydrogène et tenue verticalement, l'orifice en bas, approchons une bougie adaptée à l'extrémité d'un fil métallique (fig. 20); l'hydrogène prend feu et brûle lentement à l'orifice du tube, c'est-à-dire au contact de l'air, avec une flamme peu éclairante. Introduisons la bougie dans l'éprouvette, elle s'éteint, et cette expérience montre que si

l'hydrogène est combustible, il n'entretient pas la combustion.
On peut étudier la combustion de l'hydrogène à l'aide d'un

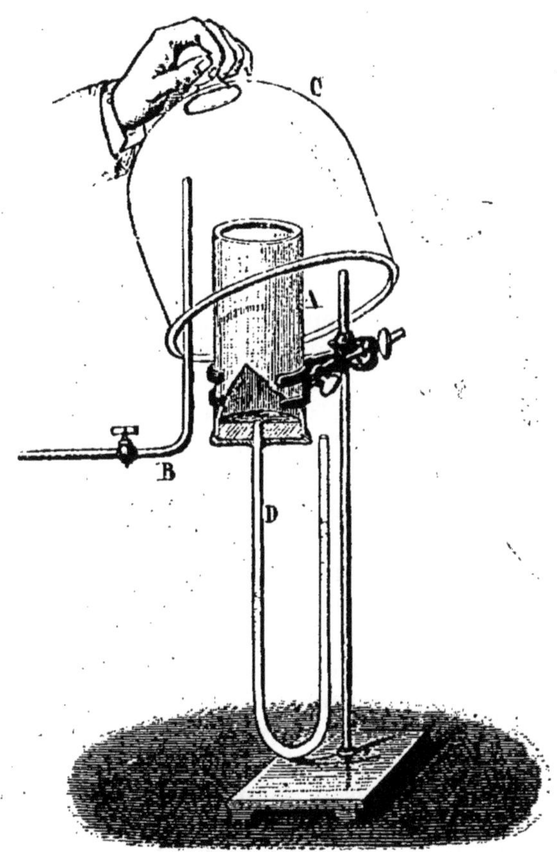

Fig. 19.

petit appareil connu sous le nom de *lampe philosophique*. Au tube de dégagement de l'appareil à hydrogène on substitue un tube vertical effilé à sa partie supérieure (fig. 21). L'hydrogène s'enflamme à l'approche d'un corps incandescent et brûle avec une flamme pâle, peu éclairante, mais très chaude. Un fil de platine que l'on introduit dans cette flamme fond en quelques instants. La combustion de 1 gramme d'hydrogène est accompagnée d'un dégagement de chaleur de 34 500 calories, c'est-à-dire que la chaleur dégagée est capable de porter, de 0° à 100°, 345 grammes d'eau.

Lorsqu'on veut enflammer l'hydrogène qui se dégage à l'extrémité d'un tube effilé adapté à un appareil producteur, il faut avoir grand soin de n'approcher le corps incandescent de l'orifice du tube que lorsque l'appareil a fonctionné pendant quelque temps, de façon que l'air ait été chassé par un dégagement

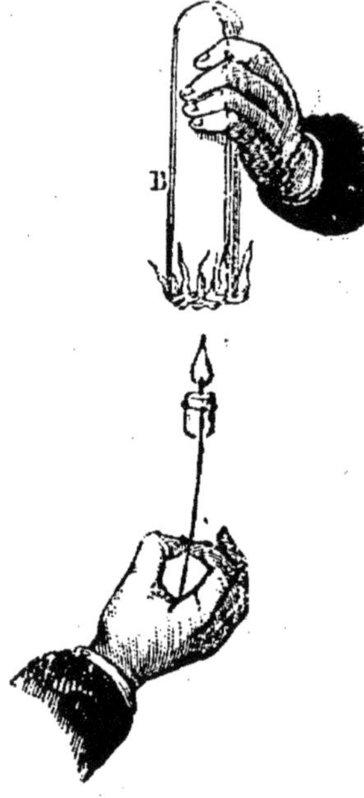

Fig. 20.

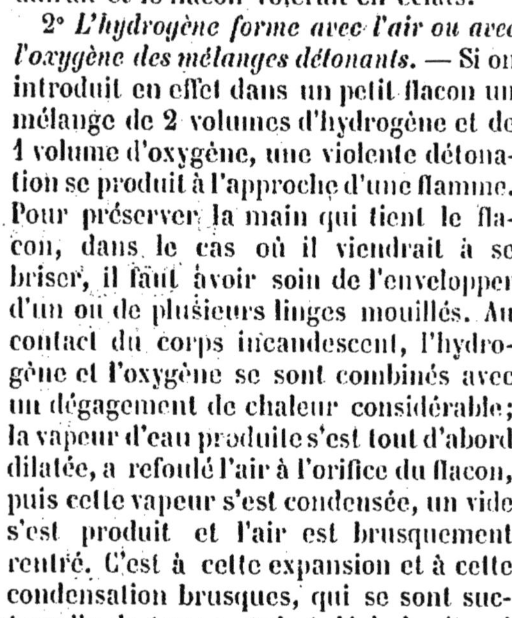

abondant d'hydrogène. Sans cette précaution, une explosion violente se produirait et le flacon volerait en éclats.

2° *L'hydrogène forme avec l'air ou avec l'oxygène des mélanges détonants.* — Si on introduit en effet dans un petit flacon un mélange de 2 volumes d'hydrogène et de 1 volume d'oxygène, une violente détonation se produit à l'approche d'une flamme. Pour préserver la main qui tient le flacon, dans le cas où il viendrait à se briser, il faut avoir soin de l'envelopper d'un ou de plusieurs linges mouillés. Au contact du corps incandescent, l'hydrogène et l'oxygène se sont combinés avec un dégagement de chaleur considérable; la vapeur d'eau produite s'est tout d'abord dilatée, a refoulé l'air à l'orifice du flacon, puis cette vapeur s'est condensée, un vide s'est produit et l'air est brusquement rentré. C'est à cette expansion et à cette condensation brusques, qui se sont succédé à un très court intervalle de temps, qu'est dû le bruit qui accompagne la combinaison. Pour réaliser la même expérience en remplaçant l'oxygène par l'air atmosphérique, il faudrait employer, pour 2 volumes d'hydrogène, 5 volumes d'air, puisque l'air ne contient que le cinquième de son volume d'oxygène. La détonation serait moins violente, car la combustion laissant comme résidu de l'azote, celui-ci reste en partie dans le flacon et la rentrée de l'air est moins brusque.

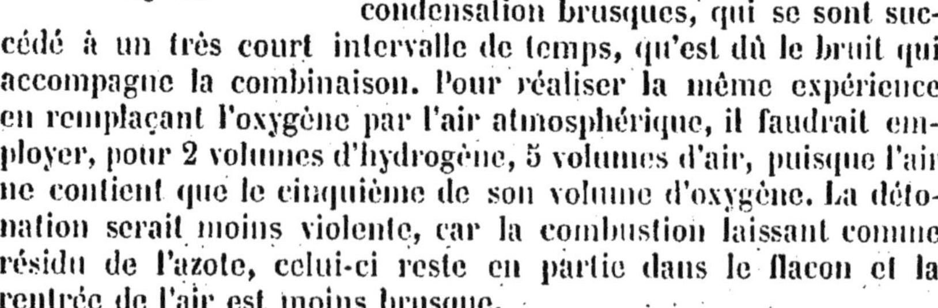

Lorsqu'on entoure la flamme de l'hydrogène d'un large tube de verre de 1 m. à 1m,50 de longueur, on observe que le tuyau rend un son grave ou aigu suivant son diamètre et la position de la flamme. On peut se rendre compte de ce fait en admettant que le courant d'air ascendant soulève la flamme et qu'une petite quantité d'hydrogène, s'échappant par l'ouverture effilée du tube, forme avec l'air un mélange détonant; ces petites détonations, se succédant à des intervalles de temps très rapprochés, produisent un son que le tuyau renforce. La colonne d'air vibre, et la flamme, comme il est facile de le constater, est elle-même en vibration. Cette expérience est désignée sous le nom d'*harmonica chimique*.

La combinaison de l'hydrogène et de l'oxygène a lieu également sous l'influence d'une étincelle électrique. On introduit dans un

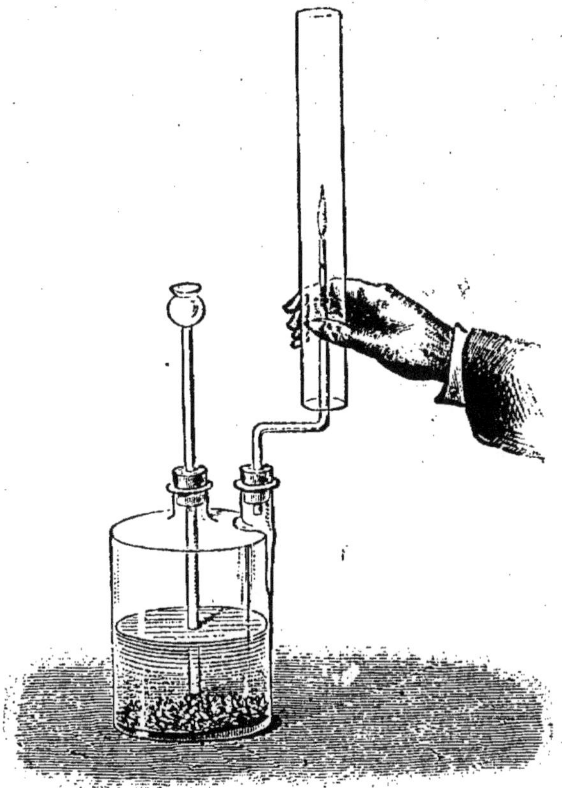

Fig. 21.

eudiomètre à mercure (9, fig. 10) un volume quelconque d'oxygène et un volume double d'hydrogène, et on fait passer une étincelle électrique. Une détonation se produit, de l'eau se condense sur les parois supérieures du tube, et le mercure s'élève jusqu'au sommet.

On peut obtenir encore la combinaison des deux gaz par un procédé différent : Dans une éprouvette remplie d'un mélange de 2 volumes d'hydrogène et de 1 volume d'oxygène, on introduit un morceau de platine poreux (*mousse* ou *éponge de platine*). Au bout de quelques instants le métal rougit et la détonation a lieu. Ce phénomène, singulier en apparence, peut s'expliquer ainsi : La mousse de platine jouit de la propriété de condenser les gaz : dans le cas actuel, elle condense l'hydrogène et cette condensation est accompagnée d'un dégagement de chaleur suffisant pour porter le métal au rouge; ce dernier agit alors comme corps incandescent, ainsi que le ferait l'étincelle ou une flamme, pour déterminer la combinaison des deux gaz.

3° *L'hydrogène en brûlant forme de la vapeur d'eau.* — Enflammons de l'hydrogène, desséché avec soin, à l'extrémité d'un tube effilé relié à un appareil producteur de ce gaz (fig. 22), et recouvrons la

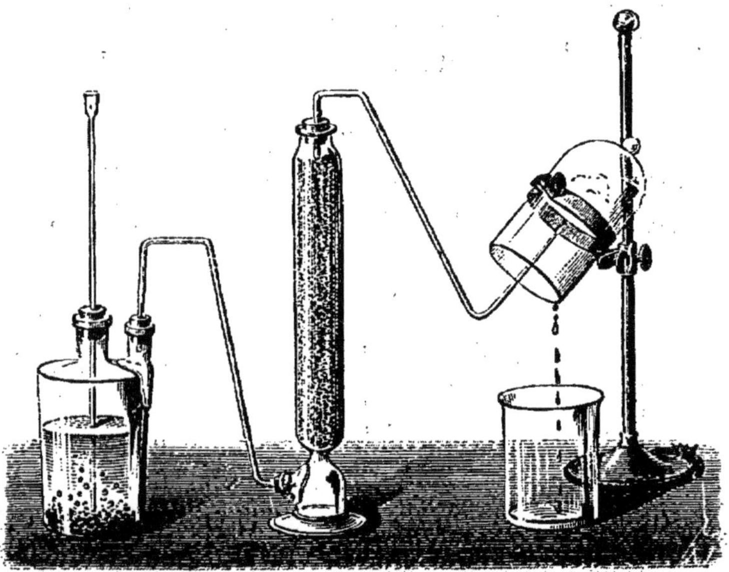

Fig. 22.

flamme d'une grande cloche en verre; les parois froides de cette cloche se recouvrent de fines gouttelettes d'eau, qui bientôt ruissellent et que l'on peut recueillir. Nous avons vu, en étudiant l'air atmosphérique (6), qu'il renfermait de l'oxygène; nous conclurons donc de cette expérience que l'hydrogène, en brûlant, s'est combiné avec l'oxygène de l'air pour former de l'eau.

22. Propriétés réductrices de l'hydrogène. — L'hydrogène n'est pas seulement susceptible de s'unir avec l'oxygène libre, un certain nombre de composés des métaux et de l'oxygène (*oxydes métalliques*) cèdent leur oxygène à l'hydrogène lorsqu'on les chauffe dans un courant de ce gaz.

Dans un tube en verre effilé à son extrémité, et renfermant de l'oxyde de cuivre, dirigeons un courant d'hydrogène (fig. 23). Lorsque l'air aura été chassé, chauffons l'oxyde : nous verrons au bout de quelques instants de la vapeur d'eau se dégager à l'extrémité du tube, la matière devenir incandescente, et l'oxyde de cuivre qui était noir se transformer en une matière rouge, qui

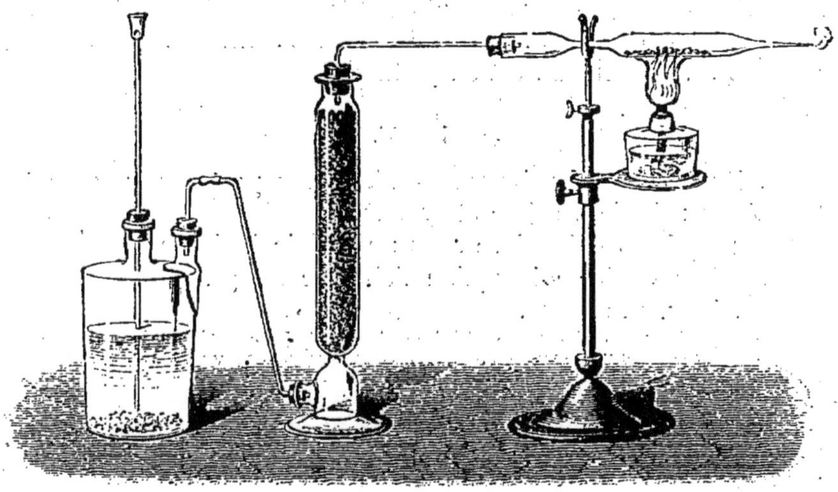

Fig. 23.

est du cuivre métallique. Cette transformation d'un oxyde en métal est une *réduction*, et l'hydrogène est dit un agent *réducteur*.

23. **Applications.** — L'hydrogène est un *réducteur* très fréquemment utilisé dans les laboratoires. Comme il est 14,5 fois plus léger que l'air, on l'a employé à gonfler les aérostats. Mais il traverse les enveloppes avec trop de facilité, et les ballons se dégonflent rapidement. On lui substitue presque généralement le

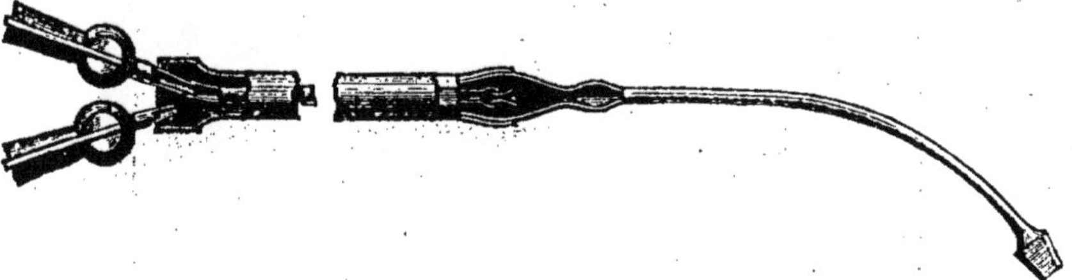

Fig. 24.

gaz de l'éclairage, plus lourd il est vrai, mais d'un maniement plus commode.

Industriellement, on utilise l'énorme quantité de chaleur

dégagée par la combustion d'un mélange de 2 volumes d'hydrogène et de 1 volume d'oxygène pour fondre le platine, souder les métaux précieux peu fusibles. On se sert à cet effet du chalumeau.

Le chalumeau oxhydrique (fig. 24) se compose de deux tubes concentriques : l'un amène l'oxygène; par l'espace annulaire arrive l'hydrogène. Pour éviter tout danger d'explosion, les gaz ne se mélangent que vers l'orifice, à quelques centimètres de celui-ci. Le bout du chalumeau est en platine.

EAU.

24. **Propriétés physiques.** — L'eau nous est connue sous les trois états : liquide, solide et gazeux.

L'eau liquide est incolore sous une faible épaisseur, mais elle a une couleur verdâtre lorsqu'on l'observe en grande masse ; elle n'a ni odeur, ni saveur.

Lorsque la température s'élève de 0° à 4° centigrades, l'eau se contracte; elle se dilate lorsqu'elle s'échauffe au-dessus de 4°. Le poids d'un centimètre cube d'eau ira donc en croissant de 0° à 4°, pour décroître ensuite : le poids d'un centimètre cube d'eau à la température de 4° a été choisi comme unité de poids : c'est le *gramme*.

Refroidie, l'eau se solidifie et forme la *glace*. Lorsque cette solidification se fait lentement, la glace affecte des formes géométriques. Ainsi, lorsque le froid est vif au dehors, l'eau qui se dépose sur les vitres des appartements se congèle et les recouvre d'élé-

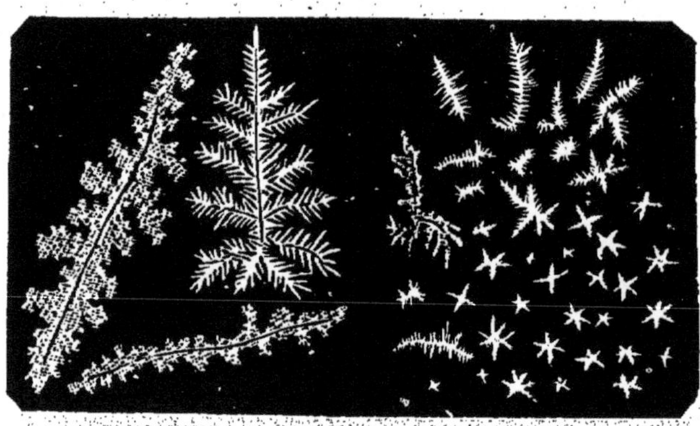

Fig. 25.

gantes arborisations (fig. 25). La neige examinée à la loupe nous offrira également une structure régulière (fig. 26).

La solidification de l'eau est accompagnée d'un accroissement de volume : 930 centimètres cubes d'eau à 4° donnent 1 décimètre cube de glace. Sous le même volume, la glace est donc plus légère

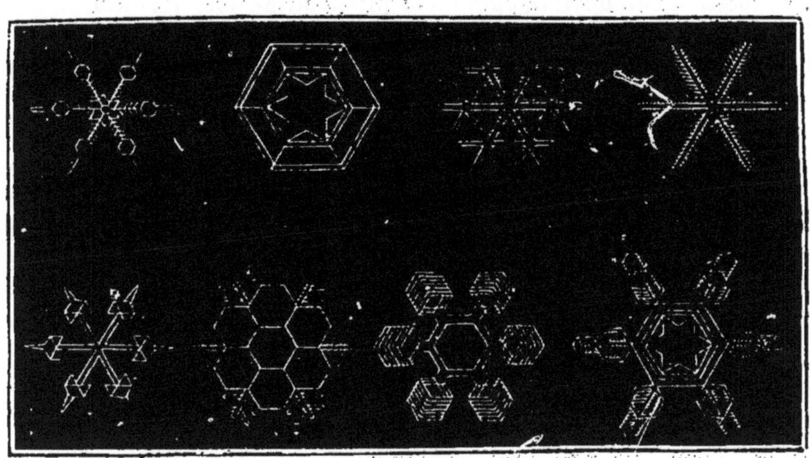

Fig. 26.

que l'eau; son poids spécifique, c'est-à-dire le poids d'un centimètre cube de glace, est 0,930. Elle flotte en effet à la surface de l'eau.

L'augmentation de volume que subit l'eau en se solidifiant est telle, que les vases qui la renferment se brisent. Un vase exactement rempli d'eau, un tube en fer forgé fermé par un bouchon à vis, par exemple, est enveloppé d'un mélange réfrigérant. Lorsque l'eau se solidifie, elle exerce en augmentant de volume une telle pression sur les parois du vase, que celui-ci est rompu et la glace sort par les crevasses et forme bourrelet. Un tuyau en plomb qu'on laisse rempli d'eau pendant les froids rigoureux de l'hiver, est infailliblement brisé au moment de la solidification de l'eau.

Pendant toute la durée de la fusion de la glace la température reste constante. Cette température a été choisie comme point fixe inférieur du thermomètre centigrade : c'est le 0° de l'échelle thermométrique. Toutefois si la fusion a toujours lieu à la même température, il n'en est pas de même de la solidification. L'eau peut être refroidie au-dessous de 0° sans se solidifier; on dit que l'eau est en *surfusion*. Mais alors la solidification aura toujours lieu au contact d'une parcelle de glace et pourra se produire lorsqu'on agitera la masse liquide.

L'eau se réduit en vapeurs à toutes les températures; on a appris à déterminer dans le *Cours de Physique* la tension maxima de la vapeur d'eau à une température donnée, c'est-à-dire la pression de la vapeur d'eau, en présence d'un excès de son liquide, à cette température. Lorsque la tension maxima de la vapeur d'eau devient égale à la pression atmosphérique, le liquide peut entrer en ébullition.

La température d'ébullition de l'eau sous la pression de 76 centimètres a été choisie pour fixer le point fixe supérieur, le point 100 de l'échelle thermométrique centigrade.

La chaleur spécifique de l'eau a été prise comme unité : c'est la *calorie*. Pour fondre, 1 kilogramme de glace exige qu'on lui fournisse 80 calories environ; 80 est donc sa chaleur de fusion. La chaleur de vaporisation à 100°, c'est-à-dire la quantité de chaleur nécessaire pour transformer, sous la pression de 76 centimètres, 1 kilogr. d'eau en vapeur saturante, est de 537 calories.

La densité de la vapeur d'eau est 0,622 ou $\frac{5}{8}$: cela veut dire que, à une température donnée et sous la même pression, le poids d'un certain volume de vapeur d'eau est $\frac{5}{8}$ de celui d'un même volume d'air.

25. **Propriétés dissolvantes de l'eau.** — Lorsqu'on chauffe de l'eau qui a été exposée pendant quelque temps au contact de l'air, on voit se dégager de petites bulles gazeuses : c'est de l'air que l'eau tenait en dissolution qui se dégage. Nous verrons d'ailleurs que tous les gaz sont dissous par l'eau en quantité plus ou moins grande.

L'eau dissout également des corps solides. Du sel marin, du sucre, que l'on met au contact de l'eau, se liquéfient, et le mélange intime des deux liquides constitue la dissolution. Inversement, si l'eau s'évapore, les matières solides dissoutes se déposeront à l'état solide, et subsisteront seules, sans avoir subi d'altération, si l'évaporation de l'eau est complète.

Lorsqu'on évapore une eau de source ou de rivière, on voit se constituer au fond du vase un dépôt solide formé de toutes les substances que cette eau tenait en dissolution ; nous étudierons ces dépôts et nous apprendrons à les reconnaître. Cherchons pour le moment à nous procurer de l'eau pure sur laquelle pourra porter notre étude. On obtient cette eau pure par *distillation*, c'est-à-dire en vaporisant l'eau par la chaleur et condensant les vapeurs dans un vase refroidi.

Pour distiller de grandes quantités d'eau, on se sert d'un *alambic* en cuivre (fig. 27). L'eau est soumise à l'ébullition dans la *chaudière a* ; les vapeurs se condensent dans le *col c* adapté au *chapiteau b* et dans un *serpentin dd* plongé dans l'eau d'un *réfrigérant e*. Cette eau, qui s'échauffe incessamment par la condensation de la vapeur, doit être constamment renouvelée. L'eau chaude, plus légère, se déverse à la partie supérieure par l'ajutage *i*, l'eau froide

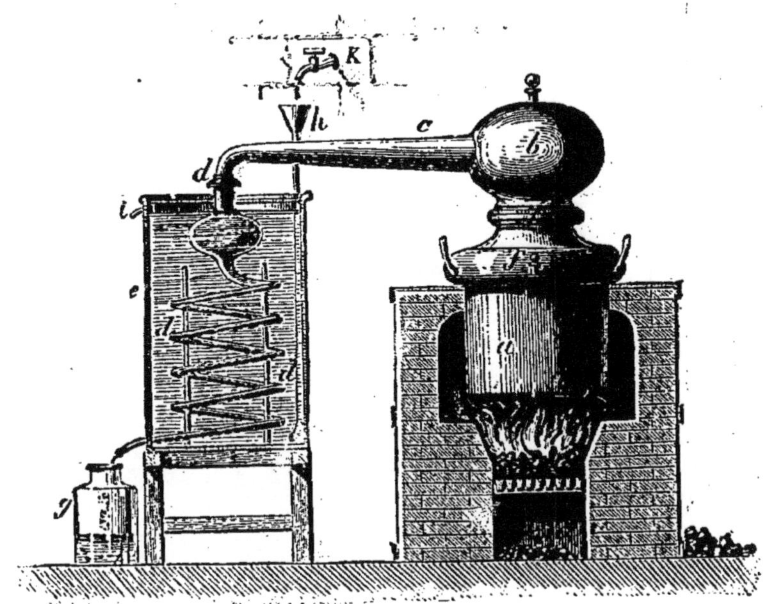

Fig. 27.

arrive au réfrigérant par le tube *h*. L'eau distillée est recueillie dans un flacon *g* à la sortie du serpentin; les matières solides que l'eau tenait en dissolution restent dans la chaudière.

Pour se procurer de petites quantités d'eau distillée, on peut se servir d'un appareil en verre (fig. 28) formé d'une cornue dont le col s'engage dans une allonge adaptée elle-même à l'une des tubulures d'un ballon plongé dans une terrine dont on renouvelle l'eau incessamment. L'intérieur de la cornue communique avec l'atmosphère par un tube fixé à la seconde tubulure du ballon. On fait bouillir l'eau doucement, de façon à éviter la projection du liquide sur les parois du col et de l'allonge.

Les propriétés physiques de l'eau que nous venons de passer rapidement en revue, les circonstances précises dans lesquelles s'effectuent ses changements d'état, sont étudiées dans les *Cours de Physique*. On a souvent pris l'eau comme exemple, la vérification des faits étant aisée avec une substance que chacun peut manier et qui joue d'ailleurs un rôle si important dans la nature. Des substances autres que l'eau se solidifient ou se vaporisent, se dilatent sous l'action de la chaleur, et l'étude de l'eau serait incomplète si nous la bornions à l'étude des transformations qu'elle éprouve sous l'action de la chaleur. Elle ne se distinguerait de toute autre substance que par sa densité, sa température de fusion ou d'ébullition, en un mot par l'ensemble des données

Fig. 28.

numériques que le physicien détermine et enregistre avec grand soin.

L'action exercée sur l'eau par un courant électrique va nous apprendre quelque chose de plus.

26. **Décomposition de l'eau par un courant électrique.** — Lorsqu'on fait passer un courant électrique dans l'eau rendue conductrice par quelques gouttes d'acide sulfurique, on voit se dégager des bulles gazeuses sur les deux lames de platine qui servent d'électrodes.

Cette expérience se fait commodément à l'aide d'un petit appareil appelé *voltamètre* et qui se compose essentiellement d'un vase de verre (fig. 29) dont le fond est traversé par deux fils ou lames de platine que l'on relie aux deux pôles de la pile. On place dans ce verre de l'eau acidulée par quelques gouttes d'acide sulfurique et l'on place au-dessus de chaque fil de platine deux petites éprouvettes graduées pleines d'eau. Dès qu'on ferme le circuit, les bulles de gaz se dégagent sur les deux fils métalliques et sont recueillies dans les éprouvettes.

Le volume du gaz contenu dans l'éprouvette qui surmonte le

fil de platine relié au pôle négatif de la pile est, à chaque instant, supérieur au volume gazeux contenu dans l'autre éprouvette, et si, après avoir laissé l'appareil fonctionner pendant quelque temps,

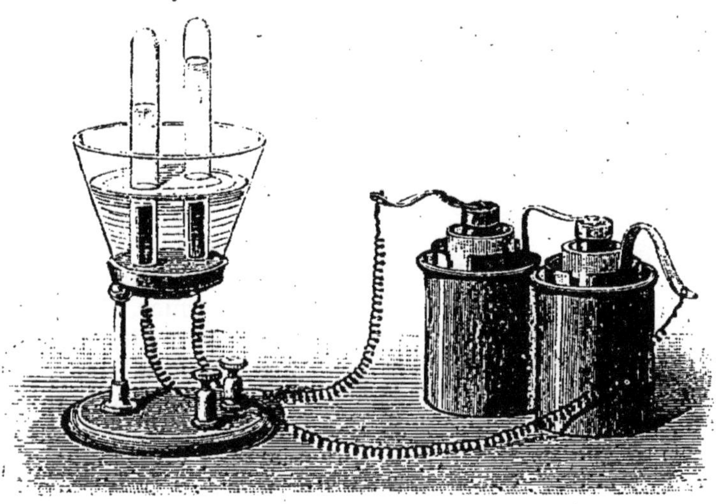

Fig. 29.

on mesure ces deux volumes gazeux à la même pression, on trouve que *le volume du gaz que l'on recueille à l'électrode négative est double du volume de l'autre gaz.*

Ces deux gaz peuvent être distingués facilement l'un de l'autre.

Le gaz qui se dégage au pôle négatif est inflammable, il brûle avec une flamme pâle; c'est l'*hydrogène.*

Celui que l'on recueille au pôle positif n'est pas inflammable, mais lorsqu'on introduit dans une atmosphère de ce gaz une allumette presque éteinte, elle se rallume et brûle avec un grand éclat; ce gaz est l'*oxygène.*

Nous disons que le courant électrique a *décomposé* l'eau en hydrogène et oxygène; nous avons fait l'*analyse* de l'eau.

27. Décomposition de l'eau par un métal. — Nous pouvons faire l'analyse de l'eau d'autre façon. Quelques métaux décomposent l'eau, les uns à froid, les autres lorsqu'on les a portés à une température plus ou moins élevée en présence de la vapeur d'eau.

1° Projetons, par exemple, un fragment de potassium sur de l'eau légèrement colorée par de la teinture rouge de tournesol (fig. 30). Le métal tournoie à la surface, et l'hydrogène qui se dégage, porté à une température élevée par la chaleur dégagée dans la réaction, brûle avec une flamme *violacée*[1] en s'unissant à l'oxygène de l'air. Pendant cette réaction, le potassium a été fondu et s'est déplacé à la surface du liquide à l'état sphéroïdal en se transformant peu à peu en un composé oxygéné que nous étudierons sous le nom de *potasse*. Celle-ci, fortement chauffée, ne touche pas le liquide; mais au moment où l'hydrogène cesse de se former, la potasse se refroidit, arrive au contact du liquide et s'y dissout brusquement avec le bruit d'un fer rouge que l'on plongerait dans l'eau, non sans projeter parfois des fragments de tous côtés; aussi doit-on effectuer cette réaction dans un vase profond, ou, si l'on opère dans un cristallisoir, recouvrir celui-ci d'une plaque de verre, percée d'un trou en son centre. La potasse dissoute a ramené au bleu le tournesol rougi.

Fig. 30.

Le sodium aussi décompose l'eau à froid; mais la chaleur dégagée dans la réaction est moindre et l'hydrogène ne s'enflamme pas. Pour obtenir l'inflammation de l'hydrogène, il faut empêcher le sodium de se déplacer à la surface de l'eau; c'est ce que l'on réalise, par exemple, en plaçant au fond d'un cristallisoir une couche d'eau très mince, à la surface du liquide une feuille de papier buvard et projetant le sodium sur celle-ci. L'hydrogène brûle avec une flamme *jaune*.

On met plus nettement en évidence la mise en liberté de l'hydrogène en faisant passer un fragment de potassium ou de sodium dans une éprouvette remplie de mercure et renfermant, à sa partie supérieure, un peu d'eau débarrassée d'air par une ébullition préalable (fig. 31). L'hydrogène déplace le mercure et on peut vérifier ses propriétés.

2° Introduisons dans un tube de porcelaine ou de grès *vernissé*

1. Les vapeurs du potassium ou d'un composé volatil de ce métal colorent les flammes en *violet*; le sodium les colore en *jaune*.

intérieurement un paquet de fil de fer et portons ce tube au rouge sombre à l'aide d'un fourneau à réverbère ou d'une grille à gaz (fig. 32). Puis dirigeons sur le métal de la vapeur d'eau que nous obtenons en faisant bouillir ce liquide contenu dans une petite cornue de verre. Par un tube de dégagement adapté à l'autre extrémité du tube, nous recueillons de l'hydrogène dans des éprouvettes remplies d'eau.

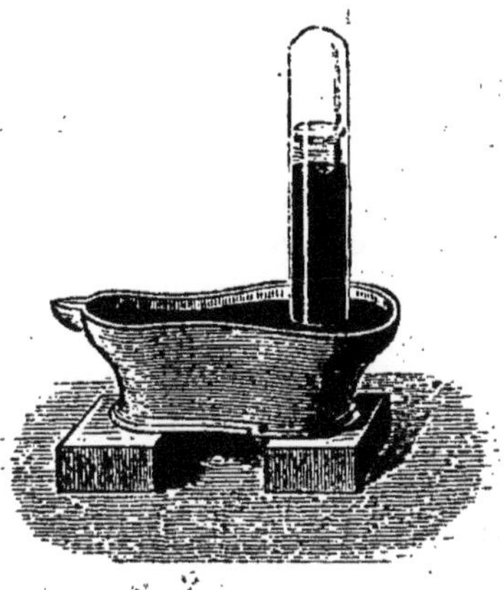

Fig. 31.

Le métal que l'on retire du tube, après le refroidissement, a perdu son éclat; il est recouvert d'une couche d'un brun presque noir, terne; en pliant les fils de fer, il s'en détache une poussière brune identique par ses propriétés à cette substance qui a pris naissance quand on a brûlé du fer dans l'oxygène (2). C'est un composé oxygéné du fer connu sous le nom

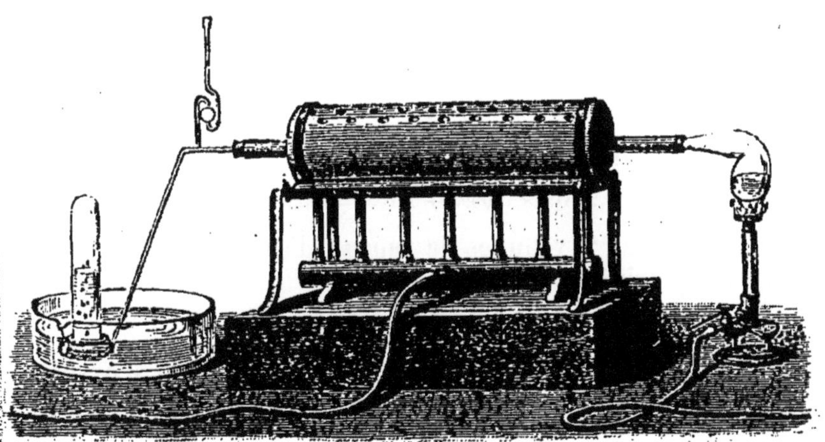

Fig. 32.

d'*oxyde salin* ou *oxyde de fer magnétique*; il a en effet la composition de la pierre d'aimant naturelle.

La vapeur d'eau en passant sur le fer chauffé au rouge s'est donc décomposée; l'hydrogène s'est dégagé et l'oxygène est resté fixé sur le fer, avec lequel il s'est *combiné*.

28. Synthèse de l'eau. — En étudiant les propriétés de l'hydrogène nous avons vu que ce gaz brûlait au contact de l'air en formant de l'eau. Nous avons observé de même qu'en faisant passer une étincelle électrique dans un mélange de

2 volumes d'hydrogène;
1 volume d'oxygène,

contenu dans un eudiomètre (9), la totalité du mélange gazeux disparaissait et se transformait en vapeur d'eau qui se condensait presque aussitôt à l'état liquide sur les parois froides du tube.

Dans ces deux cas, nous avons effectué la combinaison de l'hydrogène et de l'oxygène, et le produit de cette combinaison est de l'*eau*. L'eau est donc un *corps composé*; l'hydrogène et l'oxygène sont les deux composants et la *combinaison* ou *synthèse* que nous avons effectuée dans l'eudiomètre nous montre que ce sont les seuls.

Nous dirons donc que *la vapeur d'eau est formée de 2 volumes d'hydrogène et de 1 volume d'oxygène.*

En brûlant 2 volumes d'hydrogène, 1 volume d'oxygène n'a pas laissé de résidu; il s'est formé uniquement de la vapeur d'eau; il n'y a pas eu perte de matière et l'on peut dire avec certitude que le poids de l'eau formée doit être égal à la somme des poids de l'hydrogène et de l'oxygène :

Le poids de 2 vol. d'hydrogène est	$2 \times 1,293 \times 0,0693$
— 1 vol. d'oxygène —	$1 \times 1,293 \times 1,105$

La somme est

$$1,293(2 \times 0,0693 + 1,105) = 1,293 \times 1,244.$$

Or le poids de 2 volumes de vapeur d'eau dont la densité est 0,622 est précisément :

$$2 \times 1,293 \times 0,622 = 1,293 \times 1,244.$$

En s'unissant à 2 volumes d'hydrogène, 1 volume d'oxygène a donc formé 2 volumes de vapeur d'eau.

Synthèse de l'eau en poids. — En 1843, Dumas a déterminé avec plus de précision que par les expériences précédentes le rapport des poids d'hydrogène et d'oxygène qui s'unissent pour former l'eau.

Bien que l'appareil représenté par la figure 53 paraisse compliqué, la méthode est simple. Lorsqu'on chauffe du cuivre dans l'oxygène, il noircit et augmente de poids; inversement, si l'on chauffe cette matière noire (*oxyde de cuivre*) dans un courant d'hydrogène, il se forme de l'eau, et l'on retrouve du cuivre à la fin de l'expérience. On fait passer sur de l'oxyde de cuivre chauffé un courant de gaz hydrogène bien pur, on condense l'eau formée et on la pèse. Si l'on détermine, d'autre part, la perte de poids p qu'a éprouvée l'oxyde de cuivre, et qui représente le poids d'oxygène qui a concouru à former de l'eau, on obtient le poids d'hydrogène auquel il s'est combiné en retranchant du poids P de l'eau ce poids p d'oxygène.

L'appareil se compose essentiellement d'un ballon A qui porte deux tubulures latérales, et dans lequel on introduit un poids connu d'oxyde de cuivre bien sec. Par une de ces tubulures on fait arriver un courant d'hydrogène qui se dessèche et se purifie en traversant des tubes en forme d'U, renfermant des substances convenablement choisies[1]. Lorsque l'air a été chassé de l'appareil par un dégagement lent et prolongé d'hydrogène, on chauffe l'oxyde de cuivre avec une lampe à alcool ; la vapeur d'eau qui se produit vient se condenser dans un ballon B et dans une série de tubes renfermant des matières desséchantes, dont on détermine l'augmentation de poids à la fin de l'expérience.

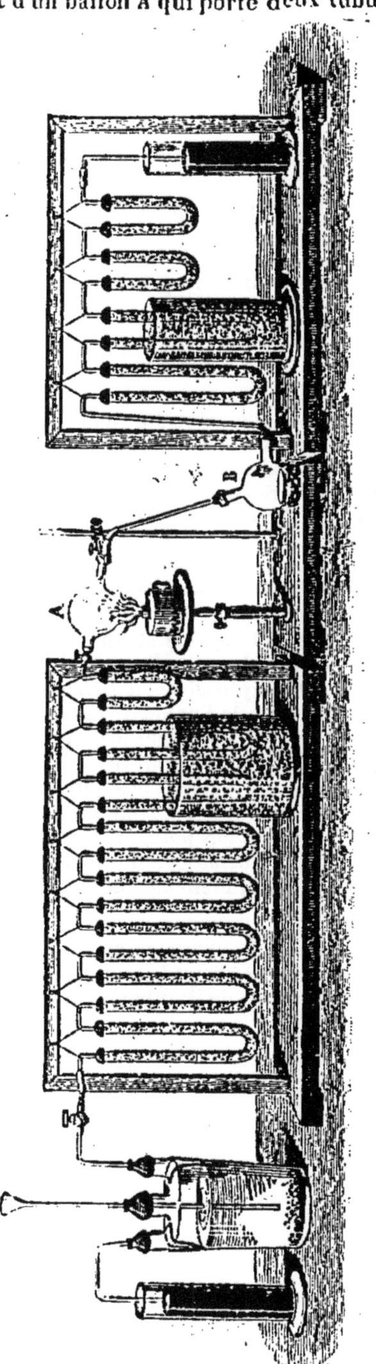

Fig. 33.

29. **Composition de l'eau.** — La synthèse eudiométrique a montré que 2 volumes d'hydrogène, en s'unissant à 1 volume d'oxygène, forment 2 volumes de vapeur; il a été facile de déduire de là, connaissant les densités de l'hydrogène, de l'oxygène et de la vapeur d'eau, la composition en poids. Mais les expériences de Dumas donnent immédiatement la composition de l'eau en poids; comme moyenne d'un grand nombre d'expériences, on a trouvé :

Oxygène	88,89
Hydrogène	11,11
	100,00

1. Pour purifier l'hydrogène, Dumas faisait passer le gaz dans des tubes en U contenant de la pierre ponce imbibée, dans le premier tube, d'une dissolution d'azotate de plomb destinée à retenir l'hydrogène sulfuré, dans le second, d'une dissolution d'azotate d'argent pour retenir l'hydrogène arsénié et l'hydrogène phosphoré, enfin dans le dernier d'une dissolution de potasse qui décompose l'hydrogène silicié. Le gaz était ensuite desséché par son passage sur de l'anhydride phosphorique; les derniers tubes desséchants étaient plongés dans un mélange réfrigérant. Un petit tube à anhydride phosphorique devait conserver un poids invariable pendant la durée de l'expérience : c'était un *tube témoin*

On passe de là facilement aux volumes : si a représente le poids de l'unité de volume d'air, on calcule :

Volume d'oxygène.	$\frac{88,89}{a.1,105}$	ou	1
Volume d'hydrogène.	$\frac{11,11}{a.0,069}$	ou	2
Volume de vapeur d'eau. . . .	$\frac{100,000}{a.0,622}$	ou	2

On déduit encore de la composition centésimale en poids que les poids d'oxygène et d'hydrogène qui s'unissent pour former de l'eau sont entre eux comme les nombres 16 et 2 :

$$\frac{88,89}{11,11} = \frac{16}{2},$$

c'est-à-dire que, pour former 18 grammes d'eau, 16 grammes d'oxygène s'unissent à 2 grammes d'hydrogène, et c'est toujours dans le rapport de 16 d'oxygène à 2 d'hydrogène que les deux gaz s'unissent pour former l'eau.

30. **Historique.** — Ce n'est que vers la fin du dix-huitième siècle que l'on établit que l'eau est un corps composé. Cavendish[1] avait observé que l'hydrogène brûlait à l'air et qu'il se condensait de l'eau sur un corps froid. Mais cette expérience fut tout d'abord mal interprétée, et c'est Lavoisier qui établit nettement que l'eau résultait de la combinaison de l'hydrogène et de l'oxygène, L'oxygène a été découvert en 1774; l'année suivante, Lavoisier établit que l'air renferme de l'oxygène et que lorsqu'un corps brûle au contact de l'air, c'est qu'il se combine avec l'oxygène. Il était à présumer que, dans l'expérience de Cavendish, l'hydrogène en brûlant se combinait avec l'oxygène de l'air et que l'eau résultait de l'union de ces deux gaz. C'est ce que Lavoisier et Laplace vérifièrent en 1783, en faisant brûler un jet d'hydrogène dans une atmosphère d'oxygène et condensant l'eau formée. Ils reconnurent ainsi que le poids de l'eau était égal à la somme des poids des deux gaz. En 1784, Lavoisier et Meusnier décomposèrent l'eau en faisant passer sa vapeur sur du fer chauffé au rouge. Mais le rapport des poids d'hydrogène et d'oxygène qu'ils trouvèrent ainsi était inexact. Gay-Lussac[2] et Humboldt[3] fixèrent en 1805 la composition de l'eau en volume, par la méthode eudiométrique.

1. Cavendish, physicien anglais, né en 1731, mort en 1810.
2. Né en 1778 à Saint-Léonard, petite ville de l'ancien Limousin, et mort en 1850.
3. Alexandre de Humboldt, né à Berlin en 1769, mort en 1861.

CHAPITRE III

CARBONE

CARBONE.

31. Définition du carbone. — Le charbon de bois, la houille, ces matières que l'on appelle vulgairement des charbons, sont des corps de composition complexe. Mais il entre dans leur constitution un élément principal, le *carbone*.

Le carbone ne peut être caractérisé par ses propriétés physiques.

Nous avons vu que, lorsqu'on brûlait du charbon dans l'oxygène, on obtenait un gaz incolore, incapable d'entretenir la combustion, troublant l'eau de chaux, dont la dissolution a une réaction acide et désigné sous le nom de *gaz* ou *acide carbonique*.

On appelle *carbone* tout corps qui, brûlant dans l'oxygène, donne uniquement comme produit de sa combustion de l'acide carbonique, et tel que 12 grammes de cette matière en se combinant avec 32 grammes d'oxygène donnent 44 grammes de gaz carbonique. On reconnaît qu'une substance contient du carbone, à la présence du gaz carbonique parmi les produits de sa combustion.

On connaît le carbone sous trois états :

1° Le carbone cristallisé sous forme de diamant;
2° Le carbone — — graphite;
3° Le carbone amorphe.

DIAMANT.

32. Le diamant[1] est du carbone cristallisé et presque pur. Chauffé, en vase clos, à l'abri de l'air, il ne subit aucune altération avant 3600°. A cette température, qui est celle de l'arc électrique, il se transforme en graphite. Lorsqu'on le chauffe forte-

1. Du grec *adamas*, indomptable.

ment au contact de l'air, il disparaît peu à peu et semble se volatiliser. Le diamant est en effet un corps combustible.

C'est Lavoisier qui a établi en 1772 que le diamant exigeait pour brûler la présence de l'oxygène et que le produit de sa combustion était du gaz carbonique. Dans un ballon rempli d'oxygène (fig. 34), sur la cuve à mercure, il introduisit un petit diamant fixé à l'extrémité d'un fil métallique et le chauffa fortement en concentrant les rayons solaires à l'aide d'une lentille. Le diamant brûla, et, la combustion terminée, Lavoisier constata qu'il s'était formé du gaz carbonique et que le volume gazeux n'avait subi aucune variation. H. Davy démontra en 1816 que le diamant, en brûlant dans l'oxygène, ne donnait que du gaz carbonique et que par conséquent c'était là du carbone pur.

Fig. 34.

Les diamants les plus limpides ou, comme on dit dans le commerce de la bijouterie, de la plus *belle eau*, laissent cependant en brûlant un léger résidu solide dont le poids ne s'élève pas à plus de $\frac{1}{500}$ à $\frac{1}{2000}$ du poids du diamant brûlé. La combustion du diamant, dans un courant d'oxygène, est d'ailleurs facile à réaliser. Mais au contact de l'air le diamant s'enflamme difficilement, car il conduit bien la chaleur; cependant, si l'on chauffe fortement un diamant implanté à l'extrémité d'un fil de platine et qu'on l'introduise aussitôt dans un flacon rempli d'oxygène, il brûle alors lentement, avec un vif éclat.

La densité du diamant varie de 3,4 à 3,6; c'est le plus dense de tous les carbones. C'est le plus dur de tous les corps connus : il raye toutes les autres substances et n'est rayé que par le carbure de bore.

33. Gisements. Forme cristalline. — Le diamant se rencontre disséminé dans des terrains dits d'alluvion, dans les Indes (à Golconde, au Bengale), dans l'île de Bornéo; mais depuis longtemps déjà c'est le Brésil qui approvisionne presque exclusivement le commerce européen. Plus récemment, on a trouvé d'importants gisements au Cap de Bonne-Espérance; mais les diamants de cette provenance sont moins estimés que ceux du Brésil.

Le diamant est cristallisé dans le système cubique, en octaèdres réguliers, en dodécaèdres rhomboïdaux, ou en solides à 48 et à 64 faces. Mais on trouve rarement les diamants bruts transparents et d'une forme cristalline régulière; le plus souvent les cristaux sont opaques à leur surface, striés; les faces et les arêtes sont arrondies. Ce n'est que lorsqu'ils ont été soumis à la taille que l'on peut juger de la limpidité du diamant et apprécier ses magnifiques jeux de lumière.

31. **Taille du diamant.** — L'opération de la taille du diamant a pour but de déterminer artificiellement un grand nombre de facettes et d'arêtes vives au travers desquelles se réfracte la lumière.

La taille comporte trois opérations : le *clivage*, la *taille* proprement dite et le *polissage*.

Il existe des directions suivant lesquelles le diamant offre peu de résistance à la rupture : ce sont les plans de *clivage* parallèles aux faces de l'octaèdre ou du dodécaèdre rhomboïdal. On profite de l'existence de ces directions de clivage pour dégrossir le diamant brut, enlever les parties rugueuses et ternes. L'opération se fait simplement à l'aide d'un couteau en acier trempé que l'ouvrier introduit dans des fentes préalablement tracées avec une pointe de diamant et sur lequel il frappe un coup sec.

L'ouvrier *tailleur* use deux diamants l'un contre l'autre et produit ainsi les facettes définitives que la pierre doit porter. Mais, au sortir de ses mains, les faces sont rugueuses et ternes; on les polit en les frottant sur une meule horizontale en fer humectée d'huile d'olive et d'*égrisée* ou poussière de diamant et animée d'un mouvement rapide de rotation.

Il existe deux tailles principales : la taille en *brillant* et la taille en *rose*. La forme d'un brillant[1] est celle de deux pyramides accolées par la base; la partie supérieure est la table, la partie inférieure s'appelle la culasse (fig. 35).

Pour les diamants de faible épaisseur on emploie la taille en rose (fig. 36). La face inférieure est plane, la face supérieure, convexe, porte des facettes triangulaires au nombre de 24 (*rose de Hollande*); si le nombre des facettes est inférieur à 12, c'est une *rose d'Anvers*.

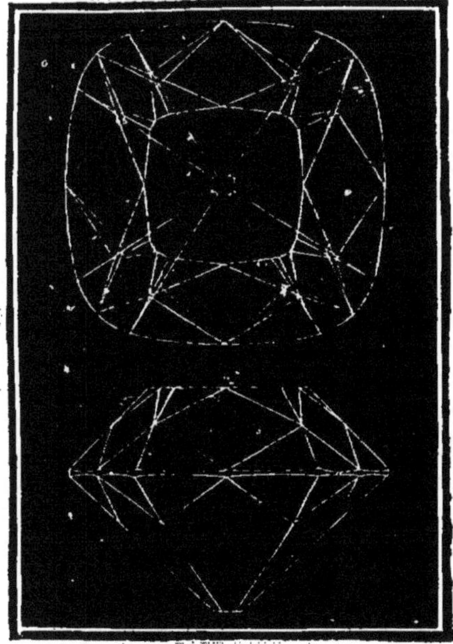

Fig. 35.

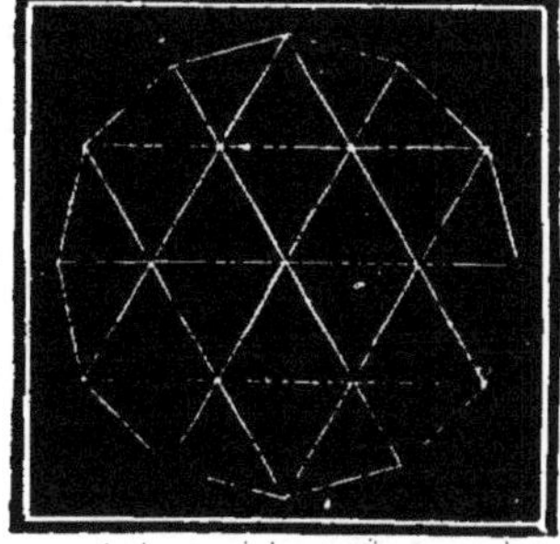

Fig. 36.

1. La figure 35 représente le Régent, qui appartient à la France. C'est un des plus beaux diamants connus; non qu'il soit le plus pesant, mais il est remar-

Les plus beaux diamants sont incolores; mais la couleur peut être légèrement jaune ou rosée; exceptionnellement on en a trouvé dont la teinte était bleue. Un diamant bien taillé, d'une belle eau et du poids de 1 carat[1], vaut environ 500 francs. D'après une règle très ancienne, le prix d'un diamant augmente proportionnellement au carré du poids. Ainsi un diamant de 2 carats vaut 4 fois le prix du diamant d'un carat, un diamant de 3 carats vaut 9 fois plus, etc. Cette règle n'est appliquée que très approximativement. Ces prix sont d'ailleurs sujets à des fluctuations, et lorsqu'il s'agit de pierres d'un poids et d'une qualité exceptionnels, le prix est purement conventionnel.

Outre les diamants transparents et bien nettement cristallisés, seuls utilisés par la joaillerie, on trouve encore des diamants cristallins appelés *bords* et qu'on réduit en poudre pour faire de l'égrisée; des diamants amorphes, gris d'acier, opaques et dont on fait aussi de l'égrisée : on appelle ces derniers *diamants carboniques* ou *carbones*.

35. **Usages.** — Indépendamment de son emploi comme pierre d'ornement, le diamant sert à entailler et graver les pierres fines. C'est avec des outils garnis de diamants noirs que l'on perce les roches dures. Avec le diamant on coupe le verre; on se sert à cet effet d'un éclat de diamant enchâssé dans un outil en cuivre; cet éclat doit porter trois arêtes courbes qui, pénétrant dans le verre, écartent les bords de la coupure.

GRAPHITE.

36. Le *graphite*[2] ou *plombagine* est noir de fer ou gris d'acier, opaque, d'un éclat métallique. Il se rencontre en masses compactes formées de petits cristaux lamellaires de forme hexagonale, plus rarement en cristaux distincts, en Sibérie, à Ceylan.

Sa densité est inférieure à celle du diamant; elle est de 2,09 à 2,25.

Le graphite est friable, onctueux au toucher; frotté sur le papier, il laisse une trace gris de plomb; de là le nom de *plombagine* ou de *mine de plomb* qu'on lui applique quelquefois et l'emploi qu'on en fait pour la fabrication des crayons.

Comme il est bon conducteur de l'électricité, on l'applique, réduit en poudre fine, à la surface des moules en gutta-percha ou en plâtre dont on se sert dans la galvanoplastie, et qu'il rend

quable par sa limpidité et la perfection de sa taille. Brut, il pesait 410 carats; taillé, il ne pesait plus que 136 carats $\frac{14}{16}$. Acheté par le Régent pendant la minorité de Louis XV, au prix de 3 375 000 francs, ce diamant vaut aujourd'hui plus de 7 millions.

1. Le carat est une mesure de poids employée dans le commerce de la joaillerie et qui vaut $0^{gr},205$.

2. Du grec *graphein*, écrire.

conducteurs. Mélangé à des matières grasses, il forme le cambouis dont on imprègne les axes de rotation dans leurs coussinets, les roues des engrenages, pour diminuer les frottements. On enduit de plombagine les objets en tôle et en fonte pour les préserver de la rouille.

Pétri avec de l'argile réfractaire, le graphite sert à faire des creusets résistant aux températures les plus élevées de nos fourneaux.

Le graphite peut être obtenu artificiellement : le fer, fondu et maintenu à une température élevée en présence du charbon, dissout celui-ci et l'abandonne par refroidissement sous la forme de paillettes hexagonales de graphite. Cette variété artificielle a exactement les mêmes propriétés que le graphite naturel. Si le refroidissement est très rapide, il se fait aussi de très petits diamants.

CARBONE AMORPHE.

37. Les matières organiques d'origine végétale ou animale renferment quatre éléments essentiels : l'oxygène, l'hydrogène, l'azote et le carbone. Lorsqu'on chauffe ces matières en vase clos, il se produit entre ces divers éléments des réactions très diverses, dites *pyrogénées*, desquelles résulte la formation de matières volatiles qui se dégagent et il reste comme résidu du carbone. Ce carbone sera pur si la matière ne renferme pas de substances minérales fixes.

38. **Charbon de sucre.** — Prenons comme exemple des charbons ainsi produits, le charbon de sucre. Lorsqu'on chauffe du sucre dans un creuset de terre ou de porcelaine, il fond, puis brunit ; si l'on continue de chauffer, il se dégage des gaz combustibles, la matière devient pâteuse, se boursoufle, et finalement il reste un charbon volumineux, d'un beau noir très brillant, très fragile, qui, calciné de nouveau dans un creuset fermé, est du carbone pur, à la condition toutefois que le sucre pris comme point de départ ne renferme pas de matières salines.

39. **Noir de fumée.** — Les huiles, les graisses, certaines essences donnent, en brûlant à l'air libre, une flamme fuligineuse. Si l'on place au-dessus de ces flammes un corps froid, il s'y dépose un enduit pulvérulent, noir, de charbon très divisé : c'est le *noir de fumée*.

Les appareils qui servent à préparer le noir de fumée sont de formes très diverses ; la fig. 37 représente une des plus simples. C'est une chambre en maçonnerie sur les parois de laquelle sont tendues des toiles ; on brûle dans un foyer latéral des résines, et, lorsque le noir de fumée s'est déposé, on descend un cône métallique qui, raclant les parois, le détache et le fait tomber sur le sol, où on le ramasse.

Le noir de fumée ainsi obtenu contient encore des matières

Fig. 37.

grasses ou résineuses; une calcination dans un creuset fermé le purifie.

40. Noir animal. — Les os sont formés d'une matière minérale déposée au sein d'un tissu organique qui forme environ le tiers de la masse totale; la matière minérale est formée principalement de phosphate et de carbonate de chaux. Lorsqu'on calcine ces os dans des creusets couverts, la matière organique est détruite et laisse un résidu de carbone qui se trouve intimement mélangé à la matière minérale. L'os, après calcination, a conservé sa forme primitive; mais il est devenu noir. On le réduit en grains et on obtient ainsi un carbone très impur employé dans l'industrie, sous le nom de *noir animal*, comme décolorant.

Si l'on agite en effet dans un flacon un excès de noir animal avec du vin ou du tournesol, et que l'on jette le liquide sur un filtre, le liquide recueilli est incolore. Le noir animal est employé dans l'industrie à la décoloration des jus sucrés.

Lorsqu'il a servi quelque temps à cet usage, le noir animal ne peut plus absorber les matières colorantes. On le *revivifie* en le calcinant en vase clos, ou en le chauffant dans un courant de vapeur d'eau, sous pression.

COMBUSTIBLES NATURELS.

41. On trouve dans le sol et on utilise comme combustibles des substances de composition complexe que l'on désigne sous le nom général de *charbons de terre*; ce sont l'*anthracite*, la *houille*, *les lignites* et la *tourbe*.

Ces charbons fossiles proviennent de la décomposition des matières végétales enfouies à des périodes géologiques bien antérieures à la période actuelle. Cette origine végétale n'est pas douteuse. Il n'est pas rare de trouver dans les couches de houille des végétaux de grandes dimensions dont la structure anatomique peut encore être discernée : des feuilles, des troncs de fougères arborescentes dont quelques espèces vivent encore actuellement. La structure ligneuse est surtout facile à constater sur des charbons plus récents que la houille, les lignites. Les tourbes sont d'origine actuelle; nous les voyons se former dans les terrains marécageux, par la putréfaction des végétaux.

42. **Anthracite.** — L'anthracite[1] est un charbon compact, d'un noir brillant, que l'on trouve en France, aux environs d'Angers. Il contient de 90 à 92 pour 100 de carbone. L'anthracite brûle difficilement; néanmoins c'est un combustible très apprécié, parce que, dans des foyers munis d'un bon tirage, il brûle avec un grand dégagement de chaleur.

43. **Houilles.** — La houille est d'origine plus récente que l'anthracite. Moins compacte qu'elle, elle a le plus souvent un éclat gras et une structure feuilletée. Elle renferme des proportions de carbone très variables suivant le gisement (de 75 à 88 pour 100). Elle renferme encore de l'hydrogène, de l'oxygène, de l'azote et des matières minérales (sables, argiles, pyrites) qui restent à l'état de cendres après la combustion. Chauffée en vase clos, elle dégage des produits volatils (gaz de l'éclairage, goudrons) et laisse comme résidu du *coke*.

Certaines houilles se boursouflent lorsqu'on les chauffe, et brûlent avec une flamme rougeâtre, fuligineuse : ce sont les *houilles grasses* (Mons, Saint-Etienne), que l'on emploie aux travaux de la forge.

Les *houilles maigres*, plus compactes, brûlent avec une flamme courte.

44. **Lignites**[2]. — Les lignites sont d'origine plus récente encore. Elles sont moins riches en carbone que la houille et constituent un mauvais combustible qui brûle avec une flamme fuligineuse et en répandant une odeur désagréable.

On emploie en bijouterie, sous le nom de *jais* ou *jayet*, une lignite noire, susceptible de prendre un beau poli et qui provient de la décomposition de grands arbres d'essence résineuse.

45. **Tourbes.** — Les tourbes sont formées par des mousses à moitié putréfiées, imprégnées de vase et de terre. On les exploite au bord des étangs, dans des prairies basses (vallée de la Somme).

COMBUSTIBLES ARTIFICIELS.

46. **Charbon des cornues.** — C'est un charbon compact, bon conducteur de la chaleur et de l'électricité, et qui se dépose dans les cornues en terre où l'on calcine la houille en vase clos pour préparer le gaz de l'éclairage. Sa densité

1. Du grec *anthrax*, charbon.
2. Du latin *lignum*, bois.

est très voisine de celle du graphite naturel, mais il est beaucoup plus dur. On le désigne quelquefois dans le commerce sous le nom impropre de *graphite artificiel*. Taillé en parallélépipèdes, il sert de conducteur positif dans la pile de Bunsen. On en fait des creusets dans lesquels on chauffera les substances qui doivent être soustraites à l'action de l'oxygène de l'air. Ces creusets ne seront pas placés directement dans le foyer, mais enveloppés d'un creuset de plombagine.

Le charbon des cornues, par cela même qu'il est bon conducteur, s'enflamme difficilement; mais lorsqu'il a été cassé en petits fragments, il constitue, dans un foyer doué d'un bon tirage, un excellent combustible. Il ne laisse que peu de cendres et, sous un petit volume, il offre une grande proportion de matières combustibles.

47. **Coke.** — La houille, chauffée en vase clos, laisse un résidu solide, le *coke*. C'est un charbon très léger, d'une couleur grisâtre. Lorsqu'il provient de la calcination de houilles grasses qui, en se décomposant, se ramollissent et subissent une sorte de fusion, le coke est volumineux, spongieux, très léger. Si les houilles calcinées sont des houilles maigres, il conserve la forme du charbon qui l'a produit, il est dur et compact.

Le coke est un combustible très employé, soit dans l'économie domestique, soit dans l'industrie. Il s'allume difficilement et brûle sans flamme. Mais il laisse un résidu considérable, formé de toutes les matières minérales de la houille. Il contient environ 88 pour 100 de carbone.

48. **Charbon de bois.** — Les matières organisées qui forment le bois se détruisent, sous l'action de la chaleur, en laissant un résidu solide principalement formé de carbone, mais contenant nécessairement toutes les matières minérales du bois.

Deux procédés sont employés pour fabriquer le charbon de bois : le *procédé des meules* et le *procédé des cylindres*.

1° *Procédé des meules*. — Sur une aire plane bien battue, on dresse des bûches de bois formant une sorte de cheminée verticale autour de laquelle on entasse régulièrement, par couches superposées, les branches que l'on veut carboniser (fig. 38). On forme ainsi une *meule*, que l'on recouvre de menues branches,

Fig. 38.

de feuilles sèches et enfin de terre, en réservant des ouvertures à la base de la meule pour établir un tirage. Par la cheminée centrale on projette du combustible enflammé ; une partie du bois prend feu et la chaleur dégagée par cette combustion carbonise l'autre partie de la masse. On règle la combustion en pratiquant des ouvertures latérales ou *évents*, d'abord au sommet; puis, lorsque la fumée est devenue claire, ce qui indique que la combustion est terminée à leur voisinage, on bouche ces évents et on en ouvre d'autres à un niveau inférieur, et cela jusqu'à ce qu'on ait atteint le niveau du sol. A ce moment, on bouche toutes les ouvertures et on laisse refroidir. On sépare le charbon des fragments mal carbonisés (*fumerons*).

Le charbon bien préparé est noir, dur, compact, sonore; il conserve encore la forme des branches carbonisées. Les fumerons ont une couleur terne, brune et dégagent une fumée âcre lorsqu'ils brûlent.

Ce procédé s'applique en forêt : il donne un faible rendement (20 pour 100 à peine), et tous les produits volatils que dégage la distillation du bois sont perdus.

2° *Procédé des cylindres.* — On introduit le bois dans des cylindres en tôle chauffés par un foyer extérieur. Les cylindres sont reliés à des récipients refroidis dans lesquels viennent se condenser des produits liquides utilisés pour la préparation de l'acide pyroligneux et de l'esprit de bois, tandis que les produits gazeux sont dirigés dans le foyer et contribuent à l'alimenter. Le rendement est supérieur au précédent et les frais d'installation des appareils sont compensés par la vente des produits condensés.

49. **Propriétés absorbantes du charbon de bois.** — Le charbon de bois poreux jouit de la propriété d'absorber les gaz.

Si l'on introduit dans une éprouvette renfermant du gaz ammoniac ou de l'acide chlorhydrique, sur la cuve à mercure, un morceau de charbon de bois enflammé que l'on éteint en le plongeant dans le mercure, on voit presque immédiatement le niveau de celui-ci s'élever dans la cloche; le morceau de charbon plus léger flotte à la surface du liquide et se trouve constamment en contact avec le gaz, qu'il absorbe complètement.

Le charbon se comporte ici comme un liquide; il dissout le gaz, qu'il laisse dégager peu à peu lorsqu'on l'abandonne au contact de l'air, plus rapidement dans le vide ou sous l'action de la chaleur. Un fragment de charbon qui a dissous du gaz ammoniac répand l'odeur du gaz ammoniac; et si l'on approche de ce fragment un autre morceau qui a absorbé du gaz chlorhydrique, on voit immédiatement se former des fumées blanches de chlorhydrate d'ammoniaque.

Ce sont en général les gaz les plus solubles dans l'eau (gaz ammoniac, acide chlorhydrique) que le charbon absorbe en plus grande quantité; ainsi 1 volume de charbon de bois absorbe :

90	volumes de gaz	ammoniac,
85	—	acide chlorhydrique,
55	—	acide sulfhydrique,
7,5	—	azote,
1,75	—	hydrogène.

Cette propriété absorbante est utilisée pour désinfecter les liquides chargés de matières gazeuses odorantes. Lorsqu'on filtre de l'eau croupie et infecte à travers une couche de charbon de bois, le liquide a perdu toute odeur et peut être employé aux usages domestiques.

50. Propriétés chimiques communes aux variétés de carbone. — La propriété caractéristique du carbone est celle qu'il a de se combiner avec l'oxygène, de brûler, en formant du gaz carbonique. Le dégagement de chaleur qui accompagne la transformation de 12 grammes de carbone en 44 grammes de gaz carbonique est de 94 000 calories environ, c'est-à-dire que cette quantité de chaleur est suffisante pour porter de 0° à 100° la température de 940 grammes d'eau.

La combustion du charbon dans un foyer, aux dépens de l'oxygène de l'air qui afflue par les orifices inférieurs, est une des sources de chaleur les plus fréquemment employées.

Nous verrons que, si l'oxygène arrive au contact du charbon en quantité moindre que celle qui est exigée pour la formation de l'acide carbonique (12 de carbone pour 32 d'oxygène), un autre gaz prend naissance, l'*oxyde de carbone*.

Le carbone agit également sur un grand nombre de composés oxygénés. Ainsi, si l'on fait passer de la vapeur d'eau sur de la braise portée au rouge dans un tube de porcelaine, on recueille sur la cuve à eau un mélange d'hydrogène, d'acide carbonique et d'oxyde de carbone. Le carbone a décomposé l'eau; l'hydrogène s'est dégagé en même temps que le carbone a formé avec l'oxygène les deux composés oxygénés, l'acide carbonique et l'oxyde de carbone.

Si la proportion d'acide carbonique est faible, le mélange, formé principalement de deux gaz combustibles, l'hydrogène et l'oxyde de carbone, brûle avec une flamme peu éclairante. On désigne ce mélange gazeux sous le nom de *gaz de l'eau*.

La formation de ce mélange combustible dans la réaction de l'eau sur les charbons incandescents nous explique qu'on ne puisse éteindre un foyer incandescent en y projetant une petite quantité d'eau. On ne ferait ainsi qu'activer la combustion.

Le charbon, chauffé avec un grand nombre de composés oxygénés, les *réduit*, c'est-à-dire s'empare de leur oxygène. En métallurgie, on prépare un grand nombre de métaux en chauffant leurs composés oxygénés naturels avec du charbon.

CHAPITRE IV

ACIDE CARBONIQUE — OXYDE DE CARBONE — SILICE.

ACIDE CARBONIQUE.

51. Préparation. — Lorsque le carbone brûle dans un excès d'oxygène ou d'air, il se forme de l'acide carbonique[1]. Les gaz qui se dégagent d'un foyer incandescent renferment de l'acide carbonique, mais ce gaz est mélangé d'azote; dans certaines industries cependant, lorsque la présence de ce dernier gaz ne gêne pas, on se sert avec avantage de ce procédé simple pour se procurer le gaz carbonique.

Pour préparer le gaz carbonique pur, on décompose un carbonate par un acide.

Le carbonate de chaux (ou mieux carbonate de calcium) est une des substances les plus répandues dans la nature; le marbre, la pierre calcaire des environs de Paris, la craie sont du carbonate de calcium. Lorsqu'on verse sur ce carbonate un acide tel que l'acide chlorhydrique ou l'acide sulfurique, une effervescence se roduit et le gaz carbonique se dégage.

L'appareil dont on se sert pour effectuer cette préparation est es plus simples; il se compose d'un flacon tubulé (fig. 39) dans equel on introduit du marbre blanc en fragments et de l'eau. 'ar un tube à entonnoir, on verse peu à peu de l'acide chlorhy-lrique, et le gaz se dégage sur la cuve à eau.

52. Propriétés physiques. — L'acide carbonique est un gaz ncolore, inodore, mais d'une saveur aigrelette.

Il est environ une fois et demie plus lourd que l'air et 22 fois lus lourd que l'hydrogène; sa densité est 1,529 et l'on obtient le oids d'un litre d'acide carbonique, à 0° et sous la pression e 76^{cm}, en multipliant le poids du litre d'air normal, 1^{gr},293, par

1. D'apès les règles de la nomenclature actuellement adoptée, le gaz qui sulte de la combinaison du carbone avec l'oxygène est l'*anhydride carbonique*; dissolution de ce gaz devrait seule porter le nom d'*acide carbonique*.

ce facteur 1,529, ce qui donne pour le poids du litre de ce gaz 1gr,97.

Cette grande pesanteur spécifique peut être mise en évidence par l'expérience suivante. On fait arriver au fond d'un large vase

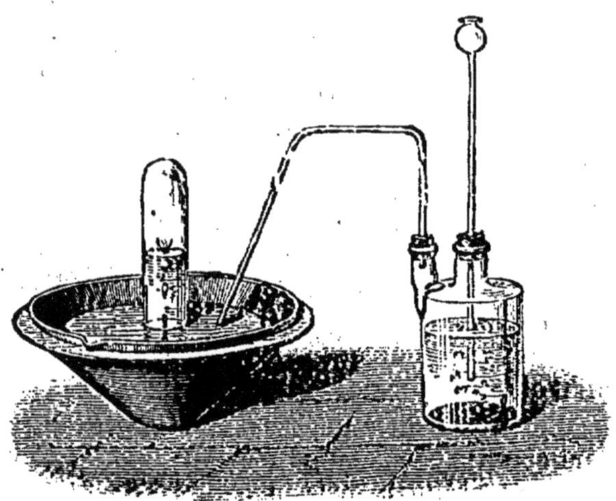

Fig. 59.

cylindrique en verre un courant lent de gaz carbonique qui déplace l'air peu à peu et s'accumule au fond du vase. Si à l'orifice de ce vase on produit des bulles de savon, elles rebondissent lorsqu'elles rencontrent la couche d'acide carbonique et flottent à sa surface.

A 15° l'eau dissout son volume de gaz carbonique, sous la pression atmosphérique; si la pression exercée à la surface du liquide est de 2, 3, 4 atmosphères, le volume de gaz dissous, mesuré sous la pression atmosphérique, sera double, triple, quadruple, etc.

L'eau de Seltz artificielle est une dissolution de gaz carbonique dans l'eau, faite sous pression. Lorsque cette dissolution arrive au contact de l'air, elle n'abandonne tout d'abord qu'une partie du gaz dissous et reste longtemps *sursaturée*.

Mais si l'on y introduit un corps rugueux ou si on agite le liquide, le dégagement s'accélère et il ne reste bientôt plus dans la dissolution que des traces de gaz carbonique.

Le gaz carbonique peut être facilement liquéfié par compression, pourvu que la température soit inférieure à 31°,35 : il suffit d'une pression de 36 atmosphères à 0° ou d'une pression de 50 atmosphères environ à 15°.

Pour effectuer cette liquéfaction, on emploie une pompe aspirante et foulante qui, puisant le gaz dans un gazomètre, le refoule dans un récipient très résistant (fig. 40).

On obtient facilement une neige très divisée d'acide carbonique

Fig. 40.

solide en dirigeant le jet gazeux mélangé de gouttelettes liquides dans une boite en ébonite (fig. 41). Le gaz arrive par un petit tube latéral, se brise contre les parois et s'échappe par la poignée creuse; une neige d'acide carbonique remplit la boite. La neige carbonique s'évapore lentement à l'air; sa température est alors constante et égale à — 72°. Lorsqu'on la mélange avec de l'éther de façon à rendre plus intime le contact avec le corps qu'il s'agit de refroidir, on obtient, par une évaporation rapide, une température de — 110°. Cette température est inférieure à la température d'ébullition de l'acide carbonique sous la pression atmosphérique; aussi, en refroidissant à cette température un tube de verre fermé à une de ses extrémités, pourra-t-on le remplir d'acide carbonique liquide en l'adaptant au récipient métallique dans lequel l'acide a été liquéfié; et le liquide n'exerçant pas une pression supérieure à celle de l'atmosphère, on pourra sceller le tube en fondant le verre, et le conserver ainsi. Lorsqu'on chauffe un de ces tubes en le tenant simplement dans la main, on remarque que l'acide carbonique liquide est beaucoup plus dilatable que le mercure ou l'alcool. Si on élève la température au-dessus de 31°, tout ce liquide se réduit en vapeur, ou tout au moins il est impossible de saisir de différence entre le liquide et sa vapeur; 31° est la *température critique* de l'acide carbonique (90).

Fig. 41.

53. Propriétés chimiques. — L'acide carbonique n'entretient pas la combustion. Une bougie allumée que l'on introduit dans une éprouvette remplie de ce gaz, s'éteint. L'expérience peut être faite différemment; plaçons une bougie au fond d'une éprouvette (fig. 42) et versons dans cette éprouvette du gaz carbonique en inclinant lentement, à l'orifice de la première, une éprouvette remplie de ce gaz : la bougie s'éteindra.

L'acide carbonique est un acide faible : quelques gouttes de tournesol versées dans une éprouvette de ce gaz prennent une couleur rouge-violacé, une couleur rouge-vineux, bien différente de celle que communiquent les acides forts à cette même teinture. En se combinant avec les bases, il forme des carbonates, dont le plus important est le carbonate de chaux, si répandu à la surface du globe. Ce carbonate est insoluble dans l'eau; si dans une éprouvette renfermant de l'acide carbonique on verse quelques gouttes d'une dissolution limpide de chaux dans l'eau (*eau de chaux*), elle se trouble et l'on voit apparaître un *précipité* blanc de carbonate de chaux. Cette réaction est très sensible : elle permet de reconnaître

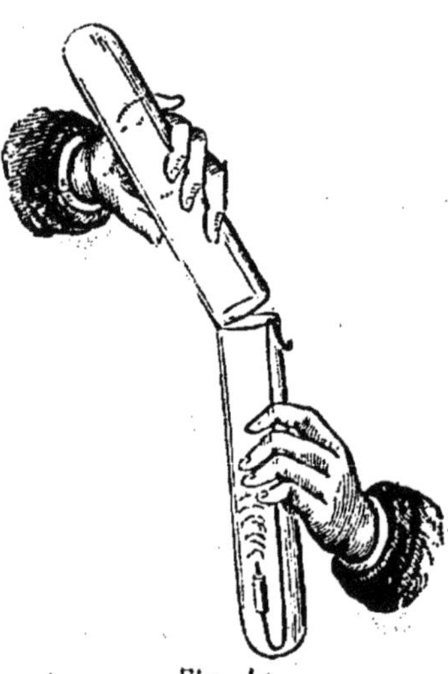

Fig. 42.

la présence de très petites quantités d'acide carbonique dans un gaz. Lorsque l'on veut enlever l'acide carbonique contenu dans une masse gazeuse, on fait passer ce gaz dans des tubes renfermant soit des dissolutions de potasse, soit de la potasse solide, ou simplement on introduit dans l'éprouvette qui contient le gaz une dissolution de potasse, et on agite, en fermant l'éprouvette avec la main.

Le gaz carbonique, en passant sur du charbon porté au rouge, se change en oxyde de carbone, en perdant la moitié de son oxygène. Pour faire l'expérience, on adapte à l'extrémité d'un tube de porcelaine rempli de braise un appareil producteur d'acide carbonique. On porte le charbon au rouge, en chauffant le tube dans un fourneau à réverbère, et, en faisant passer le gaz lentement, on recueille sur la cuve à eau un gaz qui brûle avec une flamme bleue : c'est l'oxyde de carbone ; le volume du gaz a doublé.

Cette réaction est très importante et nous permet de préciser dans quelles circonstances les deux gaz se formeront dans la combustion du charbon. Lorsque, dans un foyer, une longue colonne de charbon est incandescente, l'air qui afflue par la grille sur laquelle repose le combustible brûle le charbon et forme de l'acide carbonique; mais, celui-ci, en passant sur du charbon rouge, se transforme partiellement du moins en oxyde de carbone qui est entraîné par le courant gazeux dans la cheminée d'appel. On voit fréquemment courir à la surface d'une masse assez considérable de coke, brûlant dans un foyer, de petites flammes bleuâtres; elles sont dues à la combustion de l'oxyde de carbone, formé comme nous venons de le dire.

L'acide carbonique n'entretient pas la respiration. Dans une atmosphère renfermant 30 pour 100 d'acide carbonique un chien succombe rapidement. L'acide carbonique s'accumule souvent dans des caves, dans des salles où se produisent des *fermentations*; on reconnait qu'il est imprudent d'y séjourner lorsqu'une bougie s'éteint. Il faut alors procéder à une ventilation active.

54. **Acide carbonique dans l'atmosphère.** — Nous avons fait remarquer, en étudiant l'air, que l'atmosphère contenait de l'acide carbonique, et ce fait a été constaté en exposant à l'air, dans un vase large, de l'eau de chaux qui se trouble et se recouvre d'une pellicule solide de carbonate de chaux. On peut déterminer le poids de ce gaz contenu dans un volume déterminé d'air par la méthode suivante (fig. 43). Un grand vase cylindrique en tôle est rempli d'eau; lorsqu'on fait écouler ce liquide lentement par un tube inférieur, l'air rentre par un tube fixé à la tubulure supé-

rieure en traversant une série de tubes en U renfermant, les premiers, de la ponce imbibée d'acide sulfurique pour retenir la vapeur d'eau, les autres, de la pierre ponce imbibée d'une disso-

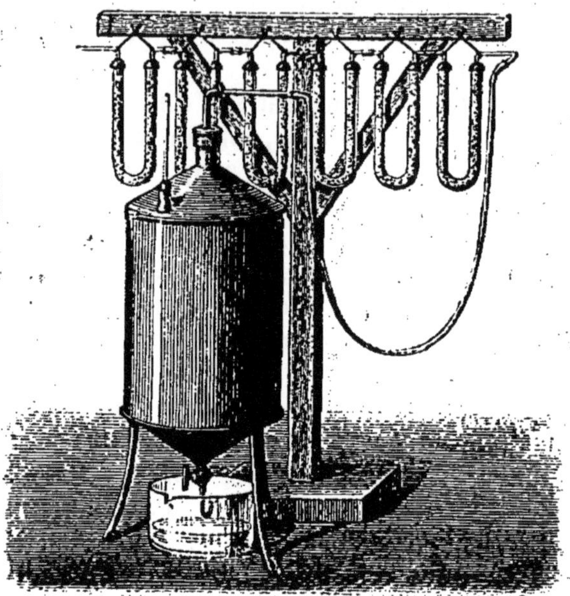

Fig. 15.

lution de potasse et de la potasse solide. Si l'on a pesé les tubes à potasse avant l'expérience et si on les pèse lorsque l'aspirateur s'est vidé, l'augmentation de poids donnera le poids d'acide carbonique contenu dans un volume d'air que l'on calcule lorsque l'on connaît le volume de l'eau écoulée. On peut étudier ainsi la distribution de l'acide carbonique dans l'atmosphère en différents points du globe, à différentes hauteurs, en différentes saisons.

On a trouvé ce résultat remarquable que le volume d'acide carbonique contenu dans 10 000 volumes d'air était sensiblement constant et s'écartait peu de 3 volumes.

55. Origine de l'acide carbonique de l'atmosphère. — Toutes les combustions vives de matières carbonées qui s'effectuent à la surface du sol déversent de l'acide carbonique dans l'atmosphère.

Une des sources de ce gaz est la respiration des animaux.

Lorsqu'on souffle à l'aide d'un tube de verre dans de l'eau de chaux, on voit cette eau se troubler rapidement par la formation du carbonate de chaux. L'air expiré des poumons renferme donc de l'acide carbonique, dont l'origine a été fixée par Lavoisier, qui a rapproché le phénomène de la respiration des phénomènes de combustion. L'air en pénétrant dans les poumons apporte de l'oxygène qui, traversant les membranes, se fixe sur les globules du sang. Ceux-ci transportent l'oxygène en tous les points des tissus, brûlent un grand nombre de matières organiques, et l'acide carbonique produit, fixé lui aussi sur les globules, est ramené aux poumons où, à travers les parois des cellules pulmonaires, se fait un échange entre l'acide carbonique et l'oxygène. Ces combustions lentes qui s'effectuent dans les tissus sont la source de la *chaleur animale*.

« La respiration, dit Lavoisier en 1789, n'est qu'une combustion lente de carbone et d'hydrogène qui est semblable en tout à celle qui s'opère dans une lampe ou dans une bougie allumée; et, sous ce point de vue, les animaux qui respirent sont de véritables corps combustibles qui brûlent et se consument. »

Un homme consomme ainsi en moyenne de 20 à 25 litres d'oxygène et exhale de 15 à 20 litres d'acide carbonique par heure.

Ajoutons que, des fissures du sol, se dégage, en bien des points du globe, de l'acide carbonique; un grand nombre d'eaux minérales chargées d'acide carbonique au sein de la terre, sous une pression supérieure à celle de l'atmosphère, laissent dégager une partie de ce gaz lorsqu'elles arrivent à la surface.

Et cependant, malgré que tant de causes diverses tendent à accumuler l'acide carbonique dans l'atmosphère, nous venons d'observer que la proportion de ce gaz était constante. Cela tient, d'une part, à la *nutrition* des plantes et, de l'autre, à l'absorption du gaz carbonique par les eaux. Sous l'influence de la lumière solaire, les parties vertes des végétaux décomposent l'acide carbonique, fixent le carbone dans leurs tissus, et l'oxygène se dégage. Elles *respirent*, il est vrai, comme les animaux, en dégageant de l'acide carbonique; mais, comme la décomposition qu'elles effectuent de l'acide carbonique de l'atmosphère l'emporte de beaucoup sur la production du gaz carbonique, il en résulte que les plantes détruisent en partie l'acide carbonique qui se diffuse dans l'atmosphère. Mais c'est l'absorption de l'acide carbonique par les eaux qui joue surtout le rôle de régulateur.

56. **Acide carbonique dans les eaux.** — L'eau contient des gaz en dissolution, et parmi ces gaz de l'acide carbonique. L'origine de cet acide carbonique est multiple. L'eau de pluie en traversant l'atmosphère dissout de l'acide carbonique; cette eau s'infiltre dans le sol et jouit alors de la propriété de dissoudre le carbonate de chaux. Ce corps en effet, insoluble dans l'eau, est soluble dans de l'eau chargée d'acide carbonique, et le fait peut

se constater ainsi : Dans de l'eau de chaux on verse quelques gouttes d'eau de Seltz, et le précipité de carbonate de chaux formé tout d'abord disparaît lorsqu'on en ajoute un excès. Il se forme un bicarbonate de chaux soluble dans l'eau, mais très instable, qui tend à se scinder en acide carbonique et carbonate insoluble et qui ne peut subsister dans une eau que si, à la surface de celle-ci, le gaz carbonique exerce une pression déterminée. Lorsque la pression de l'acide carbonique, en un point du globe, tend à s'élever au-dessus de cette limite, l'acide se dissout et forme, avec le carbonate de chaux en suspension dans l'eau, du bicarbonate. Lorsque, au contraire, la tension de l'acide carbonique diminue, le bicarbonate se décompose, le gaz se dégage et du calcaire se dépose.

Le carbonate de chaux ainsi dissous par l'eau chargée d'acide carbonique peut produire dans certaines circonstances des phénomènes particuliers. Certaines eaux minérales, très riches en acide carbonique et en carbonate de chaux, perdent en grande partie leur acide carbonique lorsqu'elles arrivent à la surface du sol, et le carbonate de chaux se dépose en petits cristaux sur les objets immergés, plantes, branches d'arbres, etc. Ce sont les sources ou fontaines incrustantes : telle est la source de Saint-Allyre, à Clermont-Ferrand.

Si ces eaux riches en acide carbonique s'infiltrent dans le sol et atteignent une cavité ou grotte naturelle, elles perdent, en arrivant à la paroi intérieure de celle-ci, de l'acide carbonique, et il se forme un dépôt calcaire qui recouvre ainsi peu à peu les parois. Si l'eau suinte à la voûte supérieure, chaque gouttelette dépose un anneau de carbonate de chaux, et ces anneaux forment peu à peu une sorte de colonne verticale descendante ou *stalagtite*; arrivée au sol, la goutte qui se détache de la paroi supérieure forme des dépôts qui, se superposant aussi, forment avec le temps une colonne verticale ou *stalagmite*. Quelques grottes sont célèbres par des formations calcaires d'une grande élégance et d'un bel éclat (fig. 44) : la grotte des Demoiselles (Hérault), les grottes du Han en Belgique, dans la province de Namur.

C'est à cette même cause qu'il faut attribuer les dépôts calcaires qui garnissent peu à peu l'intérieur des conduites d'eau, et les dépôts qui se forment sur les parois des chaudières à vapeur.

57. Eaux potables. — Les eaux de source ou de rivière, l'eau de la mer, renferment du carbonate de chaux, et cette substance est indispensable à l'alimentation. Elle contribue en effet au développement du système osseux des animaux; elle fournit aux mollusques les matières nécessaires à l'élaboration de leur coquille.

Cependant, si l'eau est trop riche en calcaire, elle devient dif-

Fig. 41.

ficile à digérer, impropre à la cuisson des légumes ou au savonnage. Mais ce n'est pas le carbonate de chaux qu'il faut redouter le plus, c'est le sulfate de chaux ou plâtre, qui, existant dans certains terrains, se dissout dans l'eau en assez forte proportion. L'eau des puits des environs de Paris est riche en sulfate de chaux : on dit qu'elle est *séléniteuse*. La chaux de ce sel forme avec le savon un composé insoluble, qui encrasse le linge, les mains, ou contracte avec certaines matières contenues dans les légumes qu'on tente d'y faire cuire, des combinaisons dures.

Une eau qui renferme du carbonate de chaux se trouble lorsqu'on la fait bouillir, par suite du départ de l'acide carbonique. Si elle renferme du sulfate de chaux, elle se trouble lorsqu'on y verse quelques gouttes de chlorure de baryum, et, d'après l'abondance du précipité, on juge de la proportion de sulfate qu'elle renferme. Enfin on estimera si l'eau est propre ou non aux usages domestiques en l'agitant avec une dissolution alcoolique de savon. S'il se produit une mousse légère, disparaissant rapidement, ou un léger trouble, l'eau est peu chargée de chaux; s'il se forme un abondant précipité, l'eau est trop calcaire et ne peut servir qu'aux lavages des ruisseaux ou à l'arrosage de la voie publique.

Les eaux stagnantes sont souillées par la présence de matières organiques en voie de décomposition, et possèdent une odeur et un goût désagréables; elles sont en outre malsaines. Les eaux des rivières qui traversent les grandes villes et reçoivent les eaux d'égout sont plus ou moins chargées de matières organiques en suspension; ces eaux peuvent servir au lavage des rues, mais il faut, autant que possible, les rejeter pour les besoins de l'alimentation.

Une bonne eau potable doit être fraiche, bien aérée; elle doit contenir des matières minérales, dont le poids ne doit pas dépasser 0gr,5 par litre, mais elle doit contenir peu de sulfate de chaux; au plus 0gr,1.

58. **Composition.** — L'expérience de Lavoisier (52) permet de fixer la composition de l'anhydride carbonique. La combustion du diamant dans une atmosphère d'oxygène une fois terminée, il a constaté que le volume gazeux n'avait pas changé. *Un volume d'oxygène produit donc un volume de gaz carbonique égal au sien.* On peut déduire de là la composition en poids :

	Gr.
Un litre de gaz carbonique pèse.	$1,529 \times 1,293$
Un litre d'oxygène.	$1,105 \times 1,293$

La différence représente le poids du carbone contenu dans un litre de gaz carbonique, soit $0,423 \times 1,293$. Les poids d'oxygène et de carbone sont donc entre eux comme 1,105 et 0,423. On trouve ainsi que 12 de carbone se combinent à 32 d'oxygène pour donner 44 de gaz carbonique.

Dumas et Stas ont fixé, par une méthode plus précise, la composition du gaz carbonique en brûlant un poids donné de carbone pur dans un courant d'oxygène et pesant l'anhydride carbonique formé.

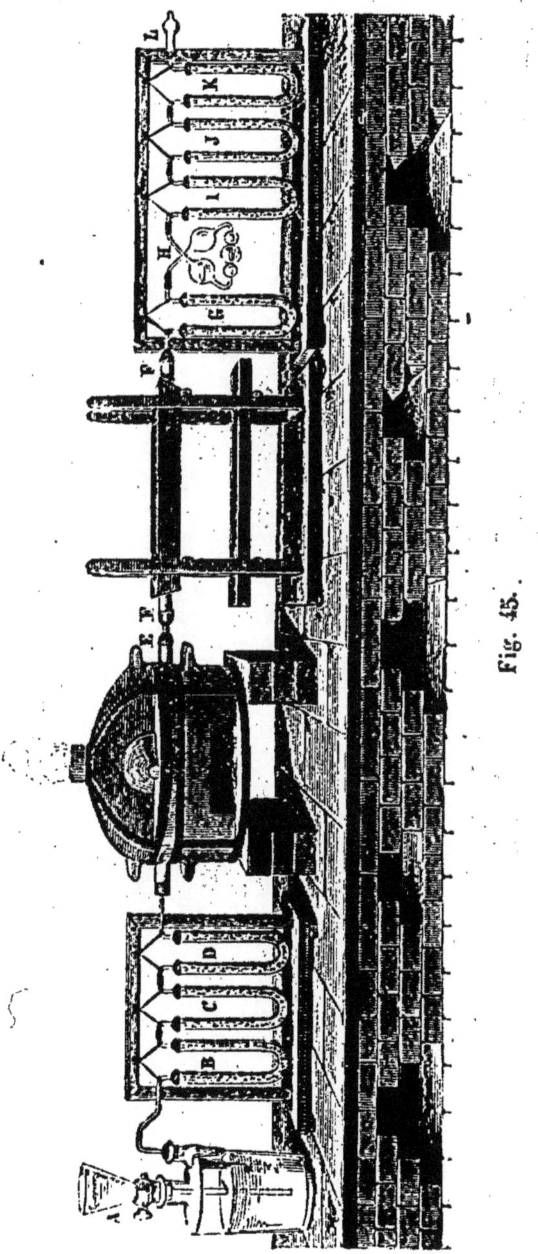

Fig. 45.

Un grand flacon tubulé est rempli d'oxygène (fig. 45), que l'on déplace en faisant couler lentement de l'acide sulfurique par un tube à entonnoir : le gaz se dessèche dans les tubes BCD, remplis de ponce sulfurique. En E est un tube de porcelaine porté au rouge dans un fourneau à réverbère et renfermant une petite nacelle contenant un poids connu de diamant ou de graphite. Comme le gaz qui sort du tube de porcelaine peut contenir un peu d'oxyde de carbone, on le fait passer sur de l'oxyde de cuivre chauffé au rouge en FF; l'oxyde de carbone prend l'oxygène de l'oxyde de cuivre et se transforme en gaz carbonique. L'anhydride carbonique formé est retenu par de la potasse contenue dans les tubes G, H, I, J, K, dont on détermine l'augmentation de poids à la fin de l'expérience.

59. **Applications.** — Le gaz carbonique dissous dans l'eau ou dans des liquides alcooliques sous pression leur communique une

saveur aigrelette. Les *eaux de Seltz* artificielles, les limonades

Fig. 46.

gazeuses, le vin de Champagne, le cidre, la bière, contiennent du gaz carbonique dissous à la faveur d'un excès de pression. Au contact de l'air, l'excès de gaz se dégage, le liquide mousse.

La fabrication des eaux de Seltz artificielles est simple. On prépare le gaz carbonique dans un cylindre métallique en faisant réagir l'acide sulfurique étendu sur de la craie. Après avoir traversé des vases laveurs, il est recueilli dans un gazomètre. Une pompe aspire à la fois le gaz et le liquide, qu'elle refoule dans un récipient sphérique ou *saturateur*, et de là dans des *siphons* en verre fort, capables de supporter une pression de 10 atmosphères environ (fig. 46).

Pour préparer sur les tables de petites quantités d'eau de Seltz, on se sert fréquemment de l'appareil Briet (fig. 47). Un vase sphé-

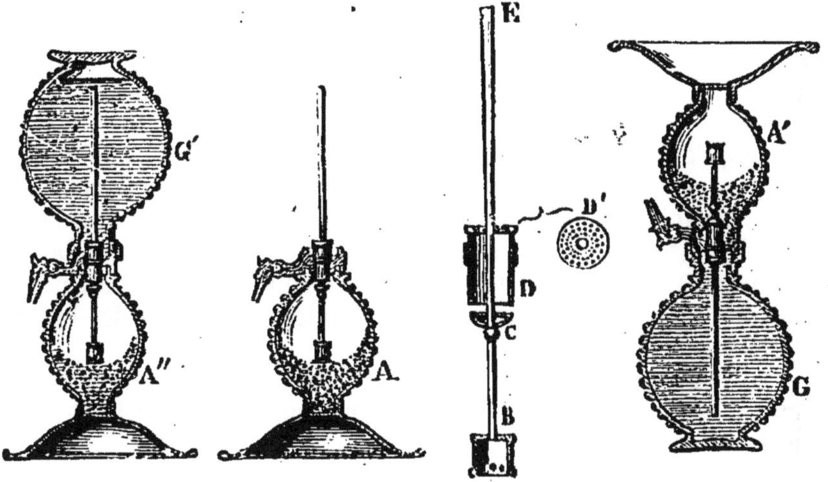

Fig. 47.

rique A est muni d'une garniture métallique à robinet. On y introduit un mélange de bicarbonate de sodium et d'acide tartrique solide, puis un tube vertical en étain ouvert à sa partie supérieure et terminé à sa base par un cylindre percé de trous. Ce tube porte un renflement cylindrique garni d'étoupe, qui ferme l'ouverture du vase inférieur. Après avoir rempli d'eau le vase G, on renverse le vase A et on visse sa garniture métallique sur celle du premier. Lorsqu'on retourne ensuite l'appareil, l'eau du vase supérieur s'écoule par l'extrémité du tube vertical, et le sel et l'acide, qui à l'état sec ne pouvaient réagir l'un sur l'autre, dégagent du gaz carbonique dès qu'ils sont mouillés. Le gaz s'élève par de petits trous pratiqués à la surface du cylindre creux D, et se dissout dans l'eau. Lorsqu'on tourne un robinet à vis qui communique avec la base du vase supérieur G', le liquide s'écoule, chassé par la pression qu'exerce le gaz à sa surface. Pour préparer un litre d'eau gazeuse, on mélange généralement 18gr d'acide tartrique et 21gr de bicarbonate de sodium.

OXYDE DE CARBONE.

60. **Préparation.** — On a vu que le gaz carbonique se transforme en oxyde de carbone lorsqu'on le fait passer sur une longue colonne de charbon portée au rouge (53). C'est dans des circonstances analogues à celle-ci que se forme l'oxyde de carbone dans la pratique industrielle.

Mais, dans les laboratoires, lorsqu'on veut préparer l'oxyde de carbone pur, on chauffe dans un ballon de verre de l'acide oxalique cristallisé avec de l'acide sulfurique. L'acide oxalique cristallisé renferme les éléments de l'eau, de l'anhydride carbonique et de l'oxyde de carbone.

Lorsqu'on chauffe alors cet acide en présence de l'acide sulfurique, ce dernier retient l'eau et il se dégage un mélange qui renferme volumes égaux de gaz carbonique et d'oxyde de carbone. On fait passer le gaz, au sortir du ballon, dans un flacon laveur renfermant une dissolution de potasse ou de soude destinée à retenir l'acide carbonique et l'on recueille le gaz dans des éprouvettes sur la cuve à eau (fig. 48).

61. **Propriétés.** — Gaz incolore, inodore et sans saveur. Sa densité est 0,967, c'est-à-dire 14 fois plus grande que celle de l'hydrogène.

L'oxyde de carbone n'exerce aucune action sur la teinture de tournesol, c'est un corps neutre. Lorsqu'il a été soigneusement débarrassé de gaz carbonique, il ne trouble pas l'eau de chaux.

L'oxyde de carbone est combustible : il peut être mélangé à l'air ou à l'oxygène, à la température ordinaire, sans subir de modification ; mais à l'approche d'un corps incandescent il brûle avec une flamme bleue en formant de l'acide carbonique :

Deux volumes d'oxyde de carbone, en se combinant avec un volume d'oxygène, donnent deux volumes d'acide carbonique.

La flamme de l'oxyde de carbone est bleue, et cette coloration est caractéristique.

L'oxyde de carbone tend non seulement à s'emparer de l'oxygène libre, mais il réagit sur un grand nombre de composés oxygénés pour leur enlever l'oxygène. C'est ce qu'il est facile de vérifier en chauffant de l'oxyde de fer ou de l'oxyde de cuivre dans un petit tube de verre traversé par un courant d'oxyde de carbone. On constate qu'il se dégage de l'anhydride carbonique et l'oxyde est réduit à l'état métallique : comme l'hydrogène, l'oxyde de carbone est donc un gaz *réducteur*, et à ce titre on l'utilise dans les arts métallurgiques : c'est l'oxyde de carbone qui, dans les

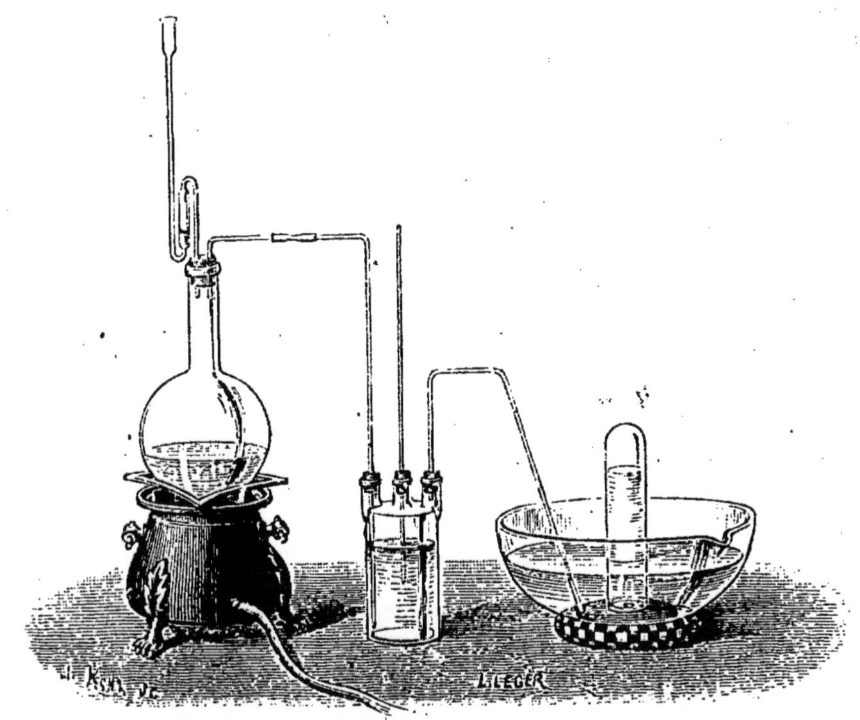

Fig. 48.

hauts fourneaux, réduit les minerais de fer, qui sont des oxydes de ce métal.

62. **Propriétés physiologiques.** — L'oxyde de carbone est un gaz très délétère. Il se fixe sur les globules du sang, qu'il rend impropres à absorber l'oxygène destiné à produire dans tout l'organisme les combustions lentes.

L'oxyde de carbone étant dépourvu d'odeur, on ne s'aperçoit de sa présence dans une atmosphère viciée que par les maux de tête et les vertiges qu'il occasionne et qu'une ventilation active fait disparaître assez rapidement.

Dans les asphyxies par le charbon, c'est l'oxyde de carbone qui tue et non le gaz carbonique. En effet, dans une atmosphère renfermant juste assez de gaz carbonique pour qu'une bougie s'éteigne, un chien n'est pas asphyxié. Or, ce même animal succombe dans une atmosphère renfermant le mélange de gaz carbonique et d'oxyde de carbone qui provient de la combustion du charbon, bien avant qu'une bougie s'y éteigne.

Nous devons donc éviter avec grand soin toute cause qui introduirait dans l'atmosphère d'une chambre même de très petites quantités d'oxyde de carbone.

Un foyer qui ne serait pas muni d'une cheminée pour le dégagement des gaz de la combustion, ou dont le tirage serait insuffisant, émettra nécessairement de l'oxyde de carbone. On ne doit jamais fermer complètement la clef d'un poêle sous prétexte de ralentir la combustion, car les gaz, ne trouvant pas d'autre issue, se répandraient dans la pièce. Les poêles à combustion lente, les *poêles mobiles* dont l'usage s'est répandu dans ces dernières années, constitueraient un danger sérieux si le tuyau n'était pas engagé dans une cheminée tirant très bien.

SILICE.

La silice est un composé oxygéné d'un métalloïde, le *silicium*.

63. **État naturel.** — Cristallisée et anhydre, c'est le *quartz* ou *cristal de roche*.

Le *quartz* (fig. 49) se présente sous la forme de prismes hexa-

Fig. 49.

gonaux réguliers terminés par des pyramides à six faces (fig. 50). Les cristaux sont incolores et d'une limpidité parfaite, ou quelquefois d'un blanc laiteux. Les cristaux qui ont une teinte violacée portent le nom d'*améthystes*; d'autres variétés sont colorées en brun ou en noir, et constituent le quartz enfumé. La *cornaline*, l'*agate*, le *jaspe* sont des variétés de quartz diversement coloré.

La densité du quartz est de 2,6 environ. Le quartz est difficilement fusible; on ne peut le fondre qu'au chalumeau à oxygène et hydrogène.

Les cristaux de quartz accompagnent fréquemment les minerais métalliques dans leurs filons ou forment des groupements cristallins appelés *géodes*, à l'intérieur de gros cailloux de silex.

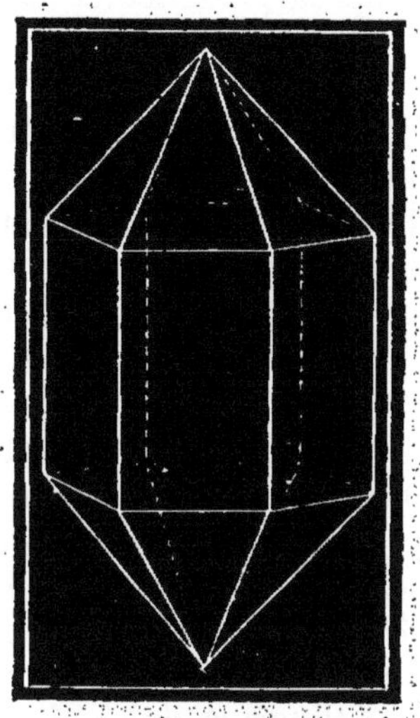

Fig. 50.

Les *grès*, les *pierres meulières*, les *silex*, les *sables quartzeux* sont de la silice plus ou moins mélangée d'alumine ou d'oxyde de fer. L'*opale*, employée en joaillerie, est de la silice hydratée.

64. **Silice artificielle.** — La silice ou acide silicique possède les propriétés des acides; elle se combine avec les bases alcalines, lorsqu'on la chauffe avec ces dernières pour former des silicates facilement fusibles. Quelques-uns de ces silicates sont des matières d'une grande importance : les *verres* sont des silicates doubles de calcium et de sodium ou de potassium; le *cristal* est un silicate double de sodium et de plomb.

Fondue avec les carbonates alcalins, elle en chasse l'acide carbonique et forme un silicate. Fondons par exemple dans un creuset de terre, au rouge vif, 6 parties de sable blanc et 5 parties de carbonate de sodium, puis coulons le produit obtenu sur une dalle; nous obtiendrons ainsi, après refroidissement de la matière, un verre transparent, soluble dans l'eau. Cette dissolution est désignée sous le nom de *liqueur des cailloux* : c'est un silicate de sodium.

Versons de l'acide chlorhydrique concentré dans cette liqueur, nous obtiendrons immédiatement un précipité blanc, gélatineux, de silice hydratée; ce précipité est tellement volumineux, que l'on peut retourner le verre sans qu'il s'écoule de liquide. L'acide, en réagissant sur le silicate, a déplacé la silice et s'est combiné avec la base, pour donner du chlorure de sodium et de l'eau. On lave le précipité pour enlever les sels solubles, on le dessèche et, après calcination, on obtient une matière pulvérulente, blanche, qui est de la silice pure.

65. **Propriétés physiques.** — La silice anhydre est insoluble dans l'eau; la silice hydratée peut s'y dissoudre en petite quantité à la faveur des acides libres.

Versons une dissolution étendue de silicate de sodium dans de l'eau acidulée par de l'acide chlorhydrique; nous n'obtiendrons pas de précipité de silice, mais la silice, mise en liberté par l'acide chlorhydrique, restera dissoute. Nous nous expliquerons ainsi la présence de la silice dans les eaux courantes, où elle est maintenue dissoute à la faveur de l'acide carbonique, et son absorption par les plantes. Nous trouverons, en effet, de la silice dans les tiges des végétaux et dans les squelettes osseux des animaux. Certaines eaux renferment même de très fortes proportions de silice. Les eaux bouillantes que les geysers de l'Islande lancent périodiquement, retombent dans des bassins circulaires, où la silice hydratée se dépose et forme des amas volumineux.

La silice ne fond que lorsqu'elle est chauffée au chalumeau à oxygène et hydrogène, ou dans un violent feu de forge.

66. **Propriétés chimiques.** — Aucun métalloïde n'attaque la silice; chauffée avec du charbon, elle n'est pas réduite.

Les acides sulfurique, azotique et chlorhydrique n'attaquent pas la silice. Seul l'acide fluorhydrique la dissout. Si l'on verse sur de la silice pure placée dans une capsule de platine un peu d'acide fluorhydrique, une effervescence se produit, il se dégage un gaz (*fluorure de silicium*), fumant au contact de l'air humide; si l'on chauffe légèrement, il ne reste aucun résidu, car toutes les substances qui ont pris naissance sont volatiles.

Cette action exercée par l'acide fluorhydrique sur la silice ou toutes les substances qui en contiennent, comme le verre, est utilisée pour la gravure sur verre (168).

Applications. — Quelques variétés de silice naturelle, diversement colorées, sont employées en bijouterie. Les grès servent à faire les pavés, les meules. Le sable entre dans la composition des mortiers employés dans les constructions; il entre dans la composition des poteries, des verres, du cristal.

CHAPITRE V

NOTIONS GÉNÉRALES SUR LA COMBINAISON CHIMIQUE. LOIS DES COMBINAISONS. — NOMENCLATURE.

67. **Corps composés, corps simples.** — L'oxyde rouge de mercure, le bioxyde de manganèse, le chlorate de potassium qui, chauffés à une température plus ou moins élevée, ont dégagé de l'oxygène, (1) dont le poids est nécessairement inférieur à celui de la substance mise en expérience puisque dans chacun de ces cas la calcination a laissé un résidu solide, sont des *corps composés.*

L'eau, l'acide sulfureux, l'acide carbonique que nous avons préparés en *brûlant* de l'hydrogène, du soufre ou du carbone dans une atmosphère d'oxygène, sont aussi des corps composés; le poids de la substance nouvelle ainsi produite est nécessairement supérieur, puisque l'oxygène a disparu, au poids de la substance première.

Mais nous disons que l'oxygène, l'azote, l'hydrogène, le carbone, le soufre, le phosphore, le mercure, le fer, le cuivre sont des *corps simples* ou *éléments*, car, quel que soit le mode de traitement, on n'a pu jusqu'ici les scinder en corps distincts de ceux-ci par l'ensemble de leurs propriétés.

En brûlant du soufre ou du carbone dans l'oxygène, nous avons *combiné* les éléments soufre et carbone avec l'élément oxygène; en faisant passer un courant électrique dans l'eau liquide, en faisant passer la vapeur d'eau sur du fer chauffé au rouge, en chauffant de l'oxyde de cuivre dans un courant d'hydrogène, nous avons *décomposé* l'eau et l'oxyde de cuivre.

Combinaison, décomposition, sont des phénomènes chimiques : c'est l'étude de ces transformations de la matière qui fait l'objet de la *Chimie.*

68. **Mélange et combinaison.** — Nous pouvons triturer dans un mortier du fer et du soufre très divisés, et obtenir ainsi une poudre dans laquelle il sera impossible, au premier aspect, de

distinguer les deux substances. Mais si nous l'examinons au microscope, nous pourrons trouver un grossissement tel, que les particules des deux corps nous apparaissent avec leur couleur et leur éclat particuliers; nous pourrons, en promenant un barreau aimanté dans cette poudre, enlever tout le fer et laisser le soufre. Nous aurons fait un *mélange*, et dans ce mélange le soufre et le fer pourront entrer en telle proportion qu'il nous conviendra.

Nous pouvons de même mélanger du soufre et du cuivre en poudre fine en toutes proportions. Mais chauffons ce mélange dans un ballon (fig. 51). Le soufre fond, se volatilise partiellement, le cuivre est porté à l'incandescence et une matière nouvelle prend naissance qui n'a plus aucune des propriétés physiques du cuivre et du soufre. Une action mécanique ne suffira plus pour séparer les deux corps; nous avons préparé ici un corps *composé* de soufre et de cuivre, et l'union de ces deux corps est une *combinaison*.

Fig. 51.

Ainsi, tandis que, dans un mélange, les corps conservent leurs propriétés physiques individuelles, il résulte de la combinaison un corps parfaitement homogène et doué de nouvelles propriétés physiques.

Le mélange de deux corps se fait sans dégagement de chaleur;

la combinaison du soufre et du cuivre dans l'expérience précédente, de l'hydrogène et de l'oxygène lorsque nous avons formé de l'eau, a été accompagnée d'un dégagement de chaleur.

Enfin, nous avons pu mélanger le soufre et le cuivre en toutes proportions; mais si, lorsque nous avons chauffé le mélange, et que nous avons ainsi déterminé la combinaison, nous avons mis en présence 16 grammes de soufre et plus de 63^{gr},5 de cuivre, un excès de cuivre reste mélangé au composé de soufre et de cuivre, excès de métal qu'il sera toujours facile de distinguer.

Résumant donc les enseignements que nous venons de tirer de quelques expériences simples, nous dirons :

Toute *réaction chimique* est caractérisée par :

1° *Un changement dans les propriétés des corps réagissants;*

2° *Une relation numérique entre leurs poids;*

3° *Un phénomène thermique susceptible de mesure.*

LOIS DES COMBINAISONS EN POIDS.

69. **Loi des poids** (Lavoisier). — *Le poids d'un composé est égal à la somme des poids des composants.* — C'est en pesant les corps en réaction et le composé formé que Lavoisier fut conduit à formuler cette loi fondamentale. Dans toute réaction, le poids des matières réagissantes est toujours égal au poids des corps résultants; il n'y a ni destruction, ni création de matière : nous n'étudions jamais que des transformations. Lorsque du charbon brûle dans l'oxygène, ce charbon semble disparaître, mais le poids du gaz carbonique produit est égal au poids du carbone et de l'oxygène qui se sont combinés.

Nous pourrons, en établissant qu'il y a égalité entre les poids des substances qui ont réagi et les poids des substances produites, former une équation, qui nous permettra de calculer le poids de l'une d'elles, connaissant celui de toutes les autres.

70. **Loi des proportions définies** (Proust[1]). — *Pour former un même composé défini par l'ensemble de ses propriétés physiques et chimiques, deux corps s'unissent toujours dans des proportions invariables.*

Pour former l'eau, nous avons vu qu'un poids d'hydrogène égal à 1 s'unissait à un poids d'oxygène égal à 8. Quel que soit le poids d'hydrogène mis en expérience, le poids d'oxygène qui s'y combine pour former l'eau sera toujours 8 fois plus grand.

71. **Loi des proportions multiples** (Dalton[2]). — *Lorsque deux*

1. Né à Angers en 1755, mort en 1826.
2. Chimiste et physicien anglais, né en 1766, mort en 1814.

corps forment plusieurs composés, les poids de l'un d'eux qui s'unissent à un poids invariable de l'autre sont entre eux dans des rapports simples.

Ainsi l'hydrogène et l'oxygène forment deux composés, *l'eau* et *l'eau oxygénée.* Dans le premier 1 d'hydrogène est uni à 8 d'oxygène ; dans le second, 1 d'hydrogène est uni à 8×2 d'oxygène.

L'oxygène et l'azote forment 6 composés, dans lesquels :

14	d'azote	s'unissent à	8	d'oxygène.
14	—	—	2×8	—
14	—	—	3×8	—
14	—	—	4×8	—
14	—	—	5×8	—
14	—	—	6×8	—

Le manganèse et l'oxygène donnent plusieurs composés dans lesquels :

27,5	de manganèse	s'unissent à	8	d'oxygène.
27,5	—	—	$\frac{4}{3} \times 8$	—
27,5	—	—	$\frac{2}{3} \times 8$	—
27,5	—	—	2×8	—
27,5	—	—	3×8	—
27,5	—	—	$\frac{7}{2} \times 8$	—

72. Loi des nombres proportionnels. — *Si* a *et* b *sont les poids de deux corps simples ou composés* A *et* B *qui s'unissent séparément à un même poids* c *d'un troisième* C, *toutes les combinaisons de* A *et de* B *s'effectueront entre des multiples entiers simples de* a *et de* b.

Toutes ces combinaisons de a et de b seront de la forme

$$ma + nb,$$

m et n étant des nombres entiers.

Ainsi l'expérience montre que

1 d'hydrogène	s'unit à	8	d'oxygène,
—	—	2×8	—
—	—	35,5	de chlore.

Les combinaisons du chlore et de l'oxygène renferment en effet

35,5 de chlore et	8	d'oxygène.
—	3×8	—
—	4×8	—

De même

1 d'azote s'unissent à	3×1	d'hydrogène.
—	8	d'oxygène.
—	2×8	—
—	$3 \times 35,5$	de chlore.

Les nombres 1, 8, 35,5 et 14 sont des *nombres proportionnels* de l'hydrogène, de l'oxygène, du chlore et de l'azote. Si deux corps ne formaient qu'un seul composé, la détermination des nombres proportionnels ne présenterait aucune difficulté; ce serait purement une question d'analyse : il suffirait, par exemple, de chercher quels sont les poids des divers métalloïdes ou métaux susceptibles de se combiner à un même poids 8 d'oxygène. On aurait là un *système de nombres proportionnels rapporté à* 8 *d'oxygène*, ou, ce qui revient au même, *rapporté à* 1 *d'hydrogène*. Mais la multiplicité des combinaisons que deux corps simples peuvent présenter fait que le nombre des systèmes des nombres proportionnels que l'on peut établir est infini.

Ainsi :

1° On peut prendre comme terme de comparaison C tel ou tel corps simple.

2° On peut donner au nombre proportionnel de ce corps simple *c* une valeur arbitraire, 1 ou 100 par exemple.

3° On peut choisir, pour nombre proportionnel du corps A, l'un quelconque des poids de ce corps qui s'unissent au poids *c* du corps C et qui sont d'ailleurs entre eux en rapport simple.

De là une indétermination que l'on fera cesser en assujettissant ces nombres proportionnels à satisfaire à certaines conditions. Ces conditions ont varié avec le temps et les progrès de la science. Dans le système des *poids atomiques*, aujourd'hui généralement adopté, on prend l'hydrogène comme terme de comparaison et l'on représente par 1 son poids proportionnel ou poids atomique. Nous dirons ultérieurement quelles sont les conventions qui ont été adoptées pour édifier le système des poids atomiques.

LOI DES COMBINAISONS GAZEUSES.

73. Les poids de deux substances qui se combinent ne sont pas nécessairement entre eux dans un rapport simple. Ainsi, 1 gramme d'hydrogène se combine avec $35^{gr},5$ de chlore pour former un gaz, l'acide chlorhydrique; $27^{gr},5$ de manganèse se combinent à 8 grammes ou un multiple de 8 grammes d'oxygène pour donner divers composés oxygénés.

D'autre part, en étudiant la composition de l'eau, on a établi que 2 volumes d'hydrogène se combinent avec 1 volume d'oxygène pour donner 2 volumes de vapeur d'eau. Les analyses du protoxyde et du bioxyde d'azote montrent que 2 vol. d'azote s'unissent avec 1 vol. d'oxygène pour donner 2 vol. du premier gaz;

et que 1 vol. d'azote s'unit à 1 vol. d'oxygène pour former 2 vol. de bioxyde. De même, l'ammoniaque résulte de la combinaison de 1 vol. d'azote et de 3 vol. d'hydrogène condensés en 2 vol.

Gay-Lussac, après avoir analysé un nombre considérable de gaz résultant de la combinaison d'éléments volatils, a rapproché ces faits les uns des autres, et a été conduit à formuler une des plus belles lois de la chimie, la *loi des combinaisons gazeuses*, que l'on désigne aussi sous le nom de *loi de Gay-Lussac*.

74. Loi des volumes. — *Les volumes de deux gaz qui s'unissent pour former un composé gazeux sont entre eux dans un rapport simple, et le volume du composé est dans un rapport simple avec les volumes des composants.*

Le gaz chlorhydrique, qui résulte de la combinaison en poids de 1 d'hydrogène et de 35,5 de chlore, est formé de volumes égaux de gaz chlore et d'hydrogène, et le volume du composé est égal à la somme des volumes des composants. Nous verrons, en poursuivant l'étude des principaux métalloïdes susceptibles de prendre l'état gazeux, que cette loi de Gay-Lussac ne souffre aucune exception, et, si nous considérons les rapports de volumes que nous rencontrerons le plus fréquemment, nous pourrons dire que, en général,

1 volume + 1 volume = 2 volumes,
1 volume + 2 volumes = 2 volumes,
1 volume + 3 volumes = 2 volumes.

En intercalant dans un même circuit (fig. 52) trois voltamètres renfermant le 1er une dissolution d'acide chlorhydrique, le 2e de l'eau acidulée par l'acide sulfurique, le 3e une dissolution d'ammoniaque, on observe que pour un volume d'hydrogène égal à l'unité, dégagé au pôle négatif de chacun d'eux, les volumes de chlore, d'oxygène et d'azote, recueillis aux pôles positifs, sont

$$1, \quad \frac{1}{2}, \quad \frac{1}{3}.$$

Remarque. — Dans le premier cas, l'union des deux gaz s'est faite sans condensation; dans le second cas, la condensation est de 1/3 du volume des composants; dans le troisième cas, cette condensation est de moitié. Et nous ferons les remarques suivantes, qui serviront de corollaires à la loi énoncée ci-dessus :

Le volume d'un composé est au plus égal à la somme des volumes des composants; il y a en général contraction.

Si les composants sont des corps simples, on remarque encore :

Lorsque la combinaison de deux gaz s'effectue à volumes égaux, le volume du composé est égal, en général, à la somme des volumes des composants.

Ainsi :

1 vol. chlore + 1 vol. hydrogene = 2 vol. acide chlorhydrique;
1 vol. azote + 1 vol. oxygène = 2 vol. bioxyde d'azote.

Il n'en serait plus ainsi si les composants étaient eux-mêmes des corps composés :

2 vol. ox. de carb. + 2 vol. chlore = 2 vol. oxychlorure de carbone.

Si la combinaison a lieu à volumes inégaux, le volume du composé est inférieur à la somme des volumes des composants; il y a

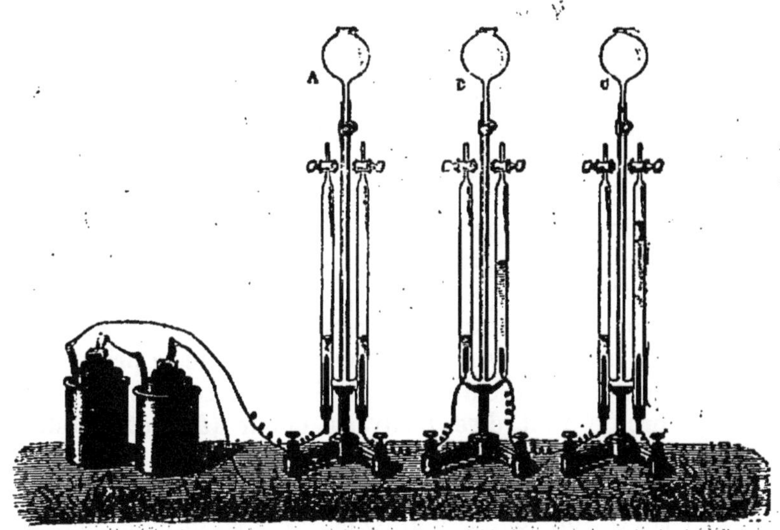

Fig. 52.

contraction. La contraction est en général de 1/3 lorsque les gaz se combinent dans le rapport de 1 à 2 :

1 vol. oxygène + 2 vol. hydrogène = 2 vol. vapeur d'eau;
1 vol. oxygène + 2 vol. azote = 2 vol. protoxyde d'azote;

NOTIONS DE NOMENCLATURE.

75. Historique. — Le nombre des corps simples que nous connaissons actuellement n'est pas très étendu; il n'en est pas de même des combinaisons qu'ils peuvent former deux à deux, trois à trois, etc., et si aucune règle précise ne présidait à leur dénomination, il serait impossible de s'y reconnaître. Dans les dernières années du XVIIIe siècle, les corps composés portaient encore des noms qui ne rappelaient en rien leur origine et souvent même en portaient plusieurs.

A l'instigation de Guyton de Morveau, les savants les plus illustres, Lavoisier, Fourcroy, Berthollet, établirent les bases d'une classification systématique, que Lavoisier publia en 1787.

76. Corps simples. — Aucune règle fixe n'a présidé au choix du nom d'un corps simple. On a conservé le plus souvent le nom sous lequel il était anciennement connu : or, argent, mercure. Les corps plus récemment découverts sont désignés par des noms rappelant ou leur propriété chimique essentielle ou celle de leurs propriétés physiques qui a plus spécialement fixé l'attention. Tels sont les mots hydrogène (*udor*, eau, et *gennao*, j'engendre), oxygène (*oxus*, acide, et *gennao*, j'engendre), azote (*a* privatif, et *zoè*, vie). Le nom du gaz chlore est tiré de sa couleur (*chloros*, verdâtre); brome veut dire mauvaise odeur (*bromos*, fétidité); la vapeur de l'iode est violette (*iodès*, violet), etc.

On distingue les corps simples en *métalloïdes* et en *métaux*.

Les *métaux* sont doués d'un éclat que l'on désigne sous le nom d'éclat *métallique*; ils sont bons conducteurs de la chaleur et de l'électricité. Le fer, le cuivre sont des métaux. Les métaux sont en général solides; on n'en connaît qu'un liquide, le mercure.

Les *métalloïdes* n'ont pas l'éclat métallique, leur couleur est terne en général; ils sont mauvais conducteurs de la chaleur et de l'électricité. Quelques-uns sont solides, comme le soufre; d'autres liquides, comme le brome; d'autres enfin sont gazeux, comme l'oxygène, l'azote.

Mais c'est par un caractère tiré de la nature de leurs combinaisons avec l'oxygène et avec l'hydrogène qu'on est amené à établir une distinction plus nette entre les métalloïdes et les métaux.

En général, en s'unissant à l'oxygène les métalloïdes donnent des anhydrides acides; ils peuvent former des composés oxygénés neutres, mais jamais d'oxydes basiques; leurs composés hydrogénés sont gazeux.

Les métaux au contraire donneront des composés oxygénés basiques; ils pourront former aussi des anhydrides acides; ils ne s'unissent pas à l'hydrogène ou forment avec l'hydrogène des composés solides.

La distinction entre métalloïdes et métaux est d'ailleurs tout artificielle. En passant des métalloïdes les mieux caractérisés à des corps franchement métalliques, comme le cuivre et le fer, nous trouvons des corps simples que leurs propriétés physiques ou chimiques permettraient de classer aussi bien parmi les métalloïdes que parmi les métaux.

Le tableau suivant renferme les noms des corps simples actuellement connus[1]. A côté de chacun de ces noms se trouve un *symbole* et une *valeur numérique*.

Le *symbole*, abréviation du nom du corps, est formé de la première lettre du nom, ou des deux premières lorsque plusieurs noms de corps simples commencent par la même lettre.

La *valeur numérique* est celle du nombre proportionnel que l'on a choisi comme *poids atomique*.

1. Un certain nombre d'éléments jusqu'ici encore mal définis ne sont pas mentionnés dans ce tableau.

MÉTALLOÏDES.

$H = 1$

Fluor	F	19,00	*Azote*	*Az.*	14,01
Chlore	*Cl.*	35,37	*Phosphore*	*P*	30,96
Brome	Br.	79,76	Arsenic	As.	74,92
Iode	I	126,56	Antimoine[1]	Sb.	119,6
Oxygène	*O*	15,88	*Carbone*	*C.*	11,97
Soufre	*S*	31,98	Silicium	Si.	28,00
Sélénium	Se.	78,87			
Tellure	Te.	126,3	Bore	B.	10,91

MÉTAUX.

Lithium	Li.	7,01	Tantale	Ta.	182,0
Sodium[2]	*Na*	22,99	Vanadium	Va.	51,1
Potassium[3]	*K.*	39,03			
Rubidium	Rb	85,2	Titane	Ti	48,0
Cæsium	Cs.	132,7	Germanium	Gr.	72,3
Thallium	Tl.	203,7	Zirconium	Zr	90,4
			Étain	*Sn.*	117,4
Calcium	*Ca.*	39,91	Thorium	Th.	231,96
Strontium	Sr.	87,3			
Baryum	Ba.	136,8	Bismuth	Bi	207,5
Glucinium	Gl.	9,08	Cérium	Ce.	141
Magnésium	*Mg*	23,94	Lanthane	La.	138,5
Zinc	Zn	64,9	Didyme	Di	145
Cadmium	Cd	111,7	Yttrium	Y	89,7
			Erbium	Er.	166,0
Aluminium	*Al.*	27,04	Ytterbium	Yb.	172,6
Gallium	Ga	69,9			
Indium	In	113,40	*Cuivre*	*Cu.*	63,18
			Plomb	*Pb.*	206,4
Chrome	Cr	52,0			
Manganèse	Mn	54,8	*Argent*	*Ag.*	107,7
Fer	*Fe*	55,9	*Mercure*[4]	*Hg.*	199,8
Nickel	Ni	58,6			
Cobalt	Co	58,7	*Or*	*Au.*	196,2
Uranium	U.	239,8			
			Ruthénium	Ru.	101,5
			Rhodium	Rh.	103,2
Molybdène	Mo	95,9	Palladium	Pd.	106,3
Tungstène	Tu	126,3	Osmium	Os.	190
			Iridium	Ir	192
Niobium	Nb.	93,7	*Platine*	*Pt*	194

1. Sb, de *stibium*, nom sous lequel on a aussi désigné l'antimoine.

2. Le symbole Na vient de *natrium*, dérivé de *natro*, nom sous lequel les anciens désignaient le carbonate de sodium.

3. K est la première lettre du mot *kalium*, dérivé de l'arabe *al kali*, la potasse.

4. Hg, de *hydrargyrum*, vif-argent.

77. Corps composés. — Fonctions chimiques. — On dit que des corps ont même *fonction chimique* lorsqu'ils jouissent d'un ensemble de propriétés communes qui servent de caractéristiques à la fonction.

Distinguons tout d'abord les fonctions *acide, base, sel.*

78. Acides. Sels. — Mettons dans un verre des morceaux de zinc et de l'eau, il ne se passera rien de particulier; ajoutons de l'acide sulfurique, il va se former de petites bulles d'hydrogène qui monteront à travers le liquide en même temps que le métal semblera se dissoudre; ce n'est toutefois pas une véritable dissolution, car en chauffant suffisamment on pourra chasser toute l'eau mise au début et on ne trouvera plus alors qu'un seul corps solide, blanc, constituant une espèce chimique bien différente de celles introduites et qu'on appelle le sulfate de zinc. L'hydrogène ne peut provenir que de la décomposition de l'acide, car le zinc est un corps simple. Quant au sulfate, d'après ce que nous savons de sa formation, il renferme ce que renfermait l'acide sulfurique moins de l'hydrogène, plus du zinc.

Nous savons de même, par des procédés plus ou moins directs, obtenir de nombreux corps dont la composition diffère de celle de l'acide sulfurique uniquement par ce fait qu'ils renferment un métal en plus et de l'hydrogène en moins.

Cette propriété de l'acide sulfurique nous la prendrons pour définir la fonction acide *dans son sens le plus général* en disant :

On appelle acide tout corps renfermant de l'hydrogène remplaçable par des métaux. Les produits obtenus après le remplacement sont nommés Sels.

Ainsi le sulfate de zinc est le sel de zinc de l'acide sulfurique.

Un acide est dit *monobasique* quand son hydrogène remplaçable par un métal ne peut se remplacer partiellement. C'est le cas des acides azotique AzO^3H ou chlorhydrique HCl. Si cet hydrogène peut se remplacer par moitié, l'acide est bibasique : ainsi l'acide sulfurique SO^4H^2 est bibasique, il fournit en effet deux sels de sodium SO^4HNa et SO^4Na^2. L'acide phosphorique PO^4H^3 dont l'hydrogène est remplaçable par tiers par un métal est tribasique. Un acide peut d'ailleurs renfermer à la fois de l'hydrogène remplaçable et de l'hydrogène non remplaçable par un métal.

Les acides ne renfermant pas d'oxygène sont en général des composés binaires. Pour les nommer on dit *Acide*, puis on ajoute le nom du corps combiné à l'hydrogène suivi du suffixe *hydrique.* Pour les acides oxygénés, généralement ternaires, on ne nomme pas l'oxygène mais on met *ique* au lieu e hydrique. S'il y a deux acides provenant de l'union du mêm corps avec l'oxygène et l'hydrogène celui qui renferme le moins d'oxygène pour cent prend la terminaison *eux* au lieu de ique. Enfin les préfixes *hypo* d'une part, *per* ou *hyper* de l'autre, servent à indiquer une diminution ou une augmentation d'oxygène.

Pour nommer un sel on prend le nom de l'acide d'où il dérive. On supprime le mot acide, on remplace les terminaisons hydrique par *ure*, ique par *ate*, eux par *ite*, on ajoute la préposition *de*, puis le nom du métal. Ces conventions sont résumées dans le tableau suivant.

NOMENCLATURE DES ACIDES ET DES SELS.

Non oxygénés		Acides :	Acide — hydrique.
		Sels :	— ure de *métal*.
Oxygénés	Les plus oxygénés.	Acide :	Acide — ique.
		Sel :	— ate de *métal*.
	Les moins oxygénés.	Acide :	Acide — eux.
		Sel :	— ite de *métal*.

EXEMPLES :

ACIDES

HCl.	*Acide* chlor*hydrique*.
ClOH.	*Acide hypo*chlor*eux*.
ClO^3A.	*Acide* chlor*ique*.
ClO^4H.	*Acide per*chlor*ique*.

SELS

NaCl	Chlor*ure* de sodium.
ClONa.	*Hypo*chlor*ite* de sodium.
ClO^3Na	Chlor*ate* de sodium.
ClO^4Na	*Per*chlor*ate* de sodium.

REMARQUE. — Un acide polybasique peut donner plusieurs sels avec un même métal; le sel obtenu en remplaçant tout l'hydrogène remplaçable par un métal est dit *neutre*. SO^4Na^2 est le sulfate neutre de sodium; SO^4NaH est un sulfate acide, il renferme en effet de l'hydrogène remplaçable par un métal.

79. Bases. — Mettons l'eau HOH en présence d'un métal, le sodium; une vive réaction a lieu, il se dégage de l'hydrogène et il se forme un nouveau corps, la soude NaOH. Cette soude c'est de l'eau dont l'hydrogène a été remplacé en partie par un métal. Étant donnée la définition des acides que nous avons adoptée, on peut dire que l'eau est un acide vis-à-vis du sodium. Il en est de même vis-à-vis d'un très grand nombre de métaux ; c'est de plus un acide bibasique : le magnésium en poudre réagissant sur l'eau tiède ne remplace que la moitié de l'hydrogène de l'eau ; à la température du rouge il déplace la totalité. L'eau fournit donc deux espèces de sels : les sels acides composés ternaires appelés hydrates et les sels neutres composés binaires appelés oxydes. L'usage est de ne pas leur conserver le nom de sels. On appelle les premiers des *bases* et les seconds des *oxydes basiques* ou *bases anhydres.*

NOMS DE QUELQUES BASES USUELLES.

KOH	Hydrate de	potassium	ou	Potasse.
$NaOH$	—	sodium	ou	Soude.
CaO^2H^2	—	calcium	ou	Chaux éteinte.
CaO	Oxyde de	calcium	ou	Chaux vive.
MgO	—	magnésium	ou	Magnésie.

80. Restriction de la fonction acide. — La fonction acide caractérisée, comme nous l'avons fait, par une seule propriété comprend des corps d'allures souvent très différentes, aussi on la restreint généralement en convenant de n'appeler réellement acides que les corps qui, en présence d'une base, s'emparent du métal en cédant de l'hydrogène, c'est-à-dire que nous exigerons qu'*un acide en réagissant sur une base donne un de ses sels et de l'eau.*

C'est ainsi par exemple que l'acide chlorhydrique en présence de la soude fournit de l'eau et du chlorure de sodium, ce qu'on écrit

$$HCl + NaOH = NaCl + HOH$$ [1].

Action des réactifs colorés. — La plupart des acides en solution

1. Une permutation entre l'hydrogène d'un acide et le métal d'un sel est fréquente. C'est ainsi que la plupart des acides étudiés dans ce traité peuvent s'obtenir par l'action de l'acide sulfurique sur un de leurs sels. L'acide sulfurique cède de l'hydrogène en échange du métal ; on exprime quelquefois ce fait en disant que l'acide sulfurique a chassé l'autre acide de son sel. On voit que nous n'appelons réellement acides que ceux capables de chasser l'eau de ses sels au moins partiellement. En chimie organique on restreint encore davantage la fonction acide.

aqueuse font rougir la teinture bleue de tournesol; beaucoup font virer au rose la solution jaune d'héliantine. Dans les mêmes conditions les bases ramènent ces matières colorantes à leur couleur primitive. Quant aux sels proprement dits, leur action sur les réactifs colorés ne présente rien de général. On peut seulement remarquer que beaucoup de sels neutres sont sans action sur le tournesol. Quand on veut spécifier cette propriété, on dit qu'ils sont neutres au tournesol (592).

81. **Alliages, amalgames.** — On appelle alliages les combinaisons et les mélanges des combinaisons des métaux entre eux. Ils ont souvent des noms industriels : bronze, laiton. Si l'un des métaux est le mercure, on dit amalgame. Ex. : l'amalgame de sodium, combinaison de mercure et de sodium.

82. **Composés binaires ne rentrant pas dans les catégories précédentes.** — S'ils ne sont pas oxygénés, on nomme l'un des deux corps, on lui ajoute la terminaison *ure*, la préposition *de* et le nom du deuxième corps[1].

Celui des deux corps qui prend la terminaison *ure* est celui qui précède l'autre dans le tableau suivant lu horizontalement :

F	Cl	Br	I
O	S	Se	Te
Az	P	As	Sb
C	Si		
B			
H	Métaux.		

Exemple : ICl est le chlorure d'iode.

Lorsque deux corps forment plusieurs combinaisons on se sert pour les distinguer des préfixes *proto, bi, sesqui, tri,* etc.

Exemple : PCl^3 Trichlorure de phosphore.
PCl^5 Pentachlorure de phosphore.

Combinaisons oxygénées. — On les appelle oxyde de... et on ajoute le nom du deuxième corps. On utilise les mêmes préfixes que ci-dessus.

1. C'est cette règle qu'on applique quand on nomme les sels non oxygénés.

EXEMPLE : CO Oxyde de carbone.
Mn^2O^3 Sesquioxyde de manganèse.

Anhydrides d'acides. — Certains oxydes s'unissant à l'eau donnent des acides; en réagissant sur les bases ils donnent des sels de ces acides. On les appelle comme les acides en ajoutant *anhydre* ou en remplaçant acide par *anhydride.*

L'anhydride sulfurique SO^3 se combine vivement à l'eau en donnant l'acide sulfurique SO^4H^2.

Anhydrides basiques. — Ce sont les bases anhydres. Plusieurs d'entre elles, au contact de l'eau, s'y combinent en fournissant des hydrates. On leur applique la nomenclature générale des oxydes.

CaO, oxyde de calcium, au contact de l'eau se transforme en CaO^2H^2, hydrate de calcium. On fait souvent usage des terminaisons *eux* et *ique.* Ainsi il existe deux oxydes basiques de fer. On les appelle :

FeO protoxyde de fer ou oxyde ferreux,
Fe^2O^3 sesquioxyde de fer ou oxyde ferrique.

CHAPITRE VI

POIDS MOLÉCULAIRES. — POIDS ATOMIQUES. — VALENCE. CLASSIFICATION DES ÉLÉMENTS.

POIDS MOLÉCULAIRES ET POIDS ATOMIQUES.

83. **Définitions.** — 1° Le POIDS MOLÉCULAIRE *d'un corps simple ou composé gazeux est le poids de ce corps qui, à l'état de vapeur, et dans des conditions identiques de température et de pression, occupe le même volume qu'un poids d'hydrogène égal à 2.*

Si on prend comme *unité de volume le volume de l'unité de poids d'hydrogène*, les poids moléculaires ou les *molécules* occuperont 2 volumes.

L'ensemble des poids moléculaires ainsi définis forme un système de nombres proportionnels dans lequel le poids moléculaire de l'hydrogène est 2.

2° Le POIDS ATOMIQUE *d'un corps simple est le plus petit poids de ce corps simple qui puisse entrer dans le poids moléculaire de ses combinaisons.*

L'analyse montre que, pour la plupart des corps simples volatils, le poids atomique ainsi défini est la moitié du poids moléculaire. Le poids atomique, ou, pour abréger, l'*atome* de ces corps simples occupe donc 1 volume.

Si

$$H = 1, \qquad Cl = 35{,}5, \qquad O = 16, \qquad Az = 14,$$

sont les symboles et les poids atomiques de l'hydrogène, du chlore, de l'oxygène et de l'azote, les volumes occupés à l'état gazeux par ces poids respectifs des corps simples sont égaux à 1 ; les poids moléculaires sont alors

$$H^2 = 2, \qquad Cl^2 = 71, \qquad O^2 = 32, \qquad Az^2 = 28.$$

Cependant les poids de 2 volumes de vapeur de phosphore et d'arsenic sont

$$P^4 = 124, \qquad As^4 = 300\,;$$

le poids moléculaire de la vapeur de mercure est $Hg = 200$, égal au poids atomique.

Remarques. — 1° Les densités de vapeur des divers corps volatils sont proportionnelles à leurs poids moléculaires respectifs, puisque ceux-ci occupent le même volume gazeux.

Si donc D est la densité d'un corps volatil dont le poids moléculaire est P, on aura :

$$\frac{P}{2} = \frac{D}{0,0694}$$

2 étant le poids moléculaire et 0,0694 la densité de l'hydrogène.

On déduit de cette relation :

$$P = \frac{2}{0,0694}\,D = 28,8\,D.$$

On voit qu'il est inutile de se charger la mémoire des densités des corps gazeux; on peut toujours les calculer quand on connait les poids moléculaires.

Le problème que nous venons de traiter est en réalité l'inverse de celui que l'on a résolu pour calculer le poids moléculaire, en appliquant la définition ci-dessus. C'est alors la densité de vapeur qui est la donnée expérimentale.

2° Le volume, exprimé en *litres*, occupé par un poids d'hydrogène égal à 1 gramme, est

$$v = \frac{1}{0,0694 \times 1,293} = 11^{lit},15.$$

Les poids moléculaires évalués en grammes occuperont dans les conditions normales un volume double, soit

$$22^{lit},30.$$

Le volume d'un gaz simple ou composé dégagé dans une réaction se calculera donc facilement lorsqu'on saura combien de fois on a produit le poids moléculaire, c'est-à-dire lorsqu'on connaîtra la *formule de la réaction.*

84. **Formules des réactions.** — Nous savons que 2 grammes d'hydrogène en s'unissant à 16 grammes d'oxygène forment 18 grammes d'eau. Au lieu d'écrire

$$2^{gr} \text{ d'hydrogène} + 16^{gr} \text{ d'oxygène} = 18^{gr} \text{ d'eau,}$$

nous pouvons remplacer 2gr d'hydrogène par le symbole H^2, 16gr d'oxygène par le symbole O et 18gr d'eau par le symbole H^2O. L'égalité deviendra

$$H^2 + O = H^2O:$$

c'est la formule représentative de la réaction.

Quelque compliquée que soit la réaction, on pourra toujours la représenter par une égalité dans le premier membre de laquelle entreront les symboles moléculaires des corps réagissants et, dans le second membre, les symboles des produits de la réaction, multipliés les uns et les autres par des coefficients tels, que le nombre des atomes d'un corps simple soit le même de part et d'autre.

Cette égalité deviendra une *équation* si elle contient une inconnue, par exemple le nombre de molécules d'un corps composé qu'il faut employer pour obtenir un poids ou un volume donnés d'un des produits de la réaction.

Comme application, proposons-nous de *formuler* les réactions que nous avons employées pour préparer l'oxygène, l'hydrogène, l'acide carbonique et l'oxyde de carbone étudiés dans les deux premiers chapitres.

Préparation de l'oxygène : 1° Par l'oxyde de mercure :

$$HgO = Hg + O.$$

2° Par le bioxyde de manganèse :

$$3MnO^2 = Mn^3O^4 + 2O.$$

Dans cette formule, le symbole moléculaire du bioxyde de manganèse est précédé du coefficient 3.

On peut vérifier en effet que, par l'introduction de ce facteur qui indique combien de molécules entrent en réaction, le nombre des atomes de manganèse d'une part et des atomes d'oxygène de l'autre est le même dans les deux membres de l'égalité.

Un calcul très simple permet de le déterminer; représentons-le par x. Nous connaissons bien entendu les compositions et les formules du bioxyde de manganèse MnO^2 et de l'oxyde rouge de manganèse Mn^3O^4 qui reste comme résidu de la calcination, mais nous ne connaissons pas le nombre d'atomes d'oxygène dégagé; représentons-le par y. Appliquons la loi de Lavoisier et écrivons :

$$xMnO^2 = Mn^3O^4 + y.$$

Le second membre contient 3 atomes de manganèse ; le premier membre doit en contenir également 3 ; donc

$$x = 3.$$

Dans le premier membre il y a dès lors 6 atomes d'oxygène ; on a donc aussi

$$6 = 4 + y,$$

d'où

$$y = 2.$$

Proposons-nous de calculer, la formule étant établie, quel est le poids de bioxyde de manganèse qu'il faut calciner pour obtenir 100 litres d'oxygène ou 143^{gr}, car 1 litre d'oxygène pèse 1^{gr},430 (2). Remplaçons les symboles par leur valeur numérique :

$$Mn = 54,8, \qquad O = 16 ;$$

nous aurons

$$3(54,8 + 2 \times 16) = (3 \times 54,8 + 4 \times 16) + 2 \times 16,$$

ou

$$260,4 = (3 \times 54,8 + 4 \times 16) + 32,$$

relation qui exprime que 260,4 unités de poids de bioxyde de manganèse dégagent 32 unités de poids d'oxygène. Représentons par x le poids de bioxyde de manganèse que nous nous proposons de déterminer ; nous aurons nécessairement la proportionnalité

$$\frac{x}{260,4} = \frac{143}{32} ;$$

le calcul donne

$$x = 1163,7.$$

Puisque le poids d'oxygène est exprimé en grammes, le poids de bioxyde de manganèse doit être exprimé aussi en grammes.

La réponse à la question est donc celle-ci : pour obtenir 100 litres ou 143^{gr} d'oxygène, il faut décomposer par la chaleur

1163^{gr},7 de bioxyde de manganèse.

On peut faire le calcul plus simplement, si l'on remarque (83) que 16 grammes d'oxygène occupent 11^{lit},15. L'équation de la réaction exprime que

260^{gr},4 de bioxyde dégagent $2 \times 11^{lit},15$ d'oxygène ;

donc le volume d'oxygène dégagé par un poids x sera

$$\frac{x}{260,4} = \frac{100}{22,50}.$$

On aurait pu se proposer de calculer le poids ou le volume d'oxygène dégagé par un poids connu de bioxyde.

3° Par le chlorate de potassium. La formule du chlorate de potassium est ClO^3K; lorsqu'on a poussé la calcination assez loin pour que l'oxygène cesse de se dégager[1], le résidu solide que contient alors la cornue est du chlorure de potassium KCl; on a donc nécessairement

$$ClO^3K = KCl + 3O.$$

En remplaçant les symboles par leurs valeurs numériques, on verrait que 122gr,5 de chlorate de potassium dégagent $3 \times 11^{lit},15$ d'oxygène; soit, pour un kilogramme, 270 litres environ.

Préparation de l'hydrogène par le zinc et l'acide sulfurique étendu. La formule de la réaction est

$$Zn + SO^4H^2 = SO^4Zn + 2H.$$

Le sulfate de zinc SO^4Zn reste en dissolution. En réalité, il faut ajouter de l'eau à l'acide sulfurique, mais, cette eau n'entrant pas en réaction, servant seulement à la modérer, ne figure pas dans l'égalité. La relation exprime que 65 grammes de zinc permettent de préparer $22^{lit},50$ d'hydrogène.

Préparation de l'acide carbonique par le carbonate de calcium et l'acide chlorhydrique étendu d'eau :

$$CO^3Ca + 2HCl = CaCl^2 + CO^2 + H^2O.$$

Préparation de l'oxyde de carbone par l'acide carbonique passant sur des charbons portés au rouge :

$$CO^2 + C = 2CO.$$

Si la réaction était complète, une molécule d'acide carbonique occupant $11^{lit},15$ donnerait deux molécules, c'est-à-dire $2 \times 11^{lit},15$ d'oxyde de carbone.

1. Généralement on s'arrête au moment où le contenu de la cornue devient moins fluide; il serait dangereux, à moins de prendre des précautions particulières, d'aller plus loin; on risquerait de fondre le verre et le chlorate tombant sur un foyer incandescent pourrait déflagrer et blesser l'opérateur. Lorsqu'on s'arrête au moment où le contenu de la cornue devient pâteux, celui-ci renferme du perchlorate de potassium ClO^4K et du chlorure KCl; on écrira :

$$2ClO^3K = KCl + ClO^4K + 2O.$$

VALENCE DES ÉLÉMENTS.

85. **Valence des métalloïdes.** — En analysant les combinaisons gazeuses que forment les métalloïdes avec l'hydrogène, on trouve qu'il est possible de les partager en un certain nombre de groupes tels, que dans chacun d'eux il existe *un rapport constant entre le volume du composé et le volume de l'hydrogène qui entre dans la combinaison.*

LE RAPPORT EST DE 2 A 1	*Fluor,* *Chlore,* *Brome,* *Iode.*
LE RAPPORT EST DE 2 A 2	*Oxygène,* *Soufre,* *Sélénium,* *Tellure.*
LE RAPPORT EST DE 2 A 3	*Azote,* *Phosphore,* *Arsenic,* *Antimoine.*
LE RAPPORT EST DE 2 A 4	*Carbone,* *Silicium.*

Si M est le poids atomique de l'un quelconque de ces éléments, les poids moléculaires des composés hydrogénés sont, pour les divers groupes, représentés par les formules

$$MH, \quad MH^2, \quad MH^3, \quad MH^4.$$

Ces symboles expriment que 1 atome d'un métalloïde du
1er groupe s'unit à 1 atome d'hydrogène.
2e — — à 2 atomes —
3e — — à 3 atomes —
4e — — à 4 atomes —

Examinons en particulier les molécules d'hydrogène, de chlore et d'acide chlorhydrique

$$H^2, \quad Cl^2, \quad ClH.$$

La réaction

$$Cl^2 + H^2 = ClH + ClH$$

exprime que 1 atome de chlore, dans chaque molécule d'acide chlorhydrique, s'est substitué à 1 atome d'hydrogène ; 1 atome de chlore vaut 1 atome d'hydrogène, il a la même *capacité de combinaison*, où la même *valence* que l'hydrogène : on dit qu'il est *monovalent* par rapport à l'*hydrogène*.

Si l'on imagine une représentation figurée des atomes, par exemple des carrés égaux ;

On peut écrire

$$\boxed{\begin{array}{c}H\\ \hdashline H\end{array}} + \boxed{\begin{array}{c}Cl\\ \hdashline Cl\end{array}} = \boxed{\begin{array}{c}H\\ \hdashline Cl\end{array}} + \boxed{\begin{array}{c}Cl\\ \hdashline H\end{array}}$$

De même, dans 1 molécule d'eau, 1 atome d'oxygène a pris la place de 2 atomes d'hydrogène :

$$O^2 + H^2 . H^2 = OH^2 + OH^2,$$

ou encore

$$\boxed{\begin{array}{c|c}H & H\\ \hdashline H & H\end{array}} + \boxed{\begin{array}{c}O\\ \hdashline O\end{array}} = \begin{array}{c}\boxed{H \mid H}\\ \boxed{O}\end{array} + \begin{array}{c}\boxed{O}\\ \boxed{H \mid H}\end{array}$$

et l'oxygène sera dit un élément *divalent* vis-à-vis de l'*hydrogène*.

Dans 1 molécule de gaz ammoniac, 1 atome d'azote remplace 3 atomes d'hydrogène :

$$Az + H^2 . H^2 H^2 = AzH^3 + AzH^3,$$

ce qui peut s'écrire encore

$$\boxed{\begin{array}{c|c|c}H & H & H\\ \hdashline H & H & H\end{array}} + \boxed{\begin{array}{c}Az\\ \hdashline Az\end{array}} = \begin{array}{c}\boxed{H \mid H \mid H}\\ \boxed{Az}\end{array} + \begin{array}{c}\boxed{Az}\\ \boxed{H \mid H \mid H}\end{array}$$

l'azote est *trivalent*.

Le carbone, dans le protocarbure d'hydrogène ou méthane, s'est substitué à 4 atomes d'hydrogène; il est *tétravalent* :

$$C^2 + H^2 . H^2 . H^2 . H^2 = CH^4 + CH^4,$$

ou

$$\boxed{\begin{array}{c|c|c|c}H & H & H & H\\ \hdashline H & H & H & H\end{array}} + \boxed{\begin{array}{c}C\\ \hdashline C\end{array}} = \begin{array}{c}\boxed{H \mid H \mid H \mid H}\\ \boxed{C}\end{array} + \begin{array}{c}\boxed{C}\\ \boxed{H \mid H \mid H \mid H}\end{array}$$

Symboliquement, on exprimera, dans les combinaisons de deux éléments, leur valence en réunissant ces deux éléments par un nombre de traits égal au nombre des *valences échangées* :

$$Cl - H, \qquad O = H^2, \qquad Az \equiv H^3, \qquad C \equiv H^4.$$

$$Cl - H \qquad H - O\,H \qquad \begin{array}{c}H\\ |\\ Az\\ \diagup\ \diagdown\\ H\quad H\end{array} \qquad \begin{array}{c}H\\ |\\ H - C - H.\\ |\\ H\end{array}$$

Lorsque l'on veut exprimer la valence d'un atome pris isolément, on ajoute à son symbole 1, 2, 3 ou 4 accents :

$$Cl', \quad O'', \quad Az''', \quad C''''.$$

86. **Valence des métaux.** — Les combinaisons hydrogénées des métaux sont, en général, mal définies; les combinaisons chlorées sont mieux étudiées et leur volatilité a permis d'en déterminer les formules moléculaires; aussi est-ce le chlore qui sert de terme de comparaison.

En classant ainsi les métaux d'après leur valence par rapport au chlore, on remarque que la plupart des métaux sont *divalents* :

Métaux alcalino-terreux	Ca'', Sr'', Ba'', Pb'',
Métaux magnésiens	Mg'', Zn'', Fe'', Mn'', etc.

Sont *monovalents*, les métaux alcalins et l'argent :

K', Na', Ag'.

Sont *trivalents*, le bismuth et l'or :

Bi''', Au'''.

L'étain Sn'''' et le platine Pt'''' sont *tétravalents* comme le carbone.

Si M', M'', M''', M'''' sont les symboles de métaux de valence 1, 2, 3 ou 4, les formules moléculaires des chlorures qui servent de définition à la valence seront

$$M'Cl, \quad M''Cl^2, \quad M'''Cl^3, \quad M''''Cl^4.$$

CLASSIFICATION.

87. **Classification des métalloïdes.** — Lorsqu'on étudie les métalloïdes groupés par valence, on constate qu'il existe de nombreuses analogies, en particulier des relations d'isomorphisme, entre les composés correspondants des métalloïdes d'une même famille; ces groupes constituent des *Familles naturelles.*

Un élément que l'on a coutume d'étudier à côté des métalloïdes, le *bore*, n'a pas de composé hydrogéné nettement défini; mais si l'on analyse son chlorure, qui est volatil, on trouve que 2 volumes de vapeur contiennent 3 volumes de chlore. C'est donc un élément trivalent et nous serions amenés à rapprocher le bore des métalloïdes de la 3e famille. Mais ce rapprochement est impossible : les composés du bore n'ont aucune analogie avec les composés de l'azote, du phosphore ou de l'arsenic.

Nous placerons le bore dans une 5e famille, dont il sera, momentanément du moins, le seul représentant métalloïdique.

Dans chacune de ces familles, disposons les métalloïdes par ordre croissant du poids atomique; nous aurons le tableau suivant :

I		II		III		IV		V	
F	19	O	16	Az	14	C	12	B	11
Cl	35,5	S	32	P	31	Si	28		
Br	80	Se	79	As	75				
I	127	Te	126	Sb	120				

88. **Radicaux.** — Dans un grand nombre de réactions où l'eau intervient, on remarque que tout se passe comme si, des deux atomes d'hydrogène unis à l'atome d'oxygène, l'un restait uni à l'oxygène formant ainsi un groupe non saturé auquel on donne le nom de *radical*, l'*oxhydryle*. Ce radical fonctionne comme un élément monovalent, se transportant de toutes pièces d'une molécule à l'autre. Prenons comme exemple les réactions exercées par l'eau sur des chlorures de métalloïdes, par exemple le trichlorure PCl^3 et l'oxychlorure de phosphore $POCl^3$:

$$POCl^3 + 3H^2O = 3HCl + PO.O^3H^3,$$
$$PCl^3 + 3H^2O = 3HCl + PO^3H^3.$$

On remarque que les 3 atomes de chlore ont été remplacés par O^3H^3 ou $(OH)^3$. Si l'on écrit la formule de l'eau

$$H - (OH)$$

et si on la compare à celle de l'acide chlorhydrique,

$$H - Cl,$$

on voit que le groupement OH joue le même rôle que l'atome de chlore monovalent, dont il a pris la place :

$$PCl^3, \qquad P(OH)^3,$$
$$POCl^3, \qquad PO(OH)^3.$$

Le groupement (OH) incomplètement saturé, puisque l'une des deux valences de l'oxygène est restée libre, n'existe pas seul; mais le groupement de deux oxhydryles forme une molécule d'eau oxygénée :

$$H^2O^2 \quad \text{ou} \quad OH - OH.$$

De même, dans l'oxychlorure de soufre SO^2Cl^2, les deux atomes de chlore peuvent être remplacés, lorsque le corps réagit sur l'eau, par deux oxhydryles donnant l'acide sulfurique :

$$SO^2(OH)^2.$$

En comparant les deux formules SO^2Cl^2 et $SO^2(OH)^2$, nous voyons en outre que le groupement SO^2 est resté intact; c'est un nouveau radical, le *sulfuryle*, divalent. L'étude des acides du soufre montre qu'il y a lieu d'admettre un autre radical, le *thionyle* SO, également divalent; dans ce radical le soufre fonctionne comme élément tétravalent :

acide sulfureux $SO(OH)^2$.

L'azote trivalent et l'oxygène divalent forment des radicaux monovalents :

nitrosyle $(AzO)'$,
azotyle $(AzO^2)'$.

De l'azote trivalent et de l'hydrogène dérivent les radicaux :

$$(AzH^2)', \qquad (AzH)''.$$

Le phosphore est pentavalent dans le

phosphoryle $(PO)'''$.

Le carbone tétravalent se prête mieux encore que les autres éléments à la constitution de radicaux :

$(CH^3)'$ $(CO)''$
$(CH^2)''$ $(CAz)'$
$(CH)'''$

En général, ces groupements ou *radicaux* dans lesquels toutes les valences des éléments ne sont pas saturées n'existent pas à l'état de liberté; cependant l'*oxyde de carbone* CO, le *bioxyde d'azote* AzO et l'*anhydride sulfureux* SO^2, que nous savons isoler, fonctionnent également comme radicaux.

Remarque. — La valence d'un radical formé de deux éléments est égale à la différence des valences de ces deux éléments.

89. Variabilité de la valence. — Un même élément peut former avec l'hydrogène ou avec le chlore plusieurs composés. On doit donc se demander ce que devient alors la définition de la valence de l'élément.

Ainsi le phosphore forme avec le chlore deux composés :

$$PCl^3, \quad PCl^5.$$

Si le composé le plus hydrogéné est PH^3 définissant le phosphore comme un élément trivalent *par rapport à l'hydrogène*, le pentachlorure PCl^5 le définit comme un élément pentavalent *par rapport au chlore*. Le phosphore serait également pentavalent dans l'acide phosphorique :

$$O = P \equiv (OH)^3.$$

L'azote, trivalent dans la combinaison AzH^3, devient pentavalent dans le chlorhydrate d'ammoniaque AzH^4Cl.

On admet que la valence d'un atome n'est pas une propriété absolue de cet atome; elle dépend des atomes avec lesquels il s'unit. En général, la valence ne change pas de parité.

90. Fonctions chimiques. — Les notions de valence des atomes et des radicaux nous permettent maintenant de préciser synthétiquement ce que l'on entend par fonction chimique et de compléter les notions de nomenclature précédemment données.

Chlorures. — Si R est un élément de valence n, la fonction chlorure sera définie par le symbole

$$RCl^n,$$

qui sert également à définir la valence de l'atome, c'est-à-dire la valeur de n.

L'hydrogène et les métaux monovalents (potassium, sodium, argent) forment des protochlorures :

$$HCl, \quad KCl, \quad AgCl.$$

La plupart des métaux et les métalloïdes divalents formeront les bichlorures :

$$CaCl^2, \quad FeCl^2.$$

Avec l'azote, le phosphore, l'arsenic, l'or, le bismuth, on a des trichlorures :

$$AzCl^3, \quad PCl^3, \quad AsCl^3, \quad BiCl^3, \quad AuCl^3;$$

avec le carbone et l'étain des tétrachlorures : CCl^4, $SnCl^4$.

Pentachlorures : PCl^5, $SbCl^5$.

Deux molécules de chlorure ferreux $FeCl^2$ fixent deux atomes de chlore et forment le chlorure ferrique Fe^2Cl^6; dans ce composé, on peut dire que le fer, divalent le plus habituellement, joue le rôle d'élément *tétravalent* et écrire

$$Cl^3Fe - FeCl^3.$$

De même : Al^2Cl^6 chlorure d'aluminium, Cr^2Cl^6 chlorure chromique.

Si l'on compare la formule Fe^2Cl^6 à la formule $FeCl^2$ du chlorure inférieur, on voit que, pour un même poids de fer, les poids de chlore sont entre eux comme 3 et 2; de là le nom de *sesquichlorures* sous lequel on désigne souvent les chlorures du type M^2Cl^6.

Oxydes et *anhydrides*. — Les protoxydes des métaux monovalents contiendront 1 atome d'oxygène divalent uni à 2 atomes de métal :

$$K^2O, \quad Na^2O, \quad Ag^2O;$$

leur formule est comparable à celle de l'eau H^2O dans laquelle chaque atome d'hydrogène a été remplacé par 1 atome du métal monovalent.

Les protoxydes des métaux divalents contiendront 1 atome de métal et 1 atome d'oxygène :

$$CaO, \quad MgO, \quad FeO.$$

Bioxydes :

$$BaO^2, \quad MnO^2, \quad PbO^2.$$

Sesquioxydes :

$$Al^2O^3, \quad Mn^2O^3, \quad Fe^2O^3.$$

Il existe aussi des trioxydes, des tétroxydes, des pentoxydes.

Pour les métalloïdes, les composés oxygénés sont ou des oxydes neutres ou des anhydrides. La nomenclature manque d'ailleurs de précision; le plus souvent, pour les oxydes neutres, on a conservé les noms anciens; pour les anhydrides, le nom est déterminé par celui de l'acide et la formule dérive de celle de l'acide par perte de une ou plusieurs molécules d'eau. Prenons comme exemple les composés oxygénés de l'azote :

Protoxyde ou oxyde azoteux	Az^2O
Bioxyde ou acide azotique	AzO
Anhydride azoteux.	Az^2O^3
Peroxyde d'azote.	AzO^2
Anhydride azotique	Az^2O^5

Hydrates. — Les *hydrates* dérivent immédiatement des chlorures par la substitution de l'oxhydryle OH à un nombre égal d'atomes de chlore. La formule typique est

$$R(OH)^n.$$

1° Parmi les hydrates qui sont solubles dans l'eau, il en est dont les dissolutions se comportent vis-à-vis des acides comme la potasse ou la soude (24); ce sont les *hydrates basiques* ou *bases*. Dans la formule générale, R est alors un élément :

$K.OH$	Hydrate de potassium (potasse)
$Ca(OH)^2$.	— calcium
$Mn(OH)^2$	— manganèse

2° Si les hydrates solubles se comportent comme l'acide sulfurique ou l'acide azotique vis-à-vis des bases, ce sont des acides; R est alors un radical oxygéné :

$AzO^2.OH$.	Acide azotique
$SO^2(OH)^2$.	— sulfurique
$MnO^2(OH)^2$.	— manganique
$MnO^3(OH)$	— permanganique.

Tous ces acides peuvent être considérés comme des anhydrides partiels de l'*hydrate normal*, c'est-à-dire de l'hydrate qui correspond au chlorure le plus chloruré.

Ainsi, au pentachlorure de phosphore PCl^5 ne correspond pas l'acide $P(OH)^5$, mais l'acide $PO(OH)^3$ qui en diffère par la perte de H^2O. L'acide carbonique est $CO(OH)^2$ et non $C(OH)^4$.

Les sels dérivent des acides par la substitution du métal à l'hydrogène des oxhydryles : 1 atome d'hydrogène étant remplacé par 1 atome d'un métal monovalent, 2 atomes d'hydrogène par 1 atome d'un métal divalent, etc.

La substitution inverse permet de passer des sels aux acides ; l'hydrogène qui, entrant dans la composition d'un acide, joue le rôle d'un métal, est dit *hydrogène basique*.

L'acide est *monobasique* lorsque sa formule moléculaire ne contient qu'un atome d'hydrogène susceptible d'être remplacé par 1 atome d'un élément monovalent, en un mot lorsqu'elle ne contient qu'un *oxhydryle* :

$$AzO^2(OH) + KOH = AzO^2(OK) + H^2O.$$

Acide azotique. Potasse. Azotate de potassium.

Si $n = 2$, l'acide est bibasique :

$$SO^2(OH)^2 + 2KOH = SO^2(OK)^2 + 2H^2O.$$

Acide sulfurique. Potasse. Sulfate de potassium.

$$SO^2(OH)^2 + KOH = SO^2(OH)(OK) + H^2O.$$

Acide sulfurique. Potasse. Sulfate acide de potassium.

Pour $n = 3$, l'acide est tribasique :

$$PO(OH)^3 + 3KOH = PO(OK)^3 + 3H^2O.$$

Acide phosphorique. Potasse. Phosphate de potassium.

$$PO(OH)^3 + 2KOH = PO(OH)(OK)^2 + 2H^2O.$$
$$PO(OH)^3 + KOH = PO(OH)^2(OK) + H^2O.$$

L'expérience montre en effet qu'il y a trois sels de potassium contenant, pour le même poids de phosphore, 1, 2, 3 atomes de métal.

En un mot, la *basicité* d'un acide, la valence de n dans le symbole $R(OH)^n$, est déterminée par le nombre des sels formés avec un même métal.

Inversement, nous passerons d'un sel à l'acide qui lui donne naissance en remplaçant un atome d'un métal monovalent par l'hydrogène.

Ainsi les carbonates de potassium sont :

$$CO(OK)^2,$$
$$CO(OH)(OK).$$

Nous disons, bien qu'il n'ait pu être isolé, que l'*acide carbonique* est

$$CO(OH)^2;$$

nous n'en connaissons cependant que l'anhydride ou gaz carbonique :

$$CO(OH)^2 - H^2O = CO^2.$$

91. Classification des éléments. — Une classification des métaux qui serait fondée uniquement sur la valence, comme il a été fait pour les métalloïdes, serait insuffisante. Remarquons en effet que les métaux sont beaucoup plus nombreux que les métalloïdes et que leur partage en 4 familles laisserait dans chacune d'elles un trop grand nombre d'éléments pour que la comparaison de leurs pro-

H=1	*I*	*II*	*III*	*IV*	*III*	*II*	*I*	*II*		
	Li 7,01	Gl 9,08	B 10,9	C 11,97	Az 14,01	O 15,88	Fl 19			
	Na 22,99	Mg 23,94	*Al* 27,04	Si 28	P 30,96	S 31,98	Cl 35,37			
	K 39,03	*Ca* 39,91	Sc 43,97	*Ti* 48	*V* 51,1	*Cr* 52,00	*Mn* 54,8	Fe 55,88	Ni 58,56	Co 58,74
	Cu 63,18	Zn 64,88	*Ga* 69,9	Ge 72,32	As 75	Se 78,87	Br 79,76			
	Rb 85,2	*Sr* 87,3	Y 89,6	*Zr* 90,4	*Nb* 93,7	*Mo* 95,9	—	Ru 101,5	Rh 103,2	Pd 106,3
	Ag 107,66	Cd 111,7	*In* 113,4	Sn 117,35	Sb 119,6	Te 126,3	I 126,54			
	Cs 132,7	*Ba* 136,86	La 138,5	*Ce* 141,2	*Di* 145	—	—			
	—	—	Yb 172,6	—	*Ta* 182	*Tu* 183,6	—	Os 190	Ir 192	Pt 194
	Au 196,2	*Hg* 199,8	*Tl* 203,7	Pb 206,39	Bi 207,5	—	—			
				Th 231,96		U 239,8				

priétés fût possible. La distinction qui a été faite entre métalloïdes et métaux est d'ailleurs arbitraire. Quelques métaux viennent nettement se placer dans l'une ou l'autre des quatre familles principales des métalloïdes, le bismuth après l'antimoine, l'étain après le silicium; les métaux alcalins (sodium, potassium...), les métaux alcalino-terreux, sont reliés entre eux par des relations d'isomorphisme tout aussi nettes que celles que l'on observe entre les métalloïdes d'une même famille et forment deux familles distinctes d'éléments monovalents et divalents. Il est évident qu'une classification générale des éléments s'impose.

Le tableau qui résume la classification des métalloïdes (87) montre immédiatement que les poids atomiques des éléments ne sont pas distribués d'une façon arbitraire. Les poids atomiques des éléments qui sont en tête des familles vont en décroissant régulièrement de 19 à 11; dans une même colonne verticale, les poids atomiques croissent de telle sorte, que les différences successives se retrouvent avec la même valeur numérique dans les trois familles principales. Nous retrouvons ces mêmes intervalles dans les deux familles des métaux alcalins et alcalino-terreux :

Na	23	Mg	24
K	39	Ca	40
Rb	85	Sr	87,3
Cs	133	Ba	136,8

En 1869, un chimiste russe, Mendéléef, a montré que les valences des éléments dont les poids atomiques étaient rangés par valeur croissante, se reproduisaient périodiquement.

Le tableau ci-dessus, qui résume la classification périodique de Mendéléef, a été dressé en distribuant les éléments par poids atomiques croissants en sept colonnes verticales, correspondant aux valences 1, 2, 3, 4, 3, 2, 1. Mais tous les éléments ne nous sont pas connus; lorsque, dans la distribution des corps simples, un élément de valence correspondant à la colonne dans laquelle il devrait prendre place, fait défaut, on laisse une *lacune*. Quelques éléments de *valence paire* forment des groupes compacts, dans lesquels les poids atomiques ne subissent que de très faibles variations : tels sont les groupes des métaux du fer et des métaux du platine; on les a disposés dans une huitième colonne.

CHAPITRE VII

CHANGEMENTS D'ÉTAT PHYSIQUE — CRISTALLISATION NOTIONS DE CRISTALLOGRAPHIE CHALEUR DÉGAGÉE DANS LES RÉACTIONS CHIMIQUES

Un corps simple ou composé est caractérisé par l'ensemble de ses propriétés physiques. On décrit tout d'abord celles de ces propriétés qui frappent immédiatement les sens, telles que la couleur, la saveur, l'odeur (*propriétés organoleptiques*); puis l'état physique sous lequel une substance peut être observée, dans les conditions ordinaires de température et de pression. On complète cette description en notant les principales données numériques qui caractérisent ses changements d'état physique.

92. Fusion, solidification. — La température à laquelle un corps solide passe à l'état liquide, sa *température de fusion*, est une caractéristique de cette substance. Inversement, lorsqu'on refroidit un liquide, il peut se faire qu'il se solidifie lorsque l'on atteint la température de fusion. Mais il arrive fréquemment que l'on peut refroidir un corps au-dessous de sa température de fusion sans que la solidification ait lieu; on dit qu'il y a *surfusion*. La surfusion cesse en général lorsqu'on exerce une action mécanique, un frottement sur les parois du vase, et la solidification se produira toujours au contact d'une parcelle de la matière solide. On peut donc dire que *la température de fusion d'un corps est la plus haute température à laquelle ce corps puisse exister à l'état solide.* Au-dessus de cette température l'état liquide est seul possible; au-dessous, le corps peut exister soit à l'état liquide, soit à l'état solide.

La température de fusion d'un corps dépend de la pression extérieure; mais nous n'avons à nous préoccuper ici que des phénomènes physiques qui ont lieu sous la pression atmosphérique. Les variations de cette pression sont trop faibles pour que la température de fusion en soit influencée.

93. Vaporisation. — A toute température un liquide émet des vapeurs. On appelle *pression maxima* d'une vapeur à une température donnée, la *pression qu'exerce cette vapeur lorsqu'elle se trouve en présence d'un excès du liquide générateur*. Lorsque cette pression devient égale à celle qui s'exerce à la surface du liquide, la vaporisation se produit dans toute la masse : il y a *ébullition*. La température d'ébullition d'un liquide sous une pression déterminée est telle, que la pression maxima du liquide est égale à cette pression. On appelle *température normale d'ébullition* ou *point d'ébullition* d'un liquide la température à laquelle la pression maxima de ce liquide est de 76 centimètres.

Lorsqu'on refroidit une vapeur saturante, elle se condense partiellement : une vapeur non saturante devient saturante, c'est-à-dire qu'il y a liquéfaction, lorsque l'on abaisse la température ou lorsque l'on élève la pression.

Remarquons que la présence d'une atmosphère gazeuse interne est nécessaire pour qu'il y ait vaporisation dans toute la masse, c'est-à-dire ébullition. Si cette atmosphère interne fait défaut, l'ébullition peut être retardée. Nous dirons donc que *la température d'ébullition normale d'un liquide est la plus basse température à laquelle le corps puisse exister à l'état de vapeur saturée, sous la pression normale.* Au-dessus de cette température, l'état liquide et l'état gazeux sont possibles; l'état liquide est nécessaire, au-dessous.

94. Liquéfaction des gaz. Température critique. Pression critique. — Un certain nombre de substances sont gazeuses dans les conditions habituelles de température et de pression. Il suffit le plus souvent d'une légère compression ou d'un faible abaissement de température pour les liquéfier. Cependant l'oxygène, l'hydrogène, l'azote, le bioxyde d'azote, l'oxyde de carbone, le méthane et l'acétylène ont résisté, jusqu'en 1877, à toutes les tentatives faites pour obtenir leur changement d'état; on les désignait sous le nom de *gaz permanents*.

Un physicien anglais, Andrews, a précisé les conditions dans lesquelles il fallait se placer pour liquéfier un gaz. Il existe pour toute matière gazeuse une *température* au-dessus de laquelle la liquéfaction ne peut avoir lieu, au-dessous de laquelle le changement d'état est possible : c'est la *température* ou *point critique*; la tension maxima à cette température est la *pression critique*.

Les expériences d'Andrews ont établi nettement que la compression seule est impuissante à liquéfier un gaz si on ne le maintient pas en même temps au-dessous de la température critique de ce gaz; si l'oxygène, l'hydrogène, l'azote n'avaient pas été liquéfiés, cela tenait à ce que les températures critiques de ces gaz étaient inférieures aux températures les plus basses auxquelles on savait alors les maintenir en les comprimant; c'est ce que l'expérience a vérifié depuis.

M. Cailletet a montré le premier, en 1877, que les gaz dits *permanents* étaient susceptibles de changer d'état. Il les comprimait dans l'appareil que représente la figure 53. Une pompe aspirante et foulante permet d'injecter de l'eau à la surface du mercure contenu dans un bloc cylindrique en acier. Dans ce mercure plonge un tube de verre TT' à parois résistantes formé d'une partie cylindrique plus large soudée à un tube capillaire fermé à sa partie supérieure et contenant le gaz à étudier. Ce tube est solidement maintenu par un écrou en bronze *n* à la partie supérieure du bloc d'acier. Lorsque l'on injecte de l'eau, le mercure comprimé s'élève dans le tube, réduit le volume occupé par le gaz, et l'on peut observer son changement d'état à des pressions indiquées par un manomètre métallique. On facilite la liquéfaction en entourant le tube d'eau froide, de glace ou d'un mélange réfrigérant; dans quelques cas, même il est *nécessaire* de le faire, afin d'amener le gaz au-dessous de son point critique.

La température critique des gaz dits *permanents* est de beaucoup inférieure aux températures qu'il nous est possible d'atteindre avec les mélanges réfrigérants usuels (—243° pour l'hydrogène, —146° pour l'azote, —118° pour l'oxygène). M. Cailletet a pu cependant observer leur changement d'état avec son appareil. Lorsque l'on comprime un gaz, et qu'on le *détend* brusquement, il se produit un abaissement de température considérable. En détendant brusquement l'oxygène, l'azote ou l'hydrogène fortement comprimés et refroidis, M. Cailletet a observé qu'il se produisait, suivant l'axe du tube capillaire, un brouillard très ténu qui disparaissait rapidement. C'était là l'indice certain d'un changement d'état, liquéfaction ou peut-être solidification.

En abaissant suffisamment leur température, on a pu aujourd'hui liquéfier tous les gaz. Dans l'appareil de M. Linde, un jeu de pompes fait circuler le gaz à liquéfier (air, oxygène) dans un long serpentin entouré de ouate où ce gaz se détend de 200 à 16 atmosphères. Sous l'action de cette détente *continue*, le serpentin se refroidit très énergiquement et une partie du gaz se liquéfie à 16 atmosphères dans un petit récipient d'où on peut le soutirer.

L'air liquide ainsi recueilli est à —190°.

95. **Dissolution.** — La liquéfaction d'un corps solide peut être obtenue par voie de *dissolution*. L'eau des sources ou des rivières abandonne en s'évaporant des dépôts solides de matières qu'elle tenait en dissolution. En général le poids d'une matière solide dissoute dans l'unité de poids d'un liquide s'élève lorsque la température croît. Lorsque, à une température donnée, on a maintenu pendant quelque temps un liquide en présence d'un grand excès d'un corps solide, et que le poids de la matière dissoute est resté invariable, on dit que la solution est *saturée*.

Lorsqu'on évapore le liquide ou lorsque la température s'abaisse, la solution saturée doit laisser déposer à l'état solide une partie de la matière qu'elle ren-

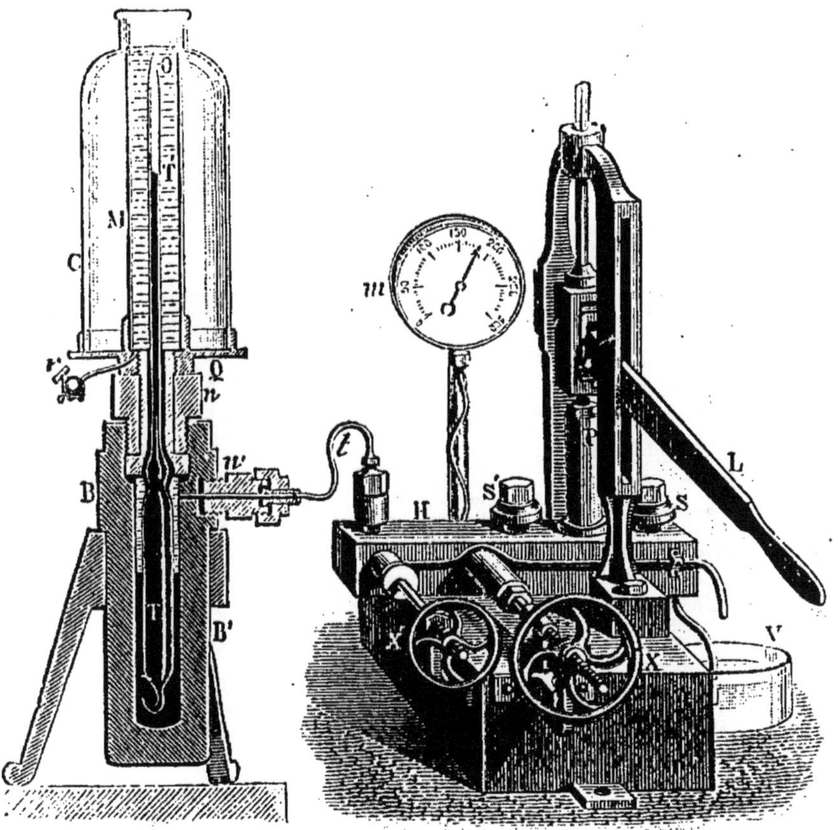

Fig. 53.

fermait. Il peut cependant ne pas en être ainsi; le liquide reste *sursaturé*. La sursaturation cesse et le solide se dépose lorsqu'on introduit dans le liquide une trace de la matière solide. C'est là un phénomène analogue au phénomène de la surfusion.

Dissolution des gaz. Coefficient de solubilité. — Les gaz se dissolvent également dans les liquides. L'eau qui est restée exposée au contact de l'air laisse dégager, lorsqu'on la chauffe, ou lorsqu'on la maintient dans le vide, des bulles d'oxygène, d'azote, de gaz carbonique. L'eau de Seltz est une dissolution de gaz carbonique faite sous pression.

1re LOI. — *A une température donnée, le volume d'un gaz dissous dans l'unité de volume d'un liquide, mesuré sous la pression qu'exerce le gaz à la surface du liquide après la dissolution, est une constante. Cette constante est le coefficient de solubilité du gaz à la température de l'expérience.*

Ainsi, à 0°, 1 litre d'eau dissout $1^{lit},8$ d'acide carbonique sous la pression normale d'une atmosphère; sous la pression de 2, 3,... atm., le volume de gaz dissous, mesuré sous la pression de 2, 3,... atm., sera encore $1^{lit},8$. Ramenés à la pression normale, les volumes de gaz dissous seront donc, en appliquant la loi de Mariotte,

$$2 \times 1^{lit},8, \qquad 3 \times 1^{lit},8.....$$

Le coefficient de solubilité décroît en général lorsque la température s'élève.

2ᵉ LOI. — *Lorsqu'un mélange gazeux est en contact avec un liquide, chacun des gaz se dissout comme s'il était seul.*

Nous trouverons une vérification de cette loi en étudiant la composition des gaz dissous dans l'eau qui est restée en contact avec l'atmosphère.

96. **Cristallisation.** — Un corps qui se solidifie lentement affecte le plus souvent la forme de polyèdres : on dit qu'il *cristallise*. On appelle *cristaux* (fig. 51) les solides géométriques. Les flocons de neige sont formés par l'enchevêtrement

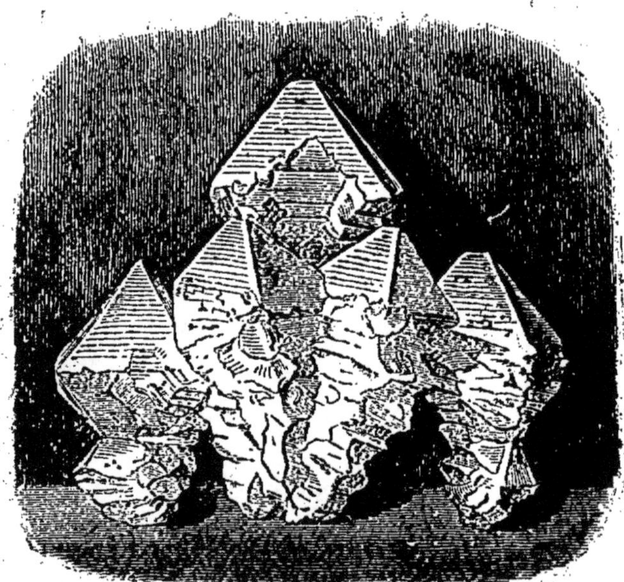

Fig. 51.

de petits cristaux de glace; les arborescences qui se forment sur les vitres d'un appartement, en hiver, accusent la cristallisation de la glace.

1° *Cristallisation par fusion.* — Pour faire cristalliser un corps, on le fond et on laisse refroidir lentement le liquide. Lorsqu'une partie de la matière est solidifiée, on verse le liquide restant, et les cristaux sont mis à nu. C'est par fusion que nous ferons cristalliser le soufre.

2° *Cristallisation par sublimation.* — Quelques substances passent directement de l'état solide à l'état de vapeur; on dit qu'elles se *subliment*. Inversement, si les vapeurs de ces substances arrivent au contact d'un corps froid, la substance se dépose en cristaux. Ainsi, nous ferons cristalliser l'iode en chauffant quelques fragments de cette substance déposée au fond d'un ballon: celui-ci se remplit de vapeurs violettes, et de petits cristaux noirs, très brillants, vont se déposer sur les parois froides du col. Ici, le refroidissement est brusque : aussi les cristaux sont-ils fort petits.

Abandonnons au contraire de l'iode dans un flacon bouché à l'émeri, nous verrons, avec le temps, de gros cristaux se déposer sur les parois du vase. Obéissant aux variations de la température ambiante, l'iode se sublime, se condense, se sublime de nouveau et, les cristaux déjà formés attirant pour ainsi dire la matière solide, ceux-ci grossissent lentement.

On emploie quelquefois pour faire cristalliser une substance par sublimation la disposition suivante : La substance est placée dans une capsule en terre que l'on surmonte d'un cône en carton (fig. 55). On chauffe lentement la capsule sur un bain de sable et les vapeurs se condensent sur les parois du cône. On obtiendra ainsi de magnifiques cristaux d'un hydrocarbure solide, la naphtaline.

Fig. 55.

3° *Cristallisation par dissolution.* — L'évaporation d'un dissolvant entraîne le dépôt d'une partie de la matière dissoute. L'eau de la mer ou des sources salines, évaporée lentement, laisse déposer du sel marin. L'eau dissolvant un grand nombre de sels, nous nous servirons fréquemment de cette méthode pour les faire cristalliser. On peut laisser le liquide s'évaporer lentement à l'air, à la température ordinaire ; mais on peut aussi activer l'évaporation en chauffant le liquide ou en le maintenant dans le vide, sous une cloche renfermant des matières avides d'eau, telles que la chaux ou l'acide sulfurique.

Si le liquide dissout des poids de la matière solide qui vont en croissant lorsque la température s'élève, il suffit d'abandonner la solution à un refroidissement lent pour obtenir un dépôt de matière cristallisée. Le nitre ou salpêtre, par exemple, est beaucoup plus soluble à chaud qu'à froid ; une solution de ce sel saturée à l'ébullition abandonne par le refroidissement de beaux cristaux de cette substance que l'on met à nu en décantant l'excès de liquide (fig. 56).

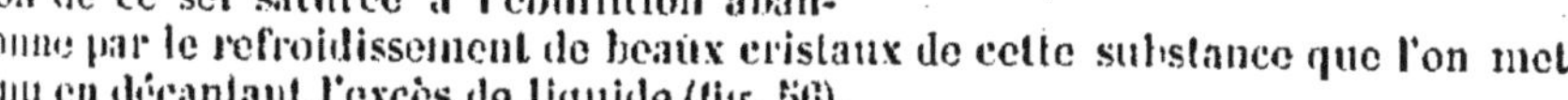

97. **Applications.** — Dans l'industrie et dans les laboratoires on fait cristalliser les corps pour les purifier. Ainsi le *sel* qui se dépose dans les marais salants entraîne avec lui des matières terreuses et des sels étrangers. Si on le dissout dans l'eau de nouveau et qu'on évapore la dissolution, le sel se déposera lorsque le liquide sera saturé, et les impuretés resteront dans le liquide, dans l'*eau mère*. Il est le plus souvent nécessaire de réitérer les dissolutions et cristallisations, car les cristaux, en se déposant, peuvent entraîner une petite quantité d'eau mère qui reste interposée entre les lamelles cristallines. La quantité des matières impures entraînées ira ainsi en diminuant chaque fois, surtout si l'on a soin d'agiter le liquide au moment où la cristallisation se produit, pour éviter la formation de cristaux volumineux.

Fig. 56.

NOTIONS DE CRISTALLOGRAPHIE.

Une même substance, en se solidifiant, dans des circonstances identiques, affecte les mêmes formes géométriques. L'étude de ces formes géométriques ou *cristaux* est donc importante, puisqu'elle servira à caractériser la substance au même titre que sa couleur, sa solubilité, sa densité, son point de fusion ou d'ébullition.

Un cristal est toujours un polyèdre convexe. Les angles rentrants que l'on observe quelquefois tiennent à la pénétration régulière (*macle*) ou au groupement accidentel de plusieurs individus cristallins.

98. **1re Loi.** — *La forme d'un cristal est déterminée non par la position absolue des faces qui la limitent, mais par les angles dièdres qu'elles forment entre elles.* (Romé de l'Isle.)

Nous disons qu'un cristal est un octaèdre régulier, non pas quand il présente la forme du solide régulier des géomètres (polyèdre dont les faces sont huit

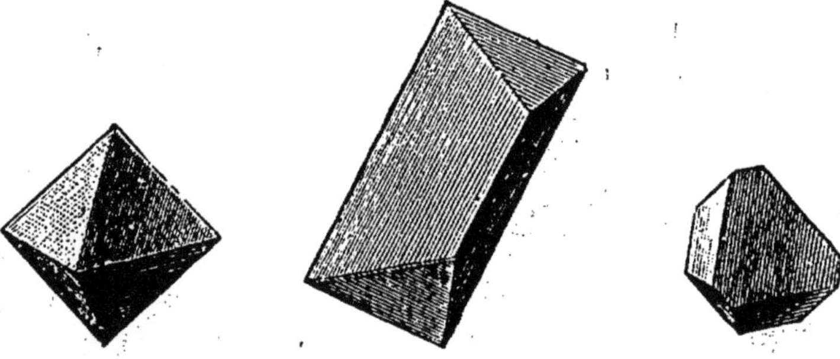

Fig. 57.

triangles équilatéraux), mais quand il est limité par huit plans parallèles deux à deux faisant entre eux des angles de 109° 28′ 16″ (fig. 57).

De même un solide présentant simplement la forme d'un prisme droit à base rectangle pourra être regardé indifféremment comme un prisme droit à base rectangle, un prisme droit à base carrée ou un cube, et il faudra recourir à d'autres propriétés physiques pour voir si les faces sont identiques entre elles (cube), si deux plans parallèles sont différents des quatre autres (prisme à base carrée) ou s'il y a trois couples de faces différentes (prisme à base rectangle).

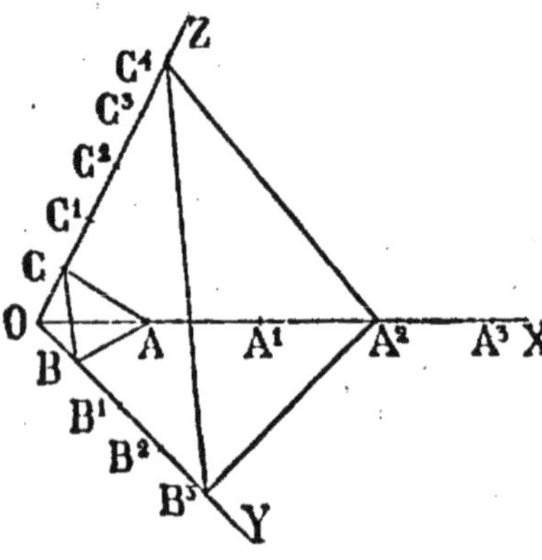

Fig. 58.

99. **2e Loi (loi des caractéristiques entières).** — *Si, dans un cristal, on prend pour axes les intersections de trois faces non parallèles à une même droite, en appelant* a, b, c *les longueurs interceptées sur les axes à partir du sommet par une quatrième face arbitrairement choisie, une face quelconque du cristal coupera les axes à des distances du sommet proportionnelles à* ma, nb, pc, m, n, p, *étant des nombres entiers généralement simples.* (Haüy.)

Si OX, OY, OZ sont les axes, A B C la face choisie comme fondamentale (fig. 58), en portant sur les axes des longueurs égales $OA, AA^1, A^1A^2 \ldots; OB, BB^1, B^1B^2 \ldots; OC, CC^1, C^1C^2$, etc., toute face du cristal sera parallèle à un des plans qui passeront par trois des points d'intersection ainsi déterminés. Les plans pourront être parallèles à un axe.

Les longueurs *a*, *b*, *c* limitent ce qu'on appelle la *forme primitive*. C'est donc un parallélépipède.

Une face quelconque interceptant à partir du sommet des longueurs proportionnelles à *ma*, *nb*, *pc* sera simplement désignée par les lettres *m*, *n*, *p*, qui seront dites les *caractéristiques* de la face, (*mnp*) étant son *symbole*.

Haüy a donné de cette loi une interprétation un peu hypothétique, mais très ingénieuse. Admettons qu'un cristal soit formé par un empilement de petits parallélépipèdes égaux entre eux et semblables à la forme primitive; nous pouvons les enlever à partir d'un sommet de manière que les solides restants aient tous leur sommet en saillie dans un même plan (fig. 59); l'espèce d'escalier ainsi formé se confondra avec un plan si nous supposons les solides suffisamment petits. Nous aurons ainsi engendré, avec ce que Haüy appelle la *molécule intégrante*, la *face fondamentale*; les longueurs interceptées sont proportionnelles aux dimensions de la forme primitive, et les caractéristiques de la face seront 1, 1, 1. Pour engendrer une autre face quelconque, il suffit de considérer un nouveau parallélépipède contenant respectivement sur chacune de ses arêtes *m*, *n* et *p* molécules intégrantes : ce sera la *molécule soustractive*. En opérant avec elle comme on l'a fait tout à l'heure avec la molécule intégrante pour produire la face fondamentale, on produira évidemment une face interceptant des longueurs proportionnelles à *ma*, *nb*, *pc*; ses caractéristiques seront *m*, *n*, *p* (fig. 59).

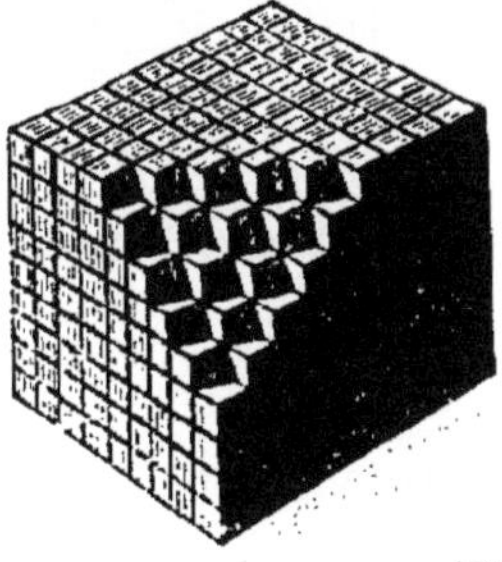

Fig. 59.

100. **Systèmes cristallins.** — Un *système cristallin* est l'ensemble des formes qui peuvent être dérivées du parallélépipède fondamental ou forme fondamentale conformément à la loi de Haüy.

Prenons un exemple. Un cube a huit angles solides égaux; coupons un de ces angles par un plan également incliné sur les faces adjacentes et interceptant par conséquent sur les trois arêtes qui aboutissent au même sommet trois longueurs égales. Les autres angles solides porteront la même modification et à la place des huit sommets se seront développées huit facettes triangulaires.

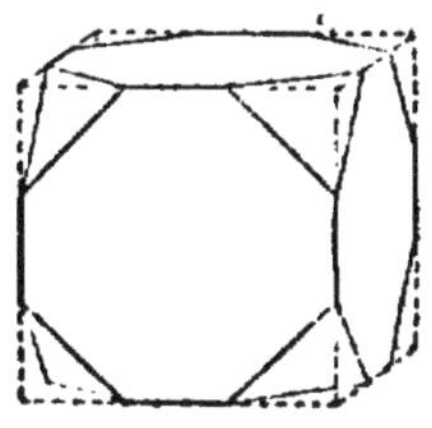

Fig. 60.

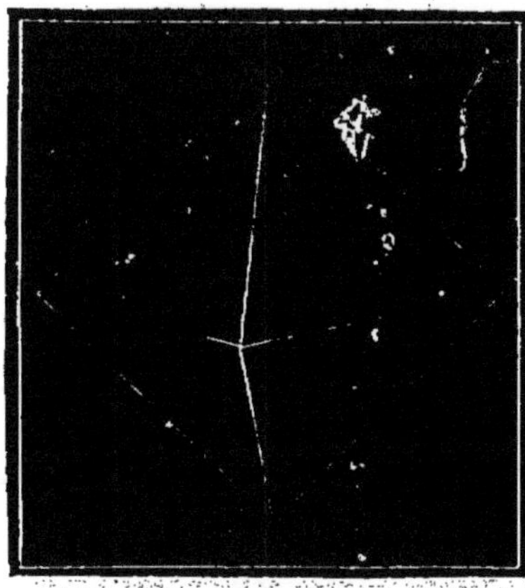

Fig. 61.

Nous obtiendrons ainsi un solide (cubo-octaèdre) dérivé du cube (fig. 60). Que ces facettes se développent et fassent disparaître les faces du cube, nous obtiendrons un nouveau solide formé de huit faces triangulaires, un *octaèdre régulier* (fig. 61).

Les douze arêtes du cube sont égales. Qu'un plan *également incliné sur les deux faces adjacentes* vienne tronquer une de ces arêtes, une modification identique devra affecter toutes les autres (fig. 62). Si ces facettes se développent et font disparaître les faces du solide primitif, il en résultera un nouveau solide géométrique formé de douze faces rhombes, le *dodécaèdre rhomboïdal* (gfi. 63).

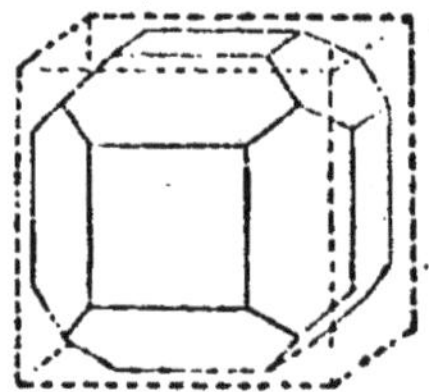

Fig. 62.

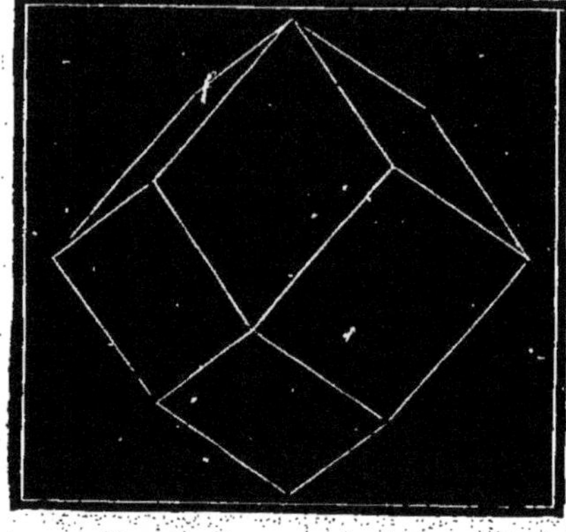

Fig. 63.

L'octaèdre régulier, le dodécaèdre rhomboïdal sont des formes du système cubique.

Toutes les formes qui pourront ainsi être dérivées du cube formeront le *système cubique.*

On distingue sept systèmes cristallins, qui sont :

1° *Le système cubique* (type : cube, fig. 64) ; 3 axes rectangulaires égaux ;

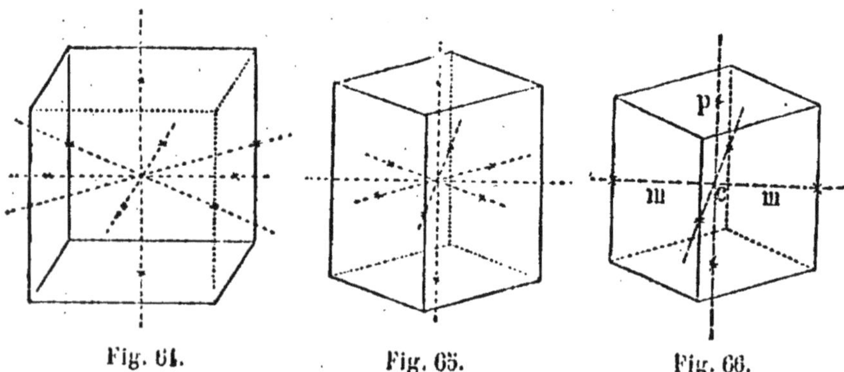

Fig. 64. Fig. 65. Fig. 66.

2° *Le système du prisme droit à base carrée* ou *système quadratique*; 3 axes rectangulaires, dont 2 sont égaux (fig. 65);

3° *Le système du prisme droit à base rhombe* ou *système orthorhombique*; 3 axes rectangulaires inégaux (fig. 66);

4° *Le système du prisme hexagonal régulier* (fig. 67); 4 axes dont 1 est rectangulaire au plan des 3 autres qui sont égaux entre eux et inclinés de 60°;

5° Le *système rhomboédrique.* — Le rhomboèdre est un solide dont toutes les faces sont des losanges ou rhombes (fig. 68); on peut prendre comme axes les arêtes du parallélépipède qui sont toutes égales et également inclinées les unes sur les autres. Dans un rhomboèdre deux des angles solides sont formés de trois faces, faisant entre elles des dièdres égaux, on prend généralement comme axes : 1° la droite qui joint les sommets de ces angles solides (*axe principal*); 2° 3 axes égaux inclinés de 60 degrés situés dans un plan perpendiculaire au premier axe, passant par le centre du rhomboèdre et par les milieux des

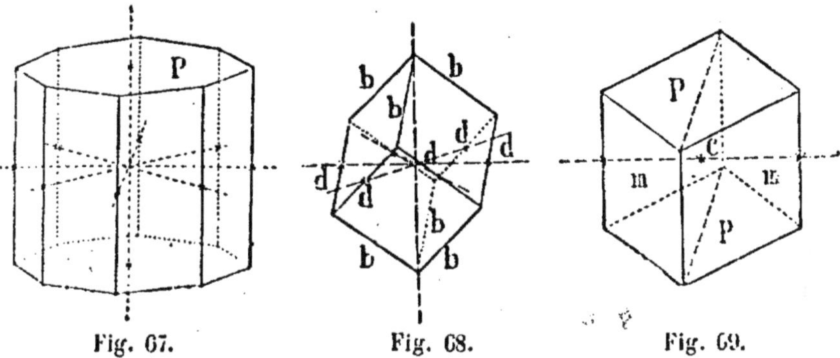

Fig. 67. Fig. 68. Fig. 69.

arêtes qui n'aboutissent pas aux extrémités de l'axe principal. Les axes sont alors les mêmes que dans le système du prisme hexagonal :

6° *Le système du prisme rhomboïdal oblique* ou *système clinorhombique* (fig. 69); un axe est oblique au plan des deux autres qui sont perpendiculaires entre eux et inégaux;

7° *Le système du prisme oblique à base de parallélogramme* ou *système triclinique* (fig. 70); 3 axes obliques et inégaux; la forme primitive est le parallélépipède le plus général.

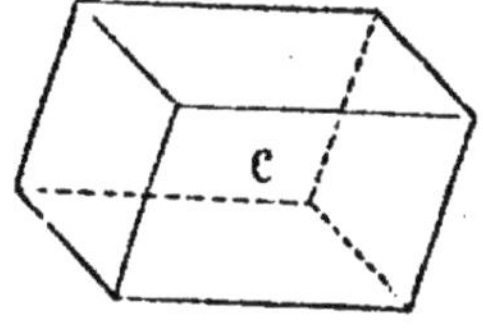

Fig. 70.

101. **3° Loi (loi de symétrie).** — *Les différentes faces dont l'ensemble constitue une forme coexistent en général dans un même cristal.*

Ainsi les huit faces de l'octaèdre régulier, les douze faces du dodécaèdre rhomboïdal se rencontreront en général dans le même cristal du système cubique. Les quatre arêtes latérales d'un prisme droit à base carrée porteront des modifications identiques, distinctes des modifications qui pourront affecter les huit arêtes des deux bases.

Les cristaux qui obéissent à la loi de symétrie sont dits *holoèdres*; la figure 71 représente la combinaison du cube avec les formes holoèdres.

Mais la loi de symétrie présente, en apparence tout au moins, une exception remarquable : les cristaux de certaines substances ne possèdent que la moitié des faces prévues par l'étude géométrique : on les appelle *hémièdres*.

Par exemple, quatre des huit facettes caractéristiques de l'octaèdre régulier peuvent disparaître; les faces qui subsistent ne rencontrent qu'une seule fois les arêtes du cube; à chaque face manque sa parallèle; on a un tétraèdre. La figure 72 représente les formes hémiédriques du système cubique.

102. **Polymorphisme. — Isomorphisme.** — Un corps cristallise en général sous des formes qui peuvent être dérivées d'une même forme fondamentale. Ainsi le diamant se rencontre dans la nature cristallisé en *octaèdres réguliers*, en *dodécaèdres rhomboïdaux*, ou sous d'autres formes plus compliquées, mais qui peuvent toutes être dérivées du cube. Mais il n'en est pas toujours ainsi. Nous rencontrerons quelques substances qui, lorsque la cristallisation a lieu dans des

circonstances dissemblables, par exemple à des températures différentes, cristallisent sous des formes *incompatibles*, c'est-à-dire qui ne peuvent être rappor-

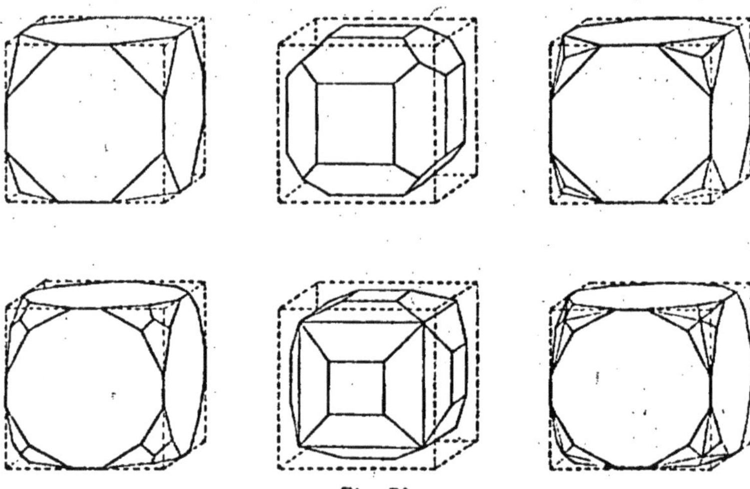

Fig. 71.

tées à une même forme fondamentale, que ces formes fondamentales appartiennent à un même système ou à des systèmes différents. Lorsque les cristaux de

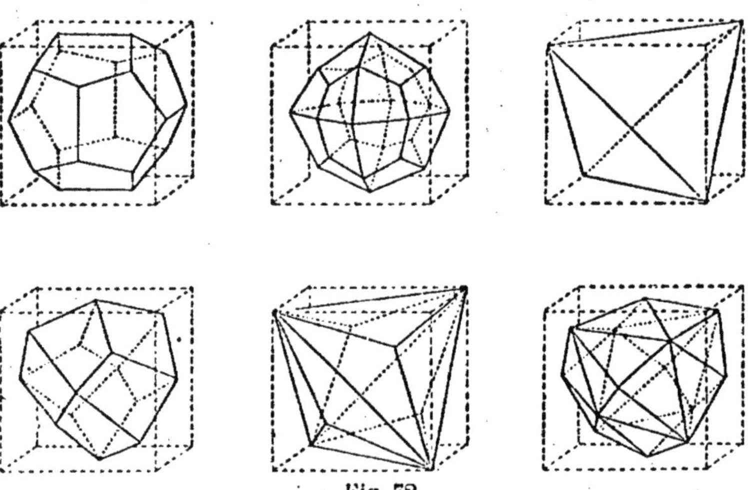

Fig. 72.

ces substances dérivent de deux formes fondamentales, on dit qu'elles sont *dimorphes*. Ex. : soufre. Si le nombre des formes est supérieur à deux, les substances seront polymorphes.

Deux substances sont *isomorphes* lorsque, *cristallisant sous des formes appartenant à un même système, et avec des angles très voisins, elles sont susceptibles de se remplacer en toute proportion dans un même cristal.* Les cristaux naturels offrent de fréquents exemples de corps qui, cristallisant séparément sous des formes presque identiques, se trouvent mélangées dans un même cristal en proportions quelconques.

CHALEUR DÉGAGÉE DANS LES RÉACTIONS CHIMIQUES.

105. **Méthodes calorimétriques.** — On mesure la chaleur dégagée dans une réaction par une méthode qui n'est qu'une variante de celle qui est adoptée pour la mesure des chaleurs spécifiques, c'est-à-dire par la méthode des mélanges.

L'appareil le plus simple et en même temps le plus précis est le calorimètre de M. Berthelot. Il se compose d'un vase cylindrique en platine très mince A (fig. 73) qui constitue le calorimètre proprement dit; sa capacité varie de 600 centimètres cubes à 2 litres. Il repose par trois pointes de liège, corps peu

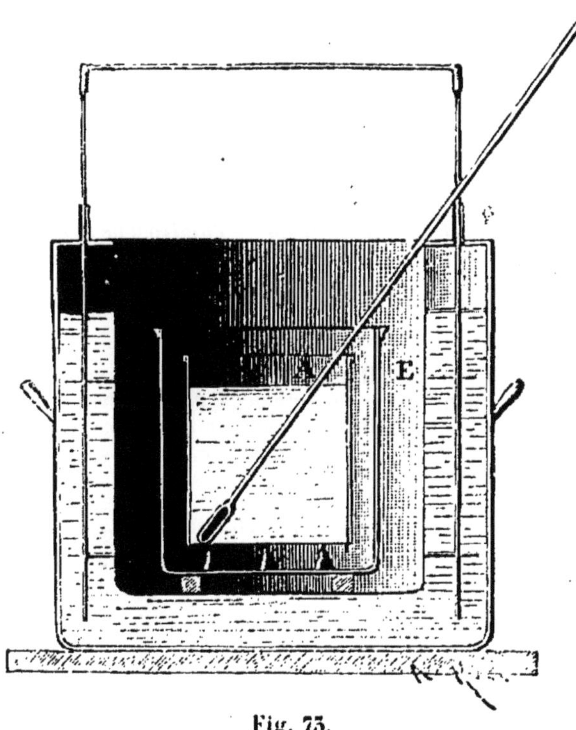

Fig. 73.

conducteur de la chaleur, au centre d'un vase cylindrique en laiton argenté intérieurement E, placé lui-même dans une double enceinte métallique remplie d'eau. Enfin, un feutre très épais protège la dernière enveloppe contre les gains ou les pertes de chaleur dus au contact de l'air extérieur.

Les thermomètres calorimétriques à longue tige ne comprennent pas plus d'une dizaine de degrés; chaque degré est divisé en 50 parties et les traits sont assez distants pour qu'on puisse partager leur intervalle en 4 parties égales, ce qui permet d'évaluer $\frac{1}{200}$ de degré. On a déterminé préalablement les valeurs en eau ou *capacités calorifiques* du réservoir de verre, de la tige et du mercure.

C'est dans le vase de platine que l'on effectue la réaction, directement si celle-ci résulte du mélange de deux dissolutions, par l'intermédiaire d'un vase de verre ou de platine si la réaction a lieu entre un gaz et un solide ou un liquide, ou entre deux gaz.

Unités. — La chaleur mise en jeu dans une réaction, quels que soient les poids des corps réagissants, est ramenée par le calcul à ce qu'elle eût été si l'on avait fait intervenir les poids moléculaires.

Ceux-ci étant évalués en *grammes*, la chaleur dégagée ou absorbée est naturellement évaluée en *calories-grammes* ou *petites calories*. Mais, comme les nombres ainsi obtenus sont le plus souvent représentés par des nombres de 4 ou 5 chiffres et que les derniers chiffres significatifs ne peuvent être déterminés exactement, on convient d'évaluer la chaleur dégagée en *calories-kilogrammes* ou *grandes calories*; ce qui revient à prendre comme unité la quantité de chaleur nécessaire pour élever de 1 degré la température de 1 kilogramme d'eau.

104. Équations thermiques. — Les tableaux que l'on trouvera à la fin de ce volume renferment les principales données numériques qui permettront de calculer des réactions plus complexes. Soit Q la quantité de chaleur dégagée par l'union des poids moléculaires A et B de deux corps simples, on écrira

$$A + B = AB \qquad + Q.$$

Inversement, la décomposition du corps AB sera accompagnée d'une absorption de chaleur égale à — Q :

$$AB = A + B \qquad - Q.$$

Exemple : *La réaction est la combinaison de l'hydrogène et du chlore :*

$$H^2 + Cl^2 = 2HCl \qquad + 44^c,0.$$

Pour simplifier, on peut supposer que la réaction s'effectue entre les atomes

$$H + Cl = HCl \qquad + 22^c,0.$$

Le dégagement de chaleur résultant d'une réaction plus complexe s'obtient en faisant la somme des quantités de chaleur dégagées par les combinaisons et en retranchant la somme des quantités de chaleur absorbées par les décompositions. Supposons qu'un corps C, en réagissant sur un corps AB, mette en liberté le corps B et s'unisse à A :

$$AB + C = AC + B.$$

Si la formation du corps A B dégage + Q, celle de AC dégage + Q'; la réaction totale sera accompagnée d'un phénomène thermique égal à + Q' — Q.

Exemple : *Action du chlore gazeux sur le gaz bromhydrique :*

$$Cl^2 + 2HBr = 2HCl + Br^2 \qquad + 17^c,0.$$

Le phénomène thermique résultant est la différence :

$$2(H + Cl) - 2(H + Br) = 44,0 - 27,0 = 17^c,0.$$

Remarque. — La chaleur dégagée dans une réaction dépend de l'état physique des corps réagissants; il est indispensable de spécifier cet état physique. Dans l'exemple précédent, le nombre 27,0 se rapporte à la réaction

$$H^2 + Br^2\,\text{gaz.} = 2HBr\,\text{gaz.} \qquad + 27^c,0.$$

Si le brome était liquide, il faudrait retrancher $8^c,0$, chaleur de condensation d'une molécule de brome gazeux :

$$H^2 + Br^2\,\text{liq.} = 2HBr\,\text{gaz.} \qquad + 19^c,0.$$

On peut supposer que, la réaction s'effectuant en présence de l'eau, le produit de la réaction est dissous :

$$H^2 + Br^2\,\text{gaz.} = 2HBr\,\text{diss.} \qquad + 67^c,0,$$

la différence 67 — 27 = 40 représentant la chaleur de dissolution de 2 molécules d'acide bromhydrique.

105. Principe du travail maximum. — *Tout changement chimique accompli sans l'intervention d'une énergie étrangère tend vers la production du corps ou du système de corps qui dégage le plus de chaleur* (Berthelot).

L'examen des circonstances dans lesquelles s'effectuent les réactions chimiques va nous permettre de préciser ce que l'on entend par énergie étrangère.

Réactions exothermiques. — Il suffit quelquefois, mais rarement, pour obtenir la combinaison de deux corps, de les mettre en présence. Ainsi, dans un flacon rempli de chlore, versons de l'arsenic en poudre fine. La combinaison est immédiate; chaque parcelle d'arsenic qui pénètre dans le flacon *brûle*, c'est-à-dire que sa combinaison avec le gaz chlore est accompagnée d'un dégagement de chaleur et de lumière.

Le chlore que l'on introduit dans un flacon rempli de gaz bromhydrique ou de gaz iodhydrique, déplace immédiatement le brome ou l'iode.

Mais il ne suffit pas d'introduire dans une éprouvette un mélange de 2 volumes d'hydrogène et de 1 volume d'oxygène pour obtenir de l'eau. La combinaison ne s'effectue que si l'on porte le mélange à 400° environ ou si l'on y fait éclater une étincelle électrique. Nous verrons que le plus souvent, en effet, il est nécessaire de *déterminer* la combinaison par une élévation de température des corps réagissants; une étincelle électrique n'agit d'ailleurs que par la température élevée de la décharge électrique. Un mélange de volumes égaux de chlore et d'hydrogène peut être conservé à l'obscurité sans qu'il y ait réaction; mais, sous l'action des rayons solaires, la combinaison est tellement brusque, que le mélange gazeux fait explosion et que le flacon vole en éclats.

Toutes ces réactions sont accompagnées d'un dégagement de chaleur (*réactions exothermiques*). Elles se sont effectuées sans aucune intervention d'énergie étrangère; il a suffi de déterminer la réaction par une action mécanique, si petite qu'elle fût, pour qu'elle se poursuivît d'elle-même et devînt complète.

Ici, le principe du dégagement de chaleur maximum est immédiatement applicable. Ainsi, des deux réactions

$$Cl^2 + 2HBr = 2HCl + Br^2 \text{ gaz.} \qquad + 17^C,0,$$
$$Br^2 \text{ gaz} + 2HCl = 2HBr + Cl^2 \qquad - 17^C,0,$$

c'est la première qui a lieu nécessairement.

Si la réaction se fait peu à peu, le dégagement de chaleur se communiquant aux corps environnants se diffuse et n'est accompagné d'aucun phénomène lumineux; mais si la combinaison est *instantanée*, ce dégagement de chaleur pourra porter à l'incandescence les corps réagissants; c'est ce que nous avons observé en chauffant du cuivre dans la vapeur de soufre ou en allumant un jet d'hydrogène dans l'air. Dans le premier cas, le phénomène est comparable à une *oxydation lente*; dans le second cas, à une *oxydation* ou *combustion vive*. Les *oxydations* ou combinaisons d'un corps avec l'oxygène ne sont en effet que des *réactions directes* et le mot de *combustion* pourrait être appliqué à toutes les réactions qui s'accomplissent avec dégagement de chaleur.

Quelques corps composés se détruisent avec dégagement de chaleur : c'est le cas des composés oxygénés de l'azote ou du chlore. Leur décomposition exothermique s'observera exactement dans les mêmes circonstances où nous avons observé tout à l'heure des réactions de combinaison. Il suffit, pour qu'elles se produisent, de les *déterminer* par une élévation de température, une étincelle électrique, une action mécanique.

Les réactions inverses (décomposition de l'eau, combinaison de l'azote et de l'oxygène) ne pourront se produire que si l'on fournit au corps composé dans le premier cas, au corps réagissant dans le second, de la chaleur. Ce sont des réactions *endothermiques*.

Réactions endothermiques. — Les réactions inverses des réactions exothermiques sont nécessairement *endothermiques*. Elles ne peuvent être réalisées que si l'on fournit aux corps simples ou composés qui interviennent dans la réaction, de la chaleur, sous quelque forme que ce soit.

Ainsi l'on a

$$2H^2 + O^2 = 2H^2O \text{ liq.} \qquad + 2 \times 69^C.$$

On ne peut décomposer l'eau qu'à la condition de fournir à 1 molécule d'eau 69 Calories. L'expérience montre qu'on peut en effet décomposer l'eau soit par la chaleur, soit par l'électrolyse. Ces réactions sont presque toujours limitées par la réction inverse; elles ne s'accomplissent qu'à la condition de fournir, *pendant toute la durée de l'opération*, soit l'énergie calorifique, soit l'énergie électrique.

Le principe du travail maximum nous permet de dire si une réaction produite sans l'intervention d'une énergie étrangère est *possible*; mais il ne dit pas qu'elle aura lieu *nécessairement*. Nous ne pouvons connaître *a priori* les conditions dans lesquelles nous devons nous placer pour qu'une réaction ait lieu; l'expérience seule peut nous le dire, et nous apprendre aussi quelles sont les conditions de stabilité des corps réagissants ou des produits de la réaction.

Nous lisons par exemple (Tableau III) :

$$Az^2 + 3H^2 = 2AzH^3 \qquad + 24^C,4.$$

La formation de l'ammoniaque à partir des éléments est exothermique. Cependant il ne suffit pas de mélanger les deux gaz, ou de *déterminer* la combinaison en portant un point de leur masse à l'incandescence, en faisant éclater *une* étincelle électrique; on observe seulement la formation de traces d'ammoniaque lorsqu'on fait éclater une suite d'étincelles électriques dans le mélange des deux gaz. L'expérience nous montre, au contraire, que le gaz ammoniac est décomposé par la chaleur rouge ou par une suite d'étincelles électriques, et que, des deux réactions inverses, la réaction la plus facile à réaliser est une réaction *endothermique*.

La réaction

$$2HCl + O = H^2O\,\text{gaz} + Cl^2 \qquad + 14^C,2,$$

facile à calculer quand on connaît

$$H^2 + Cl^2 = 2HCl \qquad + 44,0,$$
$$H^2 + O = H^2O\,\text{gaz} \qquad + 58,2,$$

semblerait indiquer, si l'on appliquait brutalement le principe du travail maximum, que l'oxygène doit déplacer le chlore de l'acide chlorhydrique et que la réaction

$$Cl^2 + H^2O\,\text{gaz} = 2HCl + O \qquad - 14^C,2$$

est impossible.

Et cependant les deux réactions sont possibles dans les mêmes conditions de température.

Au rouge vif, en effet, l'eau est *dissociée*, c'est-à-dire partiellement décomposée; cette décomposition est une réaction endothermique; mais c'est ici le foyer de chaleur qui fournit l'énergie nécessaire à la réaction :

$$H^2O\,\text{gaz} = H^2 + O \qquad - 58^C,2.$$

C'est alors l'hydrogène libre qui s'unit au chlore. Comme la décomposition de l'eau est incomplète, limitée par la réaction inverse, la réaction elle-même est incomplète.

CHAPITRE VIII

ACIDE AZOTIQUE — AMMONIAQUE

COMPOSÉS OXYGÉNÉS DE L'AZOTE.

Les composés oxygénés de l'azote sont :

Protoxyde d'azote	Az^2O	Peroxyde d'azote. . . .	AzO^2
Bioxyde d'azote	AzO	Anhydride azotique. . .	Az^2O^5
Anhydride azoteux. . . .	Az^2O^3	— perazotique .	AzO^3

Au contact de l'eau, les anhydrides azoteux et azotique s'hydratent et donnent les *acides azoteux* AzO^2H et *azotique* AzO^3H :

$$Az^2O^3 + H^2O = 2(AzO^2H),$$
$$Az^2O^5 + H^2O = 2(AzO^3H).$$

Tous ces corps se décomposent en leurs éléments avec dégagement de chaleur et leur formation à partir des éléments serait accompagnée d'une absorption de chaleur égale. Aussi n'observerons-nous jamais la combinaison des deux gaz en faisant éclater, par exemple, *une* étincelle électrique dans leur mélange, comme nous avons pu le faire pour le mélange d'hydrogène et d'oxygène. On les obtient tous en enlevant de l'oxygène à l'acide azotique.

ACIDE AZOTIQUE ou NITRIQUE, AzO^3H.

L'acide azotique est connu à l'état anhydre (*anhydride azotique* Az^2O^5) et à l'état hydraté; les hydrates d'acide azotique ont seuls un intérêt pratique. L'acide azotique peut être considéré comme résultant de la fixation d'une molécule d'eau sur une molécule d'anhydride :

$$Az^2O^5 + H^2O = 2(AzO^3H);$$

on obtient ainsi deux molécules d'acide[1]

1. On peut écrire la formule de l'acide azotique

$$AzO^2 - OH,$$

mettant en évidence le radical *azotyle* AzO^2 qui n'est autre que le peroxyde d'azote. La formule développée ne contient qu'un oxhydryle, ce qui est conforme avec ce fait que l'acide azotique est monobasique.

Les azotates des métaux alcalins se formuleront

Azotate de potassium	AzO^3K,
— de sodium	AzO^3Na,

c'est-à-dire que l'on obtient leurs symboles en remplaçant un atome d'hydrogène par un atome du métal monovalent (86).

Si le métal est divalent, on écrira

Azotate de calcium	$(AzO^3)^2Ca$,
— de cuivre	$(AzO^3)^2Cu$;

ici il a fallu doubler la formule de l'acide $(AzO^3)^2H^2$ et ce sont 2 atomes d'hydrogène qui sont remplacés par un atome de métal.

106. **État naturel. Préparation.** — Sur les murs humides se développent des efflorescences blanches que l'on désigne sous le nom de *salpêtre*. Ce sont des azotates de divers métaux que l'on exploitait autrefois pour la fabrication du *nitre* ou *salpêtre* pro-

Fig. 74.

prement dit, qui est l'azotate de potassium et qui entre dans la composition de la poudre. Au Chili et au Pérou, on trouve dans le sol et on exploite d'énormes amas d'azotate de sodium. C'est de l'azotate de potassium ou de l'azotate de sodium que l'on retire l'acide azotique.

A cet effet, on introduit l'azotate dans une cornue en verre (fig. 74), et, au moyen d'un tube à entonnoir, on verse de l'acide sulfurique concentré. On engage le col de la cornue dans le col d'un ballon refroidi. En chauffant légèrement, l'acide azotique distille dans le ballon; il reste dans la cornue du sulfate de potassium.

On formulera la réaction :

$$AzO^3K + SO^4H^2 = AzO^3H + SO^4HK.$$

107. **Propriétés physiques.** — L'acide ainsi obtenu est un liquide qui bout à 86° et se solidifie à — 47°. Il est ordinairement coloré en jaune par des traces de peroxyde d'azote AzO^2 et ses vapeurs, au contact de l'humidité atmosphérique, forment des fumées blanches : de là le nom d'acide azotique *fumant* qu'on lui donne quelquefois. Ces vapeurs sont dangereuses à respirer. Sa densité est 1,52.

Lorsqu'on distille cet acide, il se décompose partiellement en peroxyde d'azote AzO^2, oxygène et eau, qui, s'ajoutant à l'acide qui reste encore dans la cornue, forme un nouvel hydrate moins volatil, l'*acide azotique quadrihydraté* $Az^2O^5 + 4H^2O$ ou $2(AzO^3H) + H^2O$. La température indiquée par un thermomètre plongé dans la vapeur s'élève peu à peu jusqu'à 123°, qui est la température d'ébullition de ce nouvel hydrate.

L'acide azotique quadrihydraté est celui que l'on emploie dans

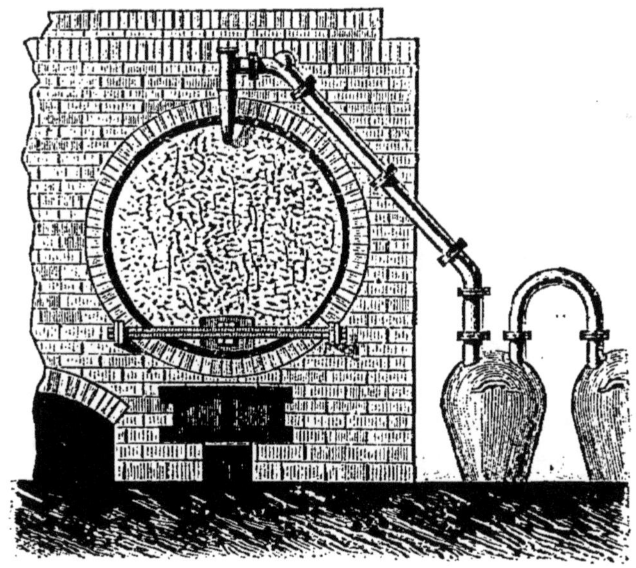

Fig. 75.

les arts industriels; c'est l'acide azotique du commerce, dont la densité est 1,42.

On obtient directement cet acide quadrihydraté, dans l'industrie, en chauffant dans des chaudières en fonte (fig. 75 et 76) du nitrate de sodium avec de l'acide sulfurique et recueillant les vapeurs acides dans de l'eau contenue dans des bombonnes en grès.

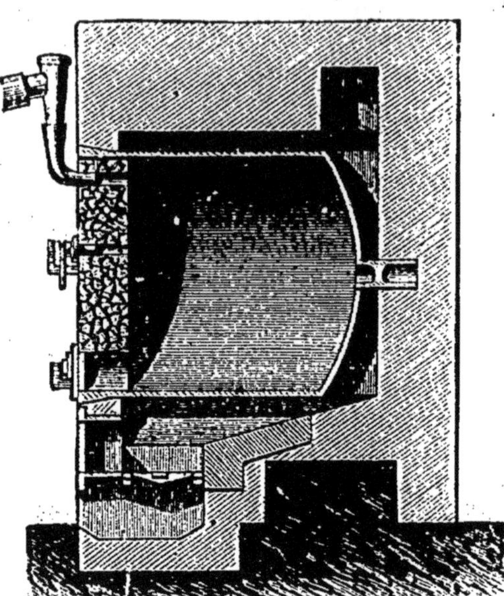

Fig. 76.

108. Propriétés chimiques. — L'acide azotique cède facilement à un grand nombre de corps simples ou composés une partie de son oxygène : c'est un *oxydant* énergique.

Faisons passer dans un tube chauffé au rouge un mélange d'hydrogène et de vapeurs d'acide azotique, il en résultera de l'eau et un dégagement d'azote :

$$AzO^3H + 5H = Az + 3H^2O.$$

Mais si nous faisons passer le mélange sur de la mousse de platine légèrement chauffée, non seulement l'hydrogène s'empare de l'oxygène, mais encore il se combine avec l'azote pour donner un composé hydrogéné, l'ammoniaque :

$$AzO^3H + 8H = AzH^3 + 3H^2O.$$

On dispose l'expérience ainsi (fig. 77) : l'hydrogène traverse une éprouvette à pied renfermant de la pierre ponce imbibée d'acide azotique dont il entraîne les vapeurs : en passant sur de la mousse de platine légèrement chauffée dans un tube effilé, les vapeurs d'acide azotique et l'hydrogène réagissent et l'on constate qu'un papier rouge de tournesol, exposé aux vapeurs qui se dégagent par le tube effilé, bleuit, accusant ainsi la présence de l'ammoniaque.

Nous verrons l'acide azotique oxyder le carbone, le soufre, le phosphore. L'action exercée par l'acide azotique sur les métaux est particulièrement intéressante.

Seuls l'or et le platine ne sont pas attaqués, mais les autres métaux s'emparent d'une partie de l'oxygène de l'acide qui se trouve transformé en un composé moins riche en oxygène, et le métal, sauf quelques exceptions qui seront signalées ultérieurement, est dissous à l'état d'azotate.

Introduisons, par exemple, dans un flacon tubulé du cuivre en

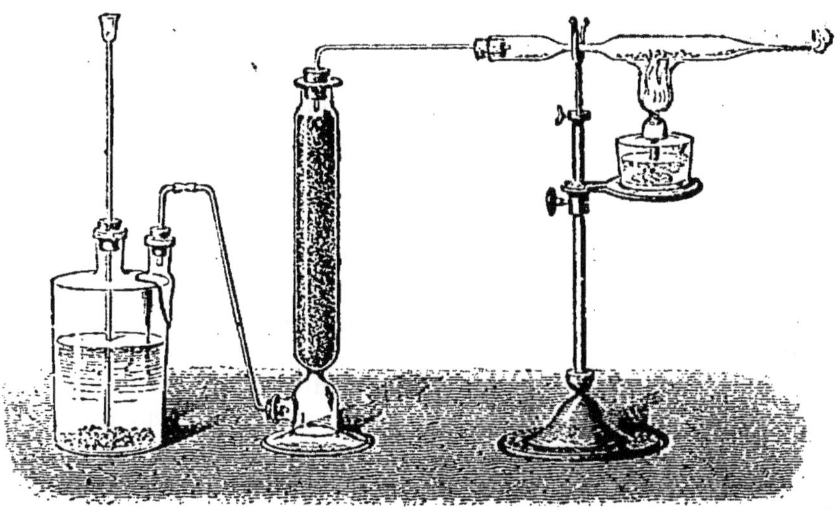

Fig. 77.

tournure, puis versons par le tube à entonnoir de l'acide azotique étendu de deux fois son volume d'eau (fig. 78). Des bulles de gaz

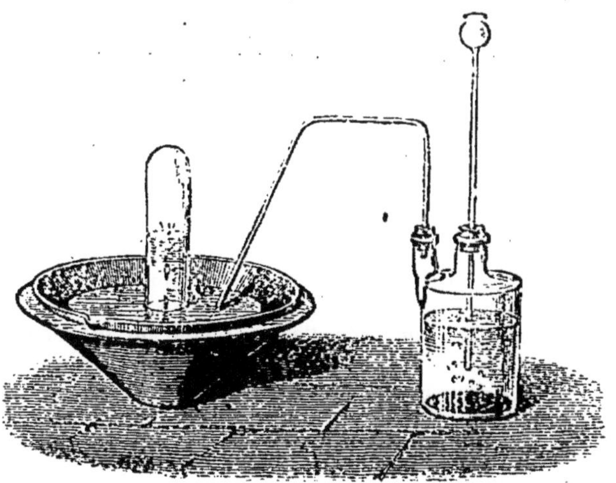

Fig. 78.

se dégagent que l'on peut recueillir sous l'eau dans une éprouvette, et le liquide prend une couleur bleue, qui est celle de l'azotate de cuivre.

Le gaz recueilli est incolore[1], c'est le *bioxyde d'azote* ou *oxyde azotique* AzO; la réaction peut se formuler ainsi :

$$3Cu + 8AzO^3H = 3(AzO^3)^2Cu + 2AzO + 4H^2O.$$

il suffit de soulever l'éprouvette de façon à mettre le gaz qu'elle contient au contact de l'air, pour observer immédiatement qu'il devient rouge. Le bioxyde d'azote s'unit en effet directement avec l'oxygène de l'air pour former le *peroxyde d'azote* AzO^2 :

$$AzO + O = AzO^2.$$

Le peroxyde d'azote[2], gaz rouge dans les conditions ordinaires de température, constitue les *vapeurs rutilantes* qui se dégagent dans un grand nombre de réactions où l'on fait intervenir l'acide azotique.

Versons, par exemple, sur de la tournure de cuivre contenue dans un verre à expérience de l'acide azotique quadrihydraté; immédiatement une réaction vive se produit et des *vapeurs rutilantes* se dégagent. La réaction est identique à celle qui a lieu dans le flacon tubulé de l'expérience précédente; mais le bioxyde d'azote qui se dégage, rencontrant l'oxygène de l'air, s'unit à lui et forme du peroxyde d'azote.

L'acide azotique monohydraté a, en général, moins d'action sur un métal que l'acide étendu. Il se produit même avec le fer

1. Le *bioxyde d'azote* (AzO = 30) est 15 fois plus lourd que l'hydrogène; il est difficilement liquéfiable, peu soluble dans l'eau. Il n'entretient que très difficilement les combustions vives.

2. On prépare le *peroxyde d'azote* en décomposant par la chaleur un azotate, l'azotate de plomb par exemple :

$$(AzO^3)^2Pb = PbO + 2AzO^2 + O.$$

Les vapeurs rouges qui se dégagent du col de la cornue se condensent dans un tube entouré de glace, en un liquide rouge qui bout à + 22° et cristallise à — 9°.

Au contact des alcalis, le peroxyde d'azote forme un mélange d'azotate et d'azotite :

$$2AzO^2 + 2KOH = AzO^3K + AzO^2K + H^2O.$$

Au contact de l'eau froide, il se décompose en donnant de l'anhydride azoteux Az^2O^3 et de l'acide azotique :

$$4AzO^2 + H^2O = 2AzO^3H + Az^2O^3.$$

L'*anhydride azoteux* est un liquide bleu qui, lorsque la température s'élève, se décompose lui-même en acide azotique et bioxyde d'azote :

$$3Az^2O^3 + H^2O = 2AzO^3H + 4AzO.$$

une réaction singulière, dont nous ne pouvons donner d'explication simple. Le fer est violemment attaqué par l'acide azotique étendu et il se dégage du bioxyde d'azote qui, au contact de l'air, se transforme en vapeurs rutilantes de peroxyde. L'acide monohydraté non seulement n'attaque pas le fer, mais encore le rend inattaquable par l'acide étendu. Sur des clous placés dans un verre versons de l'acide monohydraté, puis décantons le liquide et remplaçons-le par de l'acide quadrihydraté. Aucune réaction ne se produit : on dit que le fer est devenu *passif*. Mais il suffit de toucher le fer avec une tige de cuivre pour que l'attaque ait lieu avec une violence extrême.

109. **Action sur les matières organiques.** — L'acide azotique brûle un grand nombre de matières organiques. Si l'on chauffe des crins, par exemple, avec de l'acide azotique fumant, un phénomène d'incandescence se produit, accusant la combustion de la matière animale par l'oxygène de l'acide.

L'action n'est pas toujours aussi vive. Ainsi les étoffes, la peau sont corrodées par l'acide azotique concentré. Une goutte d'acide azotique qui tombe sur les vêtements y produit une tache jaune et au bout de quelque temps l'étoffe est détruite en ce point. La peau, la laine, la soie sont jaunies par cet acide et détruites par un contact prolongé. La couleur bleue de l'indigo est détruite par l'acide azotique; ainsi, en versant quelques gouttes de cet acide dans une dissolution sulfurique d'indigo, on voit la coloration bleue disparaître, et le liquide devient jaune foncé. Si la dissolution d'indigo était très étendue, le liquide deviendrait incolore par l'addition d'acide azotique, la matière jaune qui a pris la place de la couleur bleue ayant un pouvoir tinctorial beaucoup plus faible.

110. **Applications.** — L'acide azotique est employé dans les arts industriels. Il sert à dissoudre un grand nombre de métaux et à préparer par conséquent des azotates. On s'en sert pour *dérocher*, c'est-à-dire dissoudre superficiellement le cuivre, le bronze, le laiton, de façon à enlever une couche superficielle d'oxyde qui se forme, au contact de l'air, lorsque, après les avoir fondus, on les coule.

Pour graver sur cuivre (*gravure à l'eau-forte*), on étend sur la planche métallique une mince couche de vernis sur laquelle on trace avec une pointe fine les traits du dessin de façon à mettre le métal à nu. Puis on le recouvre d'acide azotique étendu. L'acide *mord* le cuivre; on lave à l'eau, on dissout le vernis dans l'essence de térébenthine, et le dessin se trouve reproduit en creux.

AMMONIAQUE, AzH^3.

111. Préparation. — On trouve dans le commerce une matière solide, cristallisée, qui est connue depuis la plus haute antiquité sous le nom de *sel ammoniac*.

Lorsqu'on pulvérise le sel ammoniac et qu'on le triture dans un mortier avec de la chaux vive, il se dégage un gaz d'une odeur vive, qui pique les yeux et qui bleuit un papier de tournesol rouge humide, que l'on place à quelque distance au-dessus du mortier. C'est le gaz *ammoniac* ou l'*ammoniaque* AzH^3.

Le sel ammoniac est une combinaison d'ammoniaque et d'acide chlorhydrique, un chlorhydrate d'ammoniaque AzH^3,HCl. L'ammoniaque est déplacée par la chaux, et l'acide chlorhydrique réagissant sur celle-ci donne du chlorure de calcium et de l'eau. C'est ce qu'on exprime par la formule suivante :

$$2(AzH^3, HCl) + CaO = 2AzH^3 + CaCl^2 + H^2O.$$

Pour recueillir le gaz ammoniac et l'étudier, on introduit dans un ballon (fig. 79) le mélange intime de chlorhydrate d'ammoniaque et de chaux vive et on achève de le remplir avec des fragments de chaux vive, destinés à arrêter la vapeur d'eau formée

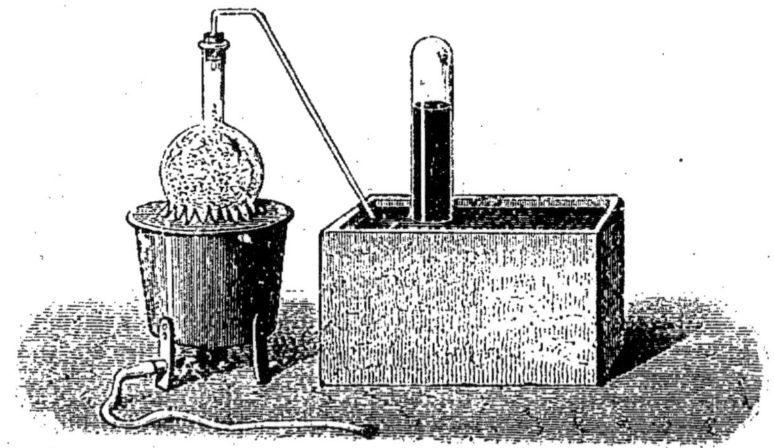

Fig. 79.

par la réaction. Le dégagement de gaz commence à froid, mais on l'active en chauffant légèrement. On recueille le gaz sur la cuve à mercure, car il est très soluble dans l'eau.

112. Propriétés physiques. — Gaz incolore, d'une odeur vive, qui pique les yeux et provoque les larmes. Sa densité est 0,596.

L'eau en dissout :

A 0°.	1049 fois son volume.
16°.	613 —

On manifeste cette grande solubilité de l'ammoniaque par les expériences suivantes :

On remplit d'ammoniaque très pure une éprouvette sur la cuve à mercure et on la place sur une soucoupe renfermant une petite quantité de mercure. On transporte cette éprouvette et la soucoupe au fond d'une terrine dans laquelle on verse de l'eau, puis, saisissant l'éprouvette sur un linge épais, on la soulève brusquement (fig. 80). L'eau arrive au contact du gaz, le dissout instantanément et vient frapper le sommet de l'éprouvette avec autant de violence que si l'éprouvette était vide ; l'éprouvette est le plus souvent brisée. Cette expérience ne réussit que si l'on a pris soin de laisser le gaz, en se dégageant pendant quelque temps, balayer l'air de l'appareil producteur. Une bulle d'air qui resterait dans l'éprouvette, lorsque l'ammoniaque se dissout dans l'eau, suffirait pour amortir le choc.

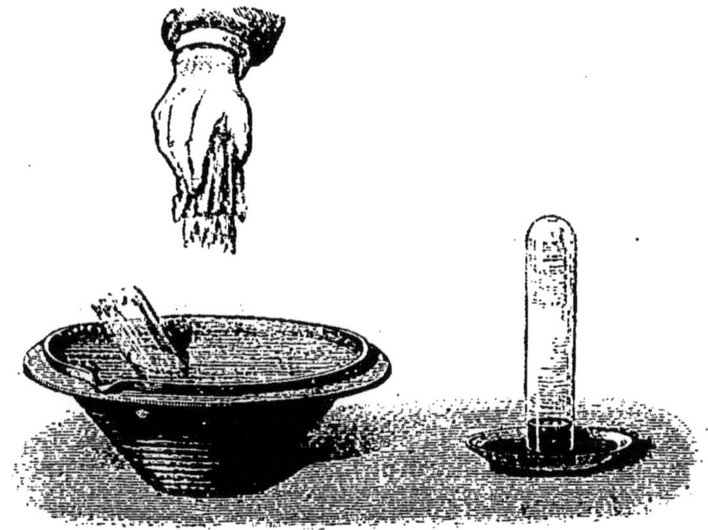

Fig. 80.

On peut aussi remplir d'ammoniaque un flacon que l'on ferme ensuite avec un bouchon traversé par un tube effilé à ses deux extrémités ; la pointe extérieure est fermée à la lampe (fig. 81). On introduit celle-ci dans un vase rempli d'eau, et on la brise avec une pince. Le liquide jaillit immédiatement à l'intérieur du vase, comme si l'on y avait fait le vide.

On prépare la dissolution ammoniacale dans un appareil de Woolf (fig. 82). On ne met qu'une petite quantité d'eau dans le premier flacon, qui est destiné à arrêter le chlorhydrate d'ammoniaque entraîné par le courant gazeux. On ne met également qu'une petite quantité d'eau dans les flacons suivants, car le volume du liquide augmente; si l'on veut préparer une solution concentrée, il faut refroidir les flacons, car l'eau s'échauffe en dissolvant le gaz.

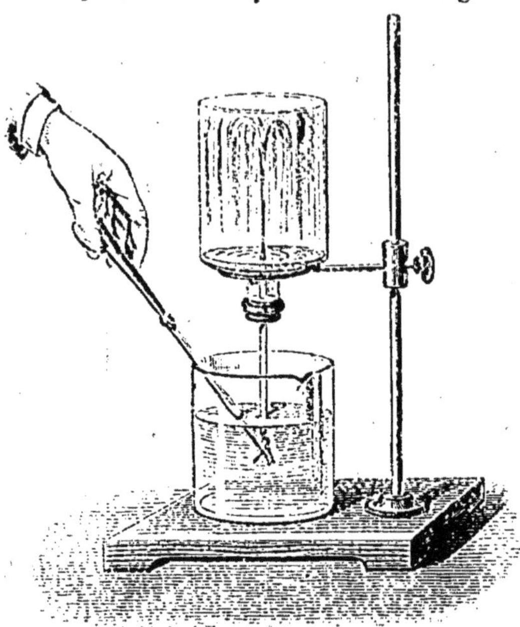

Fig. 81.

Lorsqu'on chauffe la dissolution ammoniacale, le gaz se dégage; il se dégage également lorsqu'on fait le vide au-dessus d'une dissolution saturée à la température ordinaire.

113. Action de l'oxygène. — L'oxygène est sans action sur le gaz ammoniac à la température ordinaire. Mais si l'on fait éclater

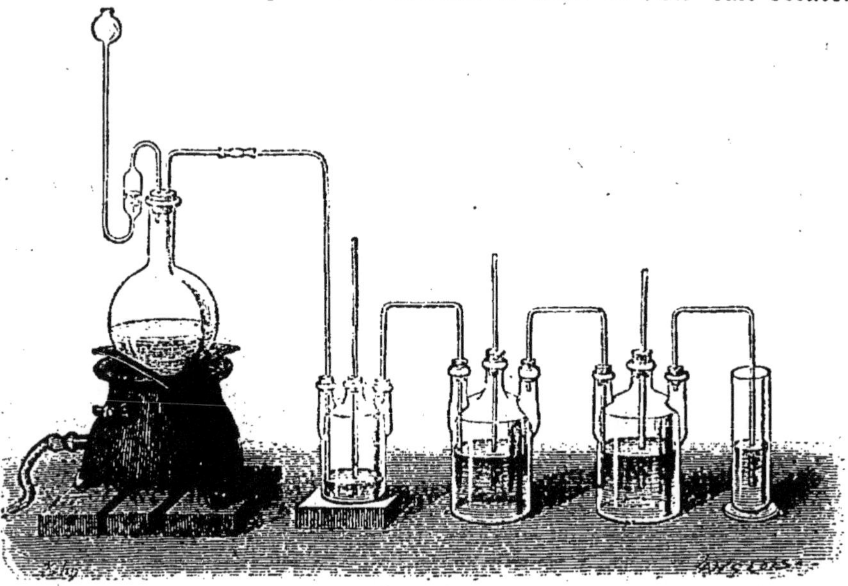

Fig. 82.

une étincelle électrique dans un mélange de 4 volumes d'ammoniaque et de 3 volumes d'oxygène, il se produit une détonation;

il se forme de l'eau qui se condense et l'azote est mis en liberté :

$$2AzH^3 + 3O = 3H^2O + Az.$$

On ne réussit pas à enflammer le gaz ammoniac s'écoulant dans l'air par un tube effilé ; mais si l'on plonge ce tube effilé dans un flacon renfermant de l'oxygène, le gaz s'enflamme au contact d'un corps incandescent et continue à brûler avec une flamme jaunâtre ; il se forme, comme dans la réaction citée plus haut, de l'azote et de l'eau et aussi de petites quantités d'azotite d'ammonium.

Le gaz ammoniac et l'oxygène, en passant sur de la mousse de platine légèrement chauffée, forment de l'acide azotique :

$$AzH^3 + 4O = AzO^3H + H^2O.$$

Pour réaliser l'expérience, on fait arriver un courant d'oxygène dans une dissolution ammoniacale. Le gaz entraîne de l'ammoniaque, et lorsqu'on fait passer le mélange dans un tube de verre effilé renfermant un peu de mousse de platine, que l'on chauffe avec une lampe à alcool, on constate qu'un papier bleu de tournesol rougit lorsqu'on l'expose aux vapeurs qui se dégagent de l'extrémité effilée du tube.

114. Propriétés de la solution ammoniacale. — Sels ammoniacaux. — La dissolution de l'ammoniaque dans l'eau est connue sous le nom d'*ammoniaque* : on la désigne encore quelquefois sous le nom d'*alcali volatil*. Cette dissolution jouit en effet des propriétés *alcalines* ou *basiques* des solutions de potasse ou de soude : elle ramène au bleu la teinture de tournesol rougie par un acide ; elle peut être neutralisée par l'addition d'un poids convenablement choisi d'un acide, acide sulfurique, acide azotique, acide chlorhydrique et lorsqu'on évapore le liquide ainsi obtenu, des sels cristallisent, qui offrent la ressemblance la plus frappante avec les sels correspondants du potassium. Ils sont *isomorphes* avec ces derniers. La composition des sels formés par l'union de l'ammoniaque avec les acides azotique[1],

1. C'est en décomposant par la chaleur l'azotate d'ammoniaque que l'on prépare le *protoxyde d'azote* ou *oxyde azoteux* :

$$AzH^3, AzO^3H = Az^2O + 2H^2O.$$

Le protoxyde d'azote est un gaz incolore, 22 fois plus lourd que l'hydrogène ($Az^2O = 44$). L'eau en dissout son volume environ à 0°. Il se liquéfie lorsqu'on le comprime à 0° sous une pression de 30 atmosphères. Il se décompose au rouge et se comporte alors comme un mélange d'azote et d'oxygène, mélange dans lequel ce dernier gaz entre en plus forte proportion que dans l'air. Aussi le soufre, le phosphore, le charbon, préalablement enflammés, continuent-ils à brûler avec un vif éclat dans le protoxyde d'azote. Mais ce gaz n'entretient pas les combustion lentes, ni par suite la respiration.

C'est un anesthésique.

sulfurique et chlorhydrique, est représentée par les formules

$$AzH^3, AzO^3H,$$
$$2AzH^3, SO^4H^2,$$
$$AzH^3, HCl.$$

Ces formules peuvent s'écrire

$$AzO^3AzH^4$$
$$SO^4(AzH^4)^2$$
$$ClAzH^4$$

et, sous cette forme, elles rappellent les formules des sels correspondants de potassium.

$$AzO^3K$$
$$SO^4K^2$$
$$ClK.$$

Le groupement AzH^4, qui n'a d'ailleurs jamais été isolé, joue, dans les sels ammoniacaux, le même rôle qu'un métal monovalent. On l'appelle l'*ammonium* (228).

115. Origine de l'ammoniaque. — La décomposition spontanée (*putréfaction*) des matières animales, qui renferment toutes de l'azote et de l'hydrogène, est la source la plus abondante de l'ammoniaque. Ainsi les urines putréfiées, le fumier, laissent dégager de l'ammoniaque. En chauffant les matières organiques putréfiées avec de la chaux, on dégage le gaz ammoniac, et on le reçoit dans l'eau, pour préparer la dissolution, ou dans les acides chlorhydrique, nitrique, sulfurique, si l'on veut préparer les sels correspondants.

On trouve dans l'air une petite quantité d'ammoniaque qui, dissoute dans l'eau de pluie, est ramenée dans le sol et fournit aux végétaux une partie de l'azote dont ils ont besoin pour se développer (nitrification).

Cette ammoniaque atmosphérique est due aux décompositions de matières végétales ou animales qui se produisent à la surface du sol ; on a constaté de plus qu'il se formait une petite quantité d'ammoniaque, ou plutôt d'azotate d'ammoniaque, pendant les orages, par suite de la réaction de l'azote de l'air sur les éléments de la vapeur d'eau sous l'influence de l'électricité.

116. Applications. — Les propriétés alcalines de la solution ammoniacale sont utilisées dans les laboratoires et l'industrie ; l'ammoniaque sert à cautériser les piqûres faites par les insectes.

Une application importante est celle qu'en a faite M. Carré à la fabrication de la glace.

Une chaudière en fer (fig. 83-84) est remplie aux trois quarts d'une dissolution ammoniacale. Lorsqu'on chauffe le liquide, le gaz se dégage, soulève une soupape *a* et, par un tube recourbé, vient se condenser dans un vase annulaire refroidi extérieurement par de l'eau. Lorsqu'un thermomètre *t* marque 130°, le dégagement du gaz est terminé.

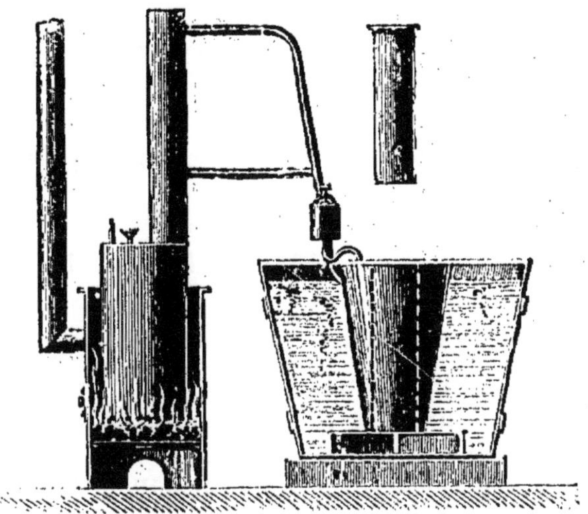

Fig. 83

A ce moment, on enlève la chaudière du foyer et on la plonge dans une grande cuve remplie d'eau ; l'eau contenue dans la chaudière se refroidit, l'ammoniaque liquéfiée qui bout à — 33°,7 sous la pression atmosphérique, se volatilise peu à peu, en absorbant de la chaleur qu'elle emprunte aux parois du récipient ; le gaz soulève la soupape *b* et vient se dissoudre à nouveau dans le liquide. La solution se reproduit donc et est prête pour une nouvelle expérience. Mais la volatilisation de l'ammoniaque liquéfiée a été accompagnée, avons-nous dit, d'un abaissement de température. Et en effet, si l'on introduit au centre du récipient annulaire un vase cylindrique en fer-blanc renfermant de l'eau, cette eau sera congelée.

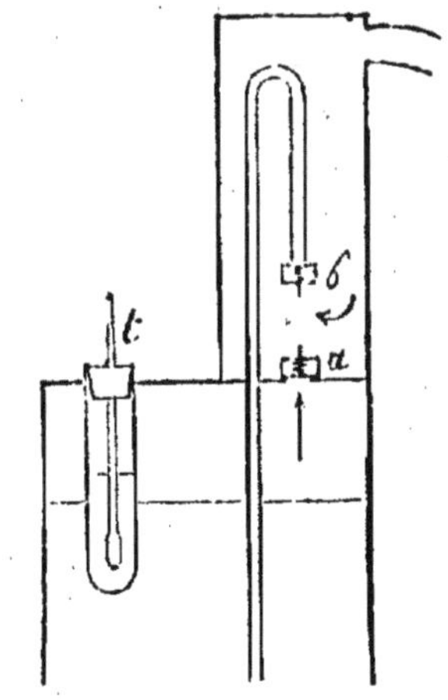

Fig. 84.

Cet appareil ne fournit qu'une petite quantité de glace à chaque opération. D'autres appareils, fondés sur le même principe et employés dans l'industrie, permettent de refroidir un *liquide*, ou de préparer de la glace, par l'évaporation *continue* de l'ammoniaque, à mesure qu'elle se condense.

CHAPITRE IX

PHOSPHORE — ACIDE PHOSPHORIQUE — BORE

PHOSPHORE, P=31.

117. **État naturel.** — Le phosphore n'existe pas à l'état libre dans la nature ; mais un de ses composés oxygénés forme, en se combinant avec la chaux, un sel, le phosphate de calcium, qui entre dans la composition des os des animaux ou que l'on rencontre dans le sol, notamment dans les Ardennes, dans le Lot et dans la Somme, où il est exploité pour les besoins de l'agriculture. D'importants gisements de phosphate de calcium existent aussi à Tébessa, dans le département de Constantine. Les liquides de l'organisme renferment divers phosphates, et c'est de l'urine que Brandt, de Hambourg, retira pour la première fois le phosphore en 1669. En 1769, Scheele parvint à l'extraire beaucoup plus facilement des os, par un procédé que nous décrirons lorsque nous aurons étudié l'acide phosphorique, ce qui nous permettra de faire comprendre plus aisément les diverses phases de l'opération (128).

118. **Propriétés physiques.** — Le phosphore est un corps solide, blanc, légèrement jaunâtre, translucide. Il est assez mou pour qu'un bâton de phosphore puisse être courbé entre les doigts ; il est rayé par l'ongle.

La densité du phosphore solide est 1,84.

Il fond à 44°,2 ; on peut le maintenir à l'état liquide au-dessous de sa température de fusion sans que la solidification se produise. L'expérience est faite de la manière suivante (fig. 85) : On introduit du phosphore dans un tube à essai en même temps qu'un peu d'eau. En plongeant ce tube dans de l'eau à 50°, le phosphore fond, et il peut être ensuite abandonné à lui-même au refroidissement. Lorsqu'un thermomètre, plongé dans l'eau qui enveloppe le tube, indique une température inférieure à 40°, le phosphore est encore liquide. Si, à ce moment, on le touche avec une baguette de verre que l'on a légèrement frottée contre un bâton de phosphore, la solidification se produit instantanément.

Le phosphore bout à 290°. La densité de sa vapeur est 4,32, égale à 62 fois celle de l'hydrogène.

Le phosphore est insoluble dans l'eau, mais il est soluble dans le sulfure de carbone. Cette dissolution, soumise à une évaporation lente, abandonne des cristaux incolores, très réfringents, qui appartiennent au système cubique (dodécaèdres rhomboïdaux (100). On peut obtenir des cristaux de phosphore par sublimation. On introduit à cet effet du phosphore bien sec dans un tube de verre où l'on fait le vide; si l'on chauffe légèrement le fond du tube, le phosphore se vaporise et se dépose en cristaux sur les parois froides. Le phosphore est un poison.

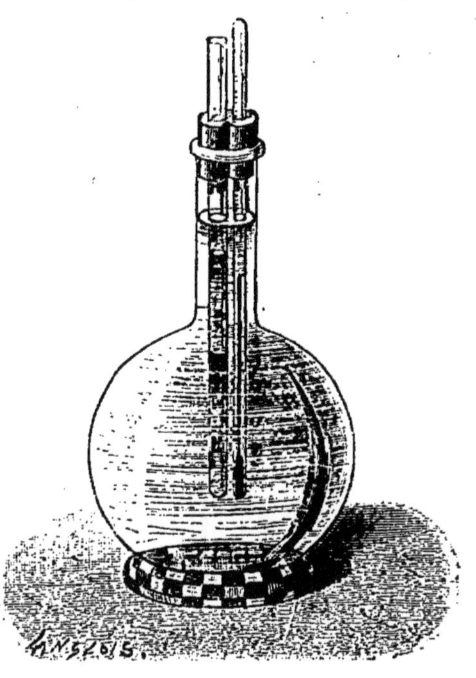

Fig. 85.

119. Action de l'oxygène. Phosphorescence. — Dans l'oxygène pur, à la température ordinaire et sous la pression atmosphérique, le phosphore ne s'oxyde pas. Mais si on raréfie le gaz, on voit immédiatement apparaître des fumées blanches et, si on opère à l'obscurité, des lueurs bleuâtres, caractéristiques de la combustion lente de ce corps simple; c'est de cette propriété de répandre des lueurs dans l'obscurité que le phosphore tire son nom (du grec *phôs*, lumière; *phéro*, je porte).

On détermine également l'oxydation du phosphore, à la température ordinaire, en diluant l'oxygène avec un gaz inerte, tel que l'azote, l'hydrogène, le gaz carbonique. Dans l'air atmosphérique, la pression de l'oxygène n'est que les $\frac{21}{100}$ de la pression totale; le phosphore humide, abandonné dans l'air à la température ordinaire, s'oxyde lentement, et forme de l'acide *phosphoreux* PO^3H^3 et de l'acide *hypophosphorique* $P^2O^6H^4$.

Cette oxydation lente est accompagnée d'un dégagement de chaleur qui rend le maniement du phosphore dangereux : elle peut en déterminer l'inflammation spontanée. Aussi faut-il éviter de manier le phosphore avec les doigts : on doit le conserver et le manier sous l'eau. On le fait fondre sous une couche d'eau, et si l'on veut le distiller, il faut opérer dans un gaz inerte, l'azote ou l'hydrogène.

Vers la température de 60°, en effet, le phosphore s'enflamme dans l'air ou l'oxygène secs et brûle avec une lumière très éclatante, en donnant des fumées blanches d'anhydride *phosphorique.*

120. **Action des dissolutions alcalines. Hydrogène phosphoré gazeux.** — Lorsqu'on fait chauffer un fragment de phosphore avec une dissolution de potasse, dans un petit ballon (fig. 86), on voit se dégager des bulles gazeuses qui s'enflamment

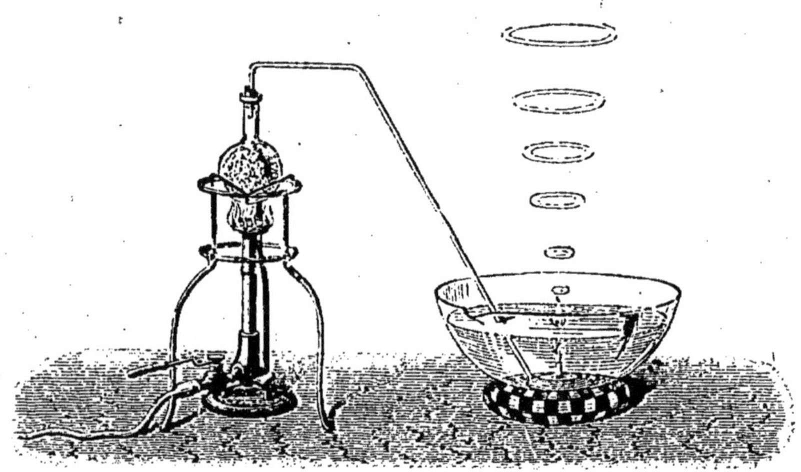

Fig. 86.

dès qu'elles arrivent au contact de l'air. On obtient ainsi l'*hydrogène phosphoré gazeux spontanément inflammable,* mélange d'hydrogène phosphoré gazeux PH^3 et de vapeurs d'hydrogène phosphoré liquide P^2H^4 qui, spontanément inflammable au contact de l'air, communique à la masse gazeuse son inflammabilité. La dissolution contient un hypophosphite alcalin PO^2H^2K; en ne tenant compte que de la formation de l'hydrogène phosphoré gazeux, on peut écrire :

$$4P + 3KOH + 3H^2O = 3PO^2H^2K + PH^3.$$

L'hydrogène phosphoré est doué d'une odeur alliacée désagréable.

Il brûle en donnant de l'eau et de l'anhydride phosphorique qui forme des fumées blanches :

$$2PH^3 + 8O = P^2O^5 + 3H^2O.$$

121. **Phosphore rouge.** — Les bâtons de phosphore conservés dans des flacons en verre blanc remplis d'eau et exposés à la lumière diffuse se recouvrent peu à peu d'un enduit rouge. Le phosphore, chauffé dans le vide ou dans l'azote à 240°, se transforme peu à peu en une matière rouge infusible, qui n'est autre que du phosphore qui se présente à nous avec des propriétés physiques différentes de celles que nous avons décrites ci-dessus; c'est une variété *allotropique* du phosphore (du grec *allos*, autre; *tropè*, forme), le *phosphore rouge*, vulgairement appelé à tort *phosphore amorphe*.

Ce n'est pas seulement par la couleur que cette variété se distingue de la précédente. Sa densité est plus élevée, elle est 2,34. Le phosphore rouge n'est pas fusible. On peut le manier à l'air sans danger; il ne s'oxyde pas à la température ordinaire, et par conséquent n'est pas phosphorescent; il est insoluble dans le sulfure de carbone et dans les solutions alcalines bouillantes; enfin, il n'est pas vénéneux.

122. **Usages du phosphore.** — La principale application du phosphore est la fabrication des allumettes.

Les allumettes ordinaires sont faites avec de petites bûchettes prismatiques en bois blanc. On plonge de quelques millimètres une de leurs extrémités dans un bain de soufre fondu, et, lorsque ce dernier s'est solidifié, on enduit cette même extrémité d'une pâte inflammable formée de phosphore, de gomme, de sable fin et d'une matière colorante rouge ou bleue, le tout délayé dans une petite quantité d'eau.

Les allumettes au phosphore rouge sont moins dangereuses à manier que les allumettes au phosphore ordinaire.

L'extrémité de l'allumette est recouverte d'une pâte formée avec de la colle forte, du chlorate de potassium, du sulfure d'antimoine et une petite quantité d'eau. On recouvre, d'autre part, un carton d'une pâte formée de colle forte, de phosphore amorphe et de sulfure d'antimoine. L'allumette frottée sur un corps quelconque ne peut s'enflammer; mais si on la frotte sur le carton, on détache une petite quantité de phosphore qui, mélangé au chlorate de potassium et au sulfure d'antimoine, prend feu et allume le bois.

COMPOSÉS OXYGÉNÉS DU PHOSPHORE.

Les principaux composés oxygénés[1] du phosphore sont

l'anhydride phosphorique P^2O^5

et

l'acide orthophosphorique PO^4H^3,
— phosphoreux PO^3H^3,
— hypophosphoreux PO^2H^3.

L'acide orthophosphorique peut perdre sous l'action de la chaleur les éléments de l'eau et donner deux nouveaux acides :

acide pyrophosphorique $P^2O^7H^4$,
— métaphosphorique PO^3H.

ANHYDRIDE PHOSPHORIQUE, P^2O^5.

123. Préparation. — Nous avons vu déjà (2) que le phosphore brûle avec éclat dans l'oxygène sec et donne des fumées qui se déposent sur les parois du flacon sous la forme d'une matière pulvérulente blanche, qui constitue une combinaison oxygénée du phosphore, l'*anhydride phosphorique*.

On prépare en plus grande quantité l'anhydride phosphorique avec l'appareil suivant (fig. 87) :

Un grand ballon porte deux tubulures latérales. Au bouchon qui ferme le col du ballon on adapte un tube de verre large, plongeant jusqu'au centre et supportant une coupelle en terre dans laquelle on met un fragment de phosphore. On enflamme ce phosphore à l'aide d'une tige métallique rougie au feu, puis on ferme le tube vertical avec un petit bouchon. Une des tubulures communique par un tube large avec un flacon dans lequel, à l'aide d'un aspirateur, on détermine un vide partiel; de l'air sec rentre par la seconde tubulure du ballon, entretient la combustion du phosphore et le courant gazeux entraîne les fumées phosphoriques qui vont se déposer en grande partie dans le flacon.

1. En mettant en évidence le radical *phosphoryle* PO, les formules développées des acides du phosphore deviennent :

$$PO{\begin{matrix}\nearrow OH\\ -OH\\ \searrow OH\end{matrix}}\qquad PO{\begin{matrix}\nearrow H\\ -OH\\ \searrow OH\end{matrix}}\qquad PO{\begin{matrix}\nearrow H\\ -H\\ \searrow OH\end{matrix}}$$

A. orthophosphorique. A. phosphoreux. Ac. hypophosphoreux.

Le premier est tribasique, le second bibasique, le troisième monobasique.

124. **Propriétés.** — L'anhydride phosphorique ainsi préparé doit être conservé dans des flacons hermétiquement fermés. Il attire en effet rapidement l'humidité atmosphérique. C'est un

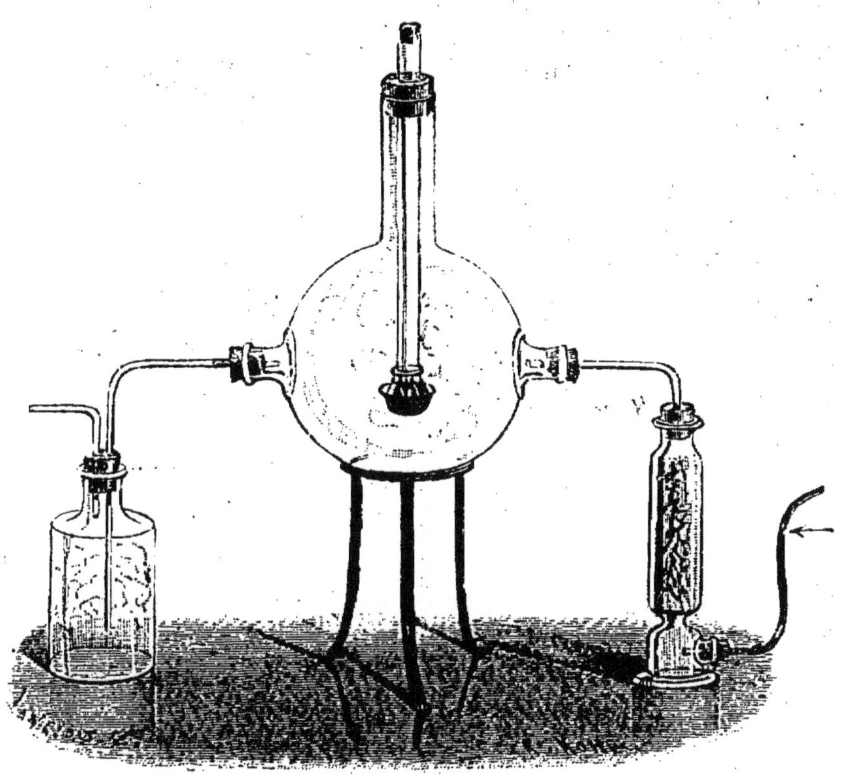

Fig. 87.

corps très avide d'eau : lorsqu'on le fait tomber dans l'eau, il s'y combine avec dégagement de chaleur.

Cette propriété était utilisée autrefois pour dessécher les gaz; on plaçait l'anhydride phosphorique dans des tubes en U dans lesquels on faisait circuler lentement les gaz que l'on voulait dépouiller d'humidité. Mais ce corps est difficile à manier; on préfère aujourd'hui se servir de son hydrate, l'acide métaphosphorique PO^3H.

L'anhydride phosphorique est volatil au rouge vif.

Il est indécomposable par la chaleur. Le charbon le réduit au rouge : il se dégage des vapeurs de phosphore et de l'oxyde de carbone :

$$P^2O^5 + 5C = 5CO + 2P.$$

ACIDE ORTHOPHOSPHORIQUE, PO^4H^3.

125. Circonstances de formation. Préparation. — 1° Dès qu'on met l'anhydride phosphorique au contact de l'eau, il s'y combine avec un grand dégagement de chaleur, et la liqueur renferme alors un hydrate phosphorique. Si l'on soumet cette liqueur à l'ébullition, et si on l'évapore à consistance sirupeuse, le liquide laisse déposer, nous préciserons tout à l'heure dans quelles circonstances, des cristaux de l'acide PO^4H^3.

2° Mais on peut effectuer plus simplement cette préparation, sans passer par l'anhydride. L'acide azotique concentré réagit vivement sur le phosphore ; ce dernier est oxydé aux dépens de l'oxygène de l'acide azotique ; de l'azote se dégage et la réaction est si violente, que le phosphore est projeté, s'enflamme et peut causer des désordres graves. On modère la réaction en se servant de l'acide azotique du commerce étendu d'eau.

On introduit dans une cornue en verre 1 partie de phosphore ordinaire et 15 parties d'acide azotique étendu d'eau marquant 20° à l'aréomètre de Baumé. Le col de la cornue s'engage librement dans le col d'un ballon refroidi ; l'appareil est identique à celui dont on s'est servi pour préparer l'acide azotique (106). On chauffe légèrement ; l'acide azotique cède une partie de son oxygène au phosphore, et il se dégage du bioxyde d'azote qui, au contact de l'air, se transforme en peroxyde d'azote. Une partie de l'acide azotique distille et se condense dans le récipient. Quant à l'acide phosphorique, qui n'est pas volatil, il reste dans la cornue. Si tout le phosphore n'avait pas été oxydé, on reverserait dans la cornue l'acide azotique condensé dans le récipient et on chaufferait de nouveau.

On évapore ensuite le liquide acide jusqu'à consistance sirupeuse, de façon à éliminer toute trace d'acide azotique.

3° Industriellement, on extrait aujourd'hui l'acide phosphorique du phosphate tricalcique naturel (128).

126. Propriétés physiques. — L'acide phosphorique obtenu par les procédés décrits ci-dessus se dépose quelquefois par refroidissement, lorsque sa dissolution a été convenablement concentrée, en cristaux incolores, déliquescents. Mais, le plus souvent, on n'obtient ainsi qu'une masse sirupeuse qui peut conserver très longtemps l'état liquide, c'est-à-dire rester en *surfusion*. On fait cesser la surfusion en touchant l'acide avec un cristal de même composition. Les cristaux ont pour formule PO^4H^3; ils constituent l'acide *orthophosphorique*.

Chauffé vers 212°, cet acide se transforme en acide *pyrophosphorique* $P^2O^7H^4$:

$$2PO^4H^3 = H^2O + P^2O^7H^4.$$

Enfin, au rouge sombre, il perd 1 molécule d'eau et il reste un liquide sirupeux, qui se solidifie en une masse transparente, ressemblant à du verre; c'est l'acide *métaphosphorique* ou acide phosphorique vitreux[1] PO^3H :

$$PO^4H^3 = H^2O + PO^3H.$$

Mais si on élève davantage encore la température, on ne réussit plus à enlever de l'eau et à obtenir l'anhydride.

127. **Propriétés chimiques.** — L'acide *orthophosphorique* rougit fortement le tournesol. En se combinant avec les bases, il donne des sels, des *phosphates*. Suivant les proportions de base et d'acide employées, 1, 2 ou 3 atomes d'hydrogène seront remplacés par 1, 2 ou 3 atomes d'un métal monovalent; ainsi, la composition des sels de sodium (métal monovalent) et des sels de calcium (métal divalent) sera représentée par les formules

PO^4Na^3	$(PO^4)^2Ca^3$
PO^4HNa^2	$(PO^4)^2H^2Ca^2$
PO^4H^2Na	$(PO^4)^2H^4Ca.$

Si l'on verse dans une dissolution de l'un quelconque des trois sels de sodium une dissolution de nitrate d'argent, il se produit un précipité jaune d'un phosphate d'argent qui a comme composition

$$PO^4Ag^3.$$

On peut dire que dans cette réaction 1 ou 2 atomes d'hydrogène ont été remplacés par 1 ou 2 atomes d'argent; c'est ce qui fait dire que dans les formules PO^4Na^2H et PO^4NaH^2 l'hydrogène joue

1. On prépare l'acide phosphorique vitreux en décomposant par la chaleur, dans un creuset de terre, un phosphate d'ammoniaque; il se dégage de l'eau, de l'ammoniaque et il reste une masse pâteuse que l'on coule dans des moules cylindriques. Sous cette forme, on peut l'introduire facilement dans des tubes en U ou des éprouvettes desséchantes; il absorbe avec facilité l'humidité et il est plus commode à manier que l'anhydride.

le rôle d'un métal monovalent, et puisque dans la formule de l'acide phosphorique PO^4H^3 les trois atomes d'hydrogène peuvent être remplacés par un métal, cet acide est dit *tribasique.*

Phosphates. — Les orthophosphates alcalins sont seuls solubles dans l'eau; les phosphates de calcium sont solubles dans les acides étendus.

1° Les dissolutions des phosphates alcalins donnent avec l'azotate d'argent un précipité jaune de phosphate triargentique PO^4Ag^3, soluble dans l'acide azotique ou dans l'ammoniaque.

2° Ces dissolutions donnent avec le chlorure de magnésium, en présence d'un excès de chlorhydrate d'ammoniaque et d'ammoniaque un précipité blanc, cristallin (*phosphate ammoniaco-magnésien*).

3° Dissous dans l'acide azotique, les phosphates de calcium donnent avec le molybdate d'ammoniaque un précipité jaune qui se rassemble lorsqu'on porte le liquide à l'ébullition. La totalité du phosphore est ainsi précipitée et cette réaction est la plus générale de celles que l'on peut appliquer à la recherche de l'acide phosphorique.

L'acide *pyrophosphorique* $P^2O^7H^4$ forme avec une base, telle que la soude, deux sels,

$$P^2O^7Na^4, \qquad P^2O^7H^2Na^2,$$

qu'il est facile de distinguer des sels de sodium de l'acide orthophosphorique. Si l'on ajoute en effet du nitrate d'argent à la dissolution de chacun d'eux, on obtient un précipité blanc dont la composition est représentée par la formule

$$P^2O^7Ag^4.$$

Ici encore on peut dire que dans le sel $P^2O^7Na^2H^2$ l'hydrogène joue le rôle d'un métal monovalent, puisqu'il peut être remplacé par de l'argent. On exprime ces faits en disant que l'acide pyrophosphorique est un acide *tétrabasique.*

Quant à l'acide métaphosphorique, il est *monobasique*; il ne forme avec une même base qu'un seul sel, comme l'acide azotique. Ainsi avec le sodium il donne un métaphosphate :

$$PO^3Na.$$

La dissolution de ce métaphosphate donne avec le nitrate d'argent un précipité blanc de métaphosphate d'argent :

$$PO^3Ag.$$

Tous les phosphates d'argent sont solubles dans l'acide azotique et dans l'ammoniaque.

La couleur des précipités de pyrophosphate et de métaphosphate d'argent étant la même, l'analyse seule permettrait de les distinguer. Mais l'acide métaphosphorique jouit en outre de la propriété de coaguler l'albumine du blanc d'œuf, ce que ne font ni l'acide orthophosphorique, ni l'acide pyrophosphorique.

128. Préparation industrielle de l'acide phosphorique. — Préparation du phosphore. — Le phosphate tribasique de calcium $(PO^4)^2Ca^3$ est très abondamment répandu dans la nature. En masses compactes, associé au carbonate de calcium, on le trouve dans le sol et on l'exploite soit pour les besoins de l'agriculture, soit pour la préparation de l'acide phosphorique et du phosphore.

1° Pour préparer l'acide phosphorique, on mélange le phosphate de calcium naturel finement pulvérisé avec de l'acide sulfurique étendu, dans des cuviers en plomb. Si l'on emploie 3 molécules d'acide sulfurique pour 1 de phosphate tricalcique, on forme du sulfate de calcium à peu près insoluble dans une dissolution d'acide phosphorique, et l'acide phosphorique est mis en liberté

$$(PO^4)^2Ca^3 + 3SO^4H^2 = 3SO^4Ca + 2PO^4H^3.$$

La dissolution d'acide phosphorique est séparée du précipité de sulfate et concentrée. Elle ne renferme que de très petites quantités de calcium, et sert à la préparation de divers phosphates.

2° Pour préparer le phosphore, on évapore la dissolution d'acide phosphorique jusqu'à consistance sirupeuse, on mélange le résidu avec 25 pour 100 de son poids de charbon et l'on calcine au rouge

Fig. 88.

sombre de façon à transformer l'acide phosphorique en acide métaphosphorique PO^3H :

$$PO^4H^3 = PO^3H + H^2O.$$

On introduit alors le mélange dans des cylindres en terre (fig. 88).

qui communiquent avec des récipients remplis d'eau où les vapeurs de phosphore viendront se condenser.

On chauffe au rouge vif : de l'oxyde de carbone se dégage et le phosphore distille dans le récipient :

$$2PO^3H + 5C = H^2O + 2P + 5CO.$$

Le phosphore ainsi obtenu est impur. Il a entraîné, en distillant, des matières solides, dont on le débarrasse en le fondant sous l'eau et en le forçant à filtrer à travers une pierre poreuse C recouverte de poussier de charbon (fig. 89). Le phosphore est fondu

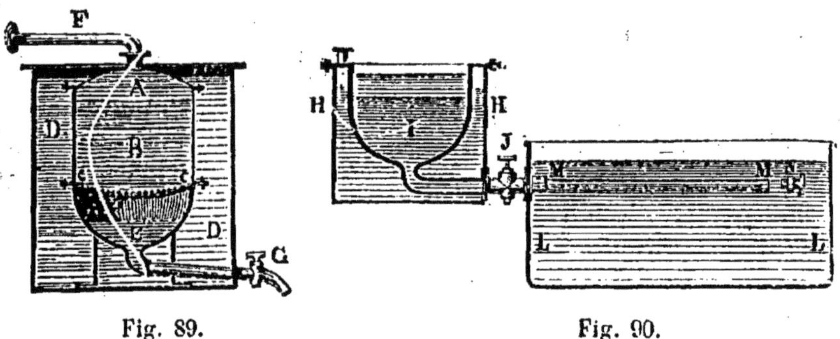

Fig. 89. Fig. 90.

dans la chaudière B, placée dans un bain d'eau à 50°. On fait arriver par le tube F de la vapeur d'eau sous pression et le phosphore qui filtre se rassemble en E. On ouvre de temps en temps le robinet G pour recueillir le phosphore.

Le phosphore se trouve généralement dans le commerce en bâtons cylindriques ou prismatiques, que l'on obtient sans danger en opérant comme il suit (fig. 90) :

Le phosphore est maintenu en fusion sous l'eau, dans le vase I, placé dans un bain-marie H. On peut le faire écouler par le robinet J dans un tube en cuivre MM entouré d'eau froide. Ce tube est fermé, au début de l'opération, par un bouchon métallique N qui porte un ressort en spirale. Lorsque le phosphore s'est solidifié, on tire le bouchon et on entraîne avec la spirale le bâton de phosphore qui y adhère. Le phosphore s'écoulant de la chaudière d'une façon continue, on obtient un cylindre de phosphore que l'on coupe à la longueur voulue.

129. **Préparation du phosphore rouge.** — Dans l'industrie, la transformation du phosphore ordinaire en phosphore rouge s'effectue en chauffant ce dernier dans un vase en fonte fermé par un couvercle qui ne porte qu'une petite ouverture par laquelle

de la vapeur d'eau qui imprégnait les bâtons de phosphore et l'azote de l'air peuvent se dégager (fig. 91). On maintient la température pendant plusieurs jours à 240° et on laisse refroidir.

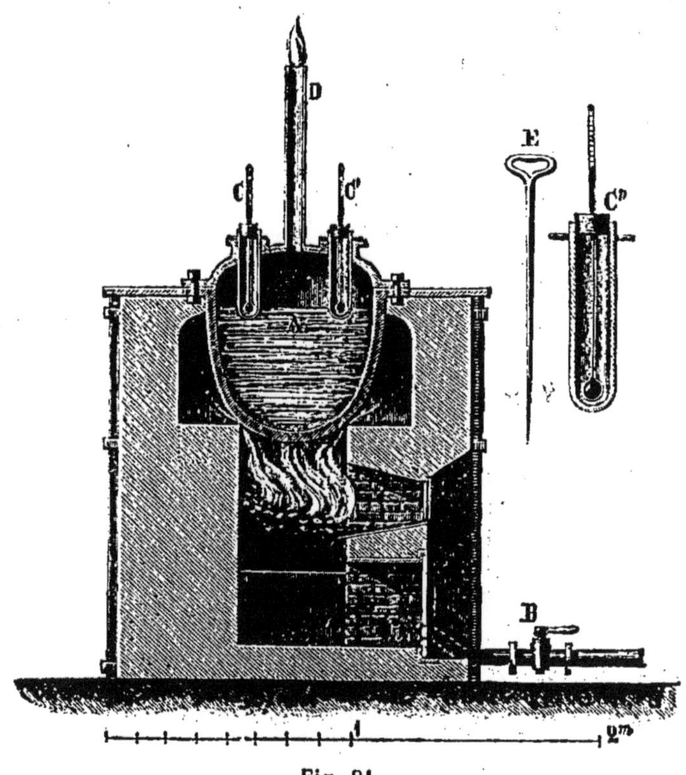

Fig. 91.

On trouve la chaudière remplie d'une matière rouge compacte, que l'on divise et qu'on lave avec du sulfure de carbone, pour dissoudre un excès de phosphore non transformé.

MÉTALLOÏDES DE LA 3ᵉ FAMILLE.

130. A côté de l'azote et du phosphore viennent se placer l'arsenic As et l'antimoine Sb.

Tous ces éléments forment avec l'hydrogène des combinaisons gazeuses telles, que 2 *vol. du composé renferment* 3 *vol. d'hydrogène.* C'est ce qu'expriment les formules

$$AzH^3 \qquad PH^3 \qquad AsH^3 \qquad SbH^3$$

qui caractérisent ces métalloïdes comme éléments *trivalents* vis-à-vis de l'hydrogène. Ils peuvent jouer le rôle d'éléments *pentavalents* lorsque le composé contient du chlore ou de l'oxygène :

$$AzH^4Cl \qquad PCl^5 \qquad AzO^2.OH.$$

L'arsenic est un corps solide grisâtre, volatil vers 400°. Il brûle dans l'oxygène en donnant un oxyde, l'*anhydride arsénieux* (vulgairement appelé *acide arsénieux* ou *arsenic*) As^2O^3, que l'on trouve généralement dans le commerce sous la forme d'une poudre blanche, très peu soluble dans l'eau et qui est un poison très violent. Oxydé par l'acide azotique, l'anhydride arsénieux se transforme en un *acide arsénique* AsO^4H^3, comparable à l'acide phosphorique et dont les sels (*arséniates*) sont isomorphes des phosphates.

L'antimoine est généralement étudié avec les métaux.

Le tableau suivant résume les principales données numériques relatives aux éléments libres de la 3e famille :

	Azote $Az = 14$	Phosphore $P = 31$	Arsenic $As = 75$
État physique.	gazeux	solide	solide
Densité (solide).	»	1,84	5,64
Point de fusion	»	44°,2	400° (?)
Point d'ébullition.	−194°	290°	»

BORE, B = 11.

Le bore est un élément trivalent ; il n'a que peu d'intérêt ; il n'en est pas de même de son composé oxygéné,

l'anhydride borique B^2O^3,

qui en s'unissant à l'eau donne

l'acide borique BO^3H^3.

131. Acide borique. — L'acide borique existe en petite quantité dans l'eau de la mer et dans l'eau d'un grand nombre de sources salées ; entraîné par la vapeur d'eau, il s'échappe des fissures du sol dans certaines contrées volcaniques (Toscane, Californie, Tibet). On l'extrait du biborate de sodium (*borax*) ou du borate de calcium.

L'acide borique forme des paillettes nacrées, incolores, peu solubles dans l'eau froide, plus solubles dans l'eau bouillante. Chauffé, il perd de l'eau, puis fond au rouge sombre en un liquide visqueux qui, par le refroidissement, se solidifie en une masse vitreuse. Il dissout par fusion les oxydes métalliques : de là son emploi pour imprégner les mèches des bougies stéariques.

L'acide borique et le borax $Na^2O, 2B^2O^3$ ou $B^4O^7Na^2$ sont employés comme antiseptiques.

CHAPITRE X

SOUFRE — ACIDE SULFUREUX — ACIDE SULFURIQUE HYDROGÈNE SULFURÉ

SOUFRE. S=32.

152. **État naturel. Extraction.** — Le soufre est un corps connu de toute antiquité. Il se rencontre en effet dans la nature à l'état de liberté, mélangé à des matières terreuses, au voisinage des volcans éteints ou en activité, ou en masses compactes dans des couches n'ayant aucune origine volcanique et où il accompagne le *gypse* ou pierre à plâtre (sulfate de calcium).

Les procédés d'extraction du soufre que l'on emploie le plus généralement sont toujours assez primitifs : ce sont encore ceux que l'on employait dans l'antiquité.

Si le minerai est abondant et le combustible rare, on entasse le minerai sur une aire inclinée, dans une cavité cylindrique en maçonnerie (fig. 92). On recouvre la meule (*calcarone*) ainsi

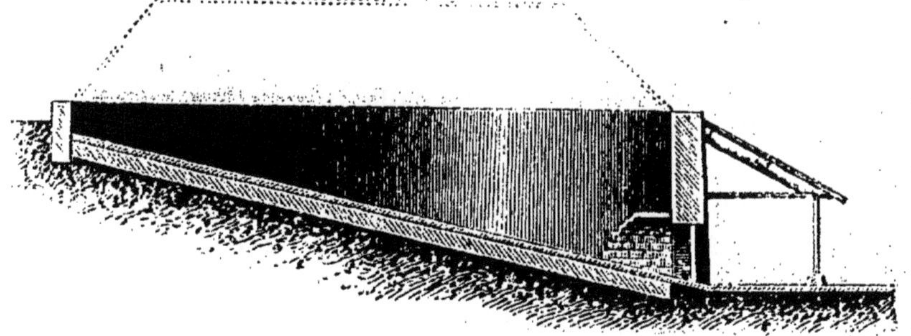

Fig. 92.

formée de menus débris et de terre. Par des cheminées que l'on a eu soin de ménager dans la masse, on introduit des branches ou des herbes allumées ; le soufre brûle en partie et la chaleur dégagée par cette combustion liquéfie le reste de la masse.

On règle le tirage de façon que la combustion continue lentement et se propage de bas en haut, en élargissant plus ou moins l'ouverture des cheminées. Le soufre fondu s'écoule par un orifice pratiqué à la partie déclive. Un tiers environ de soufre est ainsi sacrifié pour fondre les deux autres tiers.

Lorsque le minerai est pauvre, c'est-à-dire lorsque le soufre est mélangé à un forte proportion de matières terreuses, on l'introduit dans des pots en terre disposés dans un long fourneau sur la sole duquel on brûle du bois (fig. 93). On volatilise ainsi le

Fig. 93.

soufre, dont les vapeurs vont se condenser dans un pot B placé à l'extérieur du fourneau.

133. **Raffinage.** — Le soufre ainsi obtenu est le soufre brut; il est souillé par des matières terreuses entraînées et doit être *raffiné*. A cet effet, on vaporise le soufre dans une cornue en fonte (fig. 94) et les vapeurs vont se condenser dans une grande chambre en maçonnerie. Si la condensation se fait brusquement au contact de l'air froid de cette chambre ou des parois froides, on obtient une matière pulvérulente très légère, la *fleur de soufre*. Si on laisse les parois s'échauffer par suite de la condensation des vapeurs, la température s'élève au-dessus de 114° et le soufre se dépose à l'état liquide. Par une ouverture inférieure que l'on débouche de temps en temps, on fait couler le liquide dans des moules coniques en bois plongés dans l'eau Le soufre se solidifie et est livré au commerce sous la forme de bâtons coniques : c'est le soufre en *canons*.

Les gaz chauds du foyer circulent autour d'une chaudière dans laquelle on introduit le soufre brut. Le soufre fond, les matières terreuses se déposent et le liquide est amené, par un conduit coudé, dans les cylindres où il se vaporise.

134. **Propriétés physiques.** — Le soufre est un corps solide, jaune-citron ; il est mauvais conducteur de la chaleur, car on

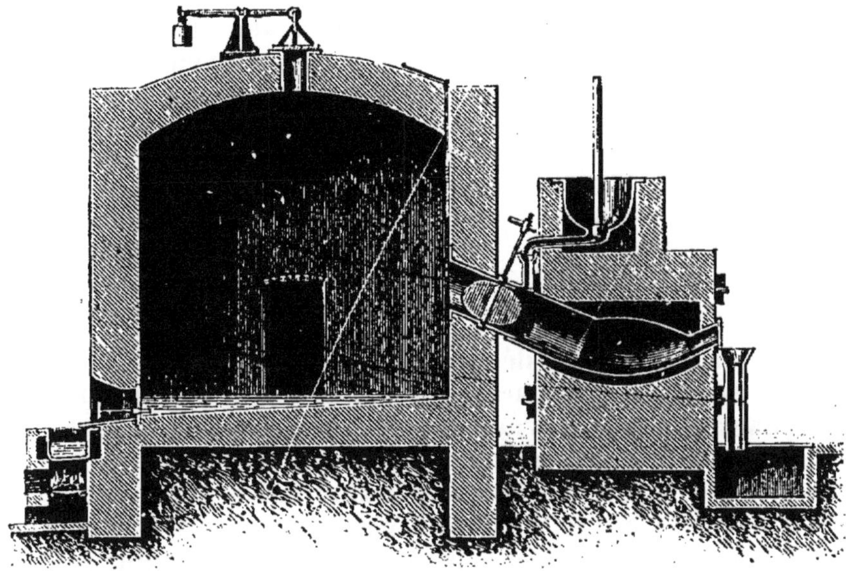

Fig. 94.

peut, tenant un bâton de soufre à la main, fondre l'autre extrémité, l'enflammer, sans percevoir aucune sensation de chaleur. Il est mauvais conducteur de l'électricité, car on peut l'électriser par le frottement.

Il fond vers 114° en un liquide jaune clair, ressemblant à de l'huile d'olive. Lorsqu'on continue de chauffer ce liquide, il brunit, devient visqueux et, vers 220°, il est noir foncé et assez épais pour qu'on puisse renverser le tube dans lequel on le chauffe sans que la matière s'écoule. Au-dessus de 220° il reprend un peu de fluidité, tout en conservant sa couleur noire.

A la température de 440°, le soufre bout et émet des vapeurs rougeâtres très denses.

135. **Cristallisation du soufre.** — 1° Le soufre est insoluble dans l'eau, mais il est soluble dans un composé liquide de soufre et de carbone, le sulfure de carbone CS^2. Lorsque cette dissolution s'évapore lentement, le soufre se dépose en cristaux volumineux, qui sont des octaèdres dérivant d'un *prisme rhomboïdal droit* (fig. 95).

2° On peut faire cristalliser le soufre différemment. On fait fondre le soufre dans un creuset en terre, puis on laisse refroidir; le soufre se solidifie tout d'abord à la surface et contre les parois du vase qui sont en contact avec l'air extérieur; la solidification se propage lentement de l'extérieur vers le centre de la masse. Lorsque la croûte supérieure a atteint une épaisseur notable, on la perce en deux points avec une tige métallique et on verse par l'un d'eux le soufre encore liquide; puis on détache avec un couteau la croûte supérieure et on trouve l'intérieur du creuset tapissé de beaux cristaux de soufre. Ce sont de fines aiguilles transparentes, d'un jaune clair, dérivant d'un *prisme rhomboïdal oblique* (fig. 95). Ces cristaux appartiennent donc à un autre système que les cristaux obtenus par l'évaporation du sulfure de carbone; le soufre est, par conséquent, un corps dimorphe.

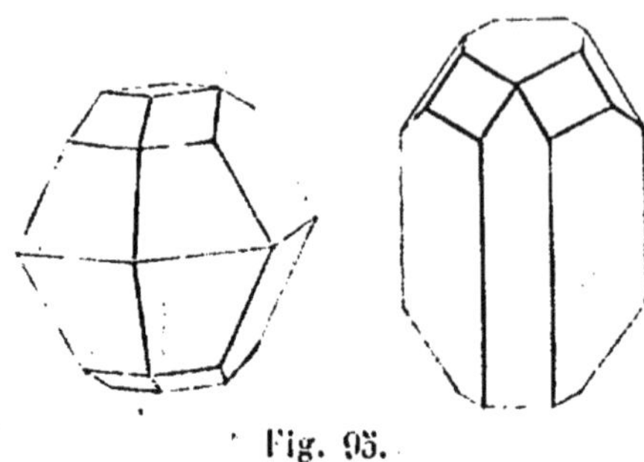

Fig. 95.

Ces cristaux, que l'on désigne par abréviation sous le nom de *soufre prismatique*, perdent peu à peu leur transparence quand on les abandonne quelques jours à la température ordinaire. Au microscope, ils se montrent alors formés par des chapelets d'*octaèdres*.

156. Soufre mou. Soufre insoluble. — Lorsqu'on coule dans de l'eau froide du soufre maintenu liquide à une température peu supérieure à sa température de fusion, il se solidifie brusquement en une matière d'un jaune clair, cassante, qui ne diffère pas du soufre en canons que nous avons étudié précédemment. Mais si on coule dans l'eau froide, en filet mince, le soufre visqueux que l'on obtient en chauffant à 230°, on obtient une matière brune, élastique comme du caoutchouc : c'est le soufre mou. Ce soufre ne reste pas longtemps en cet état : il perd peu à peu sa transparence et son élasticité et se transforme en soufre ordinaire.

Si l'on essaye de dissoudre le soufre mou dans le sulfure de carbone, on observe qu'il laisse un résidu insoluble, pulvérulent, d'un jaune très pâle. C'est là une troisième variété de soufre, le *soufre insoluble*.

157. Propriétés chimiques. — Le soufre brûle, lorsqu'on le chauffe dans l'air ou dans l'oxygène, avec une flamme bleue. Le résultat de cette combustion est le gaz sulfureux SO^2.

La plupart des métaux chauffés dans la vapeur de soufre s'y combinent avec dégagement de chaleur et de lumière, y brûlent comme ils le feraient dans l'oxygène. Chauffons, par exemple, dans un ballon de verre un mélange de soufre et cuivre en tournure; le soufre fond, se réduit en vapeur et, à un moment donné, nous voyons le cuivre devenir incandescent. Le métal s'est transformé en sulfure de cuivre. Introduisons un mélange intime de soufre, de limaille de fer et d'eau tiède dans un petit flacon dont nous fermerons ensuite le goulot avec un bouchon muni d'un tube effilé. Au bout de quelques instants, la vapeur d'eau s'échappera avec violence par le tube effilé. Le soufre et la limaille de fer se sont combinés avec un grand dégagement de chaleur, mais sans incandescence cette fois, pour former un sulfure de fer, et la chaleur dégagée dans la réaction a servi à volatiliser l'eau [1]. Ces expériences et bien d'autres encore que nous pourrons faire en étudiant les métaux, ont conduit à rapprocher le soufre de l'oxygène.

158. **Usages.** — Le soufre sert à fabriquer l'anhydride sulfureux et l'acide sulfurique, les allumettes chimiques et la poudre de chasse. On se sert quelquefois du soufre pour sceller le fer dans la pierre, pour faire des moules pour médailles.

Il est employé en médecine pour le traitement des maladies de la peau. La fleur de soufre est employée en agriculture au *soufrage* de la vigne atteinte de l'*oïdium*. Il sert à préparer des mèches soufrées que l'on brûle dans les tonneaux destinés à conserver les liquides alcooliques.

Un à deux centièmes de soufre incorporés au caoutchouc donnent le caoutchouc *vulcanisé*. Le caoutchouc non vulcanisé se ramollit lorsque la température s'élève, et les lames minces employées à la confection des vêtements se colleraient entre elles ou adhéreraient aux étoffes; la vulcanisation, tout en conservant au caoutchouc la souplesse et l'élasticité, l'empêche de se ramollir sous l'action de la chaleur.

COMPOSÉS OXYGÉNÉS DU SOUFRE.

ANHYDRIDE ET ACIDE SULFUREUX.

1 vol. de vapeur de soufre et 2 vol. d'oxygène forment 2 vol. d'anhydride sulfureux.

On doit distinguer l'anhydride ou gaz sulfureux SO^2 et l'acide sulfureux SO^3H^2; ce dernier, qui est contenu dans la dissolution aqueuse de l'anhydride, mais qui n'a pu être isolé, est défini par ses sels, les *sulfites*.

1. Cette expérience est connue sous le nom d'expérience du *Volcan de Lemery*. Nicolas Lémery, né à Rouen en 1645, professa la chimie avec éclat à Paris.

139. Préparation. — 1° Le soufre, en brûlant aux dépens de l'oxygène de l'air, donne l'anhydride sulfureux. C'est ainsi que l'on préparait exclusivement autrefois le gaz sulfureux dans l'industrie.

Mais le soufre est d'un prix assez élevé; on trouve dans le sol de grandes quantités d'une combinaison de fer et de soufre, la *pyrite* FeS^2, qui, chauffée au rouge dans un courant d'air, laisse dégager de l'anhydride sulfureux en se transformant en sesquioxyde de fer Fe^2O^3. Ce procédé de préparation est aujourd'hui presque partout substitué à la combustion du soufre, dans la grande industrie. Mais l'anhydride sulfureux ainsi obtenu se trouve mélangé à l'azote de l'air, ce qui ne présente aucun inconvénient pour les applications industrielles.

2° Lorsque, dans les laboratoires, on veut préparer le gaz sulfureux pur, on désoxyde partiellement l'acide sulfurique à l'aide d'un métal ou d'un métalloïde convenablement choisi.

On introduit dans un ballon de la tournure de cuivre et de l'acide sulfurique concentré. Au bouchon se trouvent fixés un tube en S et un tube de dégagement qui permet de recueillir le gaz sur la cuve à mercure (fig. 96). On chauffe légèrement; le cuivre est transformé en sulfate :

$$Cu + 2SO^4H^2 = SO^4Cu + SO^2 + 2H^2O.$$

On pourrait substituer le mercure au cuivre. Le charbon, chauffé avec de l'acide sulfurique, le réduit partiellement et forme du gaz carbonique en même temps que du gaz sulfureux :

$$C + 2SO^4H^2 = CO^2 + 2SO^2 + 2H^2O.$$

Ces deux gaz se dégagent donc simultanément et l'on ne connait aucun moyen d'arrêter l'anhydride carbonique seul. Mais c'est cette réaction que l'on utilise pour préparer la dissolution d'acide sulfureux. L'appareil dont on se sert est identique à celui que nous venons de décrire : on introduit dans un ballon des fragments de charbon de bois et de l'acide sulfurique; en chauffant légèrement, on obtient un dégagement régulier de gaz. On fait plonger le tube de dégagement au fond d'un flacon rempli d'eau *récemment bouillie*. Cette dissolution contiendra de l'acide carbonique, qui ne peut nuire dans les circonstances où on emploie l'acide sulfureux.

140. Propriétés physiques. — L'anhydride sulfureux est un gaz incolore, doué d'une odeur vive et piquante qui provoque la toux. Sa densité est 2,22 (32 fois celle de l'hydrogène).

On liquéfie facilement ce gaz en le faisant arriver au fond d'un matras plongé dans un mélange de glace et de sel qui abaisse sa

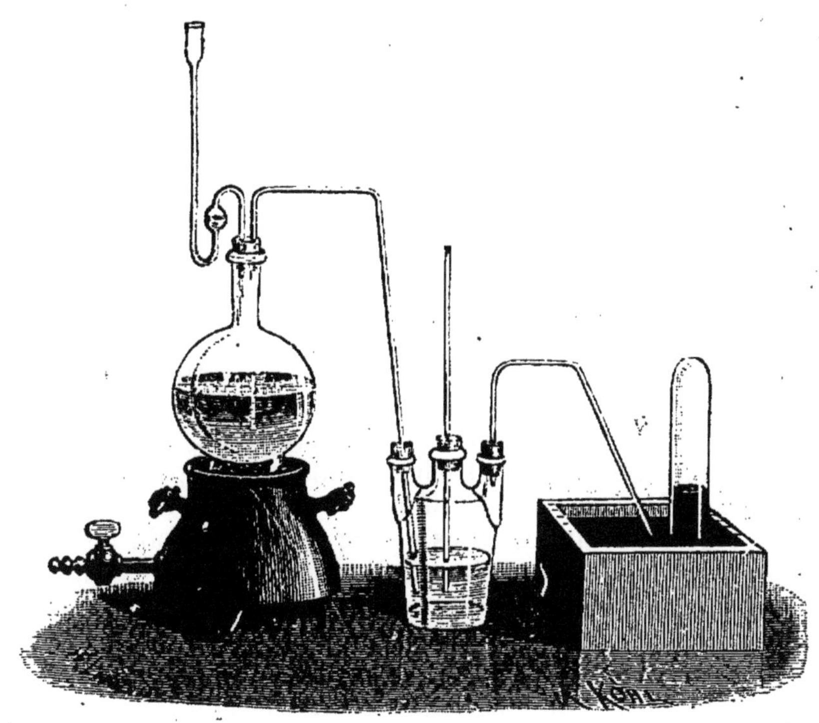

Fig. 96.

température à — 15° environ. Cet abaissement de température suffit pour effectuer le changement d'état, car l'anhydride sulfureux bout à — 8° sous la pression atmosphérique. L'évaporation rapide de l'anhydride sulfureux liquide produit un abaissement de température assez intense pour congeler le mercure.

Acide sulfureux. — L'anhydride sulfureux est très soluble dans l'eau, qui en dissout environ 50 fois son volume vers 15°. La dissolution rougit le tournesol; elle réagit comme un acide vis-à-vis des bases fortes, potasse et soude, et forme des sels cristallisables (*sulfites*).

Un métal alcalin, tel que le potassium, donne deux sulfites

Un sulfite neutre	SO^3K^2,
— acide	SO^3HK.

Bien qu'on n'ait pu isoler l'acide sulfureux, on peut dire que la dissolution contient un *acide sulfureux* SO^3H^2, dont la formule se déduit de celles des sulfites neutres alcalins par la substitution de 2 atomes d'hydrogène à 2 atomes de métal.

141. Action de l'oxygène et des corps oxydants. — 1° *Anhydride sulfureux.* — Les deux gaz secs ne réagissent pas l'un sur l'autre, à quelque température que ce soit. Mais si on fait passer les deux gaz, dans le rapport de 2 volumes d'acide sulfureux pour 1 volume d'oxygène, sur de la mousse de platine légèrement chauffée, il se dégage des fumées blanches d'anhydride sulfurique SO^3, que l'on condense dans un vase bien sec et refroidi avec de la glace.

2° *Acide sulfureux.* — Mais, en présence de l'eau, l'acide sulfureux est peu à peu transformé, par l'oxygène, en acide sulfurique :

$$SO^2 + 2O + H^2O = SO^4H^2.$$

Aussi une dissolution d'acide sulfureux doit-elle être conservée dans des flacons bien bouchés, toujours pleins, et se sert-on d'eau débarrassée d'air par l'ébullition, pour la préparer.

Cette tendance que possède l'acide sulfureux à se transformer, en présence de l'eau, en acide sulfurique, est encore accusée par l'action désoxydante que ce corps exerce sur un certain nombre de composés oxygénés : on dit que l'acide sulfureux est un *réducteur*. C'est ainsi qu'il réagit sur l'acide azotique en se transformant en acide sulfurique (145).

142. Action sur les matières colorantes. — L'acide sulfureux décolore un grand nombre de matières végétales ou animales.

Si l'on verse une dissolution d'acide sulfureux dans de l'eau additionnée de quelques gouttes de teinture de tournesol, ce liquide rougit, puis se décolore. Des violettes, une rose que l'on plonge dans cette dissolution ou dans un flacon renfermant du gaz sulfureux, sont décolorées. Cependant, dans ce cas, la matière colorante ne paraît pas détruite. Si l'on plonge en effet les violettes dans de l'eau acidulée par de l'acide sulfurique, elles se colorent en rose comme si on les traitait directement par l'acide étendu; lavées avec de l'eau ammoniacale, elles verdissent.

Mais il n'en est plus de même dans d'autres cas. La laine et la soie sont blanchies, dans l'industrie, par le gaz sulfureux. La laine humide est suspendue dans de vastes chambres bien closes, dans lesquelles on fait brûler du soufre. La laine au sortir de ces salles est exposée à l'air, puis passée dans un bain de savon.

143. Applications. — Les applications de l'anhydride sulfureux sont nombreuses. Dans la grande industrie chimique, ce gaz sert à la préparation de l'acide sulfurique.

Il sert à décolorer la laine, la soie, la paille, les plumes. On l'a employé comme désinfectant, pour détruire les germes contagieux, les insectes. On soufre les tonneaux dans lesquels on veut conserver les liquides alcooliques (vin, bière, cidre), c'est-à-dire que l'on brûle dans ces tonneaux des mèches soufrées. On détruit ainsi les organismes inférieurs qui, se développant dans le liquide alcoolique, le transformeraient en vinaigre. On l'applique en fumigations au traitement des maladies de la peau.

Pour éteindre un feu de cheminée, on jette dans le foyer quelques morceaux de soufre et on ferme soigneusement l'ouverture avec des linges mouillés. Le soufre brûle aux dépens de l'oxygène de l'air, et comme l'anhydride sulfureux n'entretient pas la combustion, celle-ci s'arrête en peu de temps.

Enfin, le froid produit par l'évaporation de l'anhydride sulfureux liquide a été appliqué à la préparation industrielle de la glace (système Pictet).

ANHYDRIDE SULFURIQUE, SO^3.

144. Préparation. Propriétés. — Nous avons vu qu'on obtenait de l'anhydride sulfurique lorsqu'on faisait passer un mélange de gaz sulfureux et d'oxygène bien secs sur de la mousse de platine légèrement chauffée :

$$SO^2 + O = SO^3.$$

On recueille dans un récipient sec entouré de glace de fines aiguilles blanches soyeuses, fondant à 18° et volatiles à 35°.

L'anhydride sulfurique est très avide d'eau. Lorsqu'on en projette dans l'eau une petite quantité, il se dissout instantanément en faisant entendre le bruit d'un fer rouge que l'on plonge dans l'eau, et la température du liquide s'élève.

ACIDE SULFURIQUE, SO^4H^2.

L'acide sulfurique normal est l'acide sulfurique hydraté, que l'on prépare dans l'industrie et dont les usages sont si nombreux. Il était connu des alchimistes du treizième siècle sous le nom d'huile de *vitriol*[1].

145. Théorie de la préparation. — Le gaz sulfureux réduit l'acide azotique concentré ; c'est sur cette réaction qu'est fondée la préparation de l'acide sulfurique. On a

$$(1) \qquad SO^2 + 2AzO^3H = SO^4H^2 + 2AzO^2.$$

1. On le préparait à cette époque par la distillation du sulfate de fer ou *vitriol vert*.

Si la réaction s'effectue en présence de l'eau, le peroxyde d'azote se dédouble en acide azotique et bioxyde d'azote :

$$(2) \qquad 3AzO^2 + H^2O = 2AzO^3H + AzO.$$

L'acide azotique régénéré agit sur une nouvelle quantité de gaz sulfureux; quant au bioxyde d'azote, si l'on a soin que l'air pénètre dans les appareils, il reforme du peroxyde d'azote,

$$(3) \qquad AzO + O = AzO^2,$$

qui, en présence de l'eau, réagit comme ci-dessus. Théoriquement du moins, la même quantité d'acide azotique servira à oxyder une quantité illimitée de gaz sulfureux, et l'on voit que les composés oxygénés de l'azote servent d'intermédiaire pour fixer l'oxygène de l'air.

On peut mettre ce fait en évidence par l'expérience suivante : Dans un grand ballon (fig. 97) on fait arriver du bioxyde d'azote :

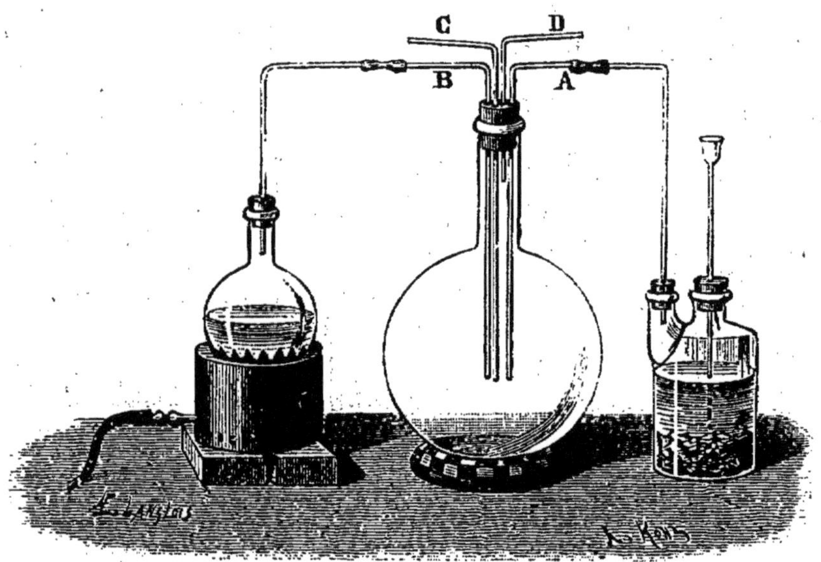

Fig. 97.

au contact de l'air, il se forme des vapeurs rutilantes de peroxyde et l'atmosphère du ballon est d'un rouge foncé [réaction (3)]. On fait arriver dans le ballon un courant de gaz sulfureux et, si l'on a mis un peu d'eau tiède au fond du grand ballon, on voit peu à peu l'atmosphère se décolorer et le liquide se charge d'une petite quantité d'acide sulfurique [réactions (2) et (1)]. Si, par un troisième tube, on insuffle de l'air, le bioxyde d'azote qui arrive dans le ballon se change de nouveau en peroxyde, qui éprouve les mêmes transformations que ci-dessus.

L'expérience terminée, on constate que le liquide du grand ballon renferme une notable quantité d'acide sulfurique.

Lorsqu'on ne met qu'une petite quantité d'eau dans le ballon, on voit se former sur les parois des cristaux blancs, dont la composition est représentée par la formule $SO^4H\,(AzO)$, formule qui ne diffère de celle de l'acide sulfurique que par la substitution du radical AzO (*nitrosyle*) à 1 atome d'hydrogène.

Ces cristaux blancs (*sulfate acide de nitrosyle*), communément appelés *cristaux des chambres de plomb*, sont formés d'après la réaction

$$(1) \qquad 2SO^2 + 2AzO^2 + O + H^2O = 2SO^4HAzO.$$

La formation des *cristaux des chambres de plomb* dans les appareils qui servent à la préparation industrielle de l'acide sulfurique n'est pas accidentelle, comme on le croyait autrefois. Ils se forment, au contraire, toujours. Ce sont eux qui, en réalité, servent d'intermédiaires pour transformer le gaz sulfureux en acide sulfurique, et l'étude sommaire de leurs propriétés nous aidera à mieux saisir les conditions de l'opération industrielle.

Le sulfate acide de nitrosyle se forme par la réaction (1) à une température modérée (80° environ); mais il se décompose au-dessus de 300° en redonnant les corps, tous volatils d'ailleurs, qui ont concouru à sa formation

$$(2) \qquad 2SO^4HAzO = 2SO^2 + 2AzO^2 + O + H^2O.$$

Par un contact prolongé avec l'acide sulfurique *concentré* (60° B.), les vapeurs nitreuses donnent aussi du sulfate acide de nitrosyle

$$(3) \qquad AzO + AzO^2 + 2SO^4H^2 = 2SO^4HAzO + H^2O.$$

A la température ordinaire, le sulfate acide de nitrosyle est soluble dans l'acide sulfurique *concentré* ; mais il se décompose au contact d'acide sulfurique *très étendu* en donnant du bioxyde d'azote et de l'acide azotique qui reste dissous

$$(4) \qquad 3SO^4HAzO + 2H^2O = 3SO^4H^2 + AzO^3H + 2AzO.$$

Et par conséquent, on voit que l'acide sulfurique soit concentré, soit très étendu, se charge toujours de produits nitrés au contact de sulfate acide de nitrosyle.

Mais, *et c'est là un point très important*, pour une concentration intermédiaire convenable (50° à 55° B.), l'acide sulfurique réagissant sur les cristaux des chambres de plomb s'enrichit simplement en acide, par la décomposition de ceux-ci, tandis que les produits nitreux résiduels se dégagent entièrement.

$$(5) \qquad 2SO^4HAzO + H^2O = 2SO^4H^2 + AzO + AzO^2.$$

146. **Préparation industrielle.** — Un appareil producteur d'acide sulfurique comprend essentiellement :

1° Un four où l'on brûle le soufre ou les pyrites;

2° Une tour en plomb revêtue intérieurement de pierres siliceuses, remplie elle-même de briques siliceuses (*tour de Glover*, fig. 98);

3° De vastes chambres en charpente, doublées intérieurement de feuilles de plomb et, en général, au nombre de trois (*chambres de plomb*);

4° Une tour en plomb, remplie de briques siliceuses, beaucoup plus élevée que le Glover ; c'est la *tour* ou *condenseur de Gay-Lussac* (fig. 99). Elle a de 12 à 20 mètres de hauteur pour 1 mètre à 2m,50 de diamètre.

Suivons le mélange d'air et de gaz sulfureux qui sort des fours par la conduite *o* (fig. 100).

En pénétrant et en s'élevant dans le Glover A, les gaz *chauds* (leur température peut s'élever à 350°) rencontrent un courant descendant d'acide sulfurique concentré, froid et chargé de produits nitreux, que l'on admet à la partie supérieure. Dans ces conditions, cet acide se concentre un peu plus tandis que ses produits nitreux se dégagent (réaction 2) et sont entraînés par le courant gazeux dans la grande chambre. Les gaz se sont d'ailleurs refroidis par leur passage à travers le Glover et leur température n'est plus que de 80° au moment où ils pénètrent dans la chambre B, à l'intérieur de laquelle des tuyères spéciales amènent aussi la vapeur d'eau nécessaire aux réactions.

Comme la préparation de l'acide sulfurique est continue, il importe surtout de se rendre compte des réactions quand l'opération est en pleine marche. Dans ces conditions il coule le long des parois intérieures de la chambre de l'acide sulfurique à 52° B. environ et *on recueille à la base de l'acide à 55° B. ne contenant que des traces de produits nitrés.*

Voici ce qui se passe alors :

A l'intérieur de la chambre la température est d'environ 80°; le gaz sulfureux, les vapeurs nitreuses, l'oxygène entraîné et la vapeur d'eau réagissent et forment un nuage de petits cristaux de sulfate acide de nitrosyle (réaction 1). Au contact de l'acide qui coule sur la paroi et dont la température est à peine supérieure à la température ordinaire, ces petits cristaux se décomposent. En raison de sa concentration spéciale (52° B.), cet acide s'enrichit simplement en

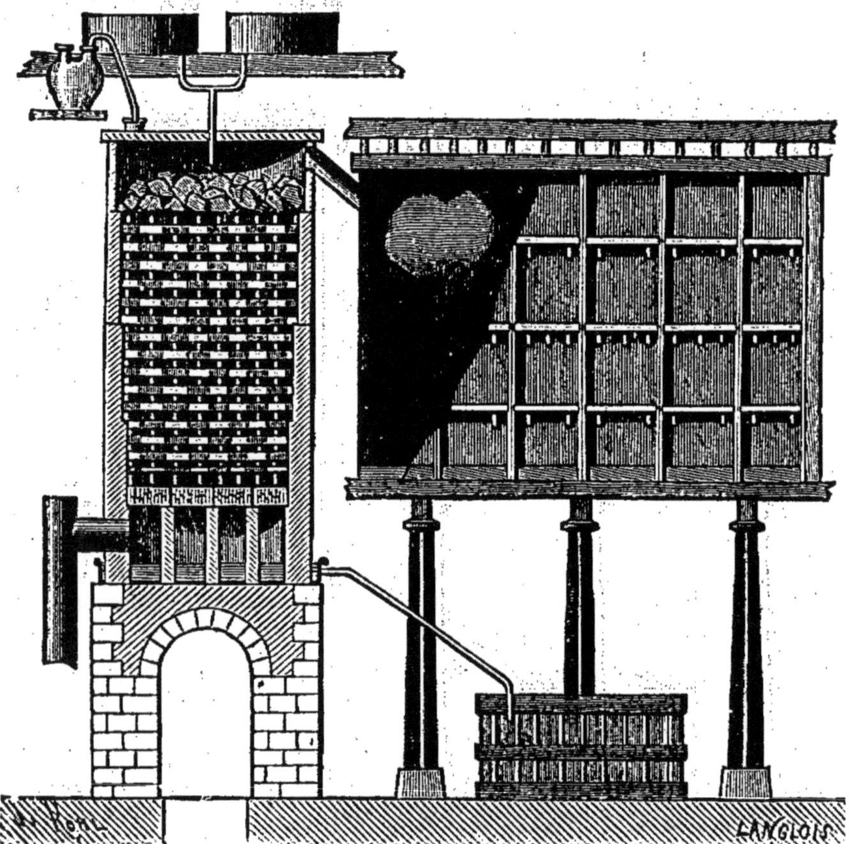

Fig. 98.

acide sulfurique, tandis que les produits nitreux résiduels se dégagent (réaction 5) et réagiront à nouveau sur les gaz qui sortent du Glover.

On voit donc que la condition essentielle d'une bonne marche de la préparation, au double point de vue de l'économie des produits nitrés et de la pureté de l'acide obtenu, réside dans la concentration convenable (52° B.) de l'acide qui coule sur les parois des chambres.

Un acide plus concentré ou trop étendu entrainerait des produits nitrés (réactions 3 et 4).

Des *prises d'acide* ménagées dans la paroi permettent de surveiller l'opération.

Les mêmes réactions se passent dans la seconde chambre C.

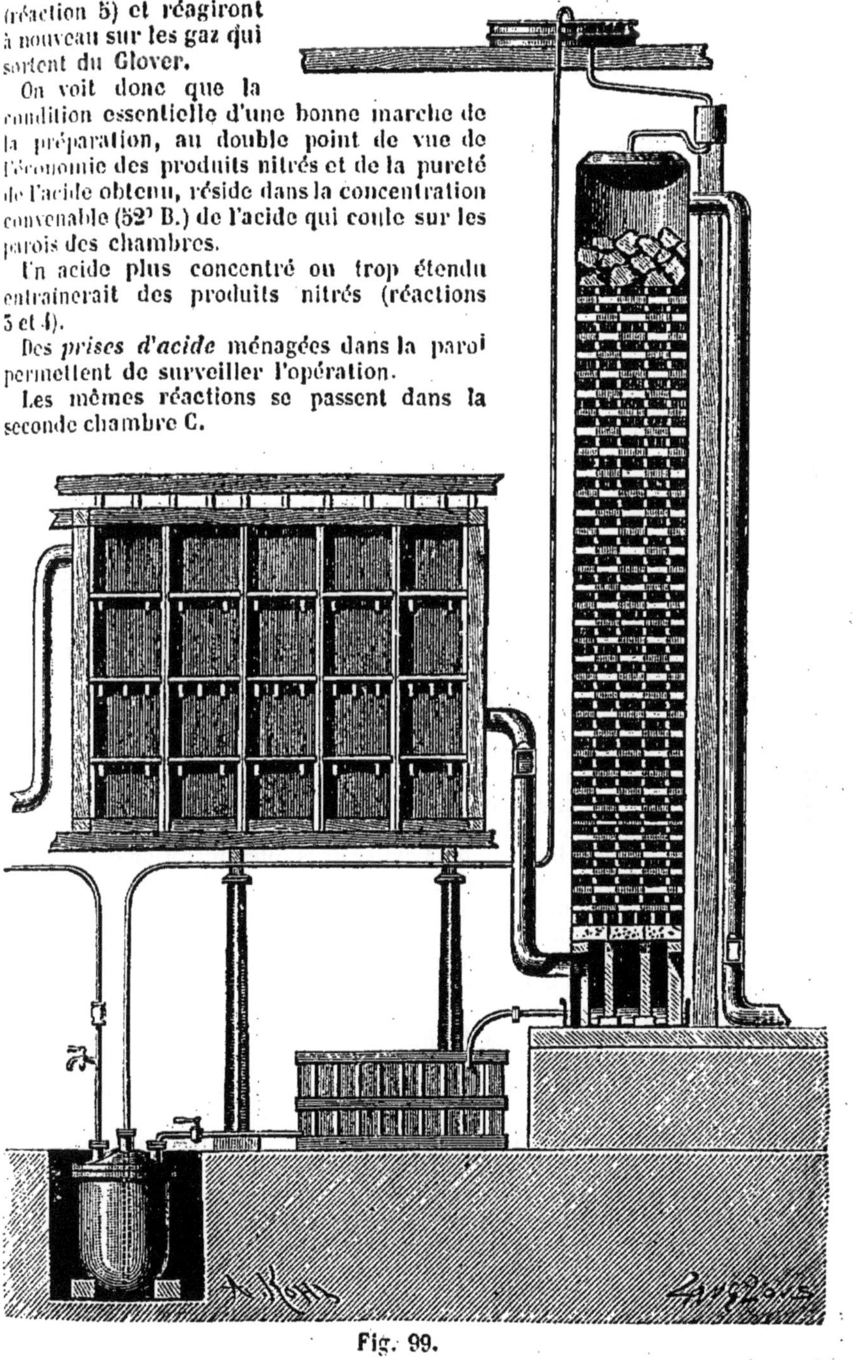

Fig. 99.

L'appel d'air dans le four à pyrites est déterminé par une haute cheminée placée à la sortie du Gay-Lussac; en sorte que l'appareil d'un bout à l'autre est traversé par un courant gazeux. La troisième chambre D et le Gay-Lussac sont destinés à arrêter les produits nitrés. Dans la chambre D, où n'arrive pas de vapeur d'eau, se condense un acide concentré et par suite chargé de sulfate

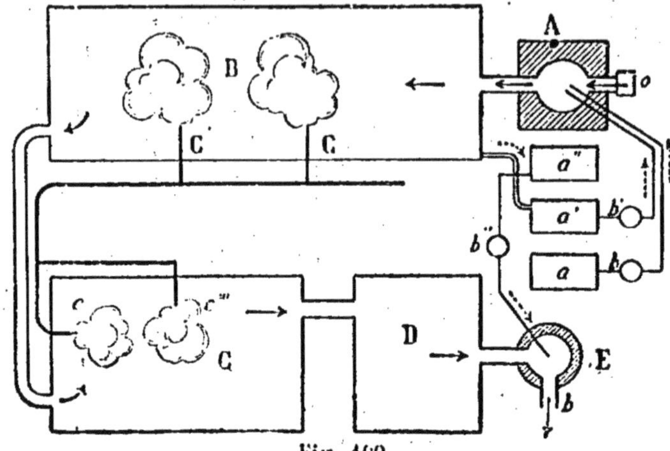

Fig. 100.

acide de nitrosyle. On admet d'ailleurs, à la partie supérieure du Gay-Lussac, de l'acide à 60° B. dans lequel les produits nitreux, arrivant par le bas de la tour, se dissolvent par un contact prolongé (réaction 3).

Les gaz, à la sortie du Gay-Lussac, doivent être à peu près décolorés. On s'en assure aisément par *un regard en verre* pratiqué sur le tuyau de départ.

Les gaz qui sortent par la cheminée sont surtout formés d'azote et un peu d'oxygène.

C'est l'acide que l'on recueille dans la chambre D et à la base du Gay-Lussac que l'on amène par un monte-acides à air comprimé au sommet de la tour de Glover, de façon à réintroduire dans les réactions les produits nitrés qu'il contient. On lui ajoute même une petite quantité d'acide azotique pour compenser les pertes nitriques presque impossibles à éviter dans une opération qui se fait sur une aussi vaste échelle; des *traces* de produits nitreux sont, en effet, toujours entraînées par l'acide qui sort des chambres B et C ou échappent à la condensation dans le Gay-Lussac.

147. Concentration de l'acide sulfurique. — L'acide, au sortir des chambres de plomb, ne peut tirer plus de 55° à l'aréomètre de Baumé. Tel quel, il peut être utilisé immédiatement dans certaines industries (fabrication des superphosphates et du sulfate d'aluminium). Mais, le plus souvent, il est nécessaire de le concentrer jusqu'à ce qu'il marque 60° B., et quelquefois même un degré aréométrique voisin de 66° B. (65,5-65,7 réels, correspondant à 93-94 pour 100 d'acide SO^4H^2).

L'acide qui s'écoule du Glover marque 60° B.; mais il est souillé par des produits nitreux, par les poussières des fours à pyrites, impuretés qui le rendraient impropre à certains usages, et on est amené à concentrer l'acide des chambres.

On peut concentrer l'acide jusqu'à 60°-62° B., dans des bassines en plomb; la température d'ébullition, qui est voisine de 150° pour l'acide à 52° B., s'élève jusqu'à 200-210°; l'eau qui distille n'entraîne alors que 0,001 environ d'acide.

Lorsqu'on doit dépasser 62° B., il faut renoncer aux vases de plomb, qui sont attaqués à l'ébullition, avec dégagement de gaz sulfureux et quelquefois dépôt de soufre. De plus, l'acide à 66° B. bouillant à 338°, le métal entrerait en fusion. On chauffe alors l'acide sulfurique dans des alambics en platine peu profonds, mais offrant une large surface d'évaporation et communiquant avec un serpentin de même métal ; l'acide concentré reste dans l'alambic et l'on recueille à la sortie du serpentin des eaux acides (*petites eaux*) marquant 40 à 41° B.

Si l'on cherche à dépasser 65°,75 B., et à se rapprocher davantage de 66° B (97 à 98,5 pour 100 d'acide réel), ce qui est nécessaire dans certains cas, on pousse plus loin encore la concentration ; mais alors les eaux condensées sont riches en acide sulfurique ; elles marquent jusqu'à 65,7.

Les vases de platine sont d'un prix élevé, et le métal est loin d'être inattaquable par l'acide sulfurique concentré et chaud, quand celui-ci est nitreux ou arsenical. On tend aujourd'hui à remplacer les vases de platine par des cornues en verre chauffées au bain de sable ou à limiter la surface du platine exposée à l'attaque de l'acide concentré.

148. **Propriétés physiques.** — L'acide sulfurique du commerce, à son maximum de concentration [1], est un liquide incolore, inodore, de consistance huileuse. Sa densité est 1,85. Il se solidifie à — 34°. Il n'émet pas de vapeurs à la température ordinaire ; il bout à 338°.

L'ébullition d'un liquide aussi visqueux que l'acide sulfurique est accompagnée de violents soubresauts ; la vapeur se forme par grosses bulles qui, soulevant le liquide, le laissent retomber sur le fond du vase. Comme cette distillation ne peut être effectuée dans des vases d'un autre métal que le platine, on se sert de cornues en verre à large panse, mais on doit prendre des précautions particulières pour éviter la rupture de ces vases. On régularise le dégagement des bulles de vapeur en introduisant dans le liquide des fils de platine, ou simplement un corps poreux inattaquable par cet acide, tel que la pierre ponce. On se sert aussi quelquefois d'une grille circulaire (fig. 101) qui permet de ne chauffer le liquide qu'à sa surface.

149. **Action de la chaleur.** — Lorsqu'on fait passer des vapeurs d'acide sulfurique dans un tube de porcelaine chauffé au rouge

1. L'acide le plus concentré que fournit le commerce, marque environ 66° à l'aréomètre de Baumé ; ce n'est pas l'hydrate normal SO^4H^2 ; il renferme encore 1,5 pour 100 d'eau, ce qui correspond à une composition voisine de

$$SO^4H^2 + \frac{1}{12}H^2O.$$

On obtient l'hydrate normal en ajoutant à l'acide concentré un poids convenablement calculé d'anhydride qui s'y dissout ; on solidifie par abaissement de température, on exprime les cristaux, on les fond et on les solidifie de nouveau. On répète ces opérations successives jusqu'à ce que le produit solide fonde à une température constante qui est pour l'acide normal 10°,5. Cet acide entre en ébullition à 290° ; mais sa vapeur se décompose en gaz sulfureux, oxygène et eau qui, s'ajoutant à l'acide non volatilisé, l'hydrate ; la température d'ébullition s'élève et s'établit alors à 338°. On ne peut donc, par évaporation sous l'action de la chaleur, à la pression normale, dépasser la composition $SO^4H^2 + \frac{1}{12}H^2O$.

vif, on recueille de l'oxygène, de l'anhydride sulfureux, et de la vapeur d'eau est mise en liberté :

$$SO^4H^2 = SO^2 + O + H^2O.$$

Les volumes de gaz sulfureux et d'oxygène recueillis sont dans le rapport de 2 à 1.

150. Propriétés chimiques. — L'acide sulfurique est un acide énergique; il suffit d'une goutte de cet acide, même dilué dans

Fig. 101.

une grande quantité d'eau, pour communiquer à la teinture bleue de tournesol une coloration rouge pelure d'oignon.

Le mélange de l'acide sulfurique et de l'eau est accompagné d'un dégagement de chaleur considérable; si le mélange est fait dans le rapport de 4 parties d'acide et de 1 partie d'eau, la température peut s'élever jusqu'à 100°. Lorsqu'on veut étendre d'eau l'acide sulfurique, il faut avoir soin de verser l'acide dans l'eau, goutte à goutte, en remuant avec une baguette de verre. Si l'on versait l'eau dans l'acide concentré, chaque goutte d'eau se vaporiserait en tombant et projetterait l'acide, qui pourrait blesser l'opérateur.

La glace fond au contact de l'acide sulfurique. Mais si la chaleur absorbée par la fusion de la glace est supérieure à la chaleur fournie par l'hydratation de l'acide, on observe un abaissement de température. Pour un mélange de 4 parties de glace et de 1 partie d'acide, la température peut s'abaisser à 16° au-dessous de 0°. Tout au contraire on obtiendrait une élévation de température d'environ 90° en mélangeant 1 partie de glace et 4 parties d'acide.

L'acide sulfurique absorbe la vapeur d'eau. Pour dessécher les gaz, on les fait passer dans des tubes en U ou dans des éprouvettes à pied renfermant de la pierre ponce imbibée d'acide sulfurique. Lorsqu'on veut évaporer rapidement une dissolution saline, on la place dans un vase large au-dessus d'un vase renfermant de l'acide sulfurique, sous une cloche dans laquelle on fait le vide.

L'acide sulfurique auquel on ajoute 1 molécule d'eau forme un hydrate $SO^4H^2 + H^2O$, solide au-dessous de + 8°. Les cristaux de cet hydrate se déposent facilement pendant les froids de l'hiver dans les flacons ou touries renfermant de l'acide sulfurique commercial qui a absorbé peu à peu de la vapeur d'eau par suite d'une fermeture imparfaite des vases.

Un grand nombre de métalloïdes décomposent l'acide sulfurique, avec l'aide de la chaleur. Ainsi l'hydrogène et des vapeurs d'acide sulfurique, passant dans un tube chauffé au rouge, donnent du gaz sulfureux ou même du soufre :

$$SO^4H^2 + 2H = SO^2 + 2H^2O,$$
$$SO^4H^2 + 6H = S + 4H^2O.$$

Lorsqu'on chauffe du charbon avec de l'acide sulfurique, il se dégage un mélange de gaz sulfureux et de gaz carbonique (139).

Le soufre réduit l'acide sulfurique à une température voisine de l'ébullition :

$$2SO^4H^2 + S = 3SO^2 + 2H^2O.$$

L'acide sulfurique carbonise le bois; il détermine la formation de l'eau aux dépens de l'hydrogène et de l'oxygène de la matière organique et une partie du carbone est mise en liberté. Il corrode les tissus animaux; aussi la projection d'acide sulfurique sur les mains ou la figure doit-elle être soigneusement évitée. Dans le cas d'un accident de ce genre, un lavage à l'eau ammoniacale très étendue doit être immédiatement pratiqué.

Étendu d'eau, il attaque tous les métaux, à l'exception du plomb, du cuivre, de l'argent, du mercure, de l'or et du platine, avec dégagement d'hydrogène. S'il est concentré et chaud, il attaque le plomb, le cuivre, le mercure et l'argent en dégageant du gaz sulfureux (139).

151. **Sulfates.** — En se combinant avec les bases, l'acide sulfurique forme des sulfates. Ainsi versons, dans une dissolution étendue d'acide sulfurique rougie par quelques gouttes de teinture de tournesol, de la soude jusqu'à ce que la teinture végétale redevienne bleue; on aura la réaction

$$SO^4H^2 + 2NaOH = SO^4Na^2 + 2H^2O,$$

et, en évaporant la liqueur, on fera cristalliser le sulfate de sodium : c'est le sulfate *neutre*.

Les sulfates de potassium ou de sodium peuvent, en outre, réagir sur une nouvelle molécule d'acide sulfurique pour donner des sulfates *acides* ou bisulfates qui, n'étant décomposables qu'au rouge vif, se produiront toutes les fois qu'à une température peu élevée un sulfate alcalin prendra naissance en présence d'un excès d'acide sulfurique. Ainsi, lorsqu'on prépare l'acide azotique en décomposant l'azotate de potassium par l'acide sulfurique (106), il se forme tout d'abord un sulfate acide ou bisulfate, et la réaction doit se formuler ainsi :

$$AzO^3K + SO^4H^2 = SO^4KH + AzO^3H.$$

L'acide sulfurique est dit un *acide bibasique*[1]. La formule moléculaire renferme H^2 et, pour former des sels, 1 ou 2 atomes d'hydrogène peuvent être remplacés par 1 ou 2 atomes d'un métal monovalent, tel que le potassium K, le sodium Na, l'argent Ag.

Avec un métal divalent comme le calcium Ca, le cuivre Cu on formulerait le sel neutre :

$$SO^4Ca \qquad SO^4Cu.$$

Avec le fer, on a deux sulfates :

Sulfate ferreux	SO^4Fe,
Sulfate ferrique	$(SO^4)^3Fe^2$.

La plupart des sulfates sont solubles dans l'eau (sulfates de potassium, de sodium, de fer, de zinc, de cuivre, de mercure). Le sulfate de baryum, au contraire, est insoluble ; aussi reconnaît-on la présence d'une quantité si petite qu'elle soit d'acide sulfurique dans une liqueur, en y versant quelques gouttes d'une dissolution d'un sel soluble de baryum, du chlorure de baryum par exemple.

152. **Usages.** — L'acide sulfurique est un des produits les plus importants de l'industrie chimique. Il sert à préparer l'acide azotique, l'acide chlorhydrique et le sulfate de sodium, les corps gras (bougies stéariques) ; on l'emploie au décapage des métaux, etc.

1. On peut formuler l'acide sulfurique :

$$SO^2{<}^{OH}_{OH}$$

mettant ainsi en évidence le radical divalent SO^2, qui n'est autre d'ailleurs que l'*anhydride sulfureux* ; celui-ci peut fixer en effet directement 2 atomes de chlore pour donner le composé $SO^2{<}^{Cl}_{Cl}$ et se comporte par conséquent comme un radical (84).

HYDROGÈNE SULFURÉ, H^2S.

ACIDE SULFHYDRIQUE.

2 vol. d'hydrogène et 1 vol. de vapeur de soufre forment 2 vol. d'hydrogène sulfuré, avec condensation de 1/3; cette composition est identique à celle de l'eau.

153. **Préparation.** — Au contact des acides étendus, un certain nombre de sulfures métalliques (sulfures alcalins, sulfure de fer) dégagent un gaz doué d'une odeur désagréable, qui est l'hydrogène sulfuré.

1° Pour préparer ce gaz, on introduit dans un flacon tubulé (fig. 102) des fragments de sulfure de fer, de l'eau et, par le tube

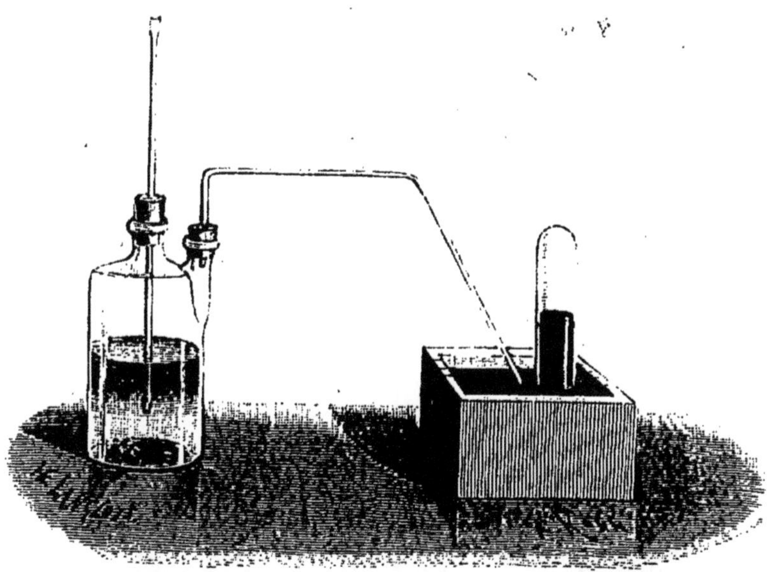

Fig. 102.

à entonnoir, de l'acide sulfurique ou de l'acide chlorhydrique; on recueille le gaz sur la cuve à mercure, car il est soluble dans l'eau :

$$FeS + SO^4H^2 = SO^4Fe + H^2S,$$
$$FeS + 2HCl = FeCl^2 + H^2S.$$

Le sulfate et le chlorure de fer restent dissous dans l'eau du flacon.

Le gaz ainsi obtenu renferme presque toujours un peu d'hydrogène; car le protosulfure de fer est un produit artificiel que l'on obtient en fondant dans un creuset 28 parties de fer en poids pour 16 de soufre. Il peut rester du fer non combiné qui, au contact de l'acide sulfurique étendu, dégage de l'hydrogène.

La présence de l'hydrogène n'offre aucun inconvénient lorsqu'il s'agit de faire passer le gaz dans une solution métallique dont on veut précipiter le métal à l'état de sulfure, ou de préparer la dissolution. Dans ce dernier cas, on fait plonger le tube de dégagement au fond d'un grand flacon rempli d'eau récemment bouillie.

2° Pour préparer l'hydrogène sulfuré pur, on attaque le sulfure d'antimoine Sb^2S^3 par l'acide chlorhydrique. Ce sulfure d'antimoine se trouve dans la nature à l'état cristallisé; c'est un composé bien défini qui ne peut renfermer de métal en excès.

On place le sulfure d'antimoine pulvérisé dans un ballon (fig. 103) et on verse de l'acide chlorhydrique concentré. On chauffe

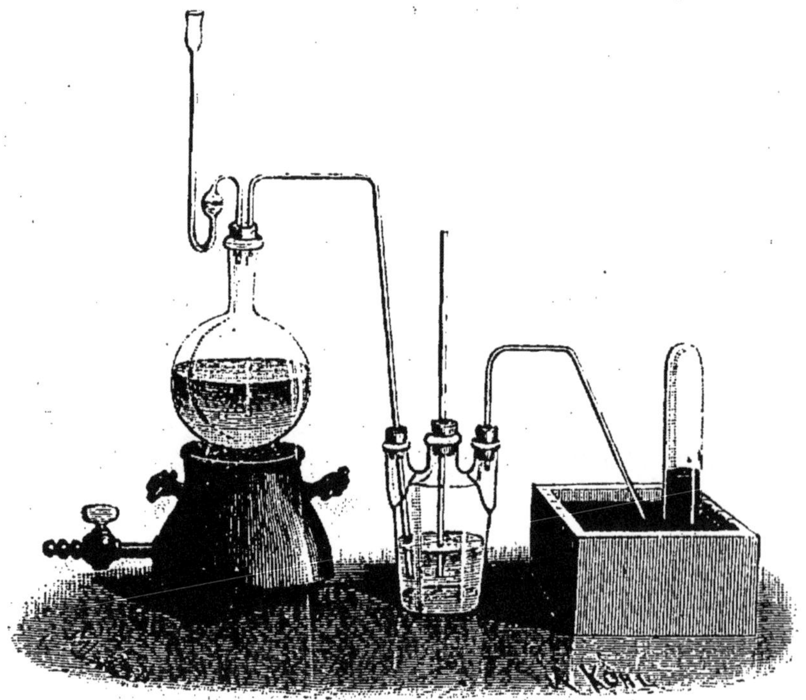

Fig. 103.

légèrement; le gaz, avant de se dégager sur la cuve à mercure, traversera un flacon laveur renfermant un peu d'eau destinée à retenir le gaz chlorhydrique entraîné.

154. **Propriétés.** — Gaz incolore, d'une odeur très désagréable. Sa densité est 1,19.

L'eau en dissout trois fois son volume à la température de 15° et 4 fois et demie à 0°.

L'hydrogène sulfuré, formé de deux éléments combustibles, est combustible. Il brûle avec une flamme bleue, et les produits de la combustion sont de l'acide sulfureux et de l'eau :

$$H^2S + 3O = H^2O + SO^2.$$

Pour que la combustion soit complète il faut donc que deux volumes d'hydrogène sulfuré soient mélangés à trois volumes d'oxygène. Un mélange fait dans ces proportions détone au contact d'un corps incandescent.

Si l'oxygène est en quantité moindre, il se forme de l'eau et du soufre se dépose :

$$H^2S + O = H^2O + S.$$

C'est ce qui se produit lorsqu'on enflamme de l'hydrogène sulfuré à l'ouverture d'une éprouvette longue et étroite; on observe alors sur les parois un dépôt de soufre très divisé.

En présence de l'eau, l'oxygène déplace l'hydrogène de l'hydrogène sulfuré. Une dissolution de ce gaz contenue dans un flacon incomplètement rempli, c'est-à-dire maintenue au contact de l'air, se trouble peu à peu et prend un aspect laiteux; elle contient alors en suspension du soufre très divisé.

La plupart des métaux décomposent l'hydrogène sulfuré sous l'action de la chaleur : tels sont le cuivre, l'argent, les métaux alcalins. En présence de l'humidité, l'argent est attaqué à la température ordinaire : il noircit par suite de la formation d'un sulfure noir d'argent.

En réagissant sur un certain nombre de dissolutions métalliques, l'hydrogène sulfuré donne des sulfures insolubles. Nous ne citerons pour le moment que l'action exercée par ce gaz sur les sels de plomb, car elle est caractéristique. L'hydrogène sulfuré noircit les sels de plomb par suite de la formation d'un sulfure noir. On reconnaît qu'un gaz contient de l'hydrogène sulfuré à ce caractère que, traversant une dissolution d'acétate de plomb incolore, il la noircit. On se sert aussi fréquemment, à cet effet, d'un papier à filtre imbibé d'une dissolution d'acétate de plomb, qui devient rapidement brun ou noir lorsqu'on le plonge dans une atmosphère renfermant quelques traces d'hydrogène sulfuré.

C'est à cause de la formation du sulfure noir de plomb que les peintures à base de céruse noircissent avec le temps.

L'hydrogène sulfuré est un gaz délétère ; dans une atmosphère qui en contient $\frac{1}{1500}$, un oiseau périt ; un cheval succombe dans une atmosphère qui en contient $\frac{1}{200}$. De l'hydrogène sulfuré combiné à de l'ammoniaque se dégage des fosses d'aisances, et, lorsque l'aération a été insuffisante, les ouvriers qui y pénètrent succombent en quelques instants.

On combat ces effets funestes par le chlore, qui décompose l'hydrogène sulfuré.

MÉTALLOÏDES DE LA 2e FAMILLE.

155. Les métalloïdes de la deuxième famille sont au nombre de quatre : oxygène, soufre, sélénium, tellure. Ces éléments forment avec l'hydrogène des combinaisons qui, à l'état gazeux, renferment un volume d'hydrogène égal au volume du composé.

La densité à l'état gazeux, et par suite le poids moléculaire des composés hydrogénés et l'analyse de ces composés, les définissent comme éléments *divalents* :

$$H^2O, \quad H^2S, \quad H^2Se, \quad H^2Te.$$

Le sélénium et le tellure sont très rares : on les trouve combinés aux métaux (*séléniures* et *tellurures*) dans la nature.

Le sélénium se rapproche beaucoup du soufre par l'ensemble de ses propriétés chimiques ; il est rouge-brun ou noir.

Le tellure a l'éclat métallique ; il cristallise en rhomboèdres, comme l'arsenic, l'antimoine et le bismuth.

	Oxygène.	Soufre.	Sélénium.	Tellure.
Poids atomique.	O = 16	S = 32	Se = 79	Te = 126
État physique.	gazeux	solide	solide	solide
Densité (état cristallisé). .	»	2,0	4,8	6,25
Point de fusion.	»	114°	217°	450°
Point d'ébullition.	— 181°,4	450°	665°	au rouge

CHAPITRE XI

CHLORE — ACIDE CHLORHYDRIQUE — EAU RÉGALE ACIDE FLUORHYDRIQUE

CHLORE, $Cl = 35{,}5$.

156. **État naturel.** — C'est du sel marin ou *chlorure de sodium* NaCl que l'on retire soit directement, soit indirectement le chlore et ses composés.

Versons de l'acide sulfurique concentré sur du sel marin; une effervescence se produit, un gaz se dégage, fumant au contact de l'air, et que nous pourrons dissoudre dans l'eau. Cette dissolution était connue autrefois sous le nom d'*esprit de sel*. Le gaz qui s'est dégagé est le gaz *chlorhydrique* HCl; sa dissolution est employée dans l'industrie et les laboratoires, sous le nom d'*acide chlorhydrique*.

Lorsqu'on met en présence du bioxyde de manganèse et de l'acide chlorhydrique, il se dégage un gaz jaune-verdâtre qui se distingue immédiatement des gaz que nous avons étudiés jusqu'ici: c'est un corps simple, le *chlore*, que Scheele obtint ainsi pour la première fois en 1774.

157. **Préparation.** — On introduit dans un ballon (fig. 104) du bioxyde de manganèse en morceaux et de l'acide chlorhydrique; le bouchon porte un tube en S et un tube recourbé à angle droit plongeant dans un flacon laveur renfermant un peu d'eau.

Le gaz se dégage lentement à froid si l'acide chlorhydrique est concentré, un peu plus rapidement si l'on chauffe, et il reste dans le ballon une dissolution de chlorure de manganèse. L'hydrogène de l'acide chlorhydrique s'est uni à l'oxygène du bioxyde; une moitié du chlore s'est combinée au manganèse, l'autre partie est mise en liberté; c'est ce qu'exprime la formule suivante:

$$MnO^2 + 4HCl = MnCl^2 + 2Cl + 2H^2O.$$

On ne peut recueillir le chlore sur le mercure, qu'il attaque à la température ordinaire; si l'on tient à avoir du gaz sec, on le fait passer, au sortir du flacon laveur, dans une éprouvette renfermant une matière desséchante (chlorure de calcium ou pierre

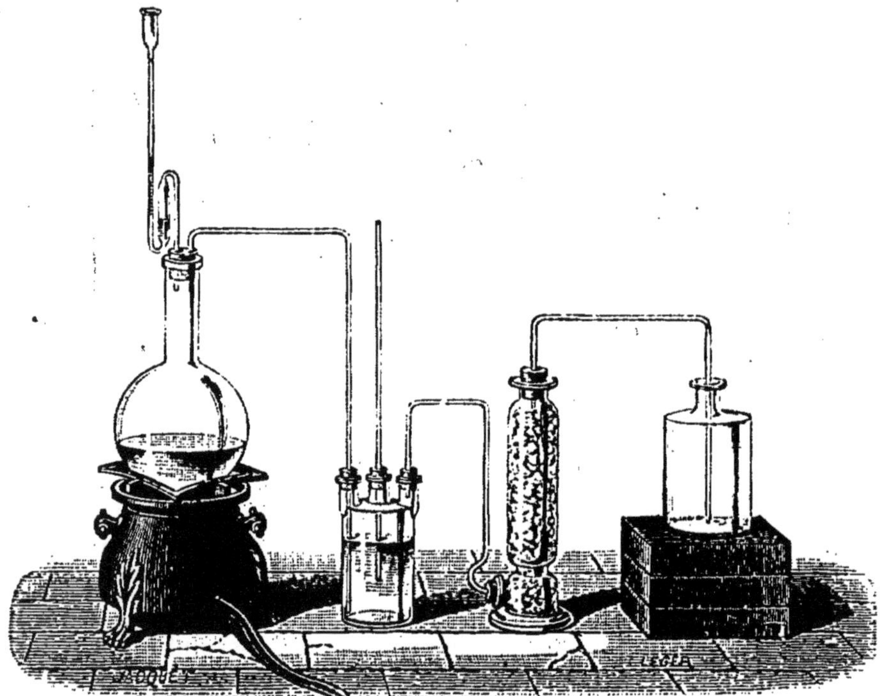

Fig. 101.

ponce imbibée d'acide sulfurique) et l'on fait descendre le tube de dégagement au fond d'un flacon sec. Le gaz chlore, beaucoup plus lourd que l'air, s'accumule au fond du flacon et peu à peu déplace l'air. Lorsque l'atmosphère du flacon a pris une teinte verte uniforme, le flacon est rempli.

Préparation industrielle. — Industriellement, on effectue la réaction de l'acide chlorhydrique sur le bioxyde de manganèse dans de vastes chambres en pierres siliceuses inattaquables par les acides et chauffées par un courant de vapeur d'eau.

Procédé Weldon. — Le bioxyde de manganèse est une matière qui devient rare et d'un prix élevé; on a réussi à le régénérer du bioxyde de manganèse résidu de la réaction précédente (Weldon).

La dissolution acide de chlorure de manganèse est neutralisée par la craie (carbonate de calcium), qui précipite l'oxyde ferrique; puis à la dissolution décantée on ajoute un lait de chaux, on fait passer un rapide courant d'air, et le manganèse se précipite à l'état d'un manganite $(MnO^2)^2, H^2O, CaO$ qui peut servir de nouveau à la préparation du chlore.

$$(MnO^2)^2 H^2O CaO + 10 HCl = 2 MnCl^2 + CaCl^2 + 2 Cl^2 + 6 H^2O.$$

Procédé Deacon. — Le procédé Weldon a l'inconvénient de consommer en pure perte des quantités considérables d'acide chlorhydrique. L'emploi du bioxyde de manganèse a pu être supprimé. La réaction

$$2HCl + O = H^2O + Cl^2$$

est toujours incomplète au rouge vif. Elle est plus facile à réaliser, vers 600°, lorsqu'on fait passer un mélange d'air et de gaz chlorhydrique tel qu'il sort des appareils producteurs (151) sur du chlorure de cuivre, qui semble n'intervenir dans la réaction que par sa présence, car il n'est nullement altéré.

Le chlore obtenu industriellement par l'un ou l'autre des procédés est employé à la fabrication du chlorure de chaux. On le dirige, à cet effet, dans de longs cylindres renfermant de la chaux éteinte sur laquelle il se fixe (129).

On prépare aujourd'hui une certaine quantité d'hypochlorite de soude (eau de Javel) par l'électrolyse d'une solution de sel marin.

158. **Propriétés physiques.** — Le chlore est un gaz jaune verdâtre, doué d'une odeur caractéristique ; il est dangereux à respirer ; il provoque la toux et peut déterminer des crachements de sang lorsqu'il a pénétré dans les organes respiratoires en trop grande quantité.

Il est deux fois et demie environ plus lourd que l'air, dans les mêmes conditions de température et de pression ; sa densité est en effet égale à **2,44**.

Le chlore est soluble dans l'eau ; à la température de 10°, ce liquide en dissout environ trois fois son volume. Cette dissolution, fréquemment employée sous le nom d'*eau de chlore*, se prépare en faisant arriver le gaz, au sortir du flacon laveur, dans une série de flacons bitubulés ou plus simplement au fond d'un flacon rempli d'eau.

Cette dissolution doit être conservée dans un flacon en verre noir, à l'abri de la lumière, qui l'altère. Lorsque la température de l'eau dans laquelle on fait arriver le chlore s'abaisse au-dessous de 10°, on voit se former de petits cristaux blancs qui constituent une combinaison de chlore et d'eau, l'*hydrate de chlore*

$$Cl^2 + 8H^2O.$$

159. **Propriétés chimiques.** — Le chlore se combine directement avec la plupart des corps simples métalloïdes, avec un grand dégagement de chaleur ; l'oxygène, l'azote et le carbone font exception.

Il suffit, par exemple, de projeter de l'arsenic en poudre dans un flacon rempli de chlore pour observer la combinaison des deux corps, qui s'accomplit avec dégagement de chaleur et de lumière.

La combinaison du chlore avec l'hydrogène est particulièrement intéressante, tant à cause du produit de la réaction qu'à raison des circonstances qui l'accompagnent.

Introduisons dans un flacon volumes égaux de chlore et d'hydrogène, en ayant soin d'opérer dans l'obscurité ou tout au moins à la lueur d'une bougie. Après avoir fermé le flacon avec un bouchon de liège, enveloppons-le d'une étoffe noire, transportons-le en plein air, à l'ombre, enlevons l'étoffe et projetons à distance sur ce flacon les rayons solaires à l'aide d'un miroir concave ; aussitôt le flacon vole en éclats.

La combinaison des deux gaz s'est effectuée instantanément sous l'influence des rayons solaires directs; il en est résulté de l'acide chlorhydrique, et ce gaz, s'étant trouvé brusquement porté à une température très élevée, par suite de la chaleur dégagée dans la réaction, s'est dilaté[1] et a déterminé la rupture du vase.

On provoquerait également la combinaison brusque des deux gaz en projetant sur le flacon la lumière électrique ou la lumière du magnésium.

A la lumière diffuse, la combinaison des deux gaz se ferait lentement, progressivement, sans explosion. Si, de l'ouverture du flacon renfermant le mélange à volumes égaux des deux gaz on approche la flamme d'une bougie, le mélange brûle sans explosion.

Le chlore n'agit pas seulement sur l'hydrogène libre, il tend à détruire les composés hydrogénés des métalloïdes, en formant de l'acide chlorhydrique et mettant le métalloïde en liberté.

Ainsi, si l'on fait passer un courant de chlore et de la vapeur d'eau dans un tube de porcelaine chauffé au rouge, on recueille sur la cuve à eau de l'oxygène, et l'eau de la cuve devient acide : elle renferme de l'acide chlorhydrique (fig. 105).

Le chlore décompose l'ammoniaque et met l'azote en liberté: si l'on fait passer en effet un courant de chlore dans une dissolution ammoniacale, on peut recueillir sur la cuve à eau de l'azote.

Le chlore s'est combiné avec l'hydrogène pour former de l'acide chlorhydrique :

$$AzH^3 + 3\,Cl = Az + 3HCl.$$

1. 1 gr. d'hydrogène, en s'unissant à 35gr,5 de chlore, dégage 22 Calories.

Mais l'acide chlorhydrique se formant en présence d'un excès d'ammoniaque donne du chlorhydrate d'ammoniaque :

$$3HCl + 3AzH^3 = 3(AzH^3, HCl).$$

En ajoutant membre à membre ces deux relations, on a la réaction finale :

$$4AzH^3 + 3Cl = 3(AzH^3 . HCl) + Az.$$

Mais il faut avoir soin d'interrompre le passage du chlore avant que toute l'ammoniaque ait été transformée en chlorhydrate. Car,

Fig. 103.

lorsque le chlore réagit sur une dissolution de ce sel, on voit se déposer au fond du vase des gouttelettes huileuses d'un chlorure d'azote $AzCl^3$ formé d'après la réaction :

$$AzH^3, HCl + 6Cl = AzCl^3 + 4HCl.$$

Le chlorure d'azote est un corps très dangereux à manier : il fait explosion lorsqu'on le chauffe, lorsqu'on le touche avec toute substance capable de se combiner au chlore, et les effets qu'il produit sont terribles.

La réaction du chlore sur l'ammoniaque peut être effectuée simplement en remplissant aux $\frac{9}{10}$ d'eau de chlore un tube de verre bouché à une de ses extrémités, et d'une longueur de 1 mètre. On achève de le remplir avec de l'ammoniaque, on le bouche avec le doigt, et on le retourne de façon à mélanger les deux liquides. Des bulles gazeuses se forment et gagnent le sommet de l'éprouvette : on reconnaît que ce gaz est de l'azote.

160. Action du chlore sur les oxydes. Composés oxygénés du chlore[1]. — Le chlore tend à décomposer les oxydes métalliques pour former un chlorure ; suivant les circonstances dans lesquelles s'effectue la réaction, l'oxygène se dégage ou se combine à un excès de chlore pour former un composé oxygéné du chlore.

1° Si l'on fait passer un courant de chlore sur de la chaux chauffée au rouge dans un tube de porcelaine, il se dégage de l'oxygène et il se forme du chlorure de calcium :

$$CaO + Cl^2 = CaCl^2 + O.$$

2° Si l'on fait passer un courant de chlore sur de la chaux éteinte, à la température ordinaire, la réaction est différente. Le chlore se fixe sur la chaux et donne le chlorure de chaux $CaOCl^2$.

C'est une poudre blanche, que l'on désigne souvent dans le commerce sous le nom de *chlore*. Ce corps est l'objet d'une préparation industrielle importante ; facile à transporter et dégageant du chlore sous les plus légères influences, il peut être employé à la place du chlore gazeux.

Le gaz carbonique et l'acide chlorhydrique en dégagent la totalité du chlore :

$$CaOCl^2 + CO^2 = CO^3Ca + Cl^2,$$
$$CaOCl^2 + 2HCl = CaCl^2 + H^2O + Cl^2.$$

3° Mais on obtiendrait un mélange d'hypochlorite et de chlorure de potassium en faisant passer un courant de chlore dans une solution étendue et froide de potasse :

$$(1) \qquad 2KOH + Cl^2 = KCl + ClOK + H^2O.$$

Cette dissolution est employée, sous le nom d'*eau de Javel*, pour le blanchiment des tissus. Le gaz carbonique et les acides faibles en dégagent du gaz hypochloreux Cl^2O :

$$2ClOK + CO^2 = CO^3K^2 + Cl^2O.$$

1. Les deux composés oxygénés du chlore les plus importants sont

l'acide hypochloreux	$ClOH$,
— chlorique	ClO^3H

L'acide hypochloreux est peu stable et sa dissolution laisse dégager le gaz hypochloreux ou anhydride hypochloreux Cl^2O.

Les formules des hypochlorites et des chlorates sont, suivant que le métal est monovalent (potassium) ou divalent (calcium) :

$ClOK$	$(ClO)^2Ca$.
ClO^3K	$(ClO^3)^2Ca$.

La réaction est toute différente si l'on fait passer le chlore dans une dissolution concentrée ou chaude de potasse : il se forme toujours du chlorure de potassium, mais on obtient aussi du *chlorate de potassium*, qui, beaucoup moins soluble que le chlorure, cristallise en paillettes nacrées par le refroidissement de la liqueur :

$$6KOH + 6Cl = 5KCl + ClO^3K + 3H^2O.$$

En réalité, on prépare aujourd'hui le chlorate de potassium en soumettant à l'ébullition une dissolution de chlorure de chaux qui est transformé en chlorate :

$$6CaOCl^2 = 5CaCl^2 + (ClO^3)^2Ca;$$

en ajoutant alors du chlorure de potassium, on a du chlorate de potassium peu soluble à froid, qui se dépose lorsque la liqueur se refroidit, et du chlorure de calcium très soluble :

$$(ClO^3)^2Ca + 2KCl + CaCl^2 + 2ClO^3K.$$

161. **Applications.** — Le chlore, en réagissant sur un grand nombre de matières colorantes, leur enlève de l'hydrogène et les détruit ; aussi agit-il comme décolorant. Si l'on colore de l'eau en bleu clair avec une goutte de sulfate d'indigo, et si on ajoute un peu d'eau de chlore, la coloration disparaît instantanément. Une encre à base de fer est détruite par le chlore, mais il reste une coloration jaune, due à la présence des sels de peroxyde de fer. Aussi se sert-on de l'eau de chlore pour enlever les taches d'encre sur les livres : on imbibe la tache d'eau de chlore, puis d'une dissolution très étendue d'acide chlorhydrique qui enlève l'oxyde de fer, et enfin on lave soigneusement pour enlever toute trace de chlore ou d'acide chlorhydrique, qui détruiraient le papier.

Les tissus d'origine végétale peuvent être blanchis à l'aide du chlore, comme l'a montré Berthollet en 1785. On emploie à cet usage les *chlorures décolorants* ou *hypochlorites*, car le gaz hypochloreux, mis en liberté par le gaz carbonique de l'air, agit comme le chlore sur les matières colorantes. Si on admet en effet que la décoloration est due à une déshydrogénation, on peut écrire :

$$4Cl + 4H = 4HCl$$
$$Cl^2O + 4H = 2HCl + H^2O.$$

En comparant ces formules avec celle de la réaction (1) on voit que *le pouvoir décolorant d'un hypochlorite est le même que celui du chlore qui a servi à le préparer.*

Le chlore, ou mieux le chlorure de chaux, est employé pour détruire l'hydrogène sulfuré qui se dégage des fosses d'aisances ou des produits organiques en putréfaction.

ACIDE CHLORHYDRIQUE, HCl.

1 vol. d'hydrogène et 1 vol. de chlore forment 2 vol. d'acide chlorhydrique.

162. Préparation. — Pour préparer l'acide chlorhydrique, on introduit dans un ballon en verre du sel marin préalablement fondu et concassé grossièrement et de l'acide sulfurique. Une effervescence se produit immédiatement, et l'on recueille le gaz

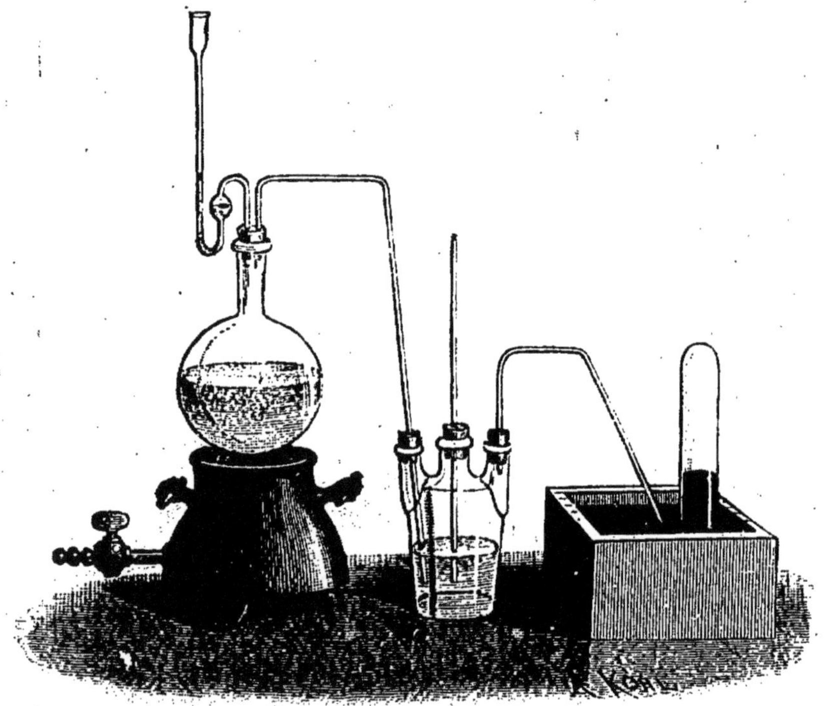

Fig. 106.

sur la cuve à mercure (fig. 106). On ne chauffe que pour activer le dégagement gazeux lorsqu'il se ralentit.

Il se forme, dans cette réaction, du sulfate acide de sodium :

$$NaCl + SO^4H^2 = HCl + SO^4HNa.$$

Cette réaction est également appliquée dans l'industrie, mais c'est le sulfate de sodium qui en est le produit important. Elle s'effectue dans des fours à la sortie desquels le gaz chlorhydrique circule dans des touries remplies d'eau, où il se dissout.

163. Propriétés physiques. — L'acide chlorhydrique est un gaz incolore, d'une odeur piquante et d'une saveur très acide ; sa densité est 1,25.

Il est très soluble dans l'eau, qui à 0° en dissout 500 fois son volume. La dissolution s'obtient en faisant arriver le gaz dans un flacon aux $\frac{2}{3}$ rempli d'eau : c'est d'ailleurs un produit que l'industrie livre au commerce à très bas prix et que l'on emploie généralement dans les réactions chimiques sous le nom d'acide chlorhydrique. Elle est d'un maniement plus facile que le gaz et, lorsqu'elle est concentrée, agit comme lui.

Au contact de l'air, le gaz chlorhydrique émet des fumées abondantes, parce qu'il absorbe l'humidité de l'atmosphère, avec laquelle il forme une combinaison liquide.

164. **Propriétés chimiques.** — Le gaz chlorhydrique n'est pas combustible ; il éteint les corps en ignition.

C'est un acide très énergique, qui communique à la teinture de tournesol la coloration rouge *pelure d'oignon* des acides forts.

A l'état gazeux, et à une température qui dépend de la nature du métal, il attaque tous les métaux autres que l'or ou le platine, en donnant un chlorure et un dégagement d'hydrogène. L'action de la dissolution est moins énergique : elle n'agit pas sur le cuivre, le mercure, mais elle attaque immédiatement le fer et le zinc, et il se dégage de l'hydrogène. Elle attaque également la plupart des oxydes métalliques en donnant de l'eau et un chlorure qui reste dissous dans le liquide : la formule du chlorure ainsi produit ne diffère en général de celle de l'oxyde que par le remplacement de 1 atome d'oxygène par 2 atomes de chlore. Ainsi, avec la chaux on aurait

$$CaO + 2HCl = CaCl^2 + H^2O;$$

avec le sesquioxyde de fer

$$Fe^2O^3 + 6HCl = Fe^2Cl^6 + 3H^2O.$$

Nous rappellerons cependant que le bioxyde de manganèse, en réagissant sur l'acide chlorhydrique, donne un chlorure de manganèse $MnCl^2$ (*chlorure manganeux*), et qu'il se dégage du chlore (157), car, dans les conditions où l'on effectue cette réaction, il n'existe pas de chlorure de manganèse de formule $MnCl^4$.

Volumes égaux de gaz chlorhydrique et d'ammoniaque, introduits dans une même éprouvette sur la cuve à mercure, donnent immédiatement un produit solide pulvérulent, blanc, le chlorhydrate d'ammoniaque AzH^3, HCl ; tout le gaz disparait et le mercure monte jusqu'au sommet de l'éprouvette.

Il suffit d'ailleurs de placer côte à côte deux verres renfermant l'un de l'ammoniaque, l'autre de l'acide chlorhydrique, pour voir se former immédiatement des fumées blanches de chlorhydrate d'ammoniaque.

165. Applications. — L'acide chlorhydrique sert à préparer le chlore et les chlorures décolorants; sous le nom d'*esprit de sel*, il est employé à décaper les métaux.

EAU RÉGALE.

166. L'or n'est attaqué ni par l'acide chlorhydrique, ni par l'acide azotique, mais un mélange de ces deux acides dissout ce métal. On a donné à ce mélange le nom d'*eau régale*.

Plaçons dans un ballon une mince feuille d'or et de l'acide chlorhydrique et chauffons; chauffons de même dans un second ballon une feuille d'or et de l'acide nitrique : aucune action ne se manifeste de part et d'autre; mais si nous mélangeons les deux liquides, l'or disparaît immédiatement, le liquide se teint en jaune, et émet des vapeurs rouges analogues aux vapeurs de peroxyde d'azote.

On peut admettre que dans la réaction des deux acides il s'est formé du chlore et du peroxyde d'azote :

$$AzO^3H + HCl = AzO^2 + H^2O + Cl,$$

et que c'est le chlore qui dissout le métal.

L'eau régale sert à dissoudre l'or, qu'elle transforme en chlorure; c'est aussi le seul dissolvant du platine.

ACIDE FLUORHYDRIQUE, $HF = 20$.

On trouve dans un grand nombre de filons métalliques une matière transparente, incolore le plus souvent, cristallisée en cubes. Cette matière est très fusible et a été depuis longtemps utilisée comme fondant dans les arts métallurgiques: c'est la *fluorine* ou *spath fluor* CaF^2, combinaison du métal le *calcium* avec un métalloïde gazeux, le *fluor* ($F = 19$).

167. **Préparation.** — Lorsqu'on verse de l'acide sulfurique sur la fluorine, il se dégage des vapeurs acides, fumant au contact de l'air, mais attaquant rapidement le verre, et il reste comme résidu du sulfate de calcium. Cette réaction est analogue à celle qu'exerce l'acide sulfurique sur le sel marin; le gaz acide qui se dégage est une combinaison hydrogénée du fluor, un acide *fluorhydrique* HF.

La réaction se formule :

$$CaF^2 + SO^4H^2 = 2HF + SO^4Ca.$$

Pour préparer l'acide fluorhydrique, on se sert d'une cornue en plomb reliée à un récipient du même métal (fig. 107). La cornue se compose de deux parties, une capsule qui en forme le fond, et un dôme qui s'emboîte avec celle-ci; on lute les joints avec du plâtre. On place dans la cornue 1 partie de spath fluor en poudre et 3 parties d'acide sulfurique concentré, et l'on ajuste les diverses pièces de l'appareil. On chauffe légèrement, et le gaz vient se condenser dans le tube en plomb dans lequel on a mis une petite quantité d'eau et que l'on refroidit.

On prépare ainsi une solution concentrée d'acide fluorhydrique ; c'est ainsi que l'on opère dans l'industrie.

Si l'on ne mettait pas d'eau dans le tube en plomb et si on le refroidissait

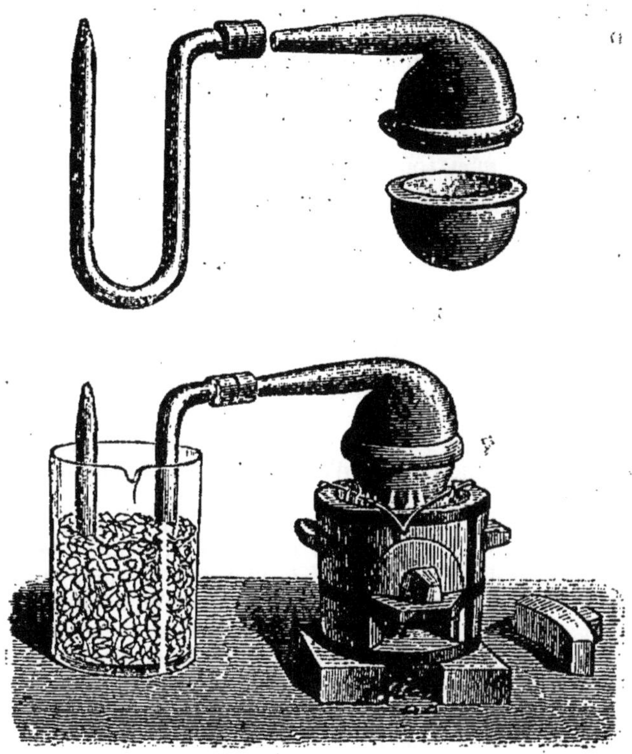

Fig. 107.

avec un mélange de glace et de sel, on condenserait de l'acide fluorhydrique anhydre.

168. **Propriétés.** — L'acide fluorhydrique anhydre est un liquide incolore qui bout à + 19°,4 ; il est très avide d'eau.

L'acide du commerce est une dissolution aqueuse d'acide fluorhydrique. C'est un liquide doué d'une odeur vive et piquante, qu'il ne faut manier qu'avec les plus grandes précautions. Il produit, lorsqu'on en laisse tomber une goutte sur la peau, une brûlure très dangereuse, accompagnée d'ulcères et d'un gonflement douloureux des tissus. Lorsqu'on manie l'acide fluorhydrique, il faut éviter même de laisser les doigts longtemps en contact avec les vapeurs et prendre la précaution de se laver avec de l'eau additionnée d'ammoniaque.

L'acide fluorhydrique ne peut être conservé dans des bouteilles en verre, qu'il attaque immédiatement. On l'enferme dans des vases en plomb ou en gutta-percha, ou mieux en argent ou en platine.

L'action exercée par l'acide fluorhydrique sur le verre est utilisée pour la gravure.

A cet effet on étend sur la plaque de verre un vernis inattaquable par l'acide fluorhydrique, par exemple un mélange de cire et d'essence de térébenthine, et lorsque cette couche de vernis s'est desséchée, on trace avec une pointe les caractères que l'on veut reproduire, de façon à mettre à nu la surface du verre.

Puis on expose pendant quelques instants la surface vernissée aux vapeurs qui se dégagent d'un vase en plomb dans lequel on a placé le mélange de spath fluor pulvérisé et d'acide sulfurique légèrement chauffé. On enlève le vernis avec de l'alcool et le dessin apparait. Partout où les vapeurs d'acide fluorhydrique ont pu agir, le verre est dépoli.

Les traits que l'on obtient en mouillant la surface du verre avec de l'acide fluorhydrique étendu sont transparents et, par suite, moins visibles que ceux que l'on trace par la méthode précédente.

MÉTALLOÏDES DE LA 1re FAMILLE.

169. Le fluor, le chlore, le brome et l'iode sont dits former la 1re famille des métalloïdes, parce que leurs composés hydrogénés sont tels, que le rapport du volume du composé au volume de l'hydrogène qui y est contenu est pour tous le rapport de 2 à 1.

Les formules moléculaires

$$HF \qquad HCl \qquad HBr \qquad HI$$

expriment cette composition. Elles montrent en outre que *le corps simple s'unit à l'hydrogène volume à volume.*

Ces formules *définissent* ces quatre métalloïdes comme des éléments monovalents, puisque 1 atome de chacun d'eux remplace 1 atome d'hydrogène dans la molécule H^2 ou H-H.

Les chlorures, les bromures et les iodures métalliques sont comparables entre eux, le chlore, le brome, l'iode étant en général susceptibles de se remplacer volume à volume dans des combinaisons isomorphes. Le fluor aussi peut jouer ce rôle, mais il s'écarte souvent des trois autres et s'en distingue par l'énergie de ses réactions.

Le brome et l'iode se rencontrent dans l'eau de la mer, dans l'eau de certaines sources salées ou dans les cendres des végétaux marins à l'état de *bromures* et d'*iodures*.

	Fluor.	Chlore.	Brome.	Iode.
Poids atomique	F = 19	Cl = 35,5	Br = 80	I = 127
État physique.	gazeux	gazeux	liquide	solide
Point de fusion. . . .	»	— 102°	— 24°,3	+ 113°
Point d'ébullition. . .	»	— 35°	+ 63°	+ 175°

Les quatre composés hydrogénés sont des hydracides puissants, et si les combinaisons métalliques qui en dérivent sont analogues, les différences que l'on constate dans les réactions sont en relation avec les phénomènes thermiques qui accompagnent leur formation à partir des éléments :

		Gazeux.	Dissous.
H + F	= HF	+ 38c,6	+ 50c,4
H + Cl	= HCl	+ 22 ,0	+ 39 ,3
H + Br gaz.	= HBr	+ 13 ,5	+ 29 ,5
H + I gaz.	= HI	— 0 ,8	+ 18 ,4

La stabilité sous l'action de la chaleur va, en effet, en décroissant du premier au dernier. Un métal est plus facilement attaqué par l'acide iodhydrique que par ceux qui le précèdent dans la série. Ainsi les acides fluorhydrique et chlorhydrique peuvent être recueillis sur le mercure; l'acide bromhydrique est décomposé lentement par ce métal à la température ordinaire; avec l'acide iodhydrique, l'attaque du mercure est instantanée.

CHAPITRE XII

PROPRIÉTÉS GÉNÉRALES DES MÉTAUX — ALLIAGES — OXYDES SULFURES ET CHLORURES MÉTALLIQUES — SELS

170. **Métaux.** — Le fer, le cuivre, l'or, l'argent, sont des *métaux*. Ces corps possèdent, lorsqu'ils sont polis, un éclat particulier, connu sous le nom d'éclat métallique, éclat que ne possèdent ni le soufre, ni le phosphore, qui sont des *métalloïdes*; il sont bons conducteurs de la chaleur et de l'électricité.

Ajoutons cependant que, si quelques métaux bien caractérisés se distinguent nettement, tant par leurs propriétés physiques que par leurs propriétés chimiques, des métalloïdes tels que l'oxygène, le soufre, le phosphore, il est d'autres corps simples que l'on pourrait qualifier indifféremment de métalloïdes ou de métaux. Ainsi l'arsenic, que l'on étudie à côté du phosphore, possède l'éclat métallique; l'antimoine, que l'on place souvent parmi les métaux, a des composés oxygénés acides que leurs propriétés chimiques rapprochent des composés oxygénés de l'arsenic.

Cette distinction entre métalloïdes et métaux, tout en permettant de fractionner l'étude des corps simples et de rapprocher les uns des autres les corps qui présentent la plus grande somme d'analogies chimiques et d'en faciliter l'étude, n'est donc pas nécessaire.

PROPRIÉTÉS PHYSIQUES DES MÉTAUX.

171. Chaque métal est caractérisé par un ensemble de propriétés physiques et chimiques qui doivent être examinées en détail lorsqu'il s'agit de préciser les applications auxquelles ce métal est propre.

Le tableau ci-contre résume les propriétés physiques des métaux usuels.

Ainsi, on voit à l'inspection du tableau que le plomb est le plus

DENSITÉ.	TEMPÉRATURE DE FUSION.	CONDUCTIBILITÉ ÉLECTRIQUE.	CONDUCTIBILITÉ CALORIFIQUE.	MALLÉABILITÉ.	DUCTILITÉ.	TÉNACITÉ
	Degrés.					
Platine... . 21.5	Mercure. — 39	Argent. 100.00	Argent.. 100,0	Or	Or	Fer..... 62,3
Or......... 19.4	Étain.. + 228	Cuivre. 91,44	Cuivre .. 73,6	Argent	Argent	Cuivre . 34.4
Plomb 11.35	Plomb... 335	Or..... 65,46	Or...... 53,2	Aluminium	Platine	Platine.. 31.2
Argent..... 10.40	Zinc..... 410	Zinc... 24.16	Zinc 19,3	Cuivre	Aluminium	Argent.. 21,1
Cuivre 8.78	Argent... 954	Étain .. 13,66	Étain.... 14,5	Étain	Fer	Or...... 16.5
Fer........ 7.78	Cuivre... 1100	Fer.... 12,25	Fer..... 11.9	Platine	Cuivre	Zinc 12,4
Étain 7,28	Or 1045	Plomb.. 8,25	Plomb... 8.5	Plomb	Zinc	Étain ... 3.9
Zinc.... .. 6,86	Fer...... 1500	Platine. 8,04	Platine.. 8,4	Zinc	Étain	Plomb .. 2,4
Aluminium.. 2,56	Platine... 1775			Fer	Plomb	
Mercure (liquide) 13.59						

lourd, l'aluminium, au contraire, le plus léger des métaux communs.

Un seul métal est liquide à la température ordinaire : c'est le mercure, et l'on connaît tous les services qu'il rend aux physiciens et aux chimistes. L'étain est assez fusible pour qu'on puisse le liquéfier sur une feuille de papier sans que celle-ci soit carbonisée. Si l'on veut, au contraire, un métal réfractaire, on prendra le platine, infusible dans les foyers ordinaires et que l'on ne peut fondre qu'au chalumeau à oxygène et gaz de l'éclairage (245).

L'argent est, de tous les métaux, celui qui conduit le mieux la chaleur ; mais, à cause de son prix élevé, on lui préfère, dans les applications usuelles, le cuivre, dont la conductibilité diffère peu, et l'on se sert de ce métal pour faire des vases distillatoires, des casseroles.

L'ordre de conductibilité électrique est le même que celui de la conductibilité calorifique. Les fils de cuivre sont employés comme conducteurs de l'électricité dans les appareils électriques.

On dit qu'un métal est *malléable*, lorsqu'il peut être réduit en lame sous le choc du marteau ou sous la pression du *laminoir*. L'or peut être réduit en feuilles de $\frac{1}{25000}$ de millimètre d'épaisseur. Le cuivre se façonne au marteau et l'ouvrier peut donner à une feuille de cuivre la forme d'une casserole, d'un chaudron. Le fer se trouve dans le commerce en feuilles (*tôle*), que l'on obtient en aplatissant une barre de fer au laminoir. Un laminoir se compose (fig. 108) de deux cylindres en acier tournant en sens contraire. Après avoir aminci l'extrémité de la barre de fer, on l'engage entre les cylindres, dont deux génératrices parallèles sont à une distance moindre de l'épaisseur de la barre.

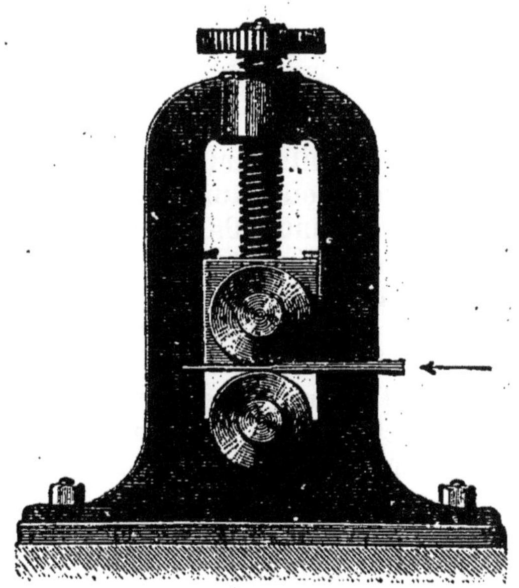

Fig. 108.

Au sortir du laminoir la barre s'est aplatie ; en rapprochant les cylindres l'un de l'autre, on réduit de nouveau l'épaisseur de la lame, et, en répétant cette opération, on l'amène à l'épaisseur voulue.

Les métaux sont souvent employés sous forme de fils, que l'on obtient en engageant l'extrémité d'une barre de métal dans le trou d'une plaque d'acier nommée *filière* (fig. 109). En exerçant une trac-

Fig. 109.

tion à l'extrémité amincie, on force la tige métallique à passer à travers cette ouverture: la tige s'allonge et en même temps son épaisseur diminue. On la fait ainsi passer successivement dans des trous dont le diamètre est de plus en plus petit.

Un métal qui a passé au laminoir ou à la filière devient généralement dur et cassant; sa *malléabilité*, sa *ductilité*, diminuent: on dit qu'il s'est *écroui*. On lui rend ses propriétés primitives en le chauffant au rouge; cette opération s'appelle le *recuit*.

La ductilité d'un métal dépend non seulement de sa malléabilité, mais aussi de sa *ténacité*, c'est-à-dire de sa résistance à la rupture. Pour comparer les métaux au point de vue de leur ténacité, on les réduit en fils de 2 millimètres de diamètre et, les suspendant à un point fixe par une de leurs extrémités, on cherche quel poids il faut suspendre à l'autre bout pour en déterminer la rupture. De tous les métaux usuels, c'est le fer qui est le plus tenace. Le plomb, métal très malléable, ne peut être réduit en fil fins, car sa ténacité est très faible.

Presque tous les métaux fondus, refroidis lentement, cristallisent. L'expérience peut être faite facilement avec le bismuth. On fond ce métal dans un têt en terre et on abandonne la masse au refroidissement; si, lorsque la solidification est partielle, on décante le liquide, on trouve le têt tapissé de magnifiques cristaux qui, en s'oxydant superficiellement, se revêtent des magnifiques couleurs que l'on observe sur les lames minces, telles que les bulles de savon.

Dans l'industrie, on évite autant que possible cette cristallisation, qui rend le métal cassant. Le *martelage*, le *laminage* modifient cette structure cristalline des métaux fondus et leur donnent plus d'homogénéité.

On peut obtenir d'ailleurs des cristaux d'un grand nombre de métaux en décomposant un de leurs sels par un courant électrique faible ou en les déplaçant par un autre métal (voir *Sels*). On trouve quelques métaux cristallisés dans la nature (cuivre, argent natifs) sous des formes identiques à celles que l'on obtient artificiellement.

ALLIAGES.

172. **Alliages usuels.** — Peu de métaux sont employés à l'état isolé; ce sont : le fer, le cuivre, le zinc, le plomb, l'étain, le platine, le mercure, l'aluminium et le nickel.

Deux ou plusieurs métaux fondus ensemble forment un tout d'apparence homogène, qu'on appelle un *alliage*. Ces alliages ont pratiquement une grande importance, car ils possèdent en général des propriétés physiques et même chimiques différentes de celles des métaux composants; en modifiant les proportions de ces derniers, on peut obtenir des substances métalliques douées de propriétés que ne possède aucun des métaux usuels, et que l'on peut varier à l'infini.

173. **Propriétés physiques de quelques alliages.** — La température de fusion d'un alliage est généralement intermédiaire entre les températures de fusion des métaux constituants; elle est quelquefois inférieure à celle du plus fusible. Ainsi, en fondant dans un creuset 8 parties de bismuth, 5 parties de plomb et 3 d'étain, on obtient un alliage (*alliage de Darcet*) qui fond à 95°, alors que le plus fusible de ces métaux, l'étain, fond à 228°. Il suffit de suspendre un barreau de cet alliage dans le col d'un ballon où l'on fait bouillir de l'eau, pour voir le métal fondre (fig. 110).

Le cuivre est un métal très malléable, mais qui présente peu de dureté. Si on allie $\frac{2}{3}$ de cuivre et $\frac{1}{3}$ de zinc, on obtient un alliage d'un beau jaune, le *laiton* (cuivre jaune), plus dur que le cuivre, et très propre au moulage. En ajoutant un peu de plomb à l'alliage précédent, on lui donne de la dureté, et le nouvel alliage peut être travaillé à la lime.

Les *bronzes* sont des alliages de cuivre et d'étain plus fusibles que le cuivre, mais plus durs que ce métal. Le bronze des cloches (78 de cuivre, 22 d'étain) possède une sonorité qui n'appartient ni au cuivre, ni à l'étain. Mais cet alliage est très cassant, et c'est en augmentant la proportion de cuivre (90 de cuivre et 10 d'étain) que l'on préparait le bronze des canons.

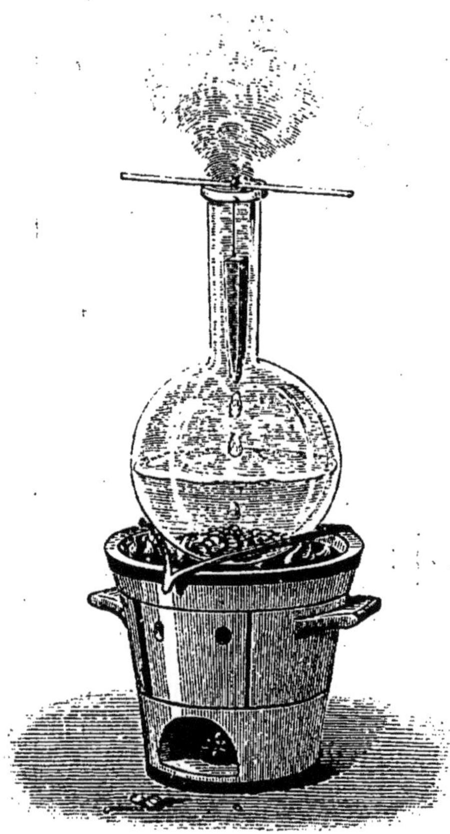

Fig. 110

L'or et l'argent sont des métaux mous; si on les employait seuls à la fabrication des monnaies ou des bijoux, les empreintes s'altéreraient bientôt par le frottement. On obtient des alliages suffisamment durs, et cependant aussi inaltérables que les métaux précieux eux-mêmes, en les alliant à une petite quantité de cuivre.

On appelle *amalgames* les alliages que forme le mercure avec un autre métal. Il est peu de métaux qui ne puissent s'unir directement au mercure; le fer est dans ce cas, et c'est avec ce métal que l'on façonne les garnitures métalliques des appareils de physique qui peuvent avoir le contact du mercure. Le cuivre, l'or blanchissent immédiatement au contact du mercure et s'y dissolvent.

174. Les métaux peuvent former des composés définis. — Les métaux peuvent être fondus en proportion quelconque et il ne semble pas, au premier abord, qu'ils soient susceptibles de former des composés définis. Cependant, lorsqu'on laisse refroidir lentement un alliage, il arrive fréquemment qu'on voit se former des cristaux au sein d'une masse liquide, cristaux dont la composition est *définie* et diffère de celle du liquide[1].

La combinaison de deux métaux est d'ailleurs accompagnée d'un phénomène thermique qui peut acquérir dans certains cas une grande intensité. Ainsi, le sodium que l'on introduit dans le mercure s'y combine avec dégagement de chaleur, et la réaction est tellement vive, que l'on ne doit faire agir le sodium que par petits fragments et successivement.

OXYDES MÉTALLIQUES.

175. **Action de l'oxygène et de l'air secs sur les métaux.** — L'oxygène, en se combinant avec les métaux, forme des *oxydes*.

A l'exception de l'argent, de l'or et du platine, les autres métaux usuels s'oxydent lorsqu'on les chauffe dans l'oxygène à une température plus ou moins élevée, avec dégagement de chaleur et quelquefois de lumière : ce sont des phénomènes de *combustion*. Les métaux qui brûlent dans l'oxygène brûlent aussi dans l'air, mais avec une intensité moindre.

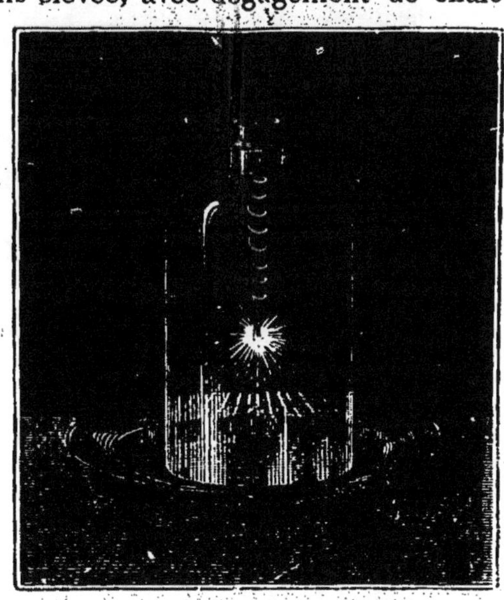

Fig. 111.

Des copeaux de cuivre, chauffés dans un courant d'oxygène ou d'air, perdent leur éclat et se recouvrent d'une couche noire d'oxyde. Mais l'oxydation du métal n'est que superficielle, l'oxyde formé préservant le reste du métal de l'oxydation. Un fil de fer brûle dans l'oxygène avec un vif éclat (fig. 111). Ici l'oxydation est complète, car l'oxyde fond, se rassemble en globule à l'extrémité inférieure de la spirale, s'en détache et la surface du fer est constamment mise à nu. Si l'on chauffe du zinc dans un creuset, le métal fond, puis, à une température plus

1. Cette séparation d'un alliage fondu que l'on refroidit lentement, en composés cristallisés de composition différente, porte le nom de *liquation*. On doit tenir compte de ce fait dans la pratique et éviter qu'il ne se produise, car la masse ainsi refroidie manque évidemment d'homogénéité et devient cassante

élevée, se volatilise et les vapeurs brûlent au contact de l'air avec une flamme très éclatante, en même temps que des flocons blancs d'oxyde de zinc se répandent dans l'atmosphère.

Si le métal est très divisé, l'oxydation peut s'effectuer à une

Fig. 112.

température moins élevée que s'il est en masse compacte; ainsi du fer provenant de la réduction d'un de ses oxydes par l'hydrogène brûle dès qu'on le met au contact de l'air : c'est le *fer pyrophorique* (fig. 112). Du cuivre en poudre fine, obtenu également en réduisant l'oxyde de cuivre par l'hydrogène, brûle dans l'oxygène lorsqu'on le chauffe légèrement.

176. Action de l'eau sur les métaux. — Quelques métaux décomposent l'eau à basse température : tels sont le potassium et le sodium (29).

Le magnésium décompose l'eau à 100°; le fer ne décompose plus l'eau qu'au rouge vif.

Certains métaux, comme le fer et le zinc, qui ne décomposent pas l'eau à froid, décomposent les acides étendus (*préparation de l'hydrogène*).

D'autres, comme l'étain, décomposent l'eau en présence des bases énergiques. Lorsqu'on fait bouillir de l'étain avec une dissolution concentrée de potasse ou de soude, de l'hydrogène se dégage et l'oxygène de l'eau se porte sur le métal pour former un composé oxygéné jouant vis-à-vis des alcalis le rôle d'acide.

L'argent, le mercure, l'or et le platine ne décomposent l'eau à aucune température.

177. **Action de l'oxygène et de l'air humide.** — L'oxygène et l'air humide réagissent beaucoup plus facilement sur les métaux que les gaz secs. Ainsi le fer, qui reste inaltéré dans l'air ou l'oxygène secs à la température ordinaire, se ternit lorsqu'on l'abandonne à l'air humide. Il se recouvre dans ces conditions d'une couche de sesquioxyde de fer hydraté (rouille), et cet oxyde envahissant peu à peu la masse entière, le fer perd sa rigidité et devient cassant.

Cette oxydabilité facile d'un métal dans l'air humide est en relation avec la présence de vapeurs acides dans l'atmosphère et particulièrement avec la présence de l'acide carbonique. Ainsi le zinc et le plomb, dans l'air humide, se recouvrent peu à peu d'une couche blanche de carbonate hydraté. Mais, dans ce cas, la couche de carbonate forme vernis à la surface du métal et le protège contre une altération plus profonde.

S'il s'agit du fer, on peut admettre que le fer et son oxyde forment un couple électrique dont le métal est le pôle positif, ce qui explique que l'oxydation se poursuive jusqu'à transformation complète du métal. On le préserve d'oxydation en le recouvrant d'une couche de zinc (*fer galvanisé*) qui joue, par rapport au fer, le rôle de pôle positif et s'oxyde de préférence.

C'est aussi pour préserver le fer de l'oxydation qu'on le recouvre d'une mince couche d'étain (*fer-blanc*) ou qu'on le revêt, par voie électrique, d'une couche de nickel (*nickelage*).

178. **Classification pratique des métaux.** — Les métaux ont été partagés par Thenard en un certain nombre de groupes ou sections[1] d'après la manière dont ils se comportent vis-à-vis de l'oxygène et de l'eau, et suivant que leurs oxydes sont décomposables ou non par la chaleur seule. C'est là une *classification artificielle*, car elle ne dépend que d'un seul caractère, l'action que le métal exerce sur l'oxygène, et toutes les autres réactions chimiques sont laissées dans l'ombre; mais cette classification a une grande importance *pratique*, car de la façon dont un métal se comporte avec l'oxygène ou l'eau, dépendent évidemment ses applications usuelles.

1. La classification de Thenard ne comportait primitivement que 6 sections. L'aluminium, alors mal connu, avait été placé à côté du magnésium et du manganèse; H. Deville a montré que ce métal se rapprochait au contraire des métaux précieux par sa résistance à l'oxydation.

PREMIÈRE CLASSE.					DEUXIÈME CLASSE.	TROISIÈME CLASSE.	
1re SECTION.	2e SECTION.	3e SECTION.	4e SECTION.	5e SECTION.	6e SECTION.	7e SECTION.	8e SECTION.
Décomposent l'eau à la température ordinaire.	*Décomposent l'eau à 100°.*	*Décomposent l'eau au rouge sombre et les acides étendus à la température ordinaire.*	*Décomposent l'eau au rouge vif; décomposent les solutions alcalines étendues à la température ordinaire.*	*Ne décomposent l'eau à aucune température.*	*Décomposent à froid les acides étendus et les dissolutions alcalines.*	*S'oxydent à une température peu élevée.*	*Ne s'oxydent à aucune température.*
Potassium. Sodium. Calcium. Strontium. Baryum.	Magnésium. Manganèse.	Zinc. Fer. Nickel. Cobalt. Chrome.	Étain. Antimoine.	Cuivre. Plomb. Bismuth.	Aluminium.	Mercure. Palladium.	Argent. Or. Platine.

Les métaux sont groupés tout d'abord en trois classes :

1re classe : MÉTAUX COMMUNS, *susceptibles d'être oxydés directement à une température plus ou moins élevée; oxydes irréductibles par la chaleur seule.*

2e classe : MÉTAUX INTERMÉDIAIRES, *difficilement oxydables à l'air, aux températures même les plus élevées; oxydes irréductibles par la chaleur seule, par l'hydrogène et par le charbon.*

3e classe : MÉTAUX PRÉCIEUX; *oxydes réductibles par la chaleur.*

Chacune de ces classes est divisée en sections.

179. **Classification des oxydes.** — Un même métal peut en général se combiner avec l'oxygène en plusieurs proportions. Ainsi, on connaît les composés oxygénés suivants du fer et du manganèse ($Fe = 56, Mn = 55$) :

FeO	MnO
Fe^3O^4	Mn^3O^4
Fe^2O^3	Mn^2O^3
»	MnO^2
FeO^3	MnO^3
»	Mn^2O^7

1° Les protoxydes de fer et de manganèse, susceptibles de réagir sur les acides pour former des sels, sont des *oxydes basiques.* Les protoxydes[1] de potassium K^2O, de sodium Na^2O, de magnésium MgO, de calcium ou chaux CaO, de zinc ZnO, de cuivre CuO, sont également des oxydes basiques.

2° Si la proportion d'oxygène augmente, les oxydes deviennent susceptibles de se combiner avec les bases pour former des sels : ce sont des *oxydes acides* ou *anhydrides.* Ex. : Anhydride manganique MnO^3, anh. permanganique Mn^2O^7, anh. ferrique FeO^3, anh. stannique SnO^2, etc.

Intermédiairement nous trouvons :

3° Des *oxydes indifférents,* tels que l'alumine Al^2O^3, qui peuvent jouer vis-à-vis des bases le rôle d'acide, ou vis-à-vis des acides le rôle de base pour former des sels ;

4° Des *oxydes salins,* qui peuvent être envisagés comme résultant de la combinaison d'un oxyde basique et d'un oxyde acide. Ex. : $Fe^3O^4 = FeO, Fe^2O^3$; $Mn^3O^4 = MnO, Mn^2O^3$;

5° Des *oxydes singuliers* qui, dans les conditions les plus générales, ne se combinent ni avec les bases, ni avec les acides. Au contact des acides ils peuvent perdre une partie de leur oxygène en se transformant en protoxyde qui reste uni à l'acide. Ainsi, le bioxyde de manganèse MnO^2, chauffé avec l'acide sulfurique, forme du sulfate de manganèse en même temps que de l'oxygène se dégage :

$$MnO^2 + SO^4H^2 = SO^4Mn + O + H^2O.$$

180. **Procédés généraux de préparation.** — 1° *Oxydation du métal.* — On prépare ainsi l'oxyde de cuivre, l'oxyde de zinc ou *blanc de zinc.* La composition de l'oxyde que l'on obtient en chauffant un métal au contact de l'air dépend, lorsque le métal est susceptible de former avec l'oxygène plusieurs composés,

1. La potasse est l'hydrate de potassium KOH; la soude est l'hydrate de sodium $NaOH$.

des conditions dans lesquelles on opère. Lorsqu'on chauffe du fer dans l'oxygène ou dans un courant de vapeur d'eau, on obtient l'oxyde Fe^3O^4, le seul qui soit stable à température élevée; en effet, le sesquioxyde Fe^2O^3, chauffé au rouge vif, perd une partie de son oxygène, et le protoxyde FeO, chauffé au contact de l'air, brûle en donnant l'oxyde Fe^3O^4.

Pour le manganèse, le composé le plus stable à température élevée est l'oxyde rouge Mn^3O^4. Nous rappellerons que le bioxyde de manganèse naturel chauffé perd de l'oxygène et se transforme en oxyde rouge (*préparation de l'oxygène*).

Le mercure chauffé au contact de l'air se change en protoxyde HgO (précipité *per se*); mais à une température plus élevée cet oxyde se décompose en mercure et oxygène (1).

On ne saurait préparer par ce procédé les oxydes d'argent, d'or et de platine, car l'oxygène est sans action sur ces métaux à quelque température que ce soit.

2° *Calcination d'un sel.* — La décomposition, par la chaleur, d'un azotate (202) ou d'un carbonate fournit un certain nombre d'oxydes.

3° *Précipitation d'un sel métallique par une base alcaline.* — Nous donnerons quelques exemples de ces réactions en étudiant les sels (201).

181. **Action de l'hydrogène et du charbon.** — L'hydrogène *réduit* un grand nombre d'oxydes sous l'action de la chaleur. Ainsi le sesquioxyde de fer, l'oxyde de cuivre, chauffés dans un courant d'hydrogène sec, sont ramenés à l'état métallique (fig. 115). Il est sans action sur les oxydes des métaux alcalins et alcalino-terreux, sur l'alumine, la magnésie.

Le charbon réduit tous les oxydes métalliques que l'hydrogène décompose,

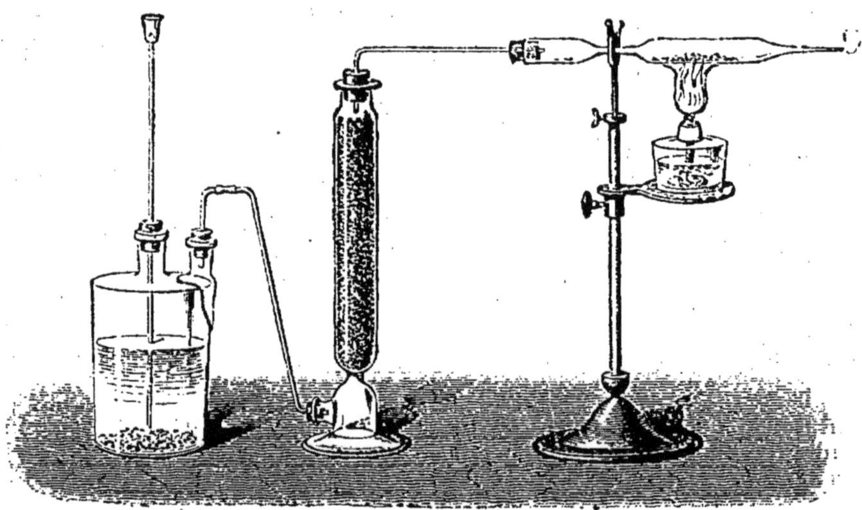

Fig. 115.

mais il décompose en outre, à une température élevée, un certain nombre d'oxydes sur lesquels ce gaz est sans action. Ainsi le charbon, intimement mélangé aux oxydes de cuivre, de fer, de plomb, donne le métal, mais il décompose en outre les oxydes de sodium et de potassium.

Cette réduction exercée par le carbone sur un oxyde métallique est utilisée industriellement pour préparer un certain nombre de métaux. On prépare le fer en chauffant des oxydes de fer naturels avec du charbon, l'étain en réduisant le bioxyde d'étain par le charbon.

182. **État naturel.** — Un grand nombre d'oxydes se trouvent dans la nature et constituent des *minerais* exploités par l'industrie pour l'extraction des métaux usuels.

Ainsi les principaux minerais de fer sont :

L'oxyde magnétique ou oxyde salin Fe^3O^4;
Le sesquioxyde anhydre (*fer oligiste*) Fe^2O^3;
Le sesquioxyde hydraté (*limonite*) Fe^2O^3, H^2O.

L'étain se retire du bioxyde (*cassitérite*) SnO^2, etc.

SULFURES.

183. **Propriétés physiques.** — Les sulfures cristallisés naturels possèdent l'éclat métallique (galène ou sulfure de plomb, pyrite ou bisulfure de fer, cinabre ou sulfure de mercure); il n'en est pas de même des sulfures amorphes obtenus par précipitation, dont l'aspect est le même que celui des oxydes.

La couleur des sulfures est caractéristique de quelques-uns d'entre eux, et nous servira à distinguer facilement les métaux qui leur donnent naissance. Il faut remarquer cependant que cette couleur dépend de l'état physique de la matière; ainsi le sulfure de mercure précipité est noir, le sulfure cristallisé naturel est d'un rouge violacé, et l'on désigne sous le nom de *vermillon* un beau précipité rouge de sulfure de mercure, obtenu à 80°.

Les sulfures alcalins et alcalino-terreux sont seuls solubles dans l'eau.

Les sulfures métalliques sont beaucoup plus facilement fusibles que les oxydes correspondants ou le métal.

184. **Action de la chaleur.** — Les sulfures d'or et de platine, comme les oxydes correspondants, sont décomposés par la chaleur seule à une température peu élevée lorsqu'on les chauffe dans un courant de gaz inerte, l'azote par exemple. Les sulfures des autres métaux ne sont pas altérés dans ces conditions; seuls quelques bisulfures perdent une partie du soufre : ainsi le bisulfure de fer ou *pyrite* FeS^2, chauffé en vase clos, se transforme en un sulfure Fe^3S^4 :

$$3FeS^2 = Fe^3S^4 + S^2.$$

185. **Action de l'oxygène.** — L'action exercée par l'oxygène sur les sulfures est intéressante à étudier au point de vue métallurgique.

Les produits de la réaction dépendent de la température. Au rouge vif, ou mieux à une température supérieure à celle où le sulfate est décomposé, il se dégage du gaz sulfureux, et il reste l'oxyde stable à cette température. Ainsi on a

$$ZnS + 3O = ZnO + SO^2,$$
$$2FeS^2 + 11O = Fe^2O^3 + 4SO^2.$$

Cette opération, qui consiste à transformer un sulfure en oxyde en le chauffant dans un courant d'oxygène ou d'air, s'appelle *grillage*.

Si, à la température de l'expérience, le sulfate n'est pas décomposé, c'est ce dernier qui prend naissance :

$$PbS + 4O = SO^4Pb;$$

mais, en général, on obtient par le grillage du sulfure métallique un mélange d'oxyde et de sulfate.

Les sulfures des métaux précieux, chauffés dans l'oxygène, sont ramenés à l'état métallique, et le soufre se dégage à l'état de gaz sulfureux; nous savons en effet que les oxydes de ces métaux sont décomposés par la chaleur seule et ne peuvent par conséquent se former dans ces conditions :

$$HgS + 2O = Hg + SO^2;$$

c'est sur cette réaction que repose la *métallurgie du mercure*.

L'oxygène peut réagir à la température ordinaire sur les sulfures, en présence de l'eau. Les sulfures alcalins dissous absorbent l'oxygène et se transforment en sulfates; la pyrite de fer, si abondante dans certaines argiles, s'oxyde lentement et forme du sulfate de fer.

186. **Classification des sulfures.** — Les sulfures ont en général des compositions comparables à celles des oxydes. Nous avons dit déjà que les oxydes de potassium et de sodium anhydres formaient avec l'eau des hydrates KOH (potasse) et $NaOH$ (soude); les monosulfures K^2S et Na^2S de ces métaux forment avec l'hydrogène sulfuré des combinaisons analogues (*sulfhydrates de sulfures*): KSH et $NaSH$.

En se combinant entre eux, les sulfures peuvent donner naissance à des combinaisons analogues aux sels oxygénés et que l'on appelle *sulfosels*. Ainsi, les monosulfures alcalins, solubles dans l'eau, jouent le rôle de bases vis-à-vis des quelques sulfures métalliques insolubles avec lesquels ils forment des combinaisons solubles et cristallisables. Exemple : K^2S, Au^2S^3.

Les sulfures alcalins sont dits des sulfures *basiques* ; les sulfures d'or, de platine, d'antimoine, d'étain, des sulfures *acides*.

187. **Procédés généraux de préparation.** — 1° *Par combinaison directe du soufre avec le métal.* — A l'exclusion des sulfures des métaux précieux qui sont décomposables par la chaleur seule, presque tous les sulfures métalliques pourraient être ainsi préparés. Il suffit en général de chauffer un métal dans la vapeur de soufre pour obtenir l'union des deux éléments avec dégagement de chaleur. Ainsi, dans un ballon renfermant du soufre réduit en vapeurs, projetons de la tournure de cuivre, l'union a lieu avec incandescence et l'on obtient ainsi le sous-sulfure Cu^2S. On peut encore chauffer le métal avec du soufre dans un creuset; nous citerons la préparation du protosulfure de fer.

L'hydrogène sulfuré, décomposable en ses éléments dès 500°, agit comme le soufre lorsqu'on le fait passer sur un métal chauffé au rouge.

2° *Calcination d'un mélange de sulfate et de charbon.* — Un mélange de sulfate alcalin ou alcalino-terreux et de charbon, chauffé dans un creuset ou une cornue en grès, donne le sulfure. C'est ainsi qu'en calcinant un mélange de sulfate de baryte naturel et de charbon on obtient le sulfure de baryum :

$$SO^4Ba + 4C = BaS + 4CO.$$

On ne pourrait préparer ainsi les sulfures des métaux dont les sulfates sont facilement décomposés par la chaleur, car le charbon réduirait à l'état métallique l'oxyde résidu de la décomposition du sulfate.

3° *Action de l'hydrogène sulfuré sur un oxyde.* — On prépare les sulfures alcalins en faisant passer un courant d'hydrogène sulfuré dans une dissolution de potasse ou de soude. Mais si l'on fait agir le gaz à refus sur la dissolution, on obtient le sulfhydrate de sulfure :

$$KOH + H^2S = KSH + H^2O,$$

et pour préparer le sulfure neutre on mélange à la dissolution ainsi obtenue une quantité de la dissolution alcaline égale à celle que l'on a saturée tout d'abord par l'hydrogène sulfuré. On préparerait également par voie sèche le monosulfure de calcium en faisant passer un courant de gaz hydrogène sulfuré sur de la chaux chauffée au rouge.

4° *Action de l'hydrogène sulfuré ou d'un sulfure alcalin sur une dissolution métallique.* — Les sulfures des métaux autres que les métaux alcalins et alcalino-terreux étant insolubles dans l'eau, on prépare un grand nombre de ces sulfures soit en faisant passer un courant d'hydrogène sulfuré dans une dissolution d'un de leurs sels, soit en mélangeant celle-ci avec la dissolution d'un sulfure alcalin. Ainsi, l'hydrogène sulfuré donne avec les sels de plomb un précipité *noir* de sulfure :

$$(AzO^3)^2Pb + H^2S = PbS + 2AzO^3H;$$

le sulfhydrate d'ammoniaque précipite en *blanc* les sels de zinc :

$$ZnCl^2 + (AzH^4)^2S = ZnS + 2AzH^4Cl;$$

en *rose* les sels de manganèse :

$$MnCl^2 + (AzH^4)^2S = MnS + 2AzH^4Cl.$$

188. **État naturel.** — Des sulfures métalliques se trouvent dans la nature et sont des minerais importants.

Nous citerons :

le sulfure de mercure	(*cinabre*)	HgS;
le sulfure de plomb	(*galène*)	PbS;
le sulfure de zinc	(*blende*)	ZnS.

Le bisulfure de fer ou *pyrite de fer* FeS^2 est très répandu; les cristaux jaunes d'or de la pyrite se rencontrent en amas dans les filons métalliques ou disséminés dans les couches de houille. Ce sulfure ne peut servir à la préparation du fer; il donnerait un métal de mauvaise qualité.

CHLORURES.

189. **Propriétés physiques.** — Presque tous les chlorures sont solides à la température ordinaire; quelques-uns cependant sont liquides : tel est le tétrachlorure d'étain $SnCl^4$. Les chlorures

solides sont fusibles, en général, à une température peu élevée et très volatils.

La chaleur décompose les chlorures d'or et de platine, qu'elle ramène à l'état métallique, et le chlore se dégage. Cependant si l'on chauffe avec précaution le chlorure platinique, $PtCl^4$, on obtient le chlorure platineux $PtCl^2$; on peut transformer de même le chlorure cuivrique $CuCl^2$ en chlorure cuivreux Cu^2Cl^2.

190. Action de l'eau. — Les chlorures sont solubles dans l'eau, à l'exception du chlorure d'argent $AgCl$, du chlorure mercureux ou *calomel* Hg^2Cl^2, du chlorure cuivreux Cu^2Cl^2 et du sesquichlorure de chrome Cr^2Cl^6; le chlorure de plomb $PbCl^2$ est très peu soluble dans l'eau froide, plus soluble dans l'eau bouillante.

L'eau exerce en outre une action décomposante sur quelques chlorures métalliques.

Les chlorures de magnésium, d'aluminium et les chlorures de fer paraissent se dissoudre dans l'eau froide sans éprouver de décomposition; mais si on soumet leurs dissolutions à une ébullition prolongée, des vapeurs acides se dégagent qui contiennent de l'acide chlorhydrique et le résidu salin est mélangé d'oxyde.

Enfin, presque tous les chlorures métalliques sont décomposés partiellement lorsqu'on les chauffe au rouge vif dans un courant de vapeur d'eau.

191. Action de l'électricité et des métaux. — Le courant électrique décompose les chlorures métalliques fondus; le métal se rend au pôle négatif et le chlore se dégage au pôle positif.

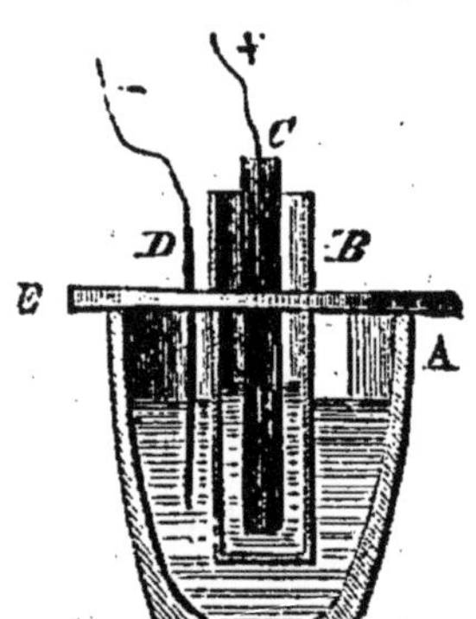

Fig. 114.

On a préparé ainsi le magnésium, le baryum, le strontium et le calcium en décomposant les chlorures de ces métaux dans l'appareil représenté par la figure 114. Le chlorure est fondu dans un creuset de porcelaine A, et les deux électrodes C et D sont en charbon de cornue; on enveloppe l'électrode positive, sur laquelle se dégage le chlore, d'un cylindre en terre poreuse B, afin de préserver le métal, qui se réunit au pôle négatif, de l'action du gaz.

Un chlorure est réduit, en général, par un métal appartenant à une section antérieure à la sienne. Les réducteurs métalliques les plus employés sont le potassium et le sodium; ils servent industriellement à la préparation du magnésium et de l'aluminium :

$$MgCl^2 + 2Na = 2NaCl + Mg,$$
$$Al^2Cl^6 + 6Na = 6NaCl + 2Al.$$

employés eux-mêmes comme réducteurs puissants.

192. Classification. — Les chlorures peuvent se combiner entre eux pour former des composés analogues aux sels oxygénés et qu'on a désignés sous le nom de *chlorosels*. Dans ces combinaisons, les chlorures alcalins jouent le rôle de *chlorures basiques*; les sesquichlorures, bichlorures ou trichlorures métalliques sont des *chlorures acides*. Ainsi, on connait un chloroplatinate de potassium $2KCl, PtCl^4$, un chlorure double d'aluminium et de sodium $2NaCl, Al^2Cl^6$, un chlorure double d'or et de potassium $KCl, AuCl^3$.

Le chlorure de magnésium est un *chlorure indifférent*, qui peut se combiner soit avec les chlorures alcalins, soit avec les chlorures d'or et de platine.

193. **Procédés généraux de préparation.** — 1° *Action du chlore sur le métal.* — On prépare ainsi un certain nombre de chlorures anhydres : tétrachlorure d'étain $SnCl^4$, sesquichlorure de fer Fe^2Cl^6.

2° *Action de l'acide chlorhydrique sur le métal.* — L'acide chlorhydrique gazeux ou dissous attaque un certain nombre de métaux avec dégagement d'hydrogène. Ainsi, le gaz chlorhydrique réagissant sur du fer légèrement chauffé donne le chlorure ferreux $FeCl^2$. L'étain, le zinc, le fer se dissolvent dans l'acide chlorhydrique du commerce et se transforment en chlorures qui restent dissous.

Il est à remarquer que, tandis que le chlore donne le chlorure le plus chloruré, l'action de l'acide chlorhydrique fournit le chlorure inférieur.

3° *Action de l'eau régale sur le métal.* — L'or et le platine, insolubles dans l'acide chlorhydrique, se dissolvent dans l'eau régale (mélange des acides chlorhydrique et azotique) et le liquide renferme le trichlorure d'or $AuCl^3$ et le tétrachlorure de platine $PtCl^4$ unis à un excès d'acide chlorhydrique.

4° *Action du chlore sur un oxyde ou sur un mélange d'oxyde et de charbon.* — En général, le chlore sec réagit, à une température plus ou moins élevée, sur un oxyde métallique qu'il transforme en chlorure ; ainsi la chaux chauffée au rouge dans un courant de chlore donne du chlorure de calcium et de l'oxygène :

$$CaO + 2Cl = CaCl^2 + O.$$

Mais le chlore est sans action sur l'alumine, le sesquioxyde de chrome. On obtient les chlorures anhydres d'aluminium ou de chrome en faisant passer un courant de chlore sur un mélange intime des oxydes et du charbon, chauffé au rouge :

$$Al^2O^3 + 3C + 6Cl = Al^2Cl^6 + 3CO.$$

5° *Action de l'acide chlorhydrique sur l'oxyde, le sulfure ou le carbonate.* — L'emploi de l'acide chlorhydrique dissous est fréquent. Ainsi, on prépare le chlorure de calcium en dissolvant le carbonate de calcium dans l'acide chlorhydrique :

$$CO^3Ca + 2HCl = CaCl^2 + H^2O + CO^2.$$

De même avec le protosulfure de fer :

$$FeS + 2HCl = FeCl^2 + H^2S.$$

6° *Par double décomposition.* — Un sel métallique chauffé avec un chlorure anhydre peu volatil, comme un chlorure alcalin, donne par double décomposition un chlorure volatil. Ainsi, en chauffant du sulfate mercurique avec du sel marin, on obtient du sulfate de sodium et du chlorure mercurique qui se sublime :

$$SO^4Hg + 2NaCl = HgCl^2 + SO^4Na^2.$$

On prépare le chlorure d'argent, le chlorure mercureux insolubles et le chlorure de plomb peu soluble, en mélangeant des dissolutions de sel marin et d'un sel d'argent, de sous-oxyde de mercure ou de plomb :

$$AzO^3Ag + NaCl = AzO^3Na + AgCl.$$

SELS.

194. Sel neutre. — Un type de sels neutres est défini par sa formule générale, c'est-à-dire par sa composition; si M représente un métal monovalent, on a :

Azotates neutres	AzO^3M
Sulfates neutres	SO^4M^2
Phosphates neutres	PO^4M^3,

M, M^2, M^3 remplaçant H, H^2, H^3 dans les acides :

$$AzO^3H, \qquad SO^4H^2, \qquad PO^4H^3.$$

Ces réactions se formuleront, en supposant que le métal monovalent M est le potassium K :

$$AzO^3H + KOH = AzO^3K + H^2O,$$
$$SO^4H^2 + 2KOH = SO^4K^2 + 2H^2O,$$
$$PO^4H^3 + 3KOH = PO^4K^3 + 3H^2O.$$

Les sels qui dérivent d'un acide et d'une base oxygénés seront seuls étudiés ici. Nous ferons remarquer cependant que les chlorures et les sulfures peuvent être définis pratiquement comme les résultats des réactions ou neutralisations exercées par les acides chlorhydrique et sulfhydrique sur les bases. Le mécanisme de leur formation ainsi envisagé est le même que pour les oxysels :

$$AzO^3H + KOH = AzO^3K + H^2O,$$
$$ClH + KOH = ClK + H^2O.$$

L'acide azotique ne forme avec un métal qu'un seul sel; il est dit *monobasique*. Sa formule moléculaire ne contient qu'un seul atome d'hydrogène, dit *hydrogène basique*.

L'acide sulfurique, l'acide phosphorique dont les formules moléculaires contiennent respectivement deux et trois atomes d'hydrogène basique sont des acides *bibasique* et *tribasique*. La substitution d'un métal monovalent à l'hydrogène n'est pas nécessairement complète; si elle n'est que partielle, le sel est dit *sel acide* :

Sulfates neutres	SO^4M^2	Phosphates neutres		PO^4M^3
— acides	SO^4HM	—	acides	PO^4HM^2 PO^4H^2M.

Ces dénominations de *sels neutres* et de *sels acides* n'ont aucun rapport nécessaire avec l'action que ces sels exercent sur une matière colorante *choisie arbitrairement*, telle que la teinture de tournesol.

L'azotate et le sulfate neutre de potassium sont neutres au tournesol; mais le phosphate neutre a une réaction alcaline très énergique; le phosphate PO^4HK^2 est encore alcalin. Les sulfates de cuivre, de fer ou de zinc, neutres par définition, rougissent la teinture bleue de tournesol.

ACTION DE L'EAU SUR LES SELS.

Les acides et les bases s'emploient le plus souvent en dissolution aqueuse; c'est au sein de l'eau qu'ils réagissent. L'action exercée par l'eau sur les sels prend dès lors une importance exceptionnelle. L'eau n'est pas en effet seulement un dissolvant, c'est aussi un agent chimique qui intervient directement dans les réactions.

L'action exercée par l'eau sur les sels sera donc examinée aux points de vue suivants :

1° *Elle s'unit aux sels pour former des hydrates;*

2° *Elle les dissout;*

3° *Elle exerce sur la plupart d'entre eux une action décomposante qui limite les réactions des acides et des bases.*

195. **Hydrates salins. — Eau de cristallisation. — Eau de constitution.** — A une dissolution de potasse mélangeons une dissolution d'acide azotique; si les proportions des matières sont convenablement choisies, nous pourrons obtenir une dissolution saline qui sera sans action sur la teinture de tournesol. Nous dirons à ce moment que l'acide et la base se sont *neutralisés*; nous aurons préparé un sel. L'évaporation du liquide laissera déposer ce sel, l'azotate de potassium, en longs prismes cannelés, incolores.

Ces cristaux ont exactement comme composition AzO^3K; ils ne perdent pas leur transparence et leur poids reste invariable quand on les abandonne sous une cloche vide d'air au-dessous de l'acide sulfurique ou quand on les chauffe à 110°. On dit que ce sel est *anhydre*[1].

Il est d'autres sels qui, à l'état cristallisé, sont *hydratés* et perdent cette eau quand on les dessèche dans le vide sec ou lorsqu'on les chauffe à des températures généralement peu supérieures à 100°, mais qui, dans quelques cas, peuvent atteindre 300°. Cette eau, qui peut être ainsi éliminée sans que les propriétés chimiques du sel soient profondément modifiées et que le sel reprend d'ailleurs dès qu'on le met au contact de l'eau, est de l'*eau de cristallisation*.

Un même sel anhydre peut d'ailleurs se combiner avec des proportions d'eau différentes suivant la température à laquelle la cristallisation se produit, et la forme cristalline du sel dépend de son état d'hydratation.

Le sulfate de magnésium SO^4Mg, par exemple, est uni à $12H^2O$ quand la cristallisation a lieu vers 0°, à $7H^2O$ vers 15°, et à $6H^2O$ quand il cristallise au-dessus de 30°.

Le sulfate de sodium cristallise habituellement avec $10H^2O$; les cristaux sont anhydres quand ils se déposent au-dessus de 33°.

Quelques sels très riches en eau de cristallisation fondent quand on les chauffe, avant de se déshydrater : ils éprouvent la *fusion aqueuse* (Ex. : alun,

1. Les cristaux des sels anhydres sont humectés d'eau au moment où on les sort de leur dissolution. On les dessèche par exposition à l'air libre ou par expression à l'aide du papier à filtre. Malgré ces précautions, de l'eau reste interposée entre les lamelles cristallines et l'on n'obtiendra un poids invariable, en maintenant le sel dans le vide sec ou à l'étuve, que lorsque cette eau, dite *d'interposition*, aura été préalablement chassée.

313). Puis la matière se dessèche et, si le sel fond lorsqu'il est devenu anhydre, on dit qu'il subit la *fusion ignée.*

Il peut se faire qu'en perdant de l'eau sous l'action de la chaleur un sel éprouve dans ses propriétés chimiques une altération profonde. Ainsi, on connait trois sels cristallisés formés par l'acide orthophosphorique et le sodium : en mettant à part l'eau qui entre dans leur composition, on écrirait leurs formules :

$$PO^4Na^3 + 12H^2O,$$
$$P^2O^7Na^4 + 25H^2O,$$
$$PO^3Na + 3H^2O.$$

Si on calcine le premier, il perd 12 molécules d'eau, qu'il reprend quand on le remet au contact de l'eau sans que le sel ait subi d'altération.

Le second sel perd 24 molécules d'eau à une température peu élevée, et reprend ce même nombre de molécules d'eau quand on le dissout de nouveau. Mais la dernière molécule n'est éliminée qu'au rouge, et quand on redissout le résidu de la calcination, on obtient, en évaporant le liquide, un sel renfermant 10 molécules d'eau de cristallisation :

$$P^2O^7Na^4 + 10H^2O,$$

bien différent du sel primitif; c'est le pyrophosphate de sodium neutre. Il donne, en effet, avec le nitrate d'argent, un précipité *blanc* dont la composition est représentée par la formule $P^2O^7Ag^4$, tandis que le sel primitif, et les deux autres phosphates cités tout d'abord, se comportent de même et donnent avec le nitrate d'argent un précipité *jaune* PO^4Ag^3. On exprime ces faits en disant que l'orthophosphate $P^2O^7Na^4 + 25H^2O$ contient 24 molécules d'eau de cristallisation et que la 25ᵉ molécule entre dans la constitution du sel, et l'on écrit

$$P^2O^8H^2Na^4 + 24H^2O,$$

ou plus simplement

$$PO^4HNa^2 + 12H^2O.$$

Ici, en effet, 1 atome d'hydrogène joue le rôle d'un métal, puisqu'il peut être remplacé par 1 atome de sodium ou d'argent.

L'expérience montre de même que le phosphate monosodique a 2 molécules d'eau de cristallisation et que 1 molécule d'eau entre dans sa constitution; on écrit

$$PO^4H^2Na + 2H^2O.$$

196. Sels efflorescents, sels déliquescents. — Les sels hydratés perdent leur eau dans le vide sec ou lorsqu'on les chauffe à 100° ; ils deviennent opaques et se transforment en une matière pulvérulente qui est le sel anhydre ou un hydrate inférieur à celui qui a été mis en expérience. Quelques sels très hydratés (carbonate de sodium, sulfate de sodium) se déshydratent partiellement à la température ordinaire lorsqu'on les expose à l'air libre. On dit que ces sels sont *efflorescents.*

D'autres au contraire, comme le carbonate de potassium, le chlorure de calcium, attirent l'humidité atmosphérique et se dissolvent dans l'eau ainsi fixée, en augmentant de poids. On dit que ces sels sont *déliquescents.*

197. Solubilité. — L'eau est le dissolvant le plus généralement employé, et c'est la solubilité des sels dans l'eau que nous étudierons plus spécialement.

On définit *la solubilité d'un sel, à une température donnée,* par *le poids de ce sel qui se dissout dans un poids d'eau invariable, que l'on représente par* 100.

Pour déterminer la solubilité d'un sel à une température donnée, le procédé le plus simple consiste à maintenir le liquide au contact d'un grand excès de sel dans un vase placé dans une étuve ou dans un bain-marie maintenus à la température constante à laquelle on se propose d'opérer. Si la quantité de sel employé est suffisante pour que les fragments dépassent le niveau du liquide, le liquide décanté au bout de quelques heures renferme le poids maximum du sel qu'il peut dissoudre à cette température; il est *saturé*. On évapore à sec un poids connu de ce liquide dans une capsule tarée, et si le sel se dépose anhydre, l'excès de poids de la capsule est le poids de celui-ci; on calcule par diffé-

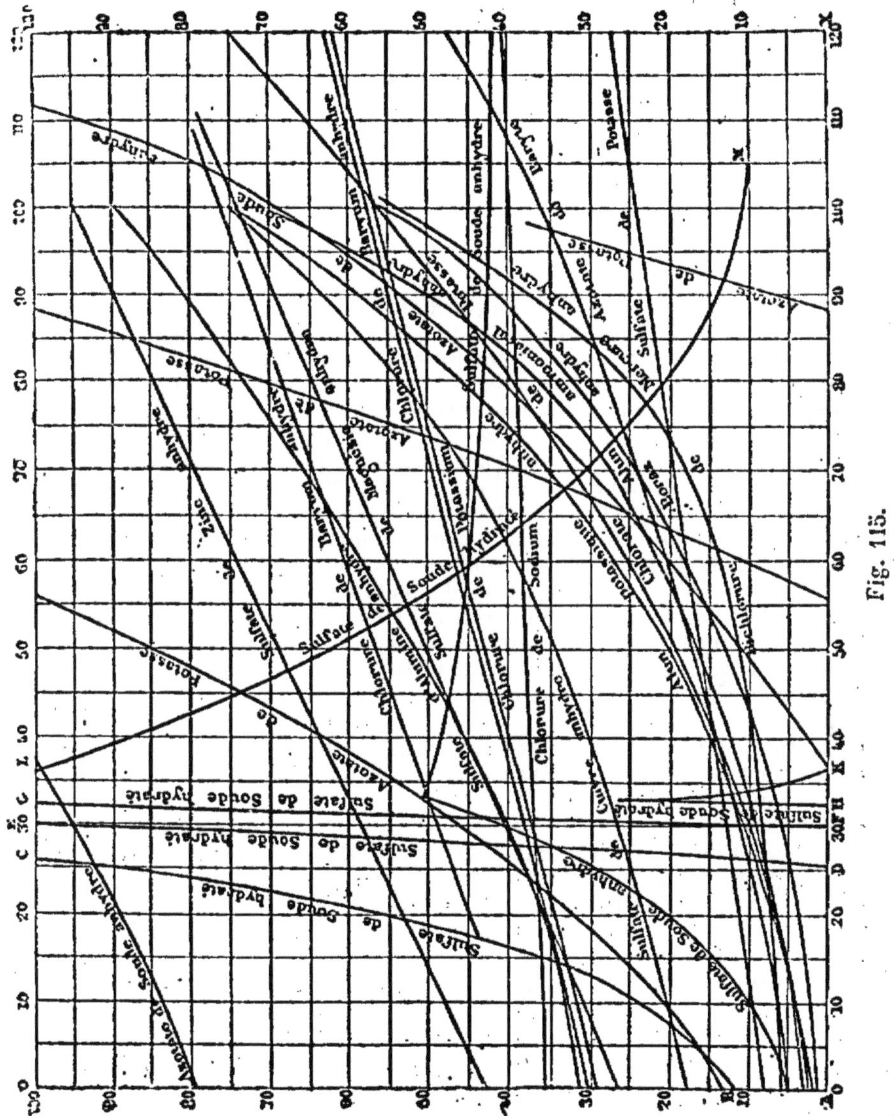

Fig. 115.

rence le poids de l'eau évaporée. Il est dès lors facile, en représentant par 100 le poids du liquide, de calculer le poids du sel qu'il maintenait en dissolution.

En répétant cette expérience à diverses températures aussi régulièrement espacées que possible, on dresse un tableau des solubilités ou l'on construit la *courbe de solubilité*.

A cet effet, traçons deux droites rectangulaires (fig. 115); sur l'une portons des longueurs égales que nous numéroterons, 0°, 10°, 20°..... et sur l'autre traçons des points équidistants 0, 10, 20, 30..... Supposons qu'il s'agisse de représenter la solubilité de l'azotate de potassium : l'expérience a donné :

Température.	Poids de sels dissous dans 100 parties d'eau.
0°	13,3
18°	29,0
24°,9	33,4
45°,5	76,5
50°,7	97,0
79°,5	167,3
97°,7	236,4
115°,9	335,0

Par les points 0, 18°,... on mène des parallèles à l'axe vertical et sur chacune d'elles on porte des longueurs égales à 13,3, 29,0.... unités de longueur ou, ce qui revient au même, par les points marqués 13,3, 29,0,.... pris sur l'axe vertical, on mène des parallèles à l'axe horizontal. On détermine ainsi un certain nombre de points de la courbe et on les réunit par un trait continu. Si l'on veut ensuite connaître la solubilité de l'azotate de potassium à 30°, par exemple, il suffit, par le point correspondant de l'axe horizontal, de mener une verticale, et la longueur de cette droite comprise entre le point 30° et son intersection avec la courbe donne la solubilité du sel dans 100 parties d'eau.

En général, la solubilité d'un sel croît avec la température. On voit cependant, à l'inspection de la figure, que les solubilités du chlorure de sodium et du chlorure de potassium n'augmentent que faiblement ; les solubilités de l'azotate de potassium et de l'azotate de sodium croissent au contraire très rapidement.

Lorsqu'un sel forme plusieurs hydrates, on peut caractériser sa solubilité par le poids du sel déshydraté qui se dissout dans 100 parties d'eau, ou par les poids, faciles à calculer, des divers hydrates qu'on peut supposer exister dans la dissolution.

198. Action décomposante exercée par l'eau sur les sels. — Quelques sels, mis au contact de l'eau, subissent une décomposition partielle qui devient manifeste lorsqu'un corps insoluble se sépare.

Ainsi l'azotate de bismuth $(AzO^3)^3Bi$ est décomposé avec formation d'un précipité blanc, cristallin de sous-azotate de bismuth (314) ; l'eau devient acide par suite de la mise en liberté d'acide azotique. Si on ajoute à l'eau des quantités croissantes d'azotates de bismuth, la quantité d'acide libre augmente dans la dissolution et il arrive un moment où le sel primitif peut se dissoudre sans décomposition. Une dissolution qui contiendrait 82 grammes d'acide azotique libre par litre dissoudrait, à + 15°, l'azotate de bismuth sans décomposition.

Mais la décomposition partielle par le fait de la dissolution, pour être moins facile à mettre en évidence, n'en est pas moins réelle pour un grand nombre de sels formés d'un acide fort (acide sulfurique, acide azotique) et d'une base faible (hydrates métalliques), ou formés d'un acide faible (acide carbonique) et d'une base forte (potasse, soude). Les phénomènes thermiques qui accompagnent la dissolution permettent de mettre le fait en évidence.

199. Action des métaux. — Une lame de fer que l'on immerge dans une dissolution de sulfate de cuivre se recouvre d'une couche de ce métal, pendant que du fer se dissout et que du sulfate de fer se mélange au sulfate de cuivre. L'expérience montre que 56 grammes de fer déplacent ainsi 63 grammes de cuivre; il ne se dégage pas d'oxygène et il n'y a pas mise en liberté d'acide; on formulera donc cette réaction :

$$Fe + SO^4Cu = Cu + SO^4Fe.$$

Une lame de cuivre plongée dans un sel d'argent se recouvre d'une mince couche d'argent et 63 de cuivre se dissolvent, tandis que 2 × 108 d'argent se déposent :

$$Cu + SO^4Ag^2 = 2Ag + SO^4Cu.$$

On peut dire que l'hydrogène est déplacé par le fer ou par le zinc lorsqu'on prépare ce gaz par la réaction de l'acide sulfurique étendu sur ces métaux :

$$Fe + SO^4H^2 = 2H + SO^4Fe.$$

Dans cette réaction, 2 grammes d'hydrogène se dégagent pour 56 grammes de fer dissous.

Les poids 1, 56, 63 et 108 sont les poids atomiques de l'hydrogène, du fer, du cuivre et de l'argent, et l'on voit que l'on peut appeler *équivalents*, non ces poids atomiques, mais les poids

2 × 1	d'hydrogène,
56	de fer,
63	de cuivre,
2 × 108	d'argent,

capables de se substituer vis-à-vis du même groupement SO^4.

On peut dire d'une façon générale qu'un métal déplace les métaux des sections qui le suivent dans la classification de Thenard. Il est évident d'ailleurs que le sodium et le potassium ne pourraient être employés à précipiter un métal de ses dissolutions salines, puisqu'ils décomposent l'eau.

Comme exemple de déplacement d'un métal par un autre, nous citerons encore la précipitation du plomb par le zinc. Si l'on plonge une lame de zinc supportant plusieurs fils de cuivre dans une dissolution d'acétate de plomb, les fils se recouvrent d'un dépôt de plomb cristallisé qui figure l'*arbre de Saturne*[1] (fig. 116).

Le mercure déplace l'argent d'une dissolution d'azotate de ce métal; mais ici le phénomène est plus complexe : les arborescences de petits cristaux dont l'aspect est celui de l'argent et qui

1. Les sept métaux connus des Anciens étaient assimilés aux sept planètes : l'or c'était le *Soleil*, l'argent la *Lune* ou *Diane*, le fer *Mars*, le plomb *Saturne*, l'étain *Hermès* ou *Mercure*, le cuivre *Vénus*; l'électrum (alliage d'or et d'argent, puis le laiton) rappelait *Jupiter*.

apparaissent à la surface du mercure (*arbre de Diane*) sont formées par un amalgame d'argent.

Dans les composés binaires, tels que les chlorures, la substitution d'un métal à un autre peut se faire comme dans les oxysels ;

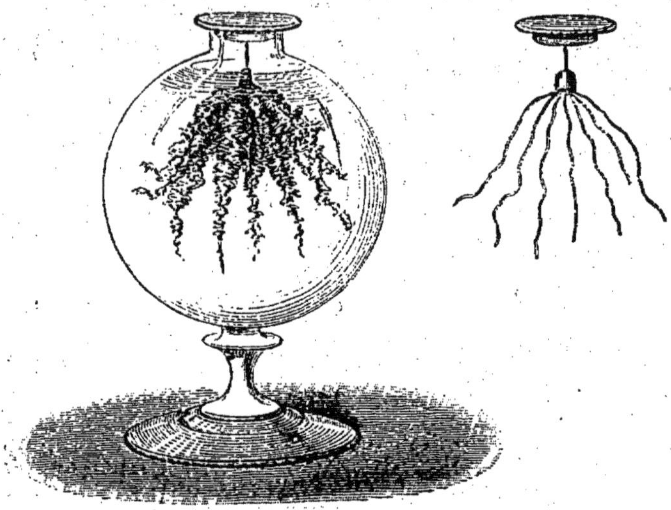

Fig. 116.

ainsi l'or est précipité de son chlorure $AuCl^3$ par le fer ou par le zinc :

$$2AuCl^3 + 3Zn = 2Au + 3ZnCl^2.$$

200. Action de l'électricité sur les sels. — Nous rappellerons que si l'on plonge dans les deux branches d'un tube en U (fig. 117), renfermant une dissolution de sulfate de cuivre, deux lames de platine fixées aux deux pôles d'une pile, l'électrode négative se recouvre bientôt de cuivre, tandis que des bulles d'oxygène se dégagent sur l'électrode positive et le liquide qui baigne celle-ci devient riche en acide sulfurique.

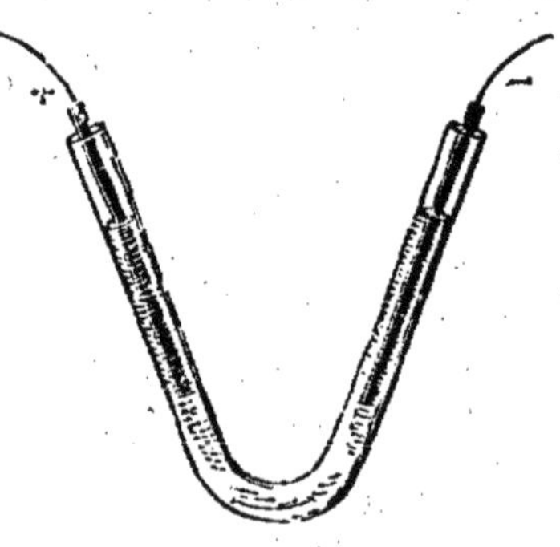

Fig. 117.

En un mot, sous l'influence du courant, la décomposition du sel dissous s'est effectuée ainsi :

$$SO^4Cu + H^2O = SO^4H^2 + O + Cu ;$$

Cu au pôle —.

$SO^4H^2 + O$ au pôle +.

Mais si l'on soumet à l'électrolyse une dissolution d'un sel alcalin, du sulfate de sodium par exemple, le phénomène est différent. La liqueur étant colorée par l'addition de quelques gouttes de teinture de mauve ou de violette, le liquide qui baigne l'électrode négative se colore en vert, celui qui baigne l'électrode positive en rouge, accusant ainsi que l'acide s'est porté au pôle positif, la base au pôle négatif. En même temps, de l'oxygène se dégage sur ce dernier et de l'hydrogène au pôle négatif. On peut faire rentrer ce cas dans le précédent, en admettant que tout s'est passé comme si le sel avait été décomposé en acide et oxygène qui se sont portés sur l'électrode positive et en métal qui tend à se porter sur la lame négative; mais le métal alcalin décompose l'eau, forme l'hydrate NaOH qui se dissout et l'hydrogène se dégage :

$$SO^4Na^2 + H^2O = SO^4H^2 + O + 2Na,$$
$$2Na + 2H^2O = 2NaOH + H^2.$$

La réaction finale sera donc :

$$SO^4Na^2 + 3H^2O = SO^4H^2 + O + 2NaOH + H^2;$$
$$2NaOH + H^2 \quad \text{au pôle} -,$$
$$SO^4H^2 + O \quad \text{au pôle} +.$$

Si l'on se sert d'ailleurs de mercure comme électrode négative, on observe que ce métal dissout du sodium avec lequel il contracte une combinaison formée avec dégagement de chaleur; il n'y a plus cette fois d'hydrogène libre :

$$SO^4Na^2 + H^2O + nHg = SO^4H^2 + O + Hg^nNa^2.$$

Nous représentons par Hg^nNa^2 l'amalgame de sodium, sans préjuger sa composition.

201. **Lois de Berthollet.** — Les réactions qui se produisent entre un sel et une base, un acide ou un autre sel sont le plus souvent fort complexes. Berthollet a formulé des lois résumant ces réactions, et applicables aux cas où un composé insoluble ou volatil peut prendre naissance. Bien que ces lois n'aient pas la généralité que Berthollet leur attribuait, nous les résumerons en un énoncé qui est le suivant :

Un sel est décomposé par un acide, une base ou un sel lorsque, de l'échange des acides et des bases, peut résulter un composé moins soluble ou plus volatil que les corps réagissants dans les circonstances de l'expérience.

Réactions effectuées par voie humide. — Un sel *dissous* est décomposé par un acide, une base ou un sel, s'il peut résulter de la réaction un composé moins soluble que les corps réagissants.

1° Quelques gouttes d'acide sulfurique versées dans une dissolution d'un sel de baryum déterminent la formation d'un précipité blanc de sulfate de baryum insoluble dans l'eau et dans tous les acides étendus :

$$(AzO^3)^2Ba + SO^4H^2 = SO^4Ba + 2AzO^3H.$$

Dans une dissolution de silicate de sodium versons de l'acide chlorhydrique ; de la silice gélatineuse, insoluble dans l'eau, se sépare :

$$SiO^3K^2 + 2HCl = 2KCl + SiO^2 + H^2O.$$

2° Si l'on verse une dissolution de potasse dans un sel ferreux, l'hydrate ferreux insoluble dans l'eau se précipite (*précipité vert*) :

$$SO^4Fe + 2KOH = Fe(OH)^2 + SO^4K^2.$$

Dans une dissolution de chlorure ferrique Fe^2Cl^6, la potasse donne un précipité *brun* de sesquioxde de fer hydraté :

$$Fe^2Cl^6 + 6KOH = Fe^2(OH)^6 + 6KCl.$$

Citons encore une dissolution de sulfate de cuivre qui, additionnée de potasse, laisse déposer l'oxyde de cuivre hydraté *bleu* :

$$SO^4Cu + 2KOH = Cu(OH)^2 + SO^4K^2.$$

D'une manière générale, tous les hydrates des métaux proprement dits étant insolubles dans l'eau, l'addition d'une base alcaline, potasse, soude ou ammoniaque, à la dissolution de leurs sels, déterminera la précipitation de l'hydrate.

3° Deux sels solubles, l'azotate d'argent et le chlorure de sodium, réagissent l'un sur l'autre, avec formation d'un précipité blanc caillebotté de chlorure d'argent insoluble dans l'eau :

$$AzO^3Ag + NaCl = AgCl + AzO^3Na ;$$

l'azotate de sodium reste dissous dans la liqueur. On se sert de cette réaction pour reconnaître la présence d'un chlorure dans une dissolution, dans l'eau de la mer par exemple.

De même, par le mélange des dissolutions d'azotate ou de chlorure de baryum et d'un sulfate alcalin, on aura un précipité blanc de sulfate de baryum :

$$(AzO^3)^2Ba + SO^4K^2 = 2AzO^3K + SO^4Ba;$$
$$BaCl^2 + SO^4K^2 = 2KCl + SO^4Ba.$$

Réactions effectuées par voie sèche. — Un sel *solide* est décomposé par un acide, une base ou un autre sel s'il peut résulter, de l'échange des acides et des bases, un composé plus volatil que les corps réagissants.

1° Si l'on verse de l'acide chlorhydrique sur du carbonate de calcium, du gaz carbonique se dégage et du chlorure de calcium reste dissous dans le liquide (*préparation de l'acide carbonique*)

$$CO^3Ca + 2HCl = CaCl^2 + CO^2 + H^2O.$$

L'acide chlorhydrique décompose un sulfure, le sulfure de fer par exemple, avec dégagement d'hydrogène sulfuré (*préparation de l'hydrogène sulfuré*) :

$$FeS + 2HCl = FeCl^2 + H^2S.$$

L'acide sulfurique chauffé avec de l'azotate de potassium déplace l'acide azotique (*préparation de l'acide azotique*); l'acide sulfurique bout en effet à 338°, l'acide azotique monohydraté à 86° :

$$AzO^3K + SO^4H^2 = SO^4KH + AzO^3H.$$

2° Si l'on chauffe de la chaux avec du chlorhydrate d'ammoniaque, du gaz ammoniac se dégage (*préparation de l'ammoniaque*) :

$$2AzH^4Cl + CaO = CaCl^2 + 2AzH^3 + H^2O.$$

PRINCIPAUX GENRES DE SELS.

AZOTATES.

202. **Propriétés générales.** — Presque tous les azotates sont solubles dans l'eau. Au contact de l'acide sulfurique, l'acide azotique est déplacé, surtout par l'action de la chaleur (106), et si l'on effectue cette réaction en présence du cuivre, du bioxyde d'azote se dégage (108) qui, au contact de l'air, donne des vapeurs rouges de peroxyde d'azote.

La chaleur décompose tous les azotates métalliques. A une température suffisamment élevée, l'oxyde reste et un mélange d' oxygène et de peroxyde d'azote se dégage.

Les azotates alcalins sont cependant transformés intermédiairement en azotites :

$$AzO^3K = AzO^2K + O.$$

203. État naturel. — Préparation. — Quelques azotates se forment dans la nature (*nitrification*) : tels sont les azotates alcalins et alcalino-terreux, dont l'ensemble forme les efflorescences blanches des murs humides désignées sous le nom de *salpêtre.*

On prépare les autres azotates par l'action de l'acide azotique sur le métal, l'oxyde ou le carbonate.

SULFATES.

204. Propriétés générales. — Les sulfates sont solubles dans l'eau, à l'exception des sulfates de baryum et de plomb; le sulfate de calcium est très peu soluble. Aussi reconnaît-on les sulfates solubles à ce caractère que leurs dissolutions donnent, au contact d'une dissolution d'un sel de baryum, un précipité blanc de sulfate de baryum, insoluble dans les acides (201).

La chaleur est sans action sur les sulfates alcalins neutres, sur les sulfates alcalino-terreux et sur le sulfate de plomb. Tous les autres sont décomposés à une température plus ou moins élevée; l'oxyde le plus stable dans les conditions de température de l'expérience reste comme résidu.

Les bisulfates alcalins sont décomposés au rouge en sulfate neutre et acide sulfurique; celui-ci peut être d'ailleurs partiellement décomposé.

205. État naturel. Procédés généraux de préparation. — On trouve dans la nature les sulfates de baryum, de calcium, de magnésium, de cuivre, un sulfate double d'aluminium et de potassium ou *alun*, et par un traitement convenable, soit des minéraux, soit des liquides qui les tiennent en dissolution, on se procure dans l'industrie un certain nombre de sulfates. Mais on prépare en outre un grand nombre de ces sels par les procédés suivants :

1° *Action de l'acide sulfurique sur le métal, l'oxyde, le carbonate ou le chlorure.* — L'acide sulfurique attaque un grand nombre de métaux, soit à froid, s'il est étendu (zinc, fer), soit avec l'aide de la chaleur, s'il est concentré (cuivre, argent, mercure); dans le premier cas, de l'hydrogène, et dans le second cas, de l'anhydride sulfureux se dégagent.

On prépare le sulfate de sodium en faisant réagir l'acide sulfurique sur le chlorure de sodium ou sel marin (*préparation de l'acide chlorhydrique et du sulfate de sodium*).

2° *Par oxydation lente ou grillage des sulfures.* — La pyrite (bisulfure de fer, FeS^2), mise en tas et humectée d'eau, absorbe peu à peu l'oxygène de l'air et se transforme en sulfate. On obtient le même résultat par un grillage effectué à basse température.

3° *Par double décomposition.* — Les sulfates insolubles de baryum et de plomb peuvent être obtenus par double décomposition entre un sulfate alcalin dissous et un sel soluble du métal (201).

CARBONATES.

206. **Propriétés générales.** — Les carbonates se distinguent immédiatement en ce qu'ils font effervescence avec les acides : un gaz se dégage qui trouble l'eau de chaux, c'est le gaz carbonique. Les carbonates alcalins sont seuls solubles dans l'eau.

La chaleur est sans action sur les carbonates alcalins; elle décompose les autres carbonates à une température plus ou moins élevée; l'oxyde reste comme résidu fixe et du gaz carbonique se dégage.

207. **État naturel. Préparation.** — Un grand nombre de carbonates se trouvent dans le sol; le plus abondant est le carbonate de calcium; les carbonates de fer, de zinc, de plomb sont des minerais exploités pour la préparation des métaux correspondants.

Les carbonates de sodium et de potassium sont des produits de la décomposition par la chaleur ou de la combustion des matières organiques qui renferment toutes des sels alcalins à acides organiques (*cendres des végétaux* ou *des tissus animaux*).

Les carbonates insolubles se préparent par double décomposition entre un sel métallique dissous et un carbonate alcalin.

CHAPITRE XIII

MÉTAUX ALCALINS — CHLORURES ALCALINS — POTASSES ET SOUDES AZOTATE DE POTASSIUM — SELS AMMONIACAUX

208. **Métaux alcalins.** — Le sodium $Na = 23$ et le potassium $K = 39$ sont dits des métaux *alcalins* parce que leurs oxydes ou plutôt leurs hydrates $Na.OH$ et $K.OH$, très solubles dans l'eau, sont des bases puissantes, des *alcalis*.

On les prépare tous deux en chauffant au rouge leur carbonate avec du charbon :

$$CO^3Na^2 + 2C = 3CO + 2Na.$$

Ce sont des métaux très oxydables, décomposant l'eau à la température ordinaire.

CHLORURES ALCALINS.

CHLORURE DE SODIUM, NaCl.

209. **État naturel. Extraction.** — L'eau de la mer et celle d'un grand nombre de sources renferment du chlorure de sodium; à l'état de *sel gemme*, on rencontre cette substance en masses considérables dans les terrains triasiques.

1° *Extraction du sel de l'eau de mer.* — Sur les côtes de l'Océan, l'eau de la mer est amenée par le flux dans de vastes bassins (*vasières*), où elle se clarifie; on la fait écouler dans de petits bassins, où elle se concentre par évaporation spontanée, puis dans d'autres bassins plus petits et peu profonds (*tables salantes*), où le sel se dépose. On enlève celui-ci tous les deux jours et on le met en tas, afin qu'il s'égoutte (fig. 118).

Sur les côtes de la Méditerranée, où les marées sont peu sensibles, on est obligé d'élever l'eau à l'aide de pompes pour l'amener dans les bassins de clarification.

Le sel que l'on obtient ainsi est le *sel gris*; il est souillé de petites quantités de sulfate et de chlorure de magnésium, de sulfate de calcium et d'argile.

2° *Sel gemme et sources salées.* — Les principaux gisements de sel gemme sont ceux de Wielickza en Transylvanie, de Stassfurt

Fig. 118.

près de Magdebourg (Prusse), de Cordona en Espagne et ceux de Vic et de Dieuze en Alsace-Lorraine.

Lorsque le sel est pur et en couches compactes, on l'exploite soit à ciel ouvert, soit par puits et galeries, et on le découpe en blocs colorés en rouge par de l'oxyde de fer ou en brun par des matières argileuses. Si le sel est disséminé au milieu de couches d'argile, on creuse des puits et des galeries qui parcourent le gisement et on fait arriver dans ces cavités de l'eau prise à des sources voisines. A l'aide de pompes et de tuyaux qui plongent au fond des puits, on extrait l'eau à mesure qu'elle se sature.

Au voisinage des gîtes salifères, l'eau des sources contient du sel marin. Ces eaux, qui ont dissous du sel en traversant les couches de sel gemme, se sont, dans leur trajet, mêlées peu à peu à des eaux douces qui les diluent et en rendent l'exploitation directe peu profitable. Dans quelques localités on distribue ces eaux salées au sommet de murs élevés de 12 à 15 mètres, formés par la superposition de fagots d'épines et désignés sous le nom de *bâtiments de graduation* (fig. 119). Ces eaux se concentrent

Fig. 119.

dans leur chute et, en renouvelant cette opération plusieurs fois, on les amène à un état tel, qu'on peut économiquement les évaporer par la chaleur. On préfère actuellement pratiquer des trous de sonde, qui permettent aux liquides provenant des niveaux inférieurs d'arriver directement à la surface du sol.

Les eaux salées provenant des sources ou de la dissolution dans l'eau des blocs de sel gemme sont évaporées dans de grandes chaudières plates. Pendant les premières heures de l'ébullition, il se forme un dépôt (*schlot*), consistant principalement en un sulfate double de sodium et de calcium, que l'on enlève avec soin et que l'on traite pour en extraire du sulfate de soude. Puis du *sel fin* se précipite : on l'extrait du liquide à l'aide de dragues, on le laisse sécher et égoutter. Si on laissait l'évaporation se faire lentement (vers 80°), le sel qui se déposerait serait en gros cristaux (*gros sel blanc*).

210. Propriétés. — Le chlorure de sodium cristallise par évaporation lente de ses dissolutions en cristaux cubiques transparents, qui se groupent en *trémies* (fig. 120); ces cristaux sont anhydres.

La solubilité du sel marin varie peu avec la température; ainsi,

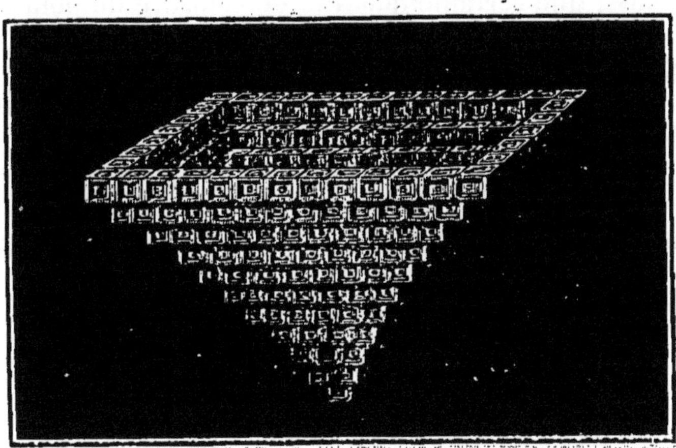

Fig. 120.

100 grammes d'eau dissolvent 36 grammes à 16° et 40g,4 à la température d'ébullition de la dissolution saturée (110°).

Les cristaux de sel marin, contenant encore de l'eau interposée, décrépitent lorsqu'on les projette sur des charbons incandescents; ils fondent au rouge sans décomposition.

Le sel impur qui a entraîné du chlorure de magnésium est déliquescent.

CHLORURE DE POTASSIUM, KCl.

211. État naturel. Extraction. — Le chlorure de potassium existe en petite quantité dans l'eau de la mer et se dépose des eaux mères concentrées à 40° Baumé, combiné à du chlorure de magnésium, avec lequel il forme un sel double, la *carnallite*,

$$KCl, MgCl^2 + H^2O.$$

Au-dessus d'une couche de sel gemme exploitée à Stassfurt, près de Magdebourg (Prusse), on découvrit, en 1855, des couches successives, présentant une épaisseur d'une cinquantaine de mètres, renfermant des sels de magnésium et de potassium dans l'ordre où ils se déposent des eaux mères des marais salants par une évaporation spontanée.

La *carnallite* de Stassfurt ou *kalisalz* est concassée et dissoute dans l'eau bouillante : la plus grande partie du chlorure de potassium cristallise par refroidissement, se séparant ainsi du chlorure de magnésium, plus soluble, et d'une petite quantité de carnallite non décomposée qui reste dans l'eau mère.

On retire aussi une certaine quantité de chlorure de potassium des salins de betteraves (219).

212. Propriétés. — Le chlorure de potassium cristallise en cubes incolores et transparents. A la température de 0°, 100 parties en dissolvent 30 parties, et 60 parties à 100°.

Il sert à transformer l'azotate de sodium en azotate de potassium et à préparer le carbonate de potassium artificiel.

Le chlorure de potassium entre dans la composition des engrais artificiels employés en agriculture.

HYDRATES ALCALINS.

SOUDE, NaOH.

213. Préparation. — On prépare la soude en faisant bouillir une dissolution très étendue de carbonate de sodium (100 parties de carbonate pour 800 parties d'eau) avec de la chaux vive; il se forme du carbonate de calcium insoluble. En évaporant rapidement la dissolution dans une capsule d'argent, on obtient la soude fondue, qui est coulée en plaques et que l'on doit conserver à l'abri de l'humidité.

Si les matériaux qui ont servi à cette préparation sont purs, la soude ainsi obtenue constitue la *soude pure*.

Mais dans l'industrie on prépare directement la soude caustique sans passer par le carbonate, en utilisant les eaux mères dites *eaux rouges*, qui dans le procédé Leblanc ont laissé déposer le carbonate brut. Elles renferment de la soude caustique, du carbonate, du sulfure de sodium et du sulfure de fer auquel elles doivent leur coloration. Après l'avoir concentré et décanté de façon à séparer autant que possible les matières étrangères, on évapore le liquide avec de l'azotate de sodium, et on fond au rouge.

Le nitrate oxyde les sulfures, qu'il transforme en sulfates, et le fer passe à l'état d'oxyde insoluble. On enlève le sulfate de sodium, qui cristallise à mesure que les liqueurs se concentrent; on laisse reposer lorsque la réaction est terminée, et on coule la soude fondue en plaques, qui sont tout à fait blanches si les traitements précédents ont été soigneusement appliqués.

214. **Propriétés.** — Exposée à l'air, la soude caustique se liquéfie en absorbant tout d'abord l'humidité; mais elle se dessèche ensuite et se transforme en une masse pulvérulente de carbonate.

La soude du commerce renferme plus d'eau que ne l'indique la formule $NaOH$. On peut la fondre de nouveau dans un vase de fer ou d'argent pour achever la déshydratation. Elle se dissout dans l'eau avec élévation de température.

La dissolution de soude caustique est employée dans les laboratoires pour précipiter les oxydes métalliques. Elle sert à la fabrication des savons.

POTASSE, KOH.

215. **Préparation.** — On prépare la potasse exactement comme la soude, c'est-à-dire en la déplaçant par la chaux d'une dissolution étendue et bouillante de son carbonate. Cette potasse est pure si les matériaux qui ont servi à sa préparation étaient purs eux-mêmes.

La potasse fondue est coulée en plaques, d'un blanc légèrement jaunâtre, que l'on conserve dans des vases bien bouchés, car elle attire l'humidité et l'acide carbonique de l'air.

CARBONATES ALCALINS.

CARBONATES DE SODIUM.

On connaît trois carbonates de sodium : le carbonate neutre CO^3Na^2, le bicarbonate CO^3HNa et le sesquicarbonate $CO^3Na^2 2CO^3 NaH 3H^2O$; les deux premiers présentent seuls un intérêt pratique.

216. **État naturel. Préparation.** — 1° *Soudes naturelles.* — Une des principales sources de carbonate de sodium a été pendant longtemps l'exploitation de dépôts salins qui se forment en Égypte, aux

Indes et au Pérou, sur les bords de quelques lacs. Ces incrustations, composées de carbonate neutre, de sesquicarbonate, de sel marin, de sulfate de sodium, constituent le *natron*.

Les *soudes naturelles* sont fournies, sur les côtes de la Méditerranée, par l'incinération des chéiropodées, plantes qui croissent au bord de la mer (soudes de Narbonne, d'Aigues-Mortes), sur les côtes d'Espagne, par l'incinération de la *barille* (soudes d'Alicante, de Malaga). Les cendres, livrées au commerce sous le nom de *soudes naturelles*, renferment des proportions variables et souvent minimes de carbonate alcalin, des sels de fer, de calcium, du sulfate et du chlorure de sodium, du sulfate de potassium et des produits de réduction des sulfates alcalins par la matière organique incomplètement brûlée, c'est-à-dire des sulfures[1].

Les soudes naturelles ont perdu de leur importance depuis que Nicolas Leblanc[2] réussit, en 1792, à une époque où la France, attaquée de toutes parts, ne pouvait tirer de l'étranger les matières premières indispensables à son industrie, à transformer le sel marin en carbonate de sodium.

2° *Soude artificielle : Procédé Leblanc.* — Le procédé Leblanc consiste à transformer le sel marin en sulfate de sodium, puis à chauffer sur la sole d'un four à réverbère un mélange de sulfate, de craie et de charbon dans les proportions de

Sulfate de sodium.	200
Carbonate de calcium.	200
Charbon	106

La théorie de la réaction est la suivante : Dans une première réaction le charbon réduit le sulfate :

$$SO^4Na^2 + 2C = Na^2S + 2CO^2;$$

dans une seconde, il se forme de la chaux :

$$CO^3Ca + C = CaO + 2CO;$$

enfin, la chaux, le sulfure de sodium et le gaz carbonique réagis-

1. L'incinération des varechs, sur les côtes de Normandie et de Bretagne, fournit une matière saline renfermant à peine 2 pour 100 de carbonate de sodium, du chlorure de sodium, du chlorure et du sulfate de potassium. Ces cendres, que l'on appelle improprement *soudes de varechs*, sont traitées pour l'extraction des sels de potassium et surtout de l'iode et du brome.

2. Nicolas Leblanc est né, en 1752, à Ivoy-le-Pré (Cher). Aidé par le duc d'Orléans, Philippe-Égalité, dont il était le chirurgien ordinaire, il fonda à Saint-Denis, près Paris, la première fabrique de soude artificielle, en 1791. Mais bientôt, les biens du duc d'Orléans ayant été mis sous séquestre, la fabrication fut interrompue, et Leblanc, sur l'invitation du comité de Salut Public, dut renoncer à son brevet. Leblanc mourut pauvre en 1806.

sent pour donner du carbonate de sodium et du sulfure de calcium :

$$Na^2S + CaO + CO^2 = CaS + CO^3Na^2$$

La figure 121 représente une coupe longitudinale d'un four à soude. Le four étant chauffé au rouge blanc par la combustion de la houille sur la grille A, on projette sur la sole, par les ouver-

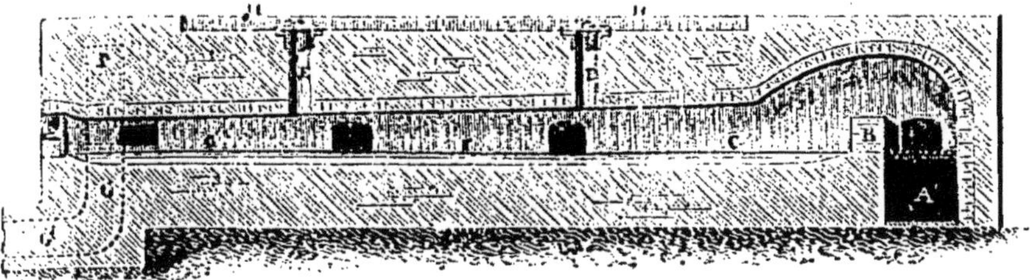

Fig. 121.

tures EE, le mélange préalablement placé au-dessus du four. Par les ouvertures latérales, un ouvrier étend la matière en couche régulière, puis ferme les portes, et, lorsque la masse est fondue à sa surface, la mélange à l'aide de râteaux en fer. La réaction est signalée par la combustion de l'oxyde de carbone qui brûle avec une flamme jaune, et l'opération est terminée lorsque, la matière ayant perdu de sa fluidité, les gaz cessent de se dégager.

A l'aide de larges racloirs en fer, on fait tomber la matière dans des cadres en tôle, où elle se solidifie.

Le produit brut est lessivé méthodiquement pour séparer le carbonate de sodium soluble du sulfure de calcium insoluble, puis les lessives sont évaporées jusqu'à ce que le carbonate de sodium se dépose; celui-ci, bien que souillé par diverses impuretés, peut être employé directement dans certaines industries.

En dissolvant ce sel brut dans l'eau et faisant cristalliser, on obtient les *cristaux de soude*.

Les eaux mères qui ont laissé déposer le sel brut sont utilisées pour la préparation de la soude caustique.

Le résidu du lessivage (*charrées*), qui renferme tout le soufre contenu dans le sulfate alcalin, est traité pour l'extraction du soufre.

3° *Soude artificielle : soude à l'ammoniaque.* — Depuis quelques années, le carbonate de sodium est préparé industriellement par une méthode qui, brevetée en 1838, a été appliquée industriellement par MM. Schlœsing et Rolland et rendue pratique par M. Solvay.

La réaction est des plus simples :

Si l'on fait passer un courant de gaz carbonique dans une dissolution de sel marin additionnée d'ammoniaque, du bicarbonate de sodium, peu soluble dans l'eau, se dépose et du chlorhydrate d'ammoniaque reste dans la liqueur.

Le bicarbonate de sodium perd par une calcination la moitié de son acide carbonique, qui sert à une autre opération, et on obtient ainsi directement du carbonate neutre desséché.

Une autre partie du gaz carbonique est fournie par la calcination du carbonate de calcium, et la chaux qui résulte de cette opération, en réagissant sur le chlorhydrate d'ammoniaque formé pendant la réaction, sert à régénérer le gaz ammoniac.

Procédés électriques. — L'électrolyse d'une solution aqueuse de chlorure de sodium fournit de la soude au pôle négatif.

217. **Propriétés du carbonate neutre.** — Le carbonate neutre cristallise à la température ordinaire avec 10 molécules d'eau ($CO^3Na^2 + 10H^2O$). Les cristaux volumineux, incolores et transparents s'effleurissent rapidement à l'air et se transforment, si l'air est sec, en une poussière blanche de sel monohydraté : $CO^3Na^2 + H^2O$. La chaleur le déshydrate complètement et au rouge il fond sans subir de décomposition; il est insoluble dans l'alcool.

218. **Bicarbonate.** — Le bicarbonate de sodium (vulgairement *bicarbonate de soude*) se forme directement dans la préparation de la soude à l'ammoniaque. On le prépare encore industriellement en faisant passer un courant de gaz carbonique sur des cristaux de carbonate neutre humides.

On utilise à cet effet le gaz carbonique qui se dégage des fissures du sol ou des eaux minérales, comme à Vichy. On dirige le gaz sur des claies où l'on a répandu le carbonate cristallisé :

$$(CO^3Na^2 + 10H^2O) + CO^2 = 2CO^3HNa + 9H^2O.$$

Dans les laboratoires, on se contente de faire passer un courant de gaz carbonique dans des dissolutions concentrées de carbonate neutre. Le bicarbonate peu soluble se dépose et, si le sel primitivement employé était impur, les impuretés restent dans le liquide.

Le bicarbonate de sodium est très peu soluble dans l'eau : 100 parties n'en dissolvent à 0° que 8,35 et 11,15 à 10°. Chauffé vers 100°, il laisse du gaz carbonique et se transforme en carbonate neutre.

Il sert, en pharmacie, à la préparation de l'eau de Seltz artificielle. Il existe dans l'eau de Vichy.

CARBONATES DE POTASSIUM.

On connait deux carbonates, le carbonate neutre CO^3K^2 et le bicarbonate CO^3HK.

219. **Potasses du commerce.** — 1° L'incinération des végétaux terrestres a été pendant longtemps la seule source de carbonate de potassium exploitée. Les sels à acides organiques contenus dans ces végétaux sont brûlés et transformés en carbonates de potassium, de sodium, de calcium, de magnésium; les cendres sont lessivées[1], les liquides évaporés et livrés au commerce sous le nom de *potasses d'Amérique, de Russie*. Mais la combustion des forêts en Amérique et en Russie, qui livrait ainsi à l'agriculture de vastes espaces, devait diminuer peu à peu la source même de ces produits.

2° Dans les pays viticoles, on incinère les lies provenant du soutirage des vins ou le tartre brut que l'on détache des douves des tonneaux et l'on obtient ainsi un carbonate de potassium impur (*cendres gravelées*).

3° On extrait aujourd'hui, particulièrement dans les départements du Nord, une grande quantité de sel de potassium et une petite quantité de sels de sodium des mélasses de betteraves. Dans la fabrication du sucre de betteraves, lorsque le sucre s'est déposé en cristaux, il reste des *mélasses* incristallisables renfermant encore des matières sucrées et des sels alcalins. On fait fermenter ces mélasses, et lorsqu'on a distillé l'alcool, le résidu (*vinasse*) est brûlé; le salin qui en résulte renferme :

Carbonate de potassium	27 à 11	p. 100.
— de sodium	19 à 30	—
Chlorure de potassium	20 à 19	—
Sulfate de potassium	15 à 15	—

des matières insolubles et un peu de phosphate de potassium.

On soumet ce salin à un lessivage méthodique et, par des cristallisations fractionnées, on sépare les divers sels. On peut obtenir ainsi un carbonate épuré destiné à la fabrication du cristal et ne renfermant pas plus de 5 pour 100 d'impuretés.

4° Dans les centres d'industrie lainière (Reims, Elbeuf) on extrait une certaine quantité de carbonate de potassium du *suint* qui imprègne la laine des moutons. Une toison de mouton fournit en-

1. *Potasse* vient de deux mots anglais (*pot*, pot, et *ashes*, cendres); la potasse commerciale était obtenue en évaporant dans des pots ou chaudières les liquides provenant du lessivage des cendres de bois.

viron 300 grammes de suint qui, desséché, renferme 133gr,5 de carbonate. On lave les laines à l'eau chaude, et les liquides évaporés et calcinés fournissent un salin; un lessivage méthodique de ce salin fournit du carbonate de potassium presque pur.

220. **Propriétés du carbonate neutre.** — On prépare le carbonate neutre de potassium pur en transformant le carbonate impur du commerce en bicarbonate et en calcinant ce dernier.

Le carbonate neutre de potassium se dépose en cristaux de ses dissolutions saturées à chaud et refroidies : $CO^3K^2 + H^2O$. Ces cristaux perdent la moitié de leur eau à 100°, en s'effleurissant; ils sont déliquescents dans l'air humide; très solubles dans l'eau, qui en dissout (pour 100 parties de liquide) 89,4 parties à 0°, 112 parties à 20° et 167 parties à 100°.

221. **Bicarbonate.** — Le bicarbonate de potassium CO^3HK n'est soluble que dans 4 parties d'eau froide; aussi se dépose-t-il en cristaux lorsqu'on fait passer un courant d'acide carbonique dans une dissolution saturée de carbonate neutre. Il suffit de calciner légèrement ces cristaux pour les transformer en carbonate neutre.

AZOTATES ALCALINS.

AZOTATE DE SODIUM, AzO^3Na.

222. **État naturel. Propriétés.** — L'azotate de sodium existe en masses compactes, exploitées comme le sel gemme, au Chili et au Pérou. On le purifie par cristallisation. Il fond au rouge, et à une température plus élevée se transforme en azotite en dégageant de l'oxygène.

Il sert à préparer l'acide azotique et l'azotate de potassium ou salpêtre.

AZOTATE DE POTASSIUM, AzO^3K.

Nitre, Salpêtre.

223. **État naturel. Préparation.** — En Égypte et dans les Indes, des efflorescences blanches se montrent à la surface du sol après la saison des pluies. On enlève la couche superficielle, on la lessive à l'eau bouillante, et l'on obtient par refroidissement des cristaux d'azotate de potasse.

Des efflorescences du même genre se produisent dans nos climats à la surface des murs, dans les lieux humides (caves, écuries)[1]. On recueille ces efflorescences, composées d'azotate de potassium, et surtout d'azotates de calcium et de magnésium, ou les débris de maçonnerie qui les supportent (*matériaux salpêtrés*), on les lessive et on les transforme en azotate de potassium. A cet effet, on ajoute de la chaux qui précipite la magnésie, et, à la liqueur décantée et chaude, du sulfate de potassium, qui forme par double décomposition du sulfate de calcium peu soluble et de l'azotate de potassium qui cristallise par refroidissement.

Mais aujourd'hui la majeure partie de l'azotate de potassium livré au commerce est préparée par double décomposition entre l'azotate de soude naturel et de chlorure de potassium. A une dissolution bouillante d'azotate de sodium on ajoute un poids équivalent de chlorure de potassium; on évapore le liquide et du sel marin se dépose, car ce sel est à peu près aussi soluble à chaud qu'à froid (197); on enlève ce sel à mesure qu'il se dépose et le liquide se sature peu à peu d'azotate de potassium qui cristallise par refroidissement.

On raffine[2] le salpêtre brut ainsi obtenu en le faisant cristalliser de nouveau. Pour enlever les dernières traces d'impuretés, on arrose les cristaux, bien tassés dans des caisses dont le fond est percé de trous, avec une dissolution saturée de nitre qui ne peut plus dissoudre de ce sel, mais entraîne toutes les impuretés.

224. **Propriétés.** — Le nitre cristallise anhydre en prismes cannelés, incolores et transparents; il est beaucoup plus soluble à chaud qu'à froid (197).

Il fond à 327° sans décomposition, mais au rouge sombre il se décompose en oxygène et en azotite de potassium AzO^2K qui se décompose lui-même à une température plus élevée.

C'est un oxydant fréquemment employé. Il sert surtout à la fabrication de la poudre et de l'acide azotique.

POUDRE.

225. **Composition.** — La poudre noire, ancienne poudre de guerre, utilisée encore comme poudre de chasse, est un mélange intime d'azotate de potassium, de soufre et de charbon.

Dans un pareil mélange, l'azotate de potassium fournit l'oxygène nécessaire à la combustion du carbone, le soufre reste combiné au métal pour former du

1. La formation des composés azotés dans le sol (*nitrification*) est due à la fixation de l'oxygène de l'air sur l'ammoniaque par l'intermédiaire d'un être vivant, le *ferment nitrique*.

2. Ce raffinage est indispensable lorsque le salpêtre est destiné à la préparation de la poudre, car les chlorures que renferme le nitre brut sont déliquescents.

sulfure de potassium et l'azote du nitre, en même temps que le gaz carbonique formé, se dégagent à l'état gazeux. Ce résultat est obtenu lorsqu'on mélange ces trois substances dans les proportions données par la formule

$$2AzO^3K + S + 3C = K^2S + Az^2 + 3CO^2.$$

La composition de l'ancienne poudre de guerre et de la poudre de chasse fabriquées en France ne s'éloigne guère de celle de cette poudre théorique :

	Poudre de guerre.	Poudre de chasse.	Poudre théorique.
Salpêtre.	75,0	78,0	74,8
Soufre.	12,5	10,0	11,9
Charbon.	12,5	12,0	13,3
	100,0	100,0	100,0

On fabrique également une poudre destinée aux travaux des mines[1] dont la composition s'éloigne un peu de la précédente : salpêtre 62, soufre 20, charbon 18.

226. **Fabrication.** — Le charbon destiné à la fabrication de la poudre est un charbon léger, obtenu en carbonisant du bois de bourdaine dans des cylindres chauffés avec de la vapeur d'eau surchauffée à 300°; le soufre est du soufre en canon pulvérisé et le salpêtre est du salpêtre raffiné soigneusement.

Le soufre et le charbon, pulvérisés ensemble tout d'abord, sont mêlés au nitre, et le tout, humecté d'une petite quantité d'eau, est soumis à l'action de pilons dans des mortiers en bois. Le mélange humide est soumis à l'action de la presse et réduit en *galettes*, que l'on fait sécher et que l'on divise ensuite sur un crible (*guillaume*) par les chocs répétés et le frottement d'un disque en bois, lorsqu'on imprime à tout l'appareil un rapide mouvement de rotation. Des cribles de grosseur convenable séparent les grains trop petits ou trop gros qui rentrent dans la fabrication, et l'on n'utilise que les grains qui ont une grosseur déterminée. On laisse sécher ceux-ci et on les emmagasine dans un endroit sec.

227. **Propriétés.** — La poudre s'enflamme vers 300°. Si l'inflammation a lieu à l'air libre, la combustion se propage dans la masse, la poudre *fuse*, sans qu'il puisse en résulter d'explosion, puisque les gaz se dégagent à l'air libre. Mais si l'inflammation est déterminée dans une cavité close par une étincelle électrique ou l'explosion d'une amorce fulminante, les gaz dégagés, pressant sur les parois, pourront en déterminer l'explosion; si cette cavité est limitée d'un côté par un *projectile* faisant office de cloison mobile, celui-ci sera violemment expulsé.

Le volume, mesuré à 0° et sous la pression de 760 millimètres, des gaz dégagés par l'inflammation de 100 grammes de poudre est d'environ 25 litres; mais si l'on estime à 1200° la température du gaz, on calcule un volume 4 fois plus grand.

SELS AMMONIACAUX.

228. **Théorie de l'ammonium.** — Le sulfate, l'azotate, le chlorhydrate d'ammoniaque (114) sont isomorphes des sels de potassium correspondants :

$$SO^4K^2, \quad AzO^3K, \quad KCl.$$

1. La poudre de mines est remplacée aujourd'hui par des agents explosifs plus puissants (*dynamite, coton-poudre comprimé*). A la poudre de guerre à base de salpêtre (*poudre noire*), on a substitué des poudres fabriquées d'une manière toute différente, brûlant plus rapidement, sans laisser de résidu solide sensible et sans fumée. La poudre de chasse elle-même est avantageusement remplacée par un produit explosif obtenu avec la cellulose du bois (*poudre pyroxylée*).

Les sels isomorphes ayant, d'après la remarque de Mitscherlich, même constitution, on a été conduit à formuler les sels ammoniacaux précités :

$$SO^4(AzH^4)^2, \quad AzO^3(AzH^4), \quad AzH^4.Cl,$$

notations qui correspondent à

$$SO^4K^2, \quad AzO^3K, \quad KCl,$$

le groupement AzH^4 jouant le rôle d'un métal. On a donné à ce groupement hypothétique *(radical)* le nom d'*ammonium*.

Les tentatives faites pour isoler l'ammonium n'ont pas abouti. Cependant quelques expériences simples paraissent donner confirmation à cette hypothèse.

Introduisons dans un tube de verre (fig. 122), ou dans une éprouvette à pied, un

Fig. 122.

amalgame obtenu en dissolvant quelques fragments de sodium dans du mercure, ajoutons une dissolution de chlorhydrate d'ammoniaque et agitons de façon à établir le contact. Bientôt l'amalgame augmente de volume en se transformant en une matière butyreuse qui se détruit rapidement en dégageant du gaz ammoniac et de l'hydrogène. On peut supposer qu'il s'est formé la réaction suivante :

$$Na + AzH^4Cl = NaCl + AzH^4,$$

l'ammonium formant avec le mercure cet amalgame volumineux instable.

229. **Chlorure d'ammonium** (*chlorhydrate d'ammoniaque, sel ammoniac*) AzH^4Cl. — On prépare le chlorure d'ammonium en saturant l'acide chlorhydrique par le gaz ammoniac que l'on déplace en chauffant les eaux ammoniacales du gaz avec de la chaux ou par le carbonate qui se dégage lorsqu'on chauffe les eaux qui résultent de la fermentation des urines. On concentre par la chaleur jusqu'à cristallisation.

Le sel ammoniac ainsi obtenu est bruni par des matières organiques entraînées. On le grille sur des plaques de tôle de façon à décomposer et brûler la matière organique ; on le purifie par cristallisation et on l'obtient ainsi sous la forme de petits cristaux grenus incolores.

On trouve souvent le sel ammoniac dans le commerce sous la forme de pains obtenus par sublimation. Cette sublimation s'effectue en chauffant le sel dans des pots en grès AA chauffés par un foyer commun (fig. 123) ; on recouvre les ouvertures OO d'un pot en terre renversé et, lorsque la sublimation est terminée, on casse les vases.

Le sel ammoniac sublimé est en masses fibreuses, translucides, légèrement jaunâtres.

Le chlorhydrate d'ammoniaque cristallise en petits octaèdres réguliers, fréquemment groupés en arborescences. L'eau en dissout son poids environ à 100° et seulement les $\frac{2}{5}$ à la température ordinaire. Il se dissout dans l'eau avec abaissement de température. Il se volatilise sans fondre au-dessous du rouge.

Fig. 123.

Il sert à préparer le gaz ammoniac dans les laboratoires. Chauffé avec les métaux, il les transforme en chlorures volatils : aussi s'en sert-on pour les décaper.

230. **Sulfate.** — Le sel neutre $SO^4(AzH^4)^2$ se prépare en faisant arriver le gaz ammoniac dans l'acide sulfurique.

Il cristallise comme le sulfate de potassium en prismes rhomboïdaux droits, anhydres. Il fond vers 150° et se décompose à une température plus élevée.

Indépendamment de l'emploi qu'on en fait pour préparer les autres sels ammoniacaux, il est employé en agriculture.

231. **Azotate.** — L'azotate $AzO^3(AzH^4)$, obtenu en saturant l'acide azotique par le gaz ammoniac, cristallise, comme l'azotate de potassium, en prismes rhomboïdaux droits. Il se dissout dans l'eau avec un abaissement de température de — 25°.

Il fond vers 100°, puis se décompose à 250° en eau et protoxyde d'azote.

232. **Carbonate.** — Le carbonate que l'on trouve dans le commerce (*sel volatil d'Angleterre*) est formé principalement d'un sesquicarbonate $3CO^3H^2,2AzH^3$ ou $CO^3(AzH^4)^2,2CO^3H(AzH^4)$. C'est ce sel qui résulte de la putréfaction de l'urine.

On le prépare industriellement en chauffant dans des chaudières en fonte du sulfate d'ammoniaque et du carbonate de chaux (craie) ; on peut admettre qu'il se forme tout d'abord un carbonate neutre $CO^3(AzH^4)^2$ que la chaleur décompose :

$$CO^3Ca + SO^4(AzH^4)^2 = CO^3(AzH^4)^2 + SO^4Ca,$$
$$3CO^3(AzH^4)^2 = 3CO^3H^2,2AzH^3 + 4AzH^3.$$

Le produit ainsi obtenu est blanc, cristallin ; il dégage l'odeur de l'ammoniaque ; il se change peu à peu au contact de l'air en bicarbonate :

$$CO^3H(AzH^4).$$

233. **Sulfhydrate.** — Lorsqu'on sature une dissolution ammoniacale par le gaz hydrogène sulfuré, on obtient un sulfhydrate de sulfure $(AzH^4)HS$. En ajoutant à cette dissolution un volume égal de la solution ammoniacale précédemment employée, on prépare le sulfhydrate d'ammoniaque, si fréquemment utilisé dans les laboratoires :

$$(AzH^4)HS + AzH^3 = (AzH^4)^2S.$$

Le sulfhydrate d'ammoniaque ainsi obtenu possède une odeur très désagréable. Il se colore peu à peu en jaune au contact de l'air, en absorbant l'oxygène; il contient alors du bisulfure $(AzH^4)^2S^2$.

234. **Phosphates.** — Des trois orthophosphates,

$$PO^4(AzH^4)^3, \quad PO^4H(AzH^4)^2, \quad PO^4H^2(AzH^4),$$

le second a seul un intérêt pratique; c'est le *phosphate d'ammoniaque du commerce.*

On l'obtient en saturant l'acide orthophosphorique industriel ou le phosphate monocalcique par l'ammoniaque ou le carbonate d'ammonium. Ce sel est très soluble; la dissolution, séparée du précipité de phosphate tricalcique, est évaporée jusqu'à consistance sirupeuse et abandonnée à cristallisation.

La calcination d'un phosphate ammoniacal quelconque donne de l'acide métaphosphorique ou acide phosphorique vitreux :

$$PO^4H(AzH^4)^2 = PO^3H + 2AzH^3 + H^2O.$$

On peut rendre une étoffe incombustible en l'immergeant dans une dissolution de phosphate d'ammoniaque. Sous l'action de la chaleur, le sel donne en effet de l'acide métaphosphorique qui entoure les fibres de l'étoffe d'une gaine vitreuse peu fusible qui empêche la combustion de se propager.

CHAPITRE XIV

CHAUX — MORTIERS ET CIMENTS — CARBONATE, SULFATE ET PHOSPHATES DE CALCIUM

CHAUX, CaO.

255. Préparation. — Propriétés. — On prépare la chaux en décomposant par la chaleur le carbonate de calcium. Si l'on veut avoir de la chaux pure, on chauffe au rouge vif, dans un creuset de platine, du carbonate de calcium pur, jusqu'à ce que le poids de la matière demeure invariable.

La chaux pure est blanche, amorphe; elle est infusible. Au contact d'une petite quantité d'eau elle s'échauffe, se gonfle, se divise en fragments de plus en plus petits et se transforme finalement en une poussière d'hydrate $Ca(OH)^2$ qui porte le nom de *chaux éteinte*. Pendant cette hydratation de la chaux la température s'élève et une partie de l'eau se dégage à l'état de vapeur; l'élévation de température peut être suffisante pour enflammer la poudre.

Délayée dans l'eau, la chaux éteinte constitue le *lait de chaux*; si l'on filtre cette bouillie, on obtient un liquide incolore (l'*eau de chaux*), qui, au contact de l'acide carbonique de l'air, se trouble par suite de la formation d'un précipité blanc de carbonate de chaux. A la température de 15°,5, 1 litre d'eau ne dissout que 1gr,3 de chaux; cette dissolution se trouble lorsqu'on la porte à l'ébullition, car 1 litre d'eau ne dissout plus à 100° que 0gr,8 de chaux.

La chaux que l'on trouve dans le commerce est toujours souillée d'une petite quantité d'argile, d'oxydes de fer et de manganèse.

On prépare cette chaux en calcinant le calcaire (pierre à chaux) dans des fours verticaux en briques ou en moellons revêtus intérieurement de briques réfractaires; leur hauteur est de 3 à 4 mètres (fig. 124). Tantôt, après avoir allumé de la houille au fond du four, on introduit par la partie supérieure des charges alternatives de charbon et de calcaire, et lorsque la masse est portée au rouge jusqu'en haut, on en fait écouler une partie par

Fig. 124.

l'orifice inférieur et l'on complète la charge par la partie supérieure (*four à cuisson continue*); tantôt, et l'on évite ainsi le mélange de la chaux et du combustible, on chauffe le calcaire à l'aide d'un foyer latéral A (*four à foyer latéral*) : c'est un four de ce genre que représente la figure.

236. **Applications.** — La chaux que l'on obtient en calcinant des débris de marbre blanc, des pierres calcaires très denses et très pures, ou de la craie, ne contient que très peu d'impuretés. Elle se comporte comme la chaux pure et constitue la *chaux grasse*. Elle est employée dans l'industrie à la fabrication des *soudes* et *potasses caustiques*, des *chlorures décolorants*, et à la préparation industrielle d'un grand nombre de produits organiques. Le lait de chaux sert à badigeonner les murs.

Lorsqu'on mélange 1 partie de chaux grasse et 3 ou 4 parties de sable, on obtient un *mortier*, qui sert à cimenter les moellons dans les constructions aériennes. L'air et l'humidité ayant libre accès dans la masse poreuse, il se forme du carbonate de calcium qui en détermine la solidification. En mélangeant ce mortier avec 2 fois son volume de gros cailloux, on obtient le *béton*, qui, après solidification, forme une assise solide sur laquelle peut s'appuyer une fondation.

Si la chaux contient au moins 20 pour 100 de magnésie, d'argile ou d'oxyde de fer, elle ne *foisonne* plus au contact de l'eau : la chaux est dite *maigre*. Elle sert d'ailleurs aux mêmes usages que la chaux grasse, mais il est évident que la présence de matières étrangères en rend l'emploi moins avantageux.

Les *chaux hydrauliques* servent à préparer des mortiers qui, après solidification, peuvent être immergés et servent aux constructions sous-marines. Elles proviennent de la calcination de calcaires argileux et magnésiens, ou de la calcination d'un mélange de calcaire et d'argile et renferment de 20 à 45 pour 100 d'argile. Une chaux hydraulique ne foisonne pas au contact de l'eau; mélangée à du sable et à des cailloux, elle forme les *mortiers* et *bétons hydrauliques*.

Les *ciments* sont des chaux hydrauliques renfermant pour 100 de chaux de 65 à 75 d'argile et qui, réduites en poudre fine, forment avec l'eau une pâte qui se solidifie instantanément même sous l'eau. On obtient des ciments dits *ciments romains* en calcinant des calcaires argileux très durs, à grains fins, que l'on trouve en Angleterre sur le bord de la mer, où, roulés par les eaux, ils ont pris la forme de galets, ou en France à Pouilly (Côte-d'Or), à Wassy (Yonne). Ces ciments naturels reprennent en se solidifiant une dureté comparable à celle de la pierre qui leur a donné naissance. Ils servent à faire des bétons qui font prise sous l'eau.

Les *pouzzolanes* sont des argiles poreuses d'origine volcanique que l'on trouve aux environs de *Pouzzoles* et qui, légèrement calcinées et mélangées à des chaux grasses, forment d'excellents mortiers hydrauliques, particulièrement propres aux constructions sous-marines. On obtient des pouzzolanes artificielles avec des argiles plastiques renfermant environ 2 pour 100 de chaux.

L'industrie des *chaux* et *ciments hydrauliques* s'est surtout développée à la suite des travaux de l'ingénieur français Vicat, qui a montré que la solidification était obtenue par l'hydratation des silicates et aluminates de calcium formés pendant la calcination du calcaire mélangé d'argile (silicate d'aluminium hydraté).

CARBONATE DE CALCIUM, CO^3Ca.

257. **État naturel.** — En masses compactes (*pierre à bâtir, pierre à chaux, craie*), le carbonate de calcium forme dans divers terrains de puissantes assises; les *marbres* sont du carbonate de chaux compact à cassures cristallines. Le test des mollusques et des crustacés, les coquilles d'œufs, et, en grande partie, les squelettes des vertébrés, sont formés de carbonate de calcium.

On le trouve également en cristaux distincts, sous deux formes incompatibles: *rhomboèdres* de 105°, transparents (*spath d'Islande*), *prismes orthorhombiques* (*aragonite*). Les beaux cristaux limpides de spath d'Islande se distinguent des cristaux du système cubique en ce qu'ils jouissent de la double réfraction (fig. 125).

258. **Propriétés.** — Le carbonate de calcium est insoluble dans l'eau et on l'obtient à l'état de pureté sous la forme d'un

Fig. 125.

précipité gélatineux qui devient cristallin par l'ébullition lorsqu'on mélange des dissolutions d'un sel de calcium pur (chlorure ou azotate) avec une dissolution d'un carbonate alcalin.

Il se dissout dans l'eau chargée d'acide carbonique; une dissolution de carbonate de calcium dans l'eau chargée d'acide carbonique se trouble et laisse déposer de nouveau le calcaire lorsqu'elle perd le gaz carbonique soit sous l'action de la chaleur, soit par évaporation spontanée (55). Les dépôts qui se forment sur les parois des chaudières alimentées par des eaux calcaires, sont formés de carbonate et de sulfate de calcium, de silice et d'argile.

Le carbonate de calcium est décomposé par la chaleur en chaux et gaz carbonique (235). Aussi ce carbonate ne peut-il être fondu lorsqu'on le chauffe à l'air libre.

Le carbonate de calcium compact est utilisé dans les constructions; les fragments de calcaire grossier servent à la fabrication de la chaux. Au contact des acides, il se dissout avec dégagement d'anhydride carbonique.

SULFATE DE CALCIUM, SO^4Ca.

239. État naturel. — Propriétés. — On trouve dans la nature le sulfate de calcium à l'état anhydre SO^4Ca (*anhydrite*) ou à l'état d'hydrate $SO^4Ca + 2H^2O$ (*gypse, pierre à plâtre*). Des amas considérables de gypse se rencontrent dans les terrains tertiaires inférieurs des environs de Paris.

Les cristaux du sulfate hydraté, qui seul présente de l'intérêt, dérivent d'un prisme clinorhombique. Ils sont souvent groupés de façon à former des masses lenticulaires aplaties qui se clivent très facilement, et le plan de clivage présente la forme d'un *fer de lance* (fig. 126). On peut cliver le gypse en lames très minces,

Fig. 126.

transparentes, qui, chauffées vers 120°, perdent leur eau, deviennent opaques et se réduisent facilement en une poussière blanche amorphe. Si la température à laquelle s'est faite la calcination ne dépasse pas 120°, cette poussière blanche est susceptible de s'hydrater à nouveau, mais au-dessous de 160° le sulfate déshydraté ne reprend plus l'eau qu'avec une extrême lenteur; il ne s'hydrate plus s'il a été calciné au rouge, il se comporte alors comme l'anhydrite.

Le sulfate de calcium est peu soluble dans l'eau et la solubilité augmente lorsque la température s'élève jusque vers 35°, pour diminuer ensuite. Ainsi, 100 parties d'eau dissolvent à

0°.	0,205 de sulfate de calcium.		
32°.	0,251	—	—
100°.	0,217	—	—

Les eaux qui ont traversé des masses de gypse dissolvent du sulfate de calcium (*eaux séléniteuses*); telles sont les eaux des puits des environs de Paris.

240. **Plâtre.** — Le gypse calciné (*cuit*) vers 120° et réduit en poudre fine constitue le *plâtre*. Celui-ci, gâché avec de l'eau et mis en une bouillie épaisse, se solidifie promptement, *fait prise*. Dans cette transformation, il s'hydrate et se transforme en un feutrage de petits cristaux. On revêt d'une couche de plâtre les

Fig. 127.

murs construits en moellons, de façon à combler toutes les anfractuosités, et, avant qu'il ait fait complètement prise, on peut façonner des moulures de toute sorte.

On cuit le plâtre destiné aux constructions en formant, sous un hangar, de petites voûtes avec de grosses pierres à plâtre et on recouvre celles-ci de fragments plus petits (fig. 127). On allume sous ces voûtes des feux de fagots et on règle la combustion de façon que la cuisson ait lieu dans la masse entière, sans que toutefois la température s'élève au-dessus de la limite à laquelle le plâtre cesserait de s'hydrater.

On réduit en poudre, sous des meules, le plâtre cuit.

Le plâtre gâché est éminemment propre à prendre des empreintes; aussi sert-il au moulage. Le plâtre destiné à cet usage doit être cuit avec le plus grand soin, à l'abri de tout contact avec le combustible, dont les cendres le souilleraient; on réduit du gypse *fer de lance* très pur en fragments, que l'on calcine dans des fours.

241. Phosphates de calcium. — L'acide orthophosphorique forme avec le calcium trois combinaisons principales :

Le phosphate tricalcique.	$(PO^4)^2Ca^3$,
— dicalcique	$(PO^4)^2H^2Ca^2$,
— monocalcique.	$(PO^4)^2H^4Ca$.

1° Le phosphate tricalcique forme, avec le carbonate de calcium, la partie minérale des os des animaux; on le trouve en *rognons* ou *nodules*, disséminés, parfois en masses considérables, dans les couches crétacées, principalement dans les Ardennes et le Lot, et il est exploité actuellement pour les besoins de l'agriculture.

On l'obtient à l'état de pureté, sous la forme d'un précipité blanc, gélatineux, lorsqu'on verse une dissolution de chlorure de calcium dans la dissolution du phosphate trisodique ou dans la dissolution du phosphate disodique additionnée d'ammoniaque :

$$2PO^4Na^3 + 3CaCl^2 = (PO^4)^2Ca^3 + 6NaCl,$$
$$2PO^4HNa^2 + 2AzH^3 + 3CaCl^2 = (PO^4)^2Ca^3 + 2AzH^4Cl + 4NaCl.$$

Desséché, il se présente sous la forme d'une matière blanche, pulvérulente, insoluble dans l'eau, soluble dans les acides et même dans l'eau chargée d'acide carbonique.

2° Si l'on dissout dans l'acide chlorhydrique étendu le phosphate tricalcique naturel ou artificiel et si l'on verse peu à peu dans cette dissolution un lait de chaux, on voit se former un précipité gélatineux qui se transforme en un précipité cristallin de phosphate dicalcique $(PO^4)^2H^2Ca^2 + 4H^2O$: c'est le *phosphate précipité*.

3° Lorsqu'on dissout le phosphate tricalcique dans l'acide sulfurique concentré, celui-ci s'empare de 2 atomes de calcium pour former du sulfate de calcium, et le liquide acide retient en dissolution du phosphate monocalcique (*phosphate acide de calcium*), qui cristallise par une évaporation convenable de la liqueur en petites lamelles rhomboïdales nacrées :

$$(PO^4)^2Ca^3 + 2SO^4H^2 = 2SO^4Ca + (PO^4)^2H^4Ca.$$

Le phosphate tricalcique finement pulvérisé, le phosphate précipité et le mélange de phosphate acide et de sulfate de calcium que l'on obtient en faisant agir l'acide sulfurique sur le phosphate naturel (mélange que l'on désigne sous le nom de *superphosphate*), sont employés comme engrais par les agriculteurs.

On emploie encore comme engrais, dans les terrains pauvres en calcaire, un phosphate plus riche en calcium que le phosphate tricalcique : ce sont les *scories de déphosphoration*, résidus du traitement au Bessemer des minerais de fer phosphoreux (285).

Apatite. — L'*apatite* est un minéral cristallisé, combinaison du phosphate tricalcique avec le fluorure de calcium $3(PO^4)^2Ca^3 + CaF^2$, le fluor pouvant être remplacé en partie par du chlore.

CHAPITRE XV

MAGNÉSIUM — ZINC

MAGNÉSIUM, Mg = 24

242. **État naturel.** — Le chlorure de magnésium existe dans les eaux de la mer et se concentre dans les eaux mères après le dépôt du sel marin. Le carbonate de magnésium mélangé au carbonate de calcium forme la *dolomie*. Le sulfate se rencontre dans certaines eaux minérales (eaux de Sedlitz, d'Epsom), auxquelles il communique des propriétés purgatives. Enfin un grand nombre de silicates naturels renferment du magnésium.

243. **Propriétés.** — Le métal est blanc comme l'argent, très léger (D = 1,75). Il fond vers 400° et distille aux environs de 1000°. On peut le réduire en lames minces; mais, comme sa ténacité est très faible, on ne peut l'étirer en fils fins qu'en le comprimant fortement dans un moule en acier, chauffé à la température de fusion du métal et portant un trou par lequel le métal s'échappe et se solidifie aussitôt.

Inaltérable dans l'air sec, le magnésium s'oxyde rapidement dans l'air humide; aussi perd-il son éclat à l'air libre en se recouvrant d'une mince couche d'hydrocarbonate. Chauffé à une de ses extrémités, un fil de magnésium s'enflamme et brûle avec une lumière éblouissante, en produisant une matière neigeuse blanche, la magnésie. Cette lumière est riche en rayons chimiques; elle est utilisée en photographie. Le magnésium décompose l'eau vers 100°.

244. **Préparation.** — On prépare le magnésium en réduisant le chlorure fondu par le sodium :

$$2\,Na + MgCl^2 = Mg + 2\,NaCl.$$

On projette dans un creuset de fer, préalablement porté au rouge, un mélange de 6 parties de chlorure de magnésium, de 1 partie de sodium coupé en morceaux, 1 partie de chlorure de potassium et 1 partie de fluorure de calcium [1]. On ferme le creuset avec son couvercle; une réaction très vive se produit presque aussitôt et le métal se sépare en petits globules que l'on réunit en brassant la masse avec une tige en terre. On distille le métal, pour le purifier, dans des vases en fer et dans un courant d'hydrogène.

COMPOSÉS DU MAGNÉSIUM.

215. **Magnésie, MgO.** — On prépare la magnésie en décomposant par la chaleur l'azotate de magnésium, le carbonate ou l'hydrocarbonate.

C'est une poudre blanche, très peu soluble dans l'eau, à laquelle elle communique une réaction alcaline : 5 000 parties d'eau ne dissolvent qu'une partie de magnésie.

Mise en contact avec l'eau, elle s'hydrate lentement, sans dégagement de chaleur sensible et se transforme en hydrate $Mg(OH)^2$ que la chaleur décompose. On obtient ce même hydrate lorsqu'on verse une dissolution de potasse ou de soude dans une dissolution d'un sel de magnésium.

216. **Chlorure de magnésium, $MgCl^2$.** — Le carbonate de magnésium se dissout dans l'acide chlorhydrique, et la dissolution concentrée par la chaleur laisse déposer, après refroidissement, des cristaux déliquescents de l'hydrate

$$MgCl^2 + 5H^2O.$$

On ne peut obtenir le chlorure anhydre en évaporant cette dissolution, car le chlorure se décompose partiellement en acide chlorhydrique que l'eau entraine et en magnésie. Pour obtenir le chlorure anhydre qui sert à la préparation du magnésium, on ajoute à la dissolution de l'hydrate un excès de chlorhydrate d'ammoniaque et on peut évaporer à sec, car le chlorure double ainsi formé est plus stable. Après dessiccation, on projette la masse dans un creuset porté au rouge : le sel ammoniac se volatilise et le chlorure de magnésium fondu peut être coulé dans une capsule de platine où il se prend en une masse cristalline. Ce chlorure anhydre doit être conservé dans des vases bien bouchés, car il attire rapidement l'humidité.

Le chlorure de magnésium existe dans les eaux de la mer et dans certaines sources salées, auxquelles il communique une saveur amère, caractéristique des sels de magnésium.

217. **Sulfate de magnésium.** — Les eaux d'Epsom (Angleterre), de Sedlitz et de Pullna (Bohême) doivent leurs propriétés purgatives au sulfate de magnésium qu'elles renferment. L'évaporation de ces eaux fournit ce sel, que l'on purifie par cristallisation.

On retire également du sulfate de magnésium des eaux mères des marais salants. Enfin on prépare du sulfate de magnésium en dissolvant dans l'acide sulfurique étendu le carbonate naturel ou les dolomies. Le sulfate de calcium, peu soluble, peut être séparé facilement.

Le sulfate de magnésium cristallise à la température ordinaire avec 7 molécules d'eau :

$$SO^4Mg + 7H^2O.$$

Il est incolore, comme tous les sels de magnésium formés par des acides incolores eux-mêmes.

218. **Carbonates de magnésium.** — Le carbonate neutre de magnésium (*Giober-*

1. Le chlorure de potassium et le fluorure de calcium sont destinés à donner à la masse plus de fluidité et à faciliter, par conséquent, la réunion des globules métalliques.

tite) existe en masses compactes, ou en cristaux rhomboédriques qui renferment presque toujours de la chaux. La *Dolômie* est un carbonate double de calcium et de magnésium.

Le précipité gélatineux que l'on obtient en ajoutant un carbonate alcalin à la dissolution d'un sel de magnésium, n'est pas du carbonate neutre : c'est un mélange en proportions variables, suivant la température et le mode d'expérimentation, de carbonate neutre et d'hydrate (*hydrocarbonate*). Le précipité obtenu à la température de l'ébullition a sensiblement comme composition

$$3CO^3Mg + Mg(OH)^2.$$

Desséché, ce précipité se transforme en une poudre blanche très légère (*magnésie blanche* des pharmacies).

L'hydrocarbonate se dissout dans l'eau chargée d'acide carbonique et la dissolution, évaporée au bain-marie, laisse déposer le carbonate neutre cristallisé CO^3Mg.

ZINC, Zn = 65.

249. **Propriétés.** — Le zinc est un métal blanc-bleuâtre qui fond à 350° et bout à 930°. Sa densité varie de 6,86 (métal fondu) à 7,2 (métal martelé).

Lorsqu'il est pur, il peut être réduit en feuilles minces à la température ordinaire, mais le zinc impur du commerce est cassant à froid. On le lamine facilement à 150°; vers 200°, il redevient assez cassant pour qu'on puisse le pulvériser dans un mortier. Il ne peut être travaillé à la lime; on dit qu'il *graisse* l'outil.

L'oxygène et l'air secs sont sans action sur le zinc à la température ordinaire; mais si on fond du zinc dans un creuset et si on le porte à sa température d'ébullition, ses vapeurs brûlent avec un vif éclat; l'oxyde de zinc ZnO formé est une poudre blanche très légère.

A l'air humide, à la température ordinaire, la surface du métal se ternit par suite de la formation d'une couche blanche de carbonate hydraté qui protège le reste du métal contre une oxydation ultérieure.

Les acides chlorhydrique et sulfurique étendus attaquent vivement le zinc du commerce; de l'hydrogène se dégage, et le chlorure ou le sulfate de zinc restent dissous. Le métal pur n'est que très difficilement attaqué par ces acides lorsqu'on opère dans des vases de verre; mais l'introduction dans le liquide d'une petite quantité de la dissolution d'un sel métallique dont le métal peut être déplacé par le zinc (cuivre, platine, or) détermine une réaction très vive. Les métaux étrangers sont électronégatifs par rapport au zinc et forment avec lui un élément de pile. On s'explique alors que le métal impur du commerce soit facilement attaqué par les acides.

Le zinc se dissout également, à l'ébullition, dans les dissolutions alcalines; il se dégage de l'hydrogène et il se produit une combinaison saline dans laquelle l'oxyde de zinc, oxyde indifférent, joue le rôle d'acide anhydre.

250. **Métallurgie du zinc.** — Le zinc ne se trouve pas à l'état libre dans la nature; ses minerais principaux sont le sulfure ou *Blende* ZnS et le carbonate[1] ou *Smithsonite* CO^3Zn. Les principaux centres d'extraction se trouvent en Silésie, en Sardaigne, en Grèce, en Espagne.

La blende subit un grillage qui la transforme en oxyde; le carbonate est décomposé par la chaleur, et l'oxyde provenant de l'un ou de l'autre de ces traitements est réduit par le charbon; le zinc volatilisé vient se condenser dans des récipients refroidis.

Dans les usines de la Vieille-Montagne, en Belgique, la réduction de l'oxyde de zinc par le charbon s'effectue dans des cylindres en terre, chauffés dans un four commun (fig. 128). A l'extrémité ou-

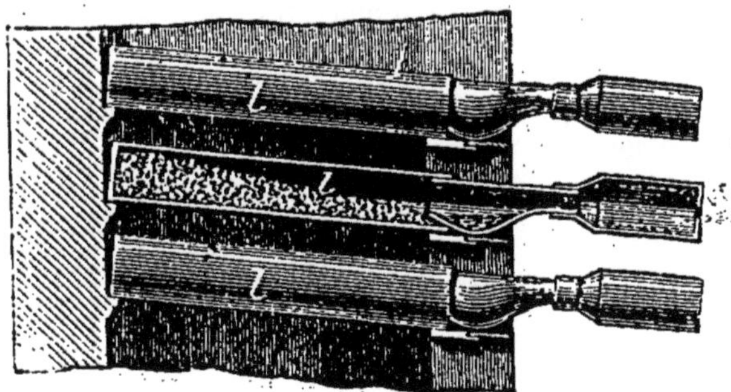

Fig. 128.

verte du cylindre de terre on adapte un tuyau de fonte et un cône en tôle, dans lesquels le zinc se condense.

COMPOSÉS DU ZINC.

251. **Oxyde de zinc, ZnO.** — La calcination du carbonate de zinc naturel ou artificiel et de l'azotate de zinc fournit de l'oxyde de zinc. On l'obtient également, en flocons très légers, en brûlant du zinc à l'air.

L'oxyde de zinc est blanc à la température ordinaire; il jaunit quand on le chauffe, pour reprendre à froid sa couleur blanche. Chauffé avec du charbon, il est réduit; un courant rapide d'hydrogène le réduit également au rouge vif. Il n'est ni fusible, ni volatil.

C'est une base puissante, qui se dissout facilement dans les acides lorsqu'elle n'a pas été trop fortement calcinée. On l'obtient hydratée en précipitant un sel

1. Le carbonate de zinc naturel est généralement désigné sous le nom de *calamine*; la calamine des minéralogistes est un silicate de zinc hydraté qui accompagne presque toujours le carbonate dans ses gisements.

de zinc par la potasse, la soude ou l'ammoniaque. Mais le précipité formé tout d'abord se dissout dans un excès d'alcali, et dans cette réaction l'oxyde de zinc peut être considéré comme jouant le rôle d'acide. C'est donc un oxyde indifférent.

L'oxyde de zinc ou *blanc de zinc*, délayé avec de l'huile siccative, forme une peinture blanche que l'on substitue avec avantage à la peinture au *blanc de plomb* ou *céruse*. Cette peinture en effet ne peut noircir par les émanations sulfhydriques, car le sulfure de zinc qui prendrait naissance est blanc.

252. **Chlorure de zinc**, $ZnCl^2$. — Le zinc se dissout à froid dans l'acide chlorhydrique, avec dégagement d'hydrogène. Si on évapore à sec cette dissolution, de façon à éliminer l'excès d'acide chlorhydrique, on obtient le chlorure hydraté qu'une température plus élevée déshydrate; le chlorure anhydre fond à 250° et se volatilise au rouge.

En délayant l'oxyde de zinc dans du chlorure de zinc liquide additionné d'une petite quantité de carbonate de sodium, on obtient une peinture blanche (peinture à l'oxychlorure de zinc) qui peut être appliquée directement sur le bois, le fer, la toile; cette peinture couvre autant que la peinture à l'huile et coûte moitié moins.

253. **Sulfate de zinc** (*couperose blanche, vitriol blanc*). — En évaporant le liquide acide résidu de la préparation de l'hydrogène par le zinc et l'acide sulfurique, on obtient du sulfate de zinc cristallisé.

Lorsque la cristallisation a lieu à la température ordinaire, le sel a 7 molécules d'eau comme le sel correspondant de magnésium ($SO^4Zn + 7H^2O$). Les cristaux, qui sont incolores et transparents, s'effleurissent à l'air libre, en se transformant en sel monohydraté; ils se déshydratent complètement à 200° et se décomposent au rouge vif.

CHAPITRE XVI

ALUMINIUM — POTERIES — VERRES

ALUMINIUM, Al = 27.

L'aluminium n'existe dans la nature qu'à l'état d'oxyde ou de combinaisons de cet oxyde avec la silice; c'est un des éléments les plus répandus. Il n'a été isolé qu'en 1827 par Wöhler[1], mais c'est H. Sainte-Claire Deville, qui, en 1854, réussit à rendre les procédés d'extraction applicables à l'industrie et fit connaître les précieuses propriétés de ce métal.

254. **Propriétés.** — L'aluminium est un métal d'un blanc bleuâtre, susceptible d'un beau poli. C'est le plus léger des métaux usuels : sa densité n'est en effet que 2,56. On peut le réduire en feuilles minces comme l'or et l'argent et l'étirer en fils fins; il est sonore comme le cristal.

Il est conducteur de l'électricité et de la chaleur. Sa capacité calorifique est très grande : aussi se solidifie-t-il lentement, et la masse fondue peut alors pénétrer dans les détails d'un moule.

Il fond à une température comprise entre celle du zinc et celle de l'argent (650°) et n'est pas volatil.

Ni l'air ni l'oxygène n'ont d'action sur l'aluminium, aussi bien aux températures ordinaires qu'aux températures voisines de 1000°. Cependant lorsqu'on chauffe fortement l'aluminium au chalumeau oxyhydrique, il brûle avec un très vif éclat en se transformant en alumine Al^2O^3. L'eau ne l'attaque pas au-dessous de 500°.

Le soufre a peu d'action sur l'aluminium; mais le chlore l'attaque avec une extrême énergie, en formant du chlorure d'aluminium Al^2Cl^6.

L'acide sulfurique a peu d'action à froid sur l'aluminium; l'acide azotique l'attaque lentement à chaud. Mais l'acide chlorhy-

1. Né en 1800 à Eschersheim (Hesse Électorale); professeur à Gottingen, mort en 1882.

drique gazeux ou dissous réagit très vivement sur ce métal : il se dégage de l'hydrogène, et du chlorure d'aluminium prend naissance. Les dissolutions alcalines le dissolvent également, avec dégagement d'hydrogène ; l'alumine formée reste combinée à l'alcali, formant un aluminate.

L'hydrogène sulfuré est sans action.

255. **Métallurgie.** — 1° *Méthode chimique.* — L'alumine ne peut être réduite ni par l'hydrogène, ni par le charbon. On transforme tout d'abord celle-ci en chlorure d'aluminium ou mieux en un chlorure double d'aluminium et de sodium, en faisant passer un courant de chlore sur un mélange intime d'alumine, de charbon et de sel marin, que l'on a préalablement calciné afin de lui enlever toute trace d'humidité :

$$Al^2O^3 + 3C + 6Cl + 2NaCl = Al^2Cl^6,2NaCl + 3CO,$$

et c'est en réduisant ce dernier composé par le sodium que l'on prépare le métal (H. Sainte-Claire Deville).

On projette sur la sole d'un four à réverbère préalablement porté au rouge vif (1000°) un mélange de

Chlorure double.	110
Cryolithe[1].	40
Sodium.	35

La réaction se produit aussitôt, et le métal déplacé par le sodium se réunit en globules, protégés de l'action oxydante de l'air par un bain formé par la cryolithe et le chlorure de sodium fondus :

$$2NaCl, Al^2Cl^6 + 6Na = 8NaCl + 2Al.$$

On fait écouler tout d'abord les matières salines, puis le métal dans des bassines en fonte, d'où on le verse dans des lingotières.

2° *Méthode électrochimique.* — On prépare aujourd'hui de très grandes quantités d'aluminium par des méthodes électrochimiques. Nous nous contenterons de citer l'une d'elles, la méthode Héroult ; l'alumine est fondue par la chaleur développée par le passage d'un courant d'une très grande intensité et électrolysée. L'appareil consiste en une cuve cylindrique en fer B garnie de

1. La *cryolithe*, que l'on trouve en assez grandes quantités au Groenland, est un fluorure double d'aluminium et de sodium $6NaF, Al^2F^6$; très fusible, elle ne sert ici qu'à donner à la masse plus de fluidité. Elle peut être pourtant réduite par le sodium, mais l'aluminium que l'on en retire est moins pur que celui que l'on obtient avec le chlorure.

charbon intérieurement (fig. 129); l'électrode positive C est en charbon aggloméré. Le bain est formé d'un mélange d'alumine et de cryolithe. L'aluminium se rassemble au fond de la cuve et l'on en extrait de temps en temps par un trou de coulée.

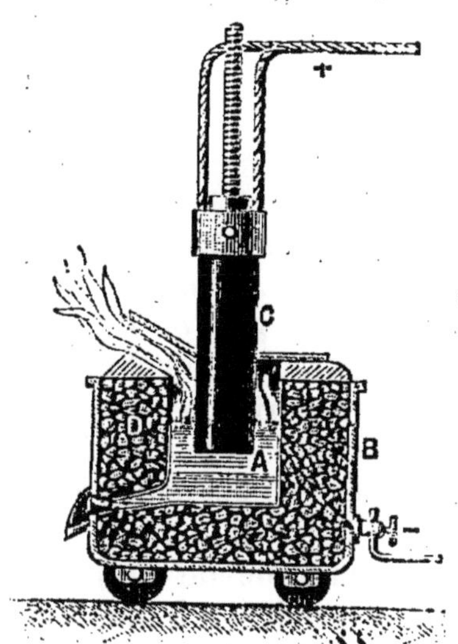

Fig. 129

256. **Alliages.** — Les alliages utiles formés par l'aluminium sont aujourd'hui très nombreux.

Le *bronze d'aluminium* à 10 pour 100 d'aluminium est jaune d'or; il est susceptible d'un beau poli, très dur et très ductile. En ajoutant un peu de plomb à un bronze à 5 pour 100 d'aluminium on a un alliage très dur, propre à la fabrication des coussinets. On fabrique un *laiton d'aluminium* contenant 63 de cuivre, 37,7 de zinc et 3,3 d'aluminium, très léger, peu oxydable et facile à travailler au tour.

Les alliages de fer et d'aluminium (*ferro-aluminium*) sont employés dans la fabrication de l'acier; de très petites quantités d'aluminium, introduites dans l'acier fondu, le désoxydent, lui donnent plus de fluidité et permettent d'obtenir des moulages sans soufflures.

257. **Applications.** — Par la résistance qu'il offre aux agents atmosphériques, l'aluminium se rapproche des métaux précieux. On l'a employé en effet, tout d'abord, à la fabrication d'objets de luxe, soit seul, soit allié au cuivre (*bronze d'aluminium*). Mais sa couleur est peu agréable et son éclat se ternit assez rapidement. Par sa légèreté, il est susceptible de rendre de grands services, et ses applications à la grande industrie tendent à se développer à mesure que le prix de revient[1] s'abaisse.

ALUMINE, Al^2O^3.

258. **État naturel.** — L'alumine pure et cristallisée est rare; elle est le plus souvent souillée par de petites quantités d'oxydes étrangers qui lui communiquent des colorations diverses. Les cristaux appartiennent au système rhomboédrique; la dureté

1. Le prix d'un kilogramme d'aluminium était de 140 francs en 1863; il s'est abaissé à 20 francs en 1890, lorsque la méthode électrique a été appliquée à sa préparation. Ce prix doit s'abaisser encore.

de cette matière, qui n'est surpassée que par celle du diamant, la fait employer en bijouterie, où elle porte des noms différents, suivant les colorations qu'elle présente :

Incolore.	*Corindon.*
Rouge.	*Rubis oriental.*
Jaune.	*Topaze orientale.*
Bleue..	*Saphir oriental.*
Violette.	*Améthyste orientale,*
Verte.	*Émeraude orientale.*

L'*émeri* est de l'alumine cristallisée pulvérulente, mélangée d'oxyde de fer. La *bauxite*, que l'on a trouvée tout d'abord au village de Baux, près de Tarascon, est de l'alumine presque pure. Enfin on trouve de l'alumine hydratée.

259. Préparation. — On obtient de l'alumine anhydre et pure en décomposant par la chaleur l'*alun ammoniacal* (261) ; ce corps perd l'eau et l'ammoniaque à une température peu élevée et l'acide sulfurique au rouge vif.

Mais ce procédé de préparation serait trop coûteux, et dans l'industrie de l'aluminium on extrait l'alumine de la bauxite. On chauffe celle-ci sur la sole d'un four à réverbère avec du carbonate de sodium et, en reprenant par l'eau, on dissout un aluminate $3Na^2O, 2Al^2O^3$ qui ne contient plus trace de fer, car l'oxyde de fer ne forme pas de combinaison soluble avec les alcalis. On précipite l'alumine gélatineuse par un courant de gaz carbonique, et l'on reforme ainsi du carbonate de sodium qui, évaporé de nouveau, peut servir à une nouvelle opération. L'alumine est lavée, séchée et calcinée.

Dans les laboratoires, on prépare l'alumine hydratée en versant dans une dissolution de sulfate d'aluminium ou d'alun, du carbonate de sodium et de l'ammoniaque, ou mieux du carbonate d'ammoniaque.

260. Propriétés. — L'alumine est une poudre blanche, insoluble dans l'eau. Elle ne fond qu'au chalumeau oxyhydrique. Les acides l'attaquent difficilement lorsqu'elle a été fortement calcinée, mais elle se dissout dans les alcalis fondus.

L'alumine hydratée constitue un précipité blanc, gélatineux, très facilement soluble dans les acides et dans les solutions alcalines. Ainsi, si l'on verse dans du sulfate d'alumine une dissolution de potasse ou de soude, le précipité formé tout d'abord disparaît si on ajoute un excès d'alcali. Il se forme dans ces conditions des aluminates ; l'alumine est donc un *oxyde indifférent* (179). L'alumine hydratée est insoluble dans l'ammoniaque ; elle ne se combine ni avec l'acide carbonique, ni avec l'acide sulfhydrique, et le précipité obtenu en mélangeant un sel d'aluminium avec un carbonate ou un sulfure alcalin est de l'alumine gélatineuse.

L'alumine gélatineuse fixe d'une manière remarquable un grand nombre de matières colorantes, avec lesquelles elle forme des *laques*. Portons, par exemple, à l'ébullition une dissolution de cochenille dans le carbonate de sodium, et versons dans la liqueur du sulfate d'alumine ou de l'alun dissous : l'alumine se précipite colorée en rose et le liquide filtré est incolore.

ALUNS.

261. **Aluns proprement dits.** — Lorsqu'on mélange deux dissolutions bouillantes renfermant molécules égales de sulfate d'aluminium et de sulfate de potassium, on voit se former, par refroidissement, des cristaux octaédriques, peu solubles à froid, d'un sulfate double d'aluminium et de potassium,

$$SO^4K^2 + (SO^4)^3Al^2 + 24H^2O,$$

connu depuis longtemps sous le nom d'*alun* et dont les applications industrielles sont très nombreuses.

L'alun dit *alun de Rome* est préparé industriellement à l'aide d'un minéral, l'*alunite*, que l'on trouve abondamment à la Tolfa, dans la campagne de Rome. L'*alunite* ne diffère de l'alun que parce qu'elle renferme plus d'alumine; elle est insoluble dans l'eau, mais si on la calcine légèrement et si on la traite par l'eau bouillante, celle-ci dissout de l'alun et il reste un précipité d'alumine insoluble.

On prépare en France de grandes quantités d'alun en grillant des schistes pyriteux ou en les laissant s'oxyder lentement à l'air humide. Il se forme du sulfate de fer et du sulfate d'aluminium; en reprenant par l'eau, on dissout les sulfates de fer et d'aluminium et, par une évaporation convenable, on fait cristalliser le sulfate de fer, moins soluble que le sulfate d'aluminium. Si l'on ajoute dans l'eau mère du sulfate de potassium, l'alun, peu soluble, se précipite.

L'alun cristallise en octaèdres réguliers (fig. 130) ou en cubes transparents qui peuvent acquérir de très grandes dimensions; ces cristaux s'effleurissent superficiellement à l'air libre. Il est beaucoup moins soluble à froid qu'à chaud; ainsi 100 parties d'eau dissolvent 3,3 parties de sel à 0° et 337 parties à 110°.

Il fond vers 100°, dans son eau de cristallisation et perd ses 24 molécules d'eau. Si l'on fait cette expérience dans un creuset, on remarque que le sel se boursoufle considérablement et se solidifie en une masse poreuse, très fragile, d'*alun calciné*. Cet alun calciné se dissout lentement dans l'eau en s'hydratant. Au rouge, le sulfate d'aluminium est décomposé et il reste de l'alumine mélangée de sulfate de potassium.

En versant une dissolution concentrée de sulfate d'ammonium dans une dissolution chaude de sulfate d'aluminium, on obtient, par refroidissement, des cristaux identiques aux précédents et qui constituent l'*alun d'ammonium*,

$$SO^4(AzH^4)^2 + (SO^4)^3Al^2 + 24H^2O.$$

On connaît aussi un sulfate double de sodium et d'aluminium (*alun de sodium*, $SO^4Na^2 + (SO^4)^3Al^2 + 24H^2O$), mais ce sel se distingue des précédents par sa grande solubilité. Aussi ne peut-on l'obtenir sous la forme d'un précipité cristallin, lorsque l'on mélange des dissolutions de sulfate d'aluminium et de sulfate alcalin.

262. Aluns. — Les sulfates de potassium et d'ammonium se combinent également aux sulfates des sesquioxydes de chrome et de fer, pour former des sels

Fig. 130.

doubles cristallisant en octaèdres réguliers et contenant le même nombre de molécules d'eau de cristallisation. On désigne ces sels sous le nom d'*aluns* :

Aluns de potassium.	Aluns d'ammonium.
$SO^4K^2 + (SO^4)^3Al^2 + 24H^2O.$	$SO^4(AzH^4)^2 + (SO^4)^3Al^2 + 24H^2O.$
$SO^4K^2 + (SO^4)^3Cr^2 + 24H^2O.$	$SO^4(AzH^4)^2 + (SO^4)^3Cr^2 + 24H^2O.$
$SO^4K^2 + (SO^4)^3Fe^2 + 24H^2O.$	$SO^4(AzH^4)^2 + (SO^4)^3Fe^2 + 24H^2O.$

Tous ces sels sont *isomorphes*; cristallisant sous la même forme, ils peuvent se remplacer en toute proportion dans un même cristal. On peut en effet faire grossir un cristal d'alun de chrome en l'immergeant dans une dissolution saturée d'alun ordinaire; l'octaèdre d'alun de chrome, qui est violet foncé, se recouvre d'une couche incolore d'alun ordinaire.

SILICATES D'ALUMINIUM.

263. Feldspaths. Argiles. — Les silicates d'aluminium et les silicates doubles d'aluminium et d'un métal alcalin ou alcalino-terreux sont très abondants dans la nature.

Les argiles, le kaolin ou terre à porcelaine sont des silicates d'aluminium hydratés qui proviennent de la décomposition des feldspaths, minéraux qui, avec le quartz et les micas, forment les roches granitiques.

Les *feldspaths* sont des silicates doubles d'aluminium et de potassium ou de sodium pouvant renfermer aussi du calcium et du magnésium. Le *feldspath orthose* renferme principalement du potassium ($K^2O, Al^2O^3, 6SiO^2$); le *feldspath albite* renferme surtout du sodium.

Le feldspath, altéré par l'eau, se dédouble en silicate alcalin qu'entraîne le dissolvant, et en une matière argileuse, amorphe, blanche, qui est le *kaolin*. Cette matière, réduite en poudre fine, séparée par lévigation de débris de quartz et de feldspath non altéré, constitue l'argile pure, dont la composition peut être représentée par la formule $2Al^2O^3, 3SiO^2 + 4H^2O$.

On trouve dans la nature un grand nombre de matières argileuses qui ne sont que des mélanges d'argile pure et sable quartzeux, d'oxyde de fer, de carbonate de chaux. Les argiles les plus pures sont *plastiques* (*argiles grasses*) ; elles peuvent former avec l'eau des pâtes applicables à divers usages. Mais lorsque l'argile est fortement souillée de matières étrangères, elle n'est plus plastique (*argiles maigres*). L'argile pure ou mélangée d'une petite quantité de silice est infusible aux températures les plus élevées de nos fourneaux (*argiles réfractaires*) ; mélangée avec de la silice, des oxydes de fer et du calcaire, elle devient fusible.

On nomme *terre à foulon* certaines argiles qui, frottées avec du drap humide, fixent les matières grasses qui imprègnent l'étoffe.

POTERIES.

Les *poteries* sont des objets fabriqués avec des matières plastiques dans lesquelles l'argile domine, et qui, après une cuisson convenable, acquièrent de la consistance. On peut partager les poteries en deux groupes :

1° Poteries dont la pâte s'est ramollie par la cuisson et, par suite, est devenue compacte : *porcelaines, grès cérames*.

2° Poteries dont la pâte est restée poreuse après la cuisson : *faïences, terres cuites, briques, tuiles*, etc.

264. Porcelaine. — L'argile dont on se sert pour la fabrication des porcelaines est le *kaolin* pulvérisé et débarrassé par lévigation des fragments de feldspath inaltéré ou de quartz. L'argile pure est plastique et forme une pâte facile à travailler, mais elle subit par la cuisson un retrait considérable qui déforme les objets. Afin de diminuer ce retrait, on mélange l'argile avec des matières *dégraissantes* qui diminuent la plasticité.

Le kaolin de Saint-Yrieix, près Limoges, dont on se sert à la manufacture de Sèvres, est mélangé, à cet effet, de craie, de sable quartzeux très pur et de feldspath; le tout est réduit en poudre fine, trituré et amené, par une addition convenable d'eau, à l'état d'une pâte qui doit être *malaxée* longuement pour rendre la masse plus homogène.

La confection des pièces s'effectue sur le *tour du potier*, par *moulage* ou par *coulage*.

Le tour du potier (fig. 131) se compose d'une tige verticale aux

Fig. 131.

deux extrémités de laquelle sont implantés par leur centre deux disques en bois; l'ouvrier imprime, à l'aide du pied, un mouvement de rotation au disque inférieur; c'est sur le disque supérieur, plus petit, que l'on place la pâte. En comprimant celle-ci avec les mains, placées extérieurement, puis intérieurement et extérieurement, suivant la forme que l'on veut donner à l'objet, l'ouvrier la pétrit de nouveau et lui donne la forme approchée de l'objet : c'est l'*ébauchage* (fig. 132).

Après une dessiccation partielle, un second ouvrier reprend cette pièce et procède au *tournassage*, c'est-à-dire qu'à l'aide d'instruments tranchants il la travaille comme le fait un tourneur en bois et lui donne une forme définitive conforme au modèle exact qu'il a sous les yeux.

Pour procéder par *moulage*, on confectionne tout d'abord, à l'aide d'un rouleau, une feuille ou *croûte* que l'on applique à l'aide d'une éponge mouillée sur un moule en plâtre ou toute autre

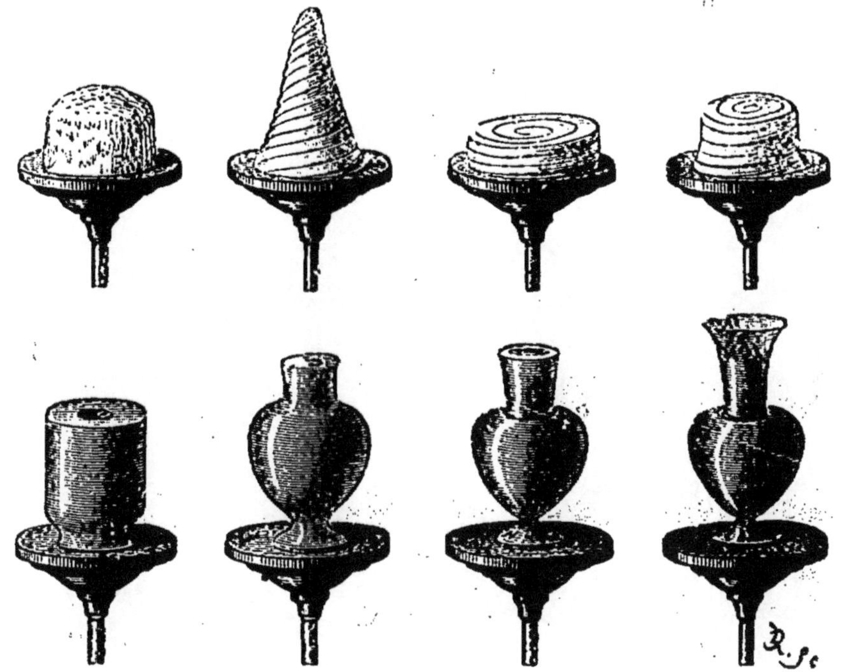

Fig. 132.

matière poreuse, présentant en relief les saillies que doit porter l'objet (fig. 133). C'est par un procédé analogue que l'on fabrique les assiettes. L'ouvrier applique sur un moule présentant en saillie les détails de l'intérieur de l'assiette une croûte d'épaisseur convenable, lui fait épouser la forme du moule en la comprimant à l'aide d'une éponge mouillée, puis, imprimant au tour un mouvement de rotation, abaisse un *calibre* (fig. 134) dont le tranchant enlève tout ce qui dépasse l'épaisseur de l'assiette.

Pour procéder par *coulage*, on verse dans un moule en plâtre une bouillie de pâte à porcelaine délayée dans l'eau (*barbotine*); l'eau pénètre dans le moule poreux, et, en rejetant l'excès de barbotine, on trouve la paroi intérieure du moule recouverte d'une couche, plus ou moins épaisse, suivant la durée du contact, de pâte à porcelaine. On fabrique ainsi des tasses d'une minceur extrême, des tubes pour les besoins des laboratoires.

Une première cuisson à basse température (*dégourdi*) dessèche les objets et leur fait prendre une certaine consistance. La *porce-*

laine dégourdie est poreuse ; on l'enduit superficiellement d'une *couverte* ou *glaçure*, en immergeant alors les pièces dans de l'eau

Fig. 133.

tenant en suspension un mélange de quartz et de feldspath réduits

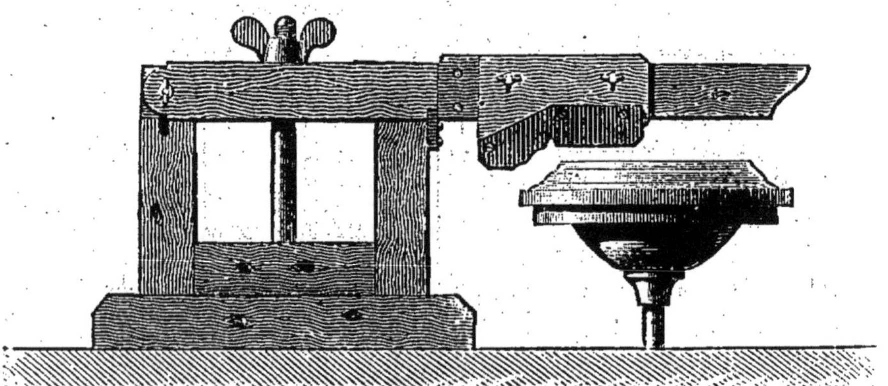

Fig. 134.

à un état de division extrême. La pièce absorbe l'eau et se recouvre d'une mince couche de ce mélange vitrifiable.

La pièce est cuite ensuite au *grand feu*; à la température élevée à laquelle elle est portée, la pâte subit une demi-fusion qui lui

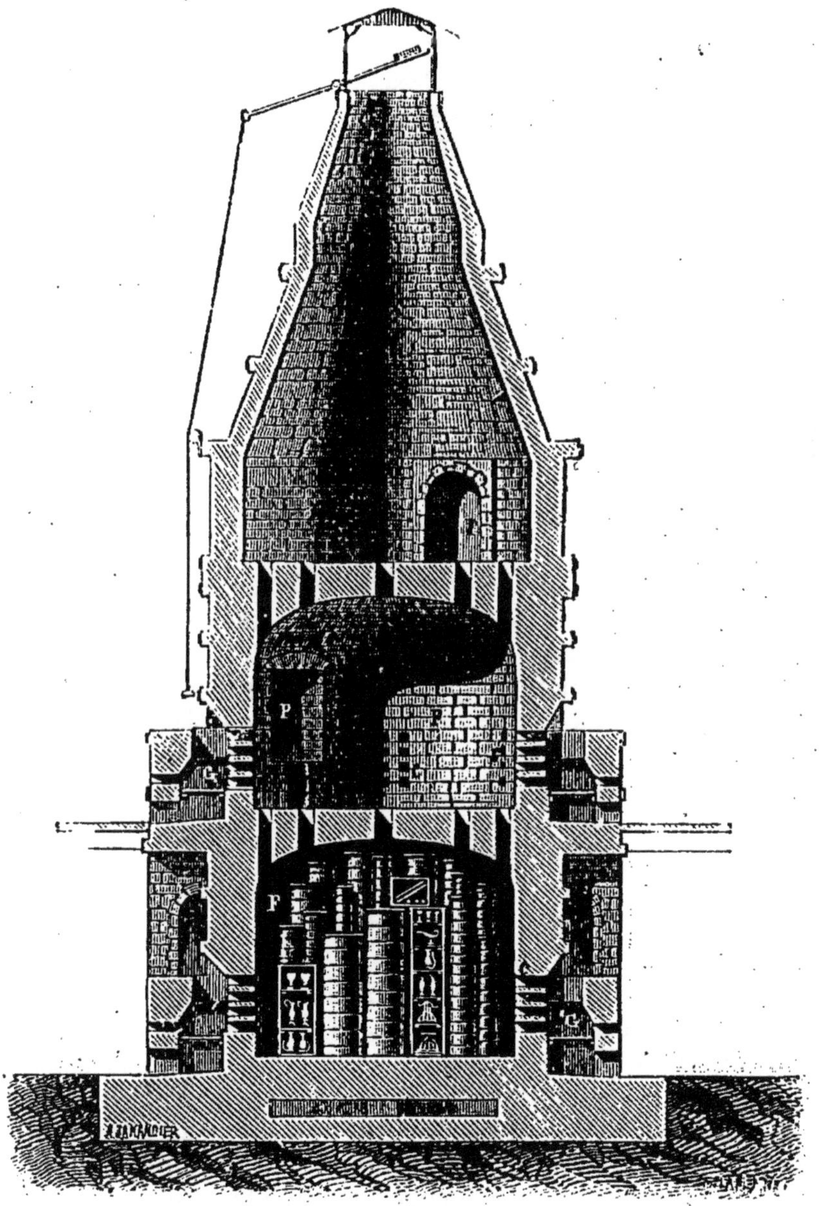

Fig. 135.

fait perdre sa porosité, et la couverte, plus fusible que la pâte, forme à sa surface un enduit vitrifié.

La cuisson s'effectue, à Sèvres, dans des fours à trois étages (fig. 135), chauffés au bois ou à la houille par des foyers latéraux ou *alandiers* G. Afin d'éviter que la cendre du combustible, entraînée par le courant d'air chaud, ne vienne se fixer sur les glaçures, les pièces sont enfermées (*encastées*) dans des enveloppes en argile réfractaire (*cazette* ou *gazettes*, fig. 136). L'enfournement se fait par des portes P, qui sont murées ensuite, puis on élève peu à peu la température. Les deux chambres inférieures servent à la cuisson au grand feu; la chambre supérieure, chauffée uniquement par la chaleur perdue, est destinée au dégourdi.

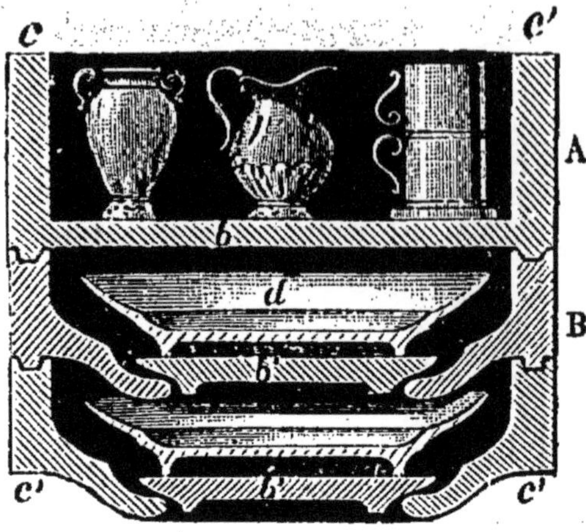

Fig. 136.

265. **Grès cérames.** — La pâte des poteries en grès est faite avec de l'argile impure, plus fusible que le kaolin, parce qu'elle renferme des proportions notables d'oxyde de fer, qui lui communiquent une coloration rouge ou brune. On dégraisse avec du sable quartzeux ou des argiles cuites. La pâte est façonnée sur le tour et l'objet est cuit directement au grand feu. La pâte de ces grès est devenue imperméable par la cuisson, mais on recouvre généralement la surface d'une glaçure obtenue en projetant dans le four, lorsque la pâte est portée à la plus haute température, du sel marin humide. Il se produit de l'acide chlorhydrique gazeux et de la soude qui, avec le silicate d'alumine, forme un silicate double très fusible qui forme vernis.

266. **Faïences.** — La pâte des faïences est faite avec des argiles plastiques dégraissées avec du quartz. Si l'argile ne renferme pas d'oxydes de fer ou de manganèse, la pâte reste blanche; dans le cas contraire, elle prend une couleur brune par la cuisson. La pâte est très peu fusible et, comme elle reste poreuse, les objets, travaillés d'ailleurs comme les porcelaines, doivent être recouverts d'une glaçure transparente et incolore lorsque la pâte est blanche, opaque si la pâte est colorée.

La couverte des faïences fines est un verre à base d'alcali et d'oxyde de plomb; l'opacité est donnée en ajoutant au mélange de silice, d'alcali et de minium un peu d'oxyde d'étain; c'est alors un *émail*, que l'on peut colorer par des oxydes métalliques.

267. **Poteries communes en terre cuite. Briques, tuiles.** — Les vases à fleurs sont faits avec des argiles plastiques ocreuses auxquelles on ajoute du sable; on les confectionne sur le tour du potier, on les laisse sécher et on les cuit à une température peu élevée sans les vernir.

Les marmites, poêlons en terre, etc., sont faits avec des argiles auxquelles on ajoute des marnes et du sable quartzeux. On les recouvre d'un verre plombeux coloré.

Les briques communes, les tuiles, les carreaux en terre sont faits avec des argiles grossières que l'on façonne par moulage et que l'on cuit en tas ou dans des fours. Elles ont généralement une couleur rouge, due au fer.

Les briques réfractaires, les creusets sont faits avec des argiles ne renfermant pas de quantités notables d'oxydes de fer et de carbonate de calcium, et dégraissées avec du sable quartzeux.

On se sert, pour la fusion de l'acier, de creusets dits en *plombagine*, façonnés avec un mélange de 1 partie d'argile réfractaire et de 2 parties de graphite ou plombagine.

268. **Décoration des poteries.** — Les poteries fines peuvent être colorées, soit avec des pâtes colorées elles-mêmes, soit par application de la matière colorante sur la pâte avant l'apposition de la couverte, soit encore par l'application d'une couverte colorée. On obtient ainsi une couche continue de matière colorante sur laquelle on peut appliquer une décoration dont elle forme le fond.

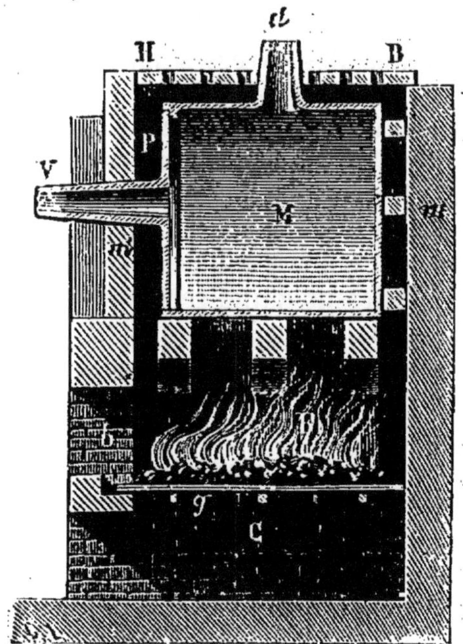

Fig. 137.

Les couleurs que l'on applique sur la porcelaine sont formées par des verres colorés à l'aide d'oxydes métalliques réduits en poudre impalpable, broyés avec de l'essence de térébenthine et appliqués au pinceau. Pour la dorure, on mélange avec de l'essence de térébenthine et du borax de l'or très divisé provenant de la précipitation du chlorure d'or par le sulfate ferreux. Les couleurs dites de *grand feu* ne s'altèrent pas à la haute température du four à porcelaine; elles sont peu nombreuses (bleu cobalt CoO, vert de chrome Cr^2O^3, bruns de fer Fe^2O^3 ou de manganèse, rouge de cuivre Cu^2O), etc.

La plupart des couleurs ne supporteraient pas sans altération cette température élevée; on les appelle *couleurs de moufle*, parce que, après application, on cuit les pièces dans des *moufles* en terre ou en fonte (fig. 137) dont on règle le feu suivant la résistance des couleurs employées; l'ouvrier juge de la cuisson en retirant de temps en temps du moufle des petites plaques de porcelaine portant les couleurs les plus susceptibles (*montres*).

VERRES.

269. **Composition.**—Les *verres* sont des substances transparentes qui présentent une cassure appelée *cassure vitreuse*. On réserve dans l'industrie le nom de *verres* à des combinaisons de la silice avec les bases alcalines, alcalino-terreuses ou métalliques dont la transparence, la couleur, la dureté et la fusibilité dépendent des bases combinées et de leurs proportions. En se refroidissant, ces verres fondus doivent passer par un état pâteux qui permette de les travailler par soufflage ou moulage; ils doivent être inaltérables à l'eau.

L'étude des diverses matières vitreuses obtenues en fondant des proportions variables de silice et de bases diverses a montré que le résultat le plus avantageux était obtenu avec des silicates doubles alcalins et calcaires ou des silicates doubles alcalins et d'oxyde de plomb.

Les silicates alcalins sont en effet les plus fusibles de tous les silicates, pourvu toutefois que la proportion de silice ne s'élève pas au-dessus d'une certaine limite; les verres obtenus ne cristallisent pas par refroidissement, mais ils sont plus ou moins attaquables par l'eau. Ainsi avec 1 de silice et 2 ou 3 d'alcali la masse fond au rouge, mais se dissout complètement dans l'eau froide; avec 1 de silice et 1 d'alcali, la fusion est encore facile, mais le verre n'est plus complètement soluble dans l'eau; avec 7 parties de silice pour 1 d'alcali, le mélange ne fond plus qu'à un violent feu de forge.

On obtient un *verre soluble* en fondant dans un creuset de terre 15 parties de sable blanc avec 10 parties de carbonate de potasse et 1 partie de charbon. Il se dissout complètement dans 4 ou 5 parties d'eau bouillante. On a proposé d'employer cette dissolution pour rendre les étoffes incombustibles; l'étoffe ainsi imprégnée se trouve recouverte d'un vernis transparent; elle ne peut s'enflammer, mais se carbonise lentement.

Les silicates de calcium sont moins fusibles que les précédents; le plus fusible (3 parties de chaux et 5 de silice) ne fond qu'à un violent feu de forge. Ils ont de plus l'inconvénient de cristalliser facilement par le refroidissement.

Les silicates de plomb, au contraire, sont d'autant plus fusibles qu'ils renferment plus d'oxyde de plomb, et ils cristallisent difficilement.

Quant aux silicates de fer, ils sont beaucoup plus fusibles que les silicates alcalins et alcalino-terreux; mais ils cristallisent facilement si le refroidissement se fait lentement.

Les silicates à bases multiples sont en général plus fusibles que le plus fusible des silicates simples qui entrent dans le mélange, et, en ajoutant à un silicate qui cristallise facilement un silicate incristallisable, on obtient une masse vitreuse non susceptible de cristallisation. C'est en mélangeant des silicates alcalins avec des silicates alcalino-terreux ou métalliques, que l'on obtient des verres renfermant assez de silice pour être inattaquables à l'eau, aux acides, suffisamment fusibles pour la pratique industrielle et incristallisables.

Nous distinguerons trois espèces de verres : 1° les *verres incolores*; 2° les *verres colorés*; 3° le *cristal*.

270. **Verres incolores.** — Le verre blanc destiné à la fabrication des objets de gobeletterie, des vitres, des glaces, est fait avec du sable quartzeux blanc, de la soude artificielle, de la chaux délitée et des débris de verre provenant de fabrications antérieures. Les verres dits de Bohême sont à base de potasse et de chaux.

La figure 138 donne une coupe verticale d'un four de verrerie chauffé à la houille. Les matières, déshydratées par une première chauffe (*fritte*), sont introduites dans les creusets ou *pots* en argile réfractaire portés au rouge.

L'instrument principal de l'ouvrier verrier est la *canne* (fig. 139), tube de fer de 1m,50 environ, percé suivant son axe et enveloppé d'un manchon en bois vers l'extrémité opposée à celle qui doit plonger dans les creusets.

Prenons pour exemple la fabrication des vitres. L'ouvrier, plongeant l'extrémité de la canne, préalablement chauffée, dans le verre fondu, la retire garnie à son extrémité d'une certaine quantité de verre, et, la tournant constamment, l'appuie par son extrémité sur une plaque de fer appelée *marbre*; il la plonge de nouveau dans le creuset, puis dans une cavité en forme de poire pratiquée dans un billot de bois et humectée d'eau, où elle se refroidit. La masse de verre est ensuite portée dans une ouverture pratiquée aux parois du four et appelée *ouvreau*, où elle se réchauffe. Lors qu'elle est suffisamment molle, l'ouvrier souffle dans la canne, qu'il tourne constamment entre les doigts en l'abaissant et la relevant alternativement et lui donne successivement les formes représentées sur la figure 140. Lorsque la masse a pris une longueur convenable, un ouvrier place à l'extrémité une goutte de verre chaud et, enfonçant cette extrémité dans l'ouvreau, il souffle dans la canne; le verre ramolli se boursoufle et crève, puis avec des ciseaux il coupe l'extrémité convexe. Lorsque le verre est devenu solide, on place une goutte d'eau sur le point d'attache avec la canne et d'un coup sec on détache le verre : on obtient un cylindre ouvert à une extrémité et fermé à l'autre. Pour ouvrir celle-ci, on entoure le cylindre, à son extrémité convexe, d'une goutte de verre rouge qui s'allonge en filant et qui détermine immédiatement la séparation. Enfin, plaçant une goutte d'eau en un point de l'une des circonférences de base, on trace à partir de ce point un trait rectiligne avec un fer rouge et l'on coupe ainsi le cylindre suivant une génératrice.

Les cylindres sont introduits lentement dans un four dit

Fig. 138. Fig. 139.

d'*étendage*; le verre se ramollit et l'étendeur, armé d'une règle de fer, affaisse le verre de part et d'autre de la coupure (fig. 141); il aplanit ensuite la surface à l'aide d'une règle en forme de T dont la branche transversale est parfaitement polie. Le carreau est alors poussé dans un second compartiment du four moins

Fig. 140.

chauffé; on le soulève en l'appuyant contre une des parois et il se refroidit lentement.

Pour la fabrication des grandes glaces, le mode opératoire est

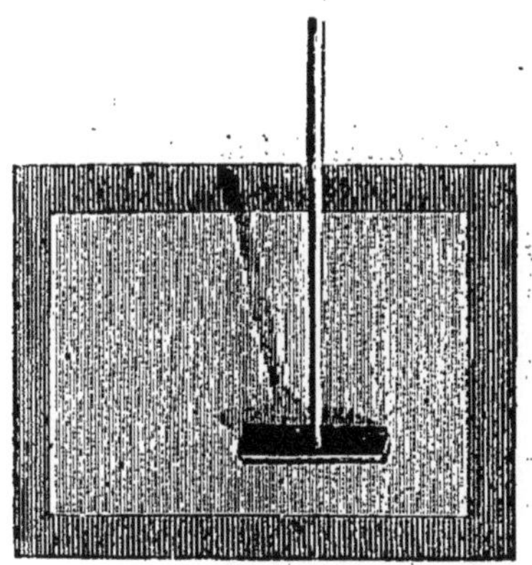

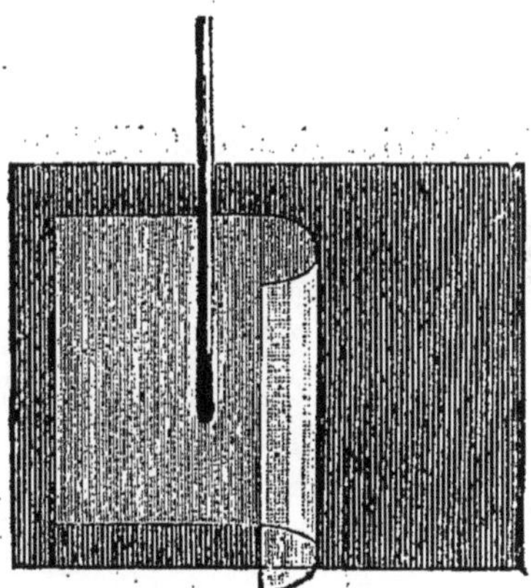

Fig. 141.

différent. Lorsque le verre est fondu, on soulève les creusets à l'aide d'un chariot et on les amène au-dessus d'une table de bronze (fig. 142) bien dressée et préalablement chauffée. On verse le verre et on l'étend à l'aide d'un rouleau. La glace est alors poussée dans un four, où elle se recuit. On procède ensuite au *polissage*, en la frottant à l'aide d'une autre glace recouverte de sable quartzeux très fin; la surface plane, mais dépolie, ainsi obtenue, est frottée avec de l'émeri délayé dans de l'eau, puis avec du colcothar.

271. Verres à bouteilles. — Les matériaux que l'on emploie à

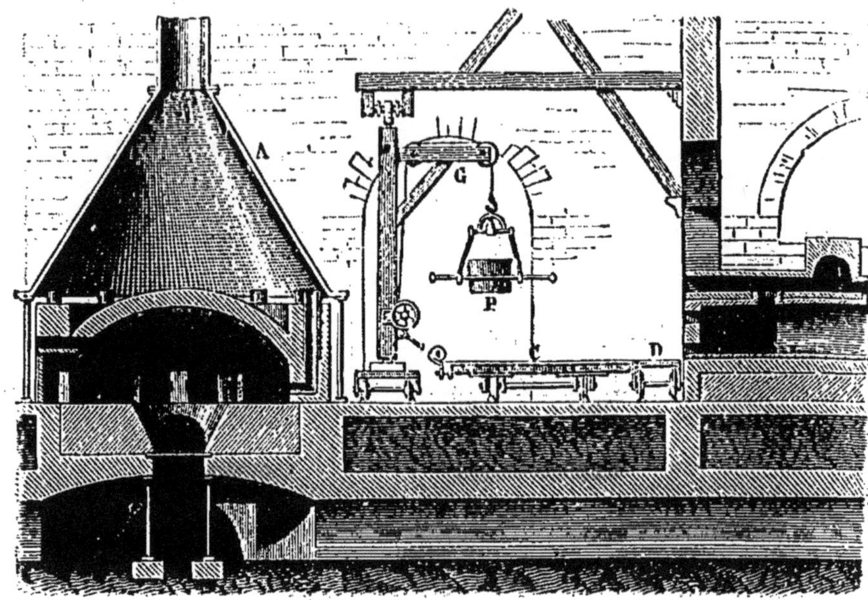

Fig. 142.

la confection des bouteilles sont de peu de valeur : sables ferrugi-

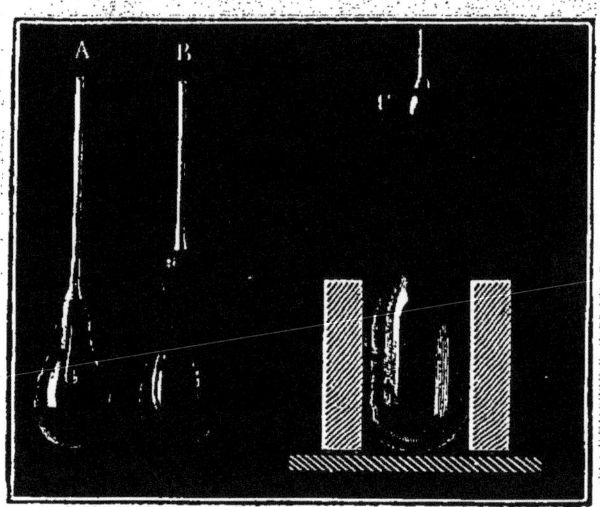

Fig. 143.

neux, soudes brutes de varechs et cendres de bois, des *cendres lavées* ou *charrées* qui introduisent de l'alumine et de la silice, enfin des fragments de verre à bouteilles. Le mélange, très fusible afin d'économiser le combustible, est fondu dans des creusets de grandes dimensions.

Après avoir amené à l'extrémité de sa canne, à laquelle il imprime un mouvement de rotation continue, une quantité suffisante de verre fondu (fig. 143), l'ouvrier marque le col en l'appuyant sur le *marbre*, lui donne à peu près la forme d'un œuf et, après avoir réchauffé la pièce, le souffle en l'introduisant dans un moule destiné à lui donner la forme voulue. Le souffleur la retourne alors et à l'aide d'une petite feuille de tôle rectangulaire dont il appuie un des angles au centre de la base de la bouteille, et qu'il enfonce, pendant qu'il tourne la canne, il façonne le fond rentrant (fig. 144). Il porte aussitôt le verre dans une cavité pratiquée dans le fourneau, puis, déposant une goutte d'eau près de l'extrémité du col et donnant une secousse à la canne, il détache la bouteille.

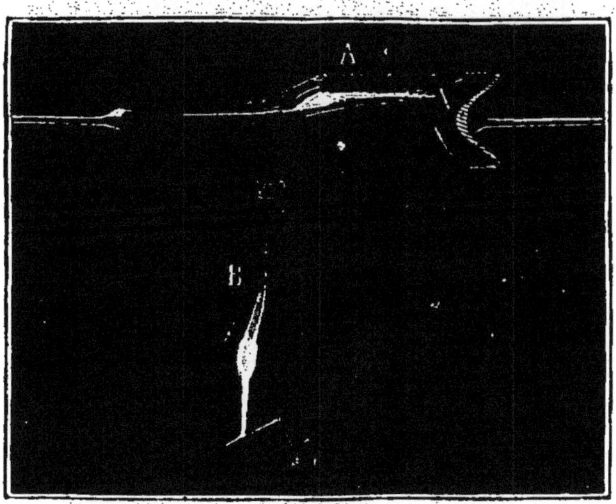

Fig. 144.

Celle-ci est alors retournée, fixée à la canne par sa base ; à l'aide d'une petite quantité de verre fondu qui s'allonge en filet, et qu'il présente à l'extrémité du goulot de la bouteille, animée toujours d'un mouvement de rotation, il entoure l'embouchure d'une corde de verre. La bouteille est portée enfin dans un fourneau, où elle se recuit au rouge sombre.

272. **Cristal.** — Ce verre, employé pour la fabrication des gobeleteries de luxe, est un silicate double de potasse et d'oxyde de plomb. Comme il doit être tout à fait incolore, on emploie du

sable très blanc, du carbonate de potassium raffiné et du minium qui, d'après son mode de préparation, ne peut renfermer de plomb métallique et qui, dégageant de l'oxygène sous l'influence de la chaleur, ne peut être réduit par les fumées ou poussières charbonneuses du foyer.

Pour la gobeletterie, on fond généralement :

300	parties de	sable,
200	—	minium,
100	—	carbonate de potassium,

dans des creusets en terre réfractaire qui, lorsqu'ils doivent être chauffés à la houille, sont munis d'un moufle dont l'ouverture correspond à l'ouvreau du four (fig. 145). On évite ainsi la réduc-

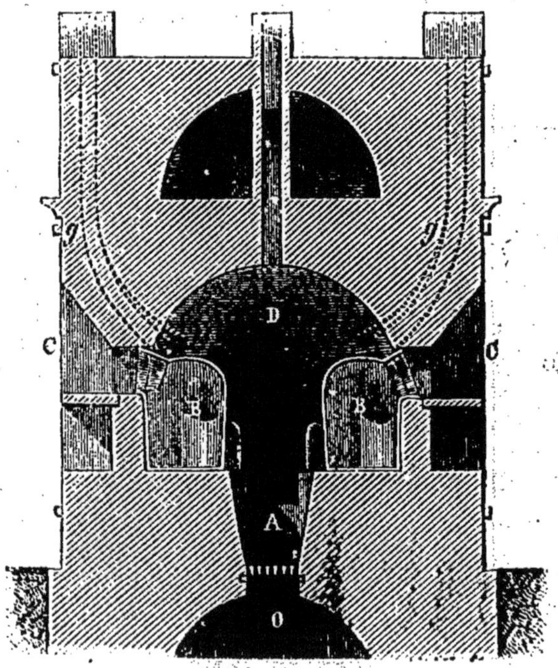

Fig. 145.

sion du sel de plomb par les gaz de la houille. On fabrique les objets en cristal par soufflage ou par moulage.

273. Verres d'optique. — Les verres des instruments d'optique sont de deux sortes :

Le *crown*, silicate double de potassium et de calcium, préparé avec des matériaux d'une très grande pureté ;

Le *flint*, qui est une espèce de cristal, beaucoup plus réfringent que le crown.

La fusion s'effectue dans des fours ne renfermant qu'un seul creuset à moufle; afin de rendre l'homogénéité parfaite et de faciliter le départ des bulles de gaz, on brasse, lorsque la fusion est complète, avec un cylindre en argile réfractaire fixé à l'extrémité d'une longue tige de fer recourbée. On laisse refroidir le creuset, on le casse, et l'on débite cette masse en fragments, rejetant les parties défectueuses.

274. **Strass.** — Le *strass* est un cristal très réfringent et très dense qui, convenablement taillé, imite le diamant. En le colorant avec des oxydes métalliques, on cherche à imiter diverses pierres précieuses.

275. **Trempe du verre.** — En refroidissant le verre brusquement, en le *trempant*, on lui communique une dureté, une élasticité, une résistance aux changements brusques de température bien supérieures à celles du verre recuit. Mais pour peu qu'un fragment de la surface du verre vienne à se détacher, la masse entière vole en éclats.

Les effets de la trempe du verre ont été observés très anciennement sur les *larmes bataviques* (fig. 146). Si l'on fait tomber dans l'eau une goutte de verre fondu, elle prend, en se détachant et se solidifiant brusquement, la forme d'une poire terminée par une longue queue effilée. Il suffit de briser cette pointe, pour que la masse tout entière éclate en une multitude de très petits fragments.

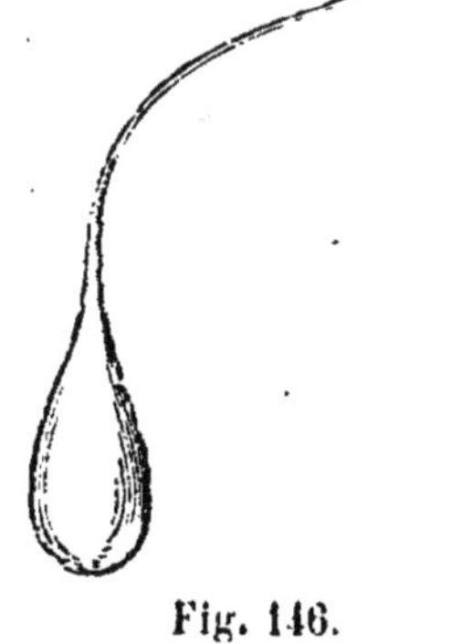

Fig. 146.

On fabrique des objets en verre trempés régulièrement dans toute la masse en les immergeant, alors qu'ils sont uniformément portés à une température voisine du ramollissement du verre, dans un bain de graisse dont la température oscille entre 60° et 120°. On fabrique ainsi des verres à boire en cristal, des vitres, des verres de lampe qui peuvent tomber d'une certaine hauteur sans se briser.

Mais une trempe inégale, comme celle que possède un objet en verre fabriqué en plusieurs temps, amènerait des dilatations inégales dans la masse et des ruptures que l'on évite en recuisant toutes les pièces après leur fabrication.

CHAPITRE XVII

FER — MANGANÈSE — CHROME — NICKEL — COBALT

Métaux du groupe du fer. — Autour du fer viennent se grouper quatre métaux dont les poids atomiques diffèrent peu et dont les propriétés physiques sont très voisines :

	Poids atomique.	Densité.
Chrome	52,0	6,8
Manganèse	54,8	7,1
Fer	56,0	7,8
Nickel	58,6	8,6
Cobalt	58,7	8,5

La température de fusion de ces métaux est supérieure à 1500° ; ce sont des métaux réfractaires. Ils ont une grande tendance à s'unir au carbone pour donner des *fontes* plus fusibles que les métaux purs.

FER, Fe = 56.

276. Propriétés. — Le fer pur a une couleur blanche qui se rapproche de celle de l'argent ; il est plus malléable que le fer ordinaire ; sa densité est 7,84.

Le fer du commerce est toujours souillé de petites quantités de matières étrangères, et surtout de carbone et de silicium, qui modifient beaucoup ses propriétés physiques (fontes, aciers). Ainsi le fer pur fond vers 1 500° ; les fontes et les aciers fondent à une température plus basse. Avant de fondre, le fer passe par l'état pâteux : à cet état il peut être martelé et deux barres de fer chauffées au rouge blanc peuvent être soudées l'une à l'autre sans l'interposition d'un corps étranger. Le fer pur qui a été étiré et martelé dans tous les sens a une structure grenue ; étiré en barres, il a une structure fibreuse qui disparaît peu à peu, surtout lorsque ces barres sont soumises à des vibrations répétées.

Le poids spécifique du fer forgé varie de 7,7 à 7,9 : c'est le plus tenace de tous les métaux usuels.

Le fer est attirable à l'aimant et s'aimante temporairement lorsqu'il est au contact ou au voisinage d'un aimant. Lorsqu'il est carburé, il s'aimante plus difficilement, mais reste aimanté lorsqu'on le soustrait à l'influence de l'aimant. Ses propriétés magnétiques diminuent et disparaissent bientôt lorsqu'on élève la température.

Le fer peut se conserver indéfiniment dans l'air ou l'oxygène secs sans subir d'altération. Cependant le fer très divisé, préparé à basse température par réduction de l'oxyde par l'hydrogène, est *pyrophorique*. Chauffé au rouge, il s'oxyde et se couvre d'une pellicule qui se détache en écailles d'oxyde magnétique Fe^3O^4 (*battitures*) lorsqu'on le forge. Il brûle dans l'oxygène avec grand éclat, en donnant ce même oxyde magnétique. Chauffé dans la vapeur d'eau au rouge sombre, il la décompose en hydrogène qui se dégage, et oxygène qui forme de l'oxyde magnétique.

Dans l'air humide, il se recouvre d'une couche pulvérulente de sesquioxyde hydraté (*rouille*). On le préserve d'oxydation en le recouvrant d'étain (*fer-blanc*), ou de zinc par voie galvanique (*fer galvanisé*), ou bien encore en le recouvrant de plusieurs couches de peinture.

Chauffé avec du soufre, il forme un sulfure très fusible FeS; il se combine avec le chlore pour donner le sesquichlorure de fer anhydre Fe^2Cl^6.

L'acide chlorhydrique, l'acide sulfurique étendu dissolvent le fer avec dégagement d'hydrogène; l'acide azotique l'attaque et du protoxyde et du bioxyde d'azote se dégagent. Il devient *passif* sous l'action de l'acide azotique monohydraté, qui non seulement ne le dissout pas, mais encore le rend inattaquable par l'acide étendu.

MÉTALLURGIE DU FER.

Les composés naturels du fer exploités comme minerais sont : le sesquioxyde Fe^2O^3 et ses hydrates, l'oxyde salin Fe^3O^4 et le carbonate ferreux CO^3Fe ou *fer spathique*, isomorphe du carbonate de calcium rhomboédrique.

277. Principes de la métallurgie. — Les oxydes de fer sont réduits à l'état métallique quand on les chauffe dans un courant d'hydrogène ou d'oxyde de carbone. Dans l'industrie, cette réduction est effectuée en chauffant le minerai avec du charbon, lequel agit par l'oxyde de carbone qui résulte de son oxydation incomplète.

Mais les minerais sont toujours impurs, mélangés de matières terreuses (*gangue*), dans lesquelles le fer resterait emprisonné, à moins qu'on ne déterminât la fusion de celles-ci : or l'argile, le quartz qui accompagnent les minerais ne fondent qu'à une température élevée.

Méthode catalane. — Dans la méthode primitive de traitement du fer, qui n'est plus employée que dans les contrées où le minerai est riche et le combustible rare (Pyrénées, Corse, Catalogne), et que l'on désigne sous le nom de *méthode catalane*, on chauffe directement le minerai avec du charbon; l'oxyde est partiellement réduit, tandis qu'une partie de cet oxyde se combine avec l'alumine et la silice pour donner un verre très fusible. On élève peu la température, le fer ne fond pas et, par conséquent, ne se combine pas avec le carbone, mais reste à l'état de masse spongieuse que l'on agglomère, lorsqu'il est rouge encore, par le battage au marteau. On perd ainsi une certaine quantité de fer qui passe dans les *laitiers*.

La forge catalane (fig. 147) se compose d'un *creuset* quadran-

Fig. 147.

gulaire en maçonnerie, dont le fond est formé d'une pierre de granit. On place au fond du creuset du charbon incandescent, puis on entasse du charbon de bois contre la partie droite dont la paroi est traversée par une *tuyère*, et le minerai, en fragments de la grosseur d'une noix, contre la paroi opposée. Lorsqu'on lance du vent par la tuyère, le minerai se réduit par l'oxyde de carbone formé aux dépens du combustible et l'on ajoute, à mesure que la masse s'affaisse, du charbon et du minerai, toujours dans le même ordre. Lorsque le fer réduit est en quantité suffisante, l'ouvrier, à l'aide d'un ringard, rassemble les diverses parties du fer spongieux en une masse (*massé*), qui est immédiatement portée sous le marteau, et, après avoir exprimé la scorie, on obtient des masses parallélépipédiques, qui sont immédiatement étirées en barres.

A cette méthode on substitue généralement aujourd'hui la méthode du *haut fourneau*, qui permet d'extraire presque la totalité du fer du minerai. On ajoute au minerai de la chaux, qui forme, avec la silice et l'alumine, un silicate double peu fusible et qui nécessite, par conséquent, une élévation de température considérable. Mais alors le fer, chauffé au contact du charbon, passe à l'état de *fonte*, qui fond en même temps que le laitier. Une seconde opération (*puddlage*) sera donc nécessaire pour transformer la fonte en fer.

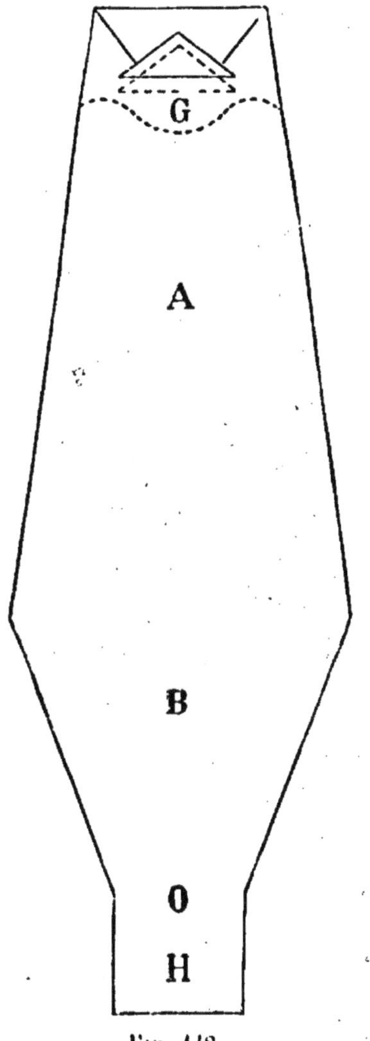

Fig. 148.

FONTES.

278. Haut fourneau. — Un haut fourneau (fig. 148) est formé de deux troncs de cône réunis par la base : le cône supérieur A est la *cuve* et son ouverture supérieure G le *gueulard* : le cône inférieur B porte le nom d'*étalages* et il se continue par une partie cylindrique O (*ouvrage*). Au-dessous se trouve le *creuset* H, dont la section est rectangulaire. Une des parois du creuset est formée par une pierre prismatique (*dame*) qui forme la *paroi antérieure*. Les parois postérieure et latérale de l'ouvrage sont percées d'ouvertures dans lesquelles on engage les *tuyères*, reliées à des machines soufflantes.

La figure 149 représente un type de haut fourneau généralement employé aujourd'hui; les gaz chauds qui s'échappent par le gueulard sont dirigés dans un *récupérateur* de chaleur; l'air lancé par les machines soufflantes, après avoir traversé le récupérateur en sens inverse, arrive aux tuyères à une température de 800°. On obtient ainsi, par l'emploi de l'air chaud, une économie de combustible et une marche plus régulière.

Fig. 149.

Supposons que le fourneau soit en marche depuis quelque temps : on a versé par le gueulard des couches alternatives de combustible et de minerai mélangé de calcaire (*castine*); la température est à son maximum dans l'ouvrage un peu au-dessus des tuyères, elle est peu élevée dans la partie supérieure de l'ouvrage. Au voisinage des tuyères et jusqu'à la base de la cuve, le charbon brûle vivement à l'état d'acide carbonique qui, mélangé d'azote et porté à une température élevée, s'élève et, au contact du charbon incandescent qu'il rencontre à la base de la cuve, se transforme en oxyde de carbone, qui réduit le minerai et passe de nouveau à l'état d'acide carbonique; le gaz qui se dégage par le gueulard sera donc formé d'acide carbonique, d'oxyde de carbone et d'azote.

Suivons maintenant la marche descendante des matières solides. Elles se dessèchent dans la partie supérieure de la cuve, l'oxyde de fer hydraté perd son eau, puis la réduction du fer se produit et la castine perd son gaz carbonique dans la partie inférieure de la cuve et dans les étalages; le fer réduit reste jusqu'ici disséminé dans la gangue, rien n'est encore fondu. Au bas des étalages, la chaux se combine avec la silice et l'argile, le fer se carbure et se charge de silicium provenant d'une réduction partielle de la silice par le charbon; enfin, dans l'ouvrage, la fusion de la fonte et du laitier se produit, et les deux liquides arrivant dans le creuset s'y superposent par ordre de densité, le laitier étant à la partie supérieure.

Dès que le laitier atteint la partie supérieure de la dame, il s'écoule sur un plan incliné, où il se solidifie. Lorsque le creuset est rempli de fonte, on procède à la coulée. Par une ouverture ménagée dans la dame, à la base du creuset, et qu'on appelle *trou de coulée*, fermée pendant l'opération par un tampon d'argile, on fait écouler la fonte dans des canaux pratiqués dans du sable, sur le sol de l'usine, où elle se solidifie. La fonte est alors sous la forme de grosses barres à section demi-circulaire, *gueuses* ou *gueusets* suivant leurs dimensions.

279. Propriétés des fontes. — Les fontes renferment de 2 à 5 pour 100 de carbone, du silicium et, en plus petite quantité, du phosphore, du soufre, enfin presque toujours du manganèse, dont la proportion dépend des minerais employés.

Si la température est très élevée dans le haut fourneau, la fonte obtenue est *grise*; une partie du carbone est combinée au fer, une autre partie s'est séparée pendant le refroidissement sous la forme de lamelles de graphite qui restent disséminées dans la masse.

Si la température est moins élevée dans le haut fourneau, la fonte se solidifie brusquement et la totalité du carbone reste combinée au fer; on a alors la fonte *blanche*.

Les propriétés de ces deux sortes de fonte sont bien distinctes.

La *fonte blanche* fond vers 1100° sans jamais prendre une grande fluidité; elle est, par conséquent, impropre au moulage. Elle est dure et cassante et, par suite, ne peut être travaillée ni à la lime, ni au marteau. On la réserve pour la préparation du fer.

La *fonte grise* est, comme son nom l'indique, de couleur grise; elle fond à 1 200° et devient très fluide; elle se laisse limer et tourner avec facilité. La fonte grise est employée au moulage, directement au sortir du haut fourneau lorsqu'il s'agit de grosses pièces (cylindres de machines à vapeur) ou des objets grossiers (conduites d'eau, colonnes, etc.); c'est un *moulage de première fusion.*

Mais pour les objets de petites dimensions le moulage s'effectue dans des usines spéciales, après une nouvelle fusion dans de petits fourneaux verticaux (*cubilots*) : *moulage de seconde fusion.*

Les moules sont généralement en sable; cependant, si l'on veut obtenir avec de la fonte grise des objets dont la surface offre la dureté de la fonte blanche (cylindres des laminoirs), on se sert de moules en fer, bons conducteurs de la chaleur. Les parties qui sont en contact avec les parois se solidifient brusquement à l'état de fonte blanche, dont elles prennent la dureté, tandis que les parties internes, se solidifiant plus lentement, restent à l'état de fonte grise.

FER.

280. **Puddlage.** — On transforme la fonte en fer en lui enlevant le carbone et le silicium; cette opération porte le nom de *puddlage.* Sans entrer dans le détail de cette opération, nous dirons quelques mots de la méthode de puddlage le plus généralement employée.

Sur la sole d'un four à réverbère (*four à puddler,* fig. 150) porté au rouge blanc par la flamme de la houille qui brûle sur la grille A, on place le métal avec des scories riches en oxyde de fer ou des battitures de fer. Le métal entre en fusion et le carbone est brûlé par l'oxygène des oxydes; de l'oxyde de carbone se dégage en bouillonnant de toute la masse et brûle avec une flamme bleue. L'ouvrier remue la masse avec un ringard par la porte O, et lorsqu'il juge que l'affinage est suffisant, il fait écouler les scories par la partie déclive du four, soude les parties du fer effrité en les comprimant, et les fait sortir du four sous la forme d'une boule qui est immédiatement portée sous le marteau-pilon.

Le *marteau-pilon à vapeur* (fig. 151), qu'un ouvrier manœuvre avec une extrême facilité, est destiné à battre dans tous les sens cette boule, formée d'un fer spongieux, à en exprimer les scories et à souder les fragments de fer encore rouge pour en faire une masse compacte. Cette opération ne dure qu'un temps très court et le fer, encore rouge, est porté au laminoir et transformé en barres.

Le fer puddlé n'est pas homogène, car il n'a pas été fondu et ses diverses parties ont été seulement agglomérées par le battage. Après l'avoir réduit en barres, on superpose un certain nombre de celles-ci et, après les avoir portées au rouge, on les lamine;

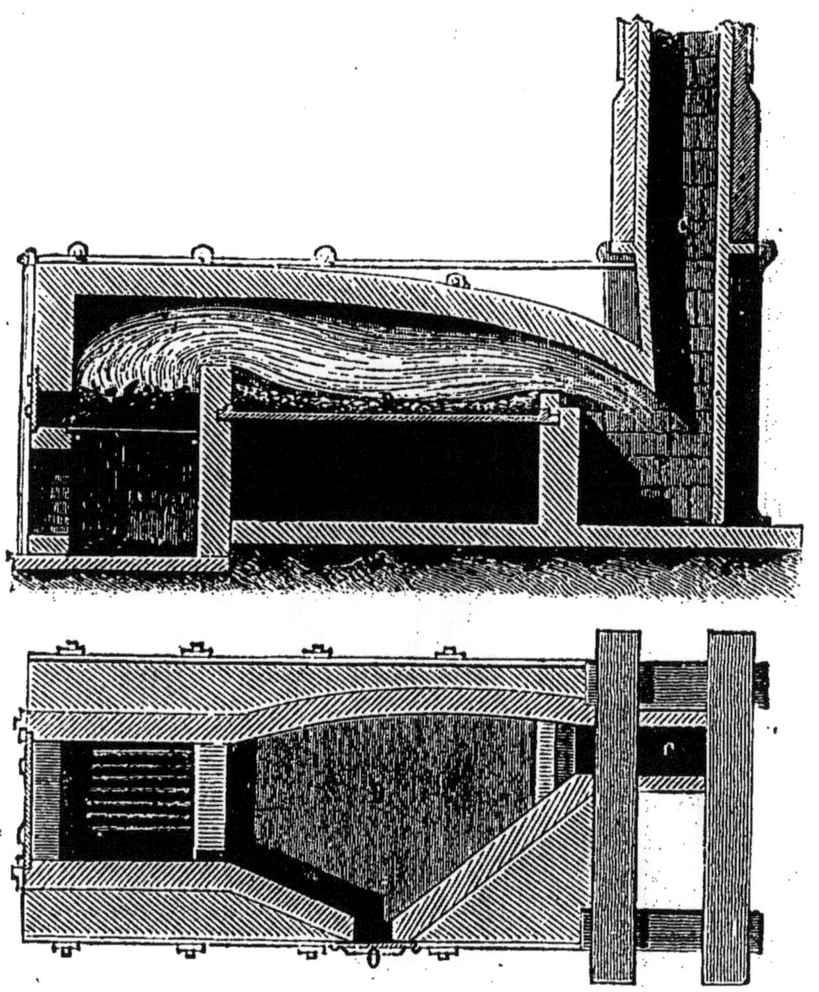

Fig. 150.

en recommençant cette opération, on obtient des barreaux suffisamment homogènes.

Le plus souvent les fontes, telles qu'on les obtient au sortir des hauts fourneaux chauffés au coke, renferment du soufre, du phosphore et des proportions assez élevées de silicium. Avant de les puddler, on les affine. L'*affinage* ou *mazéage* consiste en une fusion au contact du charbon et sous le vent d'une tuyère, dans un foyer analogue à la forge catalane. La fonte ainsi affinée a perdu du carbone et la presque totalité du silicium.

281. Fer pur. — Le fer puddlé n'est pas du fer chimiquement

Fig. 151.

pur ; le plus pur est le fil d'archal ou fil de clavecin. Pour obtenir du fer pur, on oxyde superficiellement des fils de clavecin et on les introduit dans un creuset de porcelaine avec une petite quantité de verre pulvérisé. On introduit ce creuset dans un second creuset en terre réfractaire dont le couvercle est luté avec de l'argile, et l'on chauffe à la plus haute température d'un fourneau à vent. L'oxygène de l'oxyde brûle les matières étrangères et l'excès d'oxyde se dissout dans la matière vitreuse qui forme scorie à la surface du culot métallique.

On obtient également du fer pur en réduisant le sesquioxyde de fer pur par l'hydrogène.

282. **Applications.** — C'est avec le fer que l'on prépare la tôle par des martelages et laminages au rouge, et les fils de fer à l'aide des filières. Mais ce ne sont que les fers bien purs qui peuvent être étirés en fils très fins (*fils de clavecin* ou *fils d'archal*).

ACIERS.

Les aciers sont des fers ne renfermant pas plus de 0,7 à 1,5 pour 100 de carbone; la présence de cette petite quantité de carbone suffit pour communiquer au fer des propriétés spéciales. Comme le fer, les aciers sont malléables, mais ils s'en distinguent en ce qu'ils sont susceptibles de durcir par la *trempe*.

On prépare l'acier par carburation du fer (*cémentation*) ou par décarburation partielle de la fonte (*aciers naturels*).

283. **Cémentation.** — On prépare l'acier de cémentation en chauffant des barres de fer minces au contact du poussier de charbon. L'opération se fait dans des caisses rectangulaires en briques réfractaires disposées dans un four commun et remplies de poussier de charbon de bois mélangé de $\frac{1}{10}$ de son poids de cendres et d'un peu de sel marin. On maintient ces caisses pendant sept à huit jours à la température de fusion du cuivre. Les barres sont recouvertes de soufflures qui font donner à l'acier de cémentation le nom d'*acier poule*.

La transformation du fer en acier n'est que superficielle : aussi n'emploie-t-on l'acier qu'après l'avoir *corroyé* ou *fondu*. Pour pratiquer le corroyage, on juxtapose plusieurs barres et, après les avoir portées au rouge, on les lamine; ces barres sont trempées, puis brisées, juxtaposées comme ci-dessus et laminées de nouveau.

La fusion s'effectue dans des creusets en plombagine.

284. **Aciers naturels, aciers puddlés.** — En fondant des fontes très pures sous une couche de scories qui servent à brûler une partie du carbone, ou en puddlant incomplètement des fontes manganésifères, on obtient les *aciers naturels* ou *aciers de forge* et les *aciers puddlés*.

285. **Procédé Bessemer.** — On prépare depuis quelques années, par décarburation, de grandes quantités d'un fer aciéreux d'une parfaite homogénéité, dont la composition est celle d'un acier et qui peut acquérir par la trempe une certaine dureté.

Dans le procédé *Bessemer*, on introduit de la fonte en fusion dans une sorte de cornue en terre réfractaire garnie extérieurement de forte tôle et mobile autour d'un axe horizontal (fig. 152).

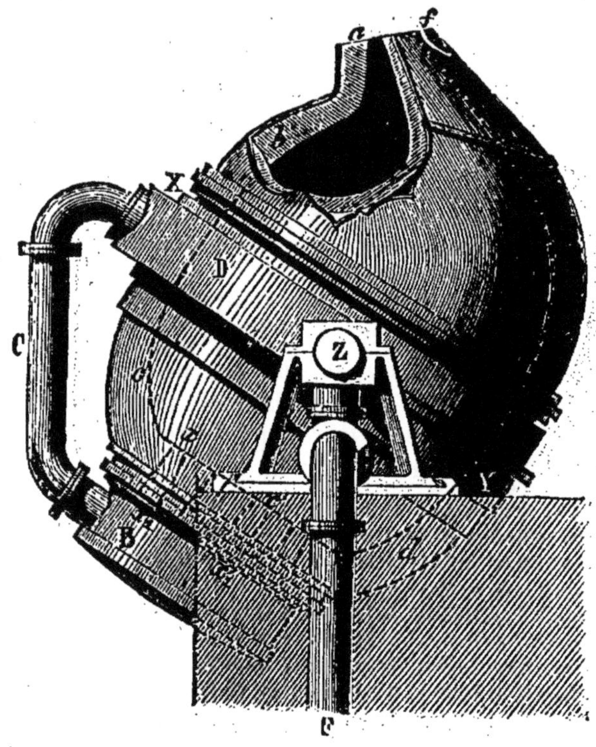

Fig. 152.

On injecte ensuite dans cette masse un courant d'air qui brûle le carbone et le silicium et donne du fer pur : cette première partie de l'opération n'est donc qu'une sorte de puddlage. On ajoute une certaine quantité de fonte manganésifère qui apporte le carbone nécessaire à la transformation en acier, et l'on coule immédiatement.

Ce procédé, qui permet d'obtenir d'une seule coulée 10 000 kilogrammes d'acier, n'était déjà plus suffisant pour préparer les énormes pièces métalliques que l'industrie emploie actuellement. Dans le procédé *Martin*, on chauffe sur la sole d'immenses fours à réverbère de la fonte et des déchets de fer, de façon à obtenir un bain dont la teneur en carbone peut être calculée d'avance.

On peut facilement ainsi fondre et couler d'une seule pièce 20 à 25 tonnes de fer aciéreux d'une homogénéité parfaite.

Bessemer basique. — Les fontes qui contiennent de notables quantités de soufre et de phosphore ne peuvent être traitées au convertisseur Bessemer que si l'on garnit entièrement l'appareil en briques de dolomie; la chaux et la magnésie forment avec la silice et les composés oxygénés du phosphore et du soufre une scorie basique qui débarrasse le fer de ses impuretés. C'est le procédé *Bessemer basique*, par opposition au procédé primitif dans lequel le convertisseur est revêtu intérieurement de briques siliceuses et qui est dit pour cette raison *Bessemer neutre*. Le volume considérable des scories exige ici que le convertisseur soit de très grandes dimensions (15 tonnes environ).

286. **Propriétés des aciers.** — L'acier refroidi lentement est aussi mou que le fer et se laisse aussi facilement travailler. Mais si on le chauffe au rouge et si on l'immerge brusquement dans un liquide froid, c'est l'opération de la *trempe*, il devient dur et cassant; chauffé au rouge et refroidi lentement, il redevient aussi mou que primitivement.

Pour donner aux outils en acier trempé les qualités spéciales aux usages auxquels on les destine, on les recuit partiellement. Par le recuit, la surface du métal se recouvre d'une pellicule mince d'oxyde, dont la couleur indique à l'ouvrier le terme de l'opération :

Recuit à	220°	l'acier est	*jaune paille* (lancettes, rasoirs).
—	255	—	*brun* (ciseaux, bêches).
—	265	—	*pourpre* (haches, cisailles).
—	288	—	*bleu clair* (épées, ressorts de montre).
—	295	—	*bleu indigo* (poignards).
—	315	—	*bleu noir* (scies à main).

L'*acier de cémentation* est réservé aux objets de quincaillerie; avec les *aciers puddlés*, on fabrique la grosse coutellerie, les sabres, épées, ressorts de voiture; en *acier fondu*, on fait les laminoirs, la coutellerie fine, les ressorts de montre, la bijouterie d'acier.

Les plaques de blindage, les pièces d'artillerie se font en fer aciéreux.

COMPOSÉS DU FER.

287. **Composés oxygénés.** — Les composés oxygénés du fer sont :

1° Le protoxyde ou *oxyde ferreux*, FeO;

2° L'oxyde salin ou *oxyde magnétique*, Fe^3O^4;

3° Le sesquioxyde ou *oxyde ferrique*, Fe^2O^3;

4° L'acide ferrique, FeO^3, qui n'est d'ailleurs connu qu'à l'état de combinaison avec les alcalis (*ferrates*) et qui ne présente aucun intérêt pratique.

Protoxyde, FeO. — Le protoxyde de fer s'obtient à l'état anhydre lorsqu'on chauffe le sesquioxyde dans un courant de gaz hydrogène à 440°. Après refroidissement, il se présente sous la forme d'une poudre noire pyrophorique.

Le précipité vert que l'on obtient en versant de la potasse, de la soude ou de l'ammoniaque dans la dissolution d'un sel ferreux est du protoxyde hydraté. La couleur de ce précipité devient plus foncée et tourne au brun si on l'agite au contact de l'air, en se transformant peu à peu en sesquioxyde. L'eau de chlore, les dissolutions des hypochlorites alcalins opèrent rapidement cette transformation.

Sesquioxyde, Fe^2O^3. — Le sesquioxyde de fer anhydre Fe^2O^3 se trouve dans la nature en cristaux rhomboédriques, noirs, doués de l'éclat métallique (*fer oligiste*), ou en masses compactes, fibreuses, d'un rouge foncé (*hématite rouge*).

A l'état d'hydrate, il se rencontre en masses brunes concrétionnées (*hématite brune*) ou en grains dans les couches du terrain jurassique (*fer oolithique*).

On prépare le sesquioxyde de fer anhydre en décomposant par la chaleur le sulfate ferreux, ou mieux le sulfate de sesquioxyde. C'est une poudre rouge, très divisée, qui, sous le nom de *colcothar* ou de *rouge Angleterre*, est employée au polissage des glaces ou dans la peinture à l'huile.

L'hydrate s'obtient en versant une dissolution alcaline dans un sel ferrique. C'est un précipité brun, gélatineux, qui perd son eau sous l'action de la chaleur; si, après sa dessiccation, on continue de le chauffer, il devient incandescent et se transforme en une variété compacte, qui ne se dissout plus que très difficilement dans les acides. Enfin, au rouge blanc, il perd de l'oxygène et se transforme en oxyde salin Fe^3O^4.

Oxyde salin (*oxyde magnétique*), Fe^3O^4. — L'oxyde salin se trouve dans la nature en cristaux noirs dérivant du système cubique ou en masses compactes; cet oxyde est attirable à l'aimant, et l'aimant naturel est formé par cet oxyde.

C'est le composé oxygéné du fer le plus stable aux températures élevées; aussi l'obtient-on quand on brûle du fer dans l'oxygène ou quand on décompose la vapeur d'eau par le fer. Lorsqu'on le dissout dans un acide, la liqueur renferme un sel de protoxyde et un sel de sesquioxyde et l'on peut précipiter successivement ces deux oxydes en versant de la potasse goutte à goutte dans la dissolution. Mais si, inversement, on verse cette dissolution dans la solution alcaline, on obtient un précipité noir qui présente la composition de Fe^3O^4. Pour ces motifs, on envisage cet oxyde comme un véritable sel résultant de la combinaison du protoxyde et du sesquioxyde.

288. **Chlorures de fer.** — *Chlorure ferreux*, $FeCl^2$. — En chauffant du fer dans un courant de gaz chlorhydrique, on obtient des cristaux blancs de chlorure ferreux. On prépare directement sa dissolution en attaquant le fer par l'acide chlorhydrique du commerce; il se dégage de l'hydrogène et on obtient un liquide vert clair qui, par évaporation, donne des cristaux verts $FeCl^2 + 6H^2O$.

Chlorure ferrique, Fe^2Cl^6. — On prépare le chlorure ferrique en chauffant le métal dans un courant de chlore sec; il cristallise en lamelles brunes. Il se dissout dans l'eau en donnant un liquide brun foncé que l'on prépare plus facilement en dissolvant du sesquioxyde de fer dans l'acide chlorhydrique.

L'hydrogène réduit le sesquichlorure anhydre sous l'action de la chaleur et donne du fer très divisé. Chauffé dans un courant de vapeur d'eau, il se transforme en sesquioxyde cristallisé avec dégagement d'acide chlorhydrique.

289. **Sulfures de fer.** — *Protosulfure*, FeS. — On prépare un protosulfure de fer en chauffant dans un creuset un mélange de soufre et de limaille de fer, et coulant la masse fondue.

A l'état d'hydrate, on obtient le protosulfure sous la forme d'un précipité noir, lorsque l'on verse une dissolution de sulfhydrate d'ammoniaque dans un sel de fer.

Bisulfure (*pyrites*), FeS^2. — La pyrite est dimorphe. Une première variété se rencontre en grande abondance dans la nature sous la forme de cristaux dérivant du système cubique, d'un beau jaune de laiton. C'est la *pyrite martiale*, très dure, faisant feu sous le briquet.

La seconde variété (*pyrite blanche* ou *marcassite*), d'un jaune verdâtre, dérive d'un prisme droit à base rhombe. Celle-ci est beaucoup plus altérable que l'autre : elle s'oxyde lentement au contact de l'air, se délite et se transforme en sulfate de fer.

Le grillage des pyrites fournit à l'industrie l'acide sulfureux nécessaire à la fabrication de l'acide sulfurique.

290. **Sulfates de fer.** — Le sulfate ferreux (*vitriol vert*, *couperose verte*) cristallise à la température ordinaire avec 7 molécules d'eau : $SO^4Fe + 7H^2O$; les cristaux sont d'un vert clair. A la température de 15°, 100 parties d'eau en dissolvent 70 parties et 300 parties à 100°. Aussi ce sel cristallise-t-il facilement par refroidissement de ses dissolutions saturées à chaud.

Il perd 6 molécules d'eau à 100° et la septième à 300°. Le sel sec est incolore. Si on le calcine au rouge, il se décompose en anhydride sulfurique, gaz sulfureux et sesquioxyde de fer, qui reste sous la forme d'une poudre rouge (281) :

$$2SO^4Fe = Fe^2O^3 + SO^2 + SO^3.$$

Au contact de l'air, les cristaux se recouvrent d'une couche jaune, pulvérulente, de sous-sulfate ferrique :

$$2SO^4Fe + O = (SO^4)^2OFe^2 ;$$

cette transformation est plus facile à réaliser lorsque le sel est dissous. L'acide azotique, le chlore transforment également le sulfate ferreux en sulfate ferrique $(SO^4)^3Fe^2$, dont la dissolution est d'un brun foncé.

Le sulfate ferreux, tendant ainsi à se suroxyder, sera employé comme réducteur.

Inversement, un courant d'hydrogène sulfuré, passant dans une dissolution d'un sel ferrique, ramène celui-ci au minimum d'oxydation :

$$(SO^4)^3Fe^2 + H^2S = 2SO^4Fe + H^2O + S.$$

On prépare le sulfate ferreux en dissolvant des débris de fer dans l'acide sulfurique impur, résidu d'un certain nombre d'industries (par exemple, l'épuration des huiles), ou en oxydant les pyrites de fer.

Le sulfate ferreux est employé dans la teinture en noir, la fabrication de l'encre, du bleu de Prusse ; c'est un désinfectant.

291. **Ferrocyanure et ferricyanure de potassium.** — On trouve dans le commerce un cyanure double de fer et de potassium, désigné sous les noms de *ferrocyanure de potassium* ou *prussiate jaune de potassium*, en beaux cristaux jaunes, dont la composition est représentée par la formule $FeCy^6K^4 + 3H^2O$.

On prépare ce sel en décomposant par la chaleur des débris de peau, puis chauffant la matière charbonneuse ainsi obtenue avec du carbonate de potassium dans des chaudières en fer. On reprend par l'eau bouillante et on concentre jusqu'à cristallisation.

On en prépare aussi de grandes quantités par le traitement des résidus de l'épuration du gaz d'éclairage qui contiennent du bleu de Prusse. On fait bouillir ces résidus avec de la chaux et on obtient ainsi un ferrocyanure de calcium soluble que l'on traite par le carbonate de potasse.

Le ferrocyanure de potassium donne, avec la plupart des dissolutions métalliques, des précipités dont la couleur est caractéristique du métal. Avec les sels de cuivre on obtient un précipité brun $FeCy^6Cu^2$; avec les sels de plomb un précipité blanc $FeCy^6Pb^2$.

Il donne, avec les sels ferreux, un précipité blanc-bleuâtre $FeCy^6FeK$, et avec les sels ferriques un précipité bleu foncé (bleu de Prusse).

Ferricyanure de potassium. — Lorsqu'on fait passer un courant de chlore dans une dissolution de prussiate jaune jusqu'à ce que la liqueur ne donne plus de précipité bleu avec les sels ferriques, et qu'on la concentre, on voit se déposer des cristaux volumineux d'un sel rouge foncé, que l'on désigne sous les noms de *ferricyanure de potassium*, ou de *prussiate rouge de potassium* $(FeCy^6)^2K^6$:

$$2(FeCy^6K^4) + Cl^2 = 2KCl + (FeCy^6)^2K^6.$$

Le prussiate rouge précipite en bleu les sels ferreux; avec les sels ferriques, il ne donne pas de précipité, mais le liquide se colore en brun.

Bleu de Prusse, $Cy^{18}Fe^7$. — Le bleu de Prusse est un précipité bleu foncé que l'on obtient en mélangeant des dissolutions de ferrocyanure de potassium et d'un sel ferrique :

$$2Fe^2Cl^6 + 3FeCy^6K^4 = 12KCl + Cy^{18}Fe^7.$$

Le bleu de Prusse se trouve dans le commerce en pains d'un bleu foncé avec reflets cuivrés; il est insoluble dans l'eau et dans l'alcool. Il est employé en peinture et en teinture; dissous dans l'acide oxalique étendu, il fournit une belle encre bleue.

CHROME, $Cr = 52,0$.

292. **Propriétés.** — Le chrome ressemble au fer; il est gris, dur et cassant. On le prépare aujourd'hui en grande quantité en réduisant le sesquioxyde Cr^2O^3 par le charbon dans le four électrique. Le métal pur n'a pas reçu d'application, mais de petites quantités de chrome introduites dans les aciers leur communiquent des propriétés spéciales (*aciers au chrome*).

293. **Principaux composés.** — Les principaux composés oxygénés sont le *sesquioxyde* Cr^2O^3 et l'*anhydride chromique* CrO^3.

A l'anhydride chromique correspond un *acide chromique* CrO^4H^2, et c'est un *chromate de potassium*, CrO^4K^2, que l'on obtient en fondant avec de la potasse et du nitre le *fer chromé* naturel $FeCr^2O^4$. La dissolution du chromate de potassium est jaune; elle vire au rouge orangé en présence de l'acide chlorhydrique ou de l'acide acétique et contient alors du *bichromate de potassium* :

$$2CrO^4K^2 + 2HCl = 2KCl + Cr^2O^7K^2.$$

Le bichromate de potassium est un sel rouge-orangé; additionné d'acide sulfurique, il forme le liquide dépolarisant des *piles au bichromate*.

Les chromates de plomb, de zinc, sont des poudres jaunes insolubles, employées en peinture.

En chauffant le bichromate de potassium avec du soufre et reprenant par l'eau, on a le sesquioxyde Cr^2O^3, poudre verte. Le *vert Guignet* est une belle couleur verte employée dans la fabrication des papiers peints et des impressions sur tissus; c'est un hydrate $Cr^2O^3, 2H^2O$.

MANGANÈSE, $Mn = 54,8$.

294. **Préparation et propriétés.** — On prépare le manganèse pur en chauffant dans un creuset de chaux, à un violent feu de forge, un mélange d'oxyde rouge de manganèse pur Mn^3O^4 avec un poids de charbon de sucre pulvérisé inférieur

à celui qui serait nécessaire pour obtenir la réduction complète. On évite soigneusement l'emploi d'un excès de charbon, qui formerait avec le métal une *fonte* dont les propriétés seraient très différentes de celles du métal; quant à l'excès d'oxyde, il se combine à la chaux sous forme de manganate.

Le manganèse pur est gris, dur et cassant; à l'air humide il se délite, c'est-à-dire tombe en poussière en s'oxydant. Il décompose l'eau à sa température d'ébullition.

Le manganèse pur n'a pas d'applications. Mais en réduisant au haut fourneau des mélanges d'oxyde de fer et de manganèse on prépare des fontes manganésifères très riches en manganèse et utilisées dans la métallurgie du fer (166).

COMPOSÉS DU MANGANÈSE.

295. **Composés oxygénés.** — Les composés oxygénés du manganèse sont : le *protoxyde* MnO, l'*oxyde salin* Mn^3O^4, le *sesquioxyde* Mn^2O^3, le *bioxyde* MnO^2, l'*acide manganique* MnO^4H^2 et l'*acide permanganique* MnO^4H.

Protoxyde. — Le protoxyde de manganèse anhydre est une poudre verte, que l'on obtient en réduisant le bioxyde par l'hydrogène; il brûle, quand on le chauffe à l'air libre, en donnant l'oxyde salin Mn^3O^4. A l'état d'hydrate, on l'obtient sous la forme d'un précipité blanc lorsqu'on verse une dissolution de potasse dans un sel de manganèse. Ce précipité blanc, insoluble dans un excès de réactif, brunit rapidement au contact de l'air en se transformant en sesquioxyde.

Sesquioxyde. — Il existe dans la nature à l'état anhydre (*braunite*) ou hydraté (*acerdèse*). Chauffé, il dégage de l'oxygène et se transforme en oxyde salin.

Bioxyde. — C'est le composé oxygéné du manganèse que l'on trouve le plus communément dans la nature (*pyrolusite*). Il est cristallisé ou en masses compactes terreuses, de couleur noire, renfermant du sesquioxyde, du sesquioxyde de fer, du carbonate de calcium, de la silice.

Chauffé au rouge, il perd le tiers de son oxygène et laisse un résidu d'*oxyde rouge* :

$$3MnO^2 = Mn^3O^4 + 2O.$$

Chauffé avec de l'acide sulfurique, il se transforme en sulfate :

$$MnO^2 + SO^4H^2 = SO^4Mn + O + H^2O.$$

Au contact de l'acide chlorhydrique, il dégage du chlore :

$$MnO^2 + 4HCl = MnCl^2 + 2Cl + 2H^2O.$$

Cette dernière réaction est appliquée industriellement à la préparation du chlore et des chlorures décolorants. On rend les huiles *siccatives* en les chauffant avec une petite quantité de bioxyde de manganèse qui leur cède de l'oxygène. Dans la fabrication du verre on introduit dans les creusets une petite quantité de bioxyde de manganèse qui, dégageant de l'oxygène, brûle les matières charbonneuses que le mélange peut renfermer, et communique au verre une légère coloration violacée destinée à masquer la coloration jaune habituelle des verres (*savon des verriers*). Enfin le bioxyde mélangé au sesquioxyde de fer est réduit dans les hauts fourneaux, et sert à la préparation des fontes manganésifères ou *ferromanganèses*.

Oxyde salin. — Cet oxyde, résidu de la calcination du bioxyde, est rouge-brun. On le trouve cristallisé dans la nature (*haussmannite*).

Acides manganique et permanganique. — Si l'on chauffe dans un creuset de la potasse caustique ou mieux de l'azotate de potassium avec du bioxyde de manganèse, et si l'on reprend par l'eau, on obtient un liquide vert qui est une dissolution de manganate de potassium MnO^4K^2, renfermant un excès de potasse.

Mais si l'on étend d'eau ce liquide vert, il prend une coloration rouge violacé et renferme alors en dissolution du permanganate MnO^4K :

$$3MnO^4K^2 + 2H^2O = 2MnO^4K + MnO^2 + 4KOH,$$

en même temps que des flocons bruns de bioxyde hydraté se séparent. Les alcalis ajoutés à cette dissolution la ramènent au vert, en reformant du manganate :

$$2MnO^4K + 2KOH = 2MnO^4K^2 + O + H^2O.$$

Ces changements de coloration qu'éprouve la dissolution de manganate lui ont fait donner le nom de *caméléon minéral*.

On transforme également le manganate en permanganate en ajoutant à la dissolution un acide (acide acétique, acide carbonique); le manganate en effet, ne pouvant exister en dissolution qu'en présence d'un excès d'alcali, la transformation en permanganate s'effectue à mesure que l'acide sature la base et du bioxyde de manganèse hydraté se sépare.

Le permanganate de potassium se prépare en chauffant dans un creuset de terre poids égaux de bioxyde de manganèse, de chlorate de potassium et de potasse caustique dissoute dans une très petite quantité d'eau. On porte peu à peu au rouge sombre et l'on reprend par l'eau bouillante. En évaporant cette dissolution on obtient des cristaux d'un violet foncé presque noirs.

La dissolution du permanganate de potassium est d'un rouge violacé et son pouvoir tinctorial est considérable; elle cède de l'oxygène aux sels ferreux, qu'elle transforme en sels ferriques; elle transforme l'acide sulfureux en acide sulfurique, les azotites en azotates, l'acide oxalique en acide carbonique, etc. Ainsi, versons goutte à goutte du permanganate de potassium dans une dissolution d'acide sulfureux, nous voyons chaque goutte se décolorer au contact de la dissolution sulfureuse jusqu'au moment où, l'oxydation étant complète, l'addition d'une goutte de réactif colore le liquide en rose :

$$2MnO^4K + 5SO^2 + 2H^2O = SO^4K^2 + 2SO^4Mn + 2SO^4H^2.$$

296. **Sels de manganèse.** — Les sels de manganèse les plus stables, ceux qu'on trouve uniquement dans le commerce, sont des sels de protoxyde. Ils sont roses; leur dissolution est rose, et presque incolore lorsqu'elle est étendue.

Le *chlorure* ($MnCl^2 + 4H^2O$) est un résidu de la préparation du chlore. Le *sulfate* ($SO^4Mn + 7H^2O$), isomorphe du sulfate de fer, résulte de la décomposition du bioxyde de manganèse par l'acide sulfurique.

NICKEL et COBALT.

$$Ni = 58{,}6, \quad Co = 58{,}7.$$

297. **Nickel.** — Le nickel est un métal gris, un peu moins dur que le manganèse, dont la densité varie de 8,3 à 8,7 suivant l'état physique; il est ductile et malléable. Sa fusibilité est intermédiaire entre celle du manganèse et celle du fer. On ne peut le fondre dans un creuset de charbon sans qu'il se combine avec ce métalloïde et donne une fonte plus fusible que le métal.

Il se comporte comme le fer vis-à-vis des acides. Mais il est moins oxydable que le fer.

Les dissolutions des sels de nickel sont d'un vert clair; la potasse y donne un précipité vert pâle insoluble dans un excès d'alcali; l'ammoniaque donne un précipité qui se dissout dans un excès de réactif et la liqueur devient bleue.

Le nickel entre dans la composition du maillechort (318). Pour le préserver de l'oxydation, on recouvre le fer de nickel en décomposant par la pile une dissolution de sulfate de nickel dans l'ammoniaque.

Un silicate double de nickel et de magnésium (*Garniérite*), très abondant dans la Nouvelle-Calédonie, est exploité depuis quelques années et fournit une grande partie du métal actuellement employé.

On attaque le silicate de nickel par l'eau régale et l'on évapore à sec. On rend ainsi insoluble la silice séparée des deux sels de nickel et de magnésie que l'on reprend ensuite par l'eau. En ajoutant un excès d'ammoniaque, on précipite du sesquioxyde de fer et de l'alumine, et en faisant passer dans cette dissolution alcaline un courant d'hydrogène sulfuré, on précipite le nickel à l'état de sulfure. Ce sulfure se dissout dans l'acide chlorhydrique et donne le chlorure de nickel $NiCl^2$.

298. **Cobalt.** — Les propriétés physiques du cobalt sont très voisines de celles du nickel. Il n'a par lui-même aucune application; il n'en est pas de même de quelques-uns de ses composés. Le *smalt* ou bleu d'azur est un silicate double de cobalt et de potassium; il est employé dans les fabriques de papier peint. L'oxyde de cobalt mélangé à un silicate fusible et broyé finement avec de l'essence de térébenthine est employé dans la peinture sur porcelaine; c'est un bleu de grand feu.

Les sels de cobalt dissous sont roses; les sulfures alcalins y donnent un précipité noir de sulfure; un excès de potasse donne un précipité rose d'hydrate $Co(OH)^2$; l'ammoniaque ne forme pas de précipité, mais une liqueur qui brunit à l'air.

Un oxyde de cobalt hydraté (*asbolane*), contenant aussi du fer, du manganèse et un peu de nickel, existe en assez grande abondance dans la Nouvelle-Calédonie, et est exploité depuis peu pour l'extraction du cobalt.

CHAPITRE XVIII

PLOMB — ÉTAIN — ANTIMOINE — BISMUTH

PLOMB, Pb = 206,4.

299. **Propriétés.** — Le plomb, lorsque sa surface vient d'être mise à nu, est d'un gris bleuâtre et brille d'un vif éclat métallique; sa densité est 11,4. Il fond à 330° environ et se volatilise sensiblement au rouge.

Le plomb est un métal très mou. Il est rayé par l'ongle et peut être facilement coupé au couteau; frotté sur le papier, il laisse une trace grisâtre. Il est très malléable : par le battage, on le réduit en feuilles minces et il s'étire en fils d'une extrême flexibilité; cependant la faible ténacité du métal s'oppose à ce qu'on le réduise en fils aussi fins que ceux de fer ou de cuivre.

Au contact de l'air, le plomb se ternit rapidement par suite de la formation d'une couche grise, très mince d'ailleurs, de sous-oxyde de plomb Pb^2O. Mais l'oxydation est rapide lorsqu'on maintient le métal en fusion au contact de l'air; il se forme dans ce cas du protoxyde de plomb PbO.

Dans l'air humide renfermant de l'acide carbonique, il se recouvre d'une couche blanchâtre de carbonate de plomb hydraté. Ce même phénomène se produit lorsqu'on laisse séjourner une lame de plomb dans l'eau distillée : cette lame se recouvre peu à peu de petits cristaux d'hydrocarbonate et le liquide dissout une petite quantité de ce composé. Les eaux pluviales produisent le même effet, et ces eaux, tombant sur des toitures en plomb ou séjournant dans des réservoirs en plomb, deviennent impropres à l'alimentation, car les composés du plomb sont toxiques.

Les eaux de sources ou de rivières qui renferment des sulfates solubles n'attaquent pas le plomb ou du moins forment un sulfate insoluble qui recouvre le métal d'un enduit protecteur; aussi ces eaux, malgré qu'elles aient séjourné au contact du plomb, peuvent-elles servir à l'alimentation, et les tuyaux en plomb sont employés pour conduire les eaux potables.

Le plomb est très lentement attaqué par l'acide chlorhydrique concentré et bouillant. L'acide sulfurique d'une concentration inférieure à 60° Baumé l'attaque à peine; aussi peut-on se servir de

Fig. 153.

feuilles de plomb pour recouvrir les parois internes des chambres où l'on fabrique l'acide sulfurique et des bacs où, dans l'industrie, on produit des réactions dans lesquelles intervient l'acide sulfurique. Mais l'acide sulfurique concentré et bouillant l'attaque, avec dégagement d'acide sulfureux et formation de sulfate de plomb.

L'acide azotique le dissout à la température ordinaire; il se forme du bioxyde d'azote et de l'azotate de plomb qui reste dissous.

300. **Métallurgie.** — Le carbonate de plomb (*Cérusite*) et le sulfure de plomb (*Galène*) sont les seuls composés naturels du plomb utilisés pour l'extraction du métal.

Le traitement du carbonate de plomb est très simple : il suffit en effet de le chauffer avec du charbon dans un four vertical (*four à manche*) pour avoir le métal.

Deux méthodes sont employées pour traiter la galène.

1° *Méthode par réduction.* — Les minerais pauvres, dont la gangue est siliceuse, sont chauffés avec de vieilles ferrailles dans un four à cuve (fig. 153) ; le plomb coule dans un bassin qui est à la base antérieure du four et le gueulard G est surmonté d'une cheminée sinueuse dans laquelle se condensent des fumées plombifères, que l'on recueille et que l'on traite avec de nouveaux minerais.

2° *Méthode par réaction.* — Lorsque la gangue est peu siliceuse et qu'il n'y a pas à craindre la formation de silicates, on dispose le minerai sur la sole d'un four à réverbère, sole formée d'une argile peu siliceuse, qui présente en son milieu une excavation dans laquelle le plomb viendra se réunir (fig. 154). On grille tout d'abord le minerai, c'est-à-dire qu'on le chauffe en laissant arriver l'air par les ouvertures du fourneau. Il se forme de l'oxyde de plomb et du sulfate de plomb, tandis qu'une partie du soufre se dégage à l'état de gaz sulfureux. Ce grillage est toujours incomplet et il reste par conséquent de la galène. Lorsqu'on juge que le grillage est suffisant, on ferme les ouvertures du fourneau et l'on donne un coup de feu. Les deux réactions suivantes se produisent :

$$PbS + 2PbO = 3Pb + SO^2,$$
$$PbS + PbO,SO^3 = 2Pb + 2SO^2,$$

et le plomb fondu se rassemble dans le creux de la sole, d'où on le fait écouler à l'extérieur.

301. **Traitement du plomb argentifère.** — La galène est fréquemment argentifère; le plomb qui en résulte renferme alors de l'argent en quantité souvent assez considérable pour qu'il y ait intérêt à l'en extraire (*plomb d'œuvre*).

On effectue la séparation de l'argent par *coupellation*, opération qui consiste à oxyder complètement le plomb dans un fourneau dit *de coupelle*. Lorsque l'oxydation du plomb est complète, l'argent reste à l'état métallique. La figure 155 représente un fourneau de coupelle employé dans le Hartz. La sole, qui a la forme d'une calotte hémisphérique, est revêtue intérieurement d'une couche de marne C (*coupelle*); la voûte du four est formée par un couvercle en forte tôle H que l'on peut soulever à l'aide d'une grue. Le plomb est fondu sur la coupelle par la flamme d'un foyer latéral; deux soufflets dont les buses pénètrent par les ouvertures *a* et *b* injectent de l'air à la surface du métal qui s'oxyde, et la litharge formée s'écoule par un orifice latéral fermé au début de l'opération par les bords de la coupelle et que l'on débouche, à mesure que le niveau du plomb fondu s'abaisse, en entaillant peu à peu la couche marneuse. L'argent reste sous la forme d'un disque, et les dernières traces de litharge sont absorbées par la couche poreuse de la coupelle. Vers la fin de l'opération, le bain d'argent est recouvert d'une mince couche de litharge, qui s'amincit rapidement en présentant les couleurs des bulles de savon; puis le voile disparaît subitement et la surface de l'argent apparaît plus éclatante que la paroi du four; la température du bain s'est en effet élevée par l'oxydation du plomb, puis s'abaisse rapidement au moment où celle-ci est terminée. On donne à ces phénomènes qui signalent la fin de l'opération le nom d'*éclair*.

Fig. 154.

Une partie des litharges résultant de la coupellation est livrée au commerce; mais la plus grande partie est *revivifiée*, c'est-à-dire transformée de nouveau en plomb métallique par la calcination avec du charbon.

On ne traite avantageusement par coupellation le plomb argentifère qu'autant qu'il renferme au moins $\frac{1}{5000}$ d'argent. La coupellation doit être précédée d'un enrichissement, d'un *affinage*. L'af-

Fig. 155.

finage le plus généralement employé est l'affinage par *cristallisation*, imaginé par Pattinson et désigné aussi sous le nom de *pattinsonage*. Le plomb argentifère est fondu et soumis à un refroidissement lent; des cristaux se forment, retenant très peu d'argent; on les enlève, on les fond et on retire de nouveau des cristaux moins riches en argent que le liquide. Les liquides séparés des cristaux, dans ces diverses opérations, sont mélangés et, par des cristallisations successives, enrichis peu à peu. Il reste en fin de compte un plomb argentifère que l'on soumet à la coupellation.

302. **Applications. — Alliages.** — Le plomb réduit en feuilles sert à recouvrir les toits, les parois des chambres où l'on fabrique l'acide sulfurique. On en fait des tuyaux pour conduire l'eau et le gaz de l'éclairage; par suite de la mollesse du métal, on peut leur donner facilement à la main les courbures les plus compliquées. Pour obtenir ces tuyaux, on comprime le métal dans un moule en acier chauffé par des foyers latéraux (fig. 156). En soulevant un piston muni d'une tige verticale, on force le métal fondu à s'échapper dans l'espace annulaire compris entre la tige et les parois d'un orifice circulaire que porte le bloc d'acier. Le métal se solidifie au sortir du moule et le tuyau s'enroule sur un tambour.

Les caractères d'imprimerie sont formés par un alliage de plomb et d'antimoine, dont la composition répond sensiblement à la formule PbSb. L'antimoine donne de la dureté au plomb ; on

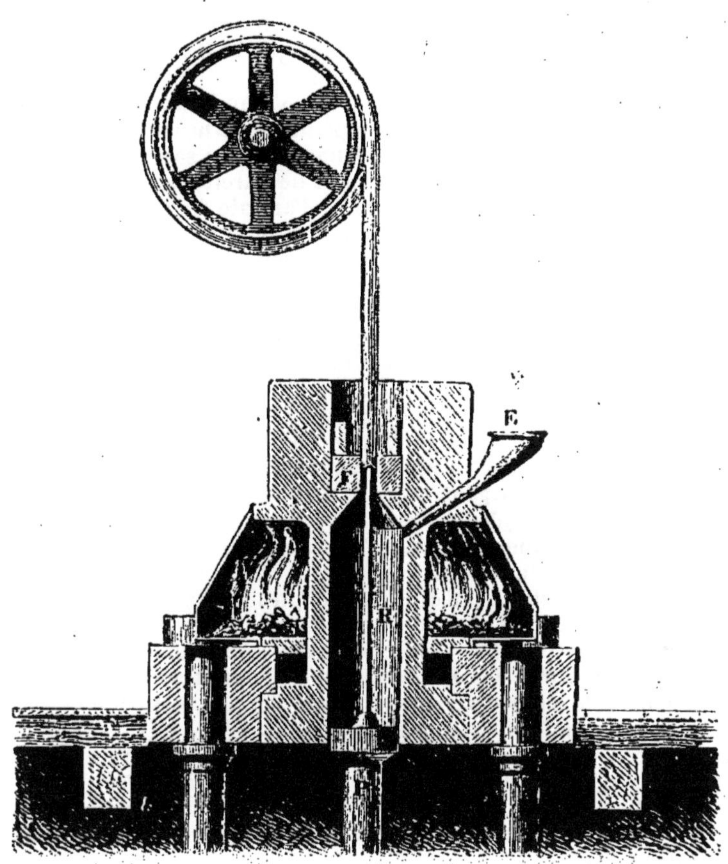

Fig. 156.

ajoute quelquefois un peu de bismuth pour rendre l'alliage plus fusible.

Les soudures sont formées de 2 parties de plomb et 1 partie d'étain (*soudure des plombiers*) ou 1 partie de plomb et 1 partie d'étain (*soudure des ferblantiers*). Les alliages pour *vaisselle* et *robinets* contiennent 8 de plomb et 92 d'étain.

Le *plomb de chasse* renferme de 0,3 à 0,8 pour 100 d'arsenic. Pour le fabriquer, on verse le métal fondu dans une sorte d'écumoire en tôle, et le liquide forme, à la sortie des orifices, grâce à la petite quantité d'arsenic introduite, des gouttelettes parfaitement sphériques qui, tombant d'une grande hauteur, se solidifient pendant la chute et sont recueillies dans un réservoir rempli d'eau.

COMPOSÉS OXYGÉNÉS DE PLOMB.

On connaît un *sous-oxyde* Pb^2O, un *protoxyde* PbO, un *oxyde salin* Pb^3O^4, un *sesquioxyde* Pb^2O^3 et un *bioxyde* ou *acide plombique* PbO^2. Le sous-oxyde et le sesquioxyde ne présentent aucun intérêt pratique.

303. **Massicot, Litharge, PbO.** — Le protoxyde de plomb obtenu en oxydant le plomb à une température inférieure à la température de fusion de l'oxyde porte le nom de *massicot*; c'est une poudre d'un jaune sale, qui sert exclusivement à la préparation du minium. On l'obtient à l'état de pureté dans les laboratoires en décomposant par la chaleur le carbonate ou l'azotate de plomb.

La *litharge* est de l'oxyde de plomb fondu que l'on prépare industriellement en coupellant le plomb argentifère. Elle se présente sous la forme d'écailles cristallines jaunes ou rougeâtres, suivant que le refroidissement a été plus ou moins rapide; il suffit d'ailleurs de pulvériser finement, dans un mortier, de la litharge jaune pour obtenir une poudre rougeâtre; ce changement de coloration est donc dû uniquement à une modification moléculaire.

La litharge fond au rouge et, si l'on fait l'opération dans un creuset de terre, celui-ci est rapidement percé par suite de la formation d'un silicate très fusible qui est un véritable verre. La litharge fondue dissout l'oxygène de l'air; par refroidissement, le gaz se dégage en produisant un *rochage* analogue à celui que nous décrirons en étudiant l'argent.

On obtient un hydrate d'oxyde de plomb en versant de la potasse dans un sel de plomb. Ce précipité, comme d'ailleurs l'oxyde anhydre, se dissout facilement dans les dissolutions alcalines; en concentrant ces dissolutions, l'oxyde se dépose sous la forme de petits octaèdres rhombiques jaunes ou rouges.

304. **Minium.** — Le massicot[1] chauffé au contact de l'air, à 300°, se transforme peu à peu en une poudre d'un beau rouge, désignée sous le nom de *minium*. Les miniums du commerce ont des compositions différentes suivant la durée de chauffe; mais jamais le poids d'oxygène fixé sur l'oxyde de plomb ne dépasse celui qui correspond à la formule $2PbO, PbO^2$ ou Pb^3O^4.

Le minium noircit lorsqu'on le chauffe, puis, à une température supérieure à 300°, dégage de l'oxygène et se transforme en oxyde jaune de plomb.

Le minium sert en peinture et dans la fabrication des papiers de tenture, de la cire à cacheter, du cristal; mélangé à la céruse, il forme les joints des machines à vapeur.

En faisant chauffer du minium avec de l'acide azotique, on dissout du protoxyde de plomb et il reste une poudre brune de bioxyde (*oxyde puce*).

SULFURE, CHLORURE, SELS DE PLOMB.

305. **Sulfure, PbS.** — Le sulfure de plomb (*galène*) est le plus abondant des minerais de plomb. Il forme des cristaux cubiques quelquefois très volumineux, d'un noir bleuâtre; il fond au rouge, et peut être volatilisé dans un courant d'azote, au rouge blanc.

Par le grillage, il se transforme en un mélange de sulfate de plomb et d'oxyde de plomb, ou même en plomb métallique :

$$PbS + 4O = SO^4Pb,$$
$$PbS + 3O = PbO + SO^2,$$
$$PbS + 2PbO = 3Pb + SO^2.$$

1. Le massicot destiné à la préparation du minium est obtenu par l'oxydation d'un plomb exempt de cuivre.

306. **Chlorure, $PbCl^2$.** — Lorsqu'on verse dans une dissolution concentrée d'un sel de plomb de l'acide chlorhydrique ou un chlorure soluble, on obtient un précipité blanc cristallin de chlorure de plomb. Ce précipité est soluble dans 135 fois son poids d'eau froide et plus soluble à chaud; aussi, lorsqu'on le chauffe en présence d'une quantité d'eau suffisante, il se dissout, pour se déposer de nouveau, par refroidissement, en paillettes cristallines.

Le chlorure de plomb fond au rouge sombre et se solidifie en une masse translucide, ressemblant à de la corne et qui se laisse couper au couteau (*plomb corné*).

On emploie en peinture, sous les noms de *jaune minéral*, *jaune de Cassel*, *jaune de Turner*, des oxychlorures de plomb. On prépare le jaune de Cassel ($PbCl^2, 7PbO$) en chauffant 10 p. de minium et 1 p. de chlorhydrate d'ammoniaque.

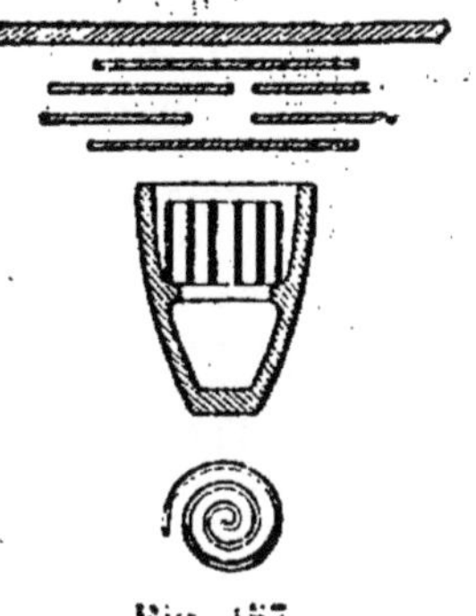

Fig. 157.

307. **Sulfate, SO^4Pb.** — Le sulfate de plomb existe dans la nature, cristallisé en prismes rhomboïdaux droits (*anglésite*). Il est insoluble dans l'eau : aussi l'obtient-on sous la forme d'une poudre blanche très dense, lorsqu'on verse de l'acide sulfurique ou un sulfate soluble dans un sel de plomb.

308. **Carbonate de plomb, céruse.** — Le carbonate neutre de plomb CO^3Pb se rencontre dans la nature (*cérusite*). Il est utilisé dans la métallurgie du plomb.

On désigne sous le nom de *céruse* un hydrocarbonate de plomb dont la composition s'écarte peu de celle qui correspond à la formule

$$2CO^3Pb + Pb(OH)^2;$$

la céruse renferme souvent un excès de carbonate neutre.

On prépare industriellement la céruse par deux procédés : le *procédé hollandais* et le *procédé de Clichy*.

1° *Procédé hollandais.* — Dans des pots en grès (fig. 157) on introduit du

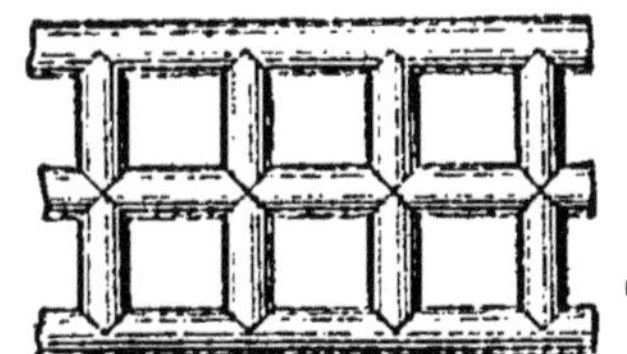

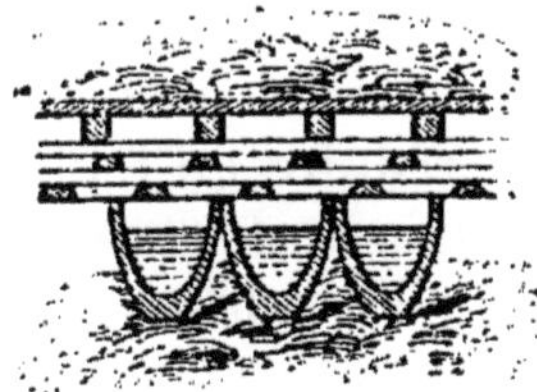

Fig. 158.

vinaigre, puis une lame de plomb enroulée en spirale; on recouvre les pots de quatre rangées de lames de plomb. Ces pots sont ensuite disposés sur un lit de fumier par couches, dans une fosse rectangulaire; chaque rangée de pots repose sur une planche qui supporte un nouveau lit de fumier et une nouvelle rangée de pots, et ainsi de suite.

On remplace avantageusement les lames par des grilles en plomb que l'on pose simplement par couches sur les pots (fig. 158).

Sous l'action de l'oxygène de l'air et de l'acide acétique vaporisé par la chaleur développée par la fermentation du fumier, le plomb se transforme en acétate tribasique et hydrate d'oxyde de plomb :

$$4Pb + 4O + 2C^2H^4O^2 = \underbrace{(C^2H^3O^2)^2Pb + 2PbO} + Pb(OH)^2.$$

Mais le gaz carbonique dégagé par la fermentation du fumier réagit sur les produits précédents et forme de l'acétate neutre de plomb et de la céruse :

$$3PbO,C^4H^3O^3+PbO,HO+2CO^2=PbO,C^4H^3O^3+[2(PbO,CO^2)+PbO,HO]$$

L'acétate neutre se transforme de nouveau en acétate tribasique :

$$PbO,C^4H^3O^3+2Pb+2O=3PbO,C^4H^3O^3.$$

Lorsque les lames de plomb se trouvent carbonatées sur une épaisseur suffisante, on les bat, et on réduit la céruse en poudre fine.

2° *Procédé de Clichy.* — Le procédé dit *de Clichy*, imaginé par Thénard, consiste à faire passer un courant de gaz carbonique dans une dissolution d'acétate tribasique de plomb. La céruse se sépare en poudre fine et il reste un liquide renfermant de l'acétate neutre, dans lequel il suffit de dissoudre de la litharge pour le transformer de nouveau en acétate tribasique; la transformation de la litharge en carbonate se fait donc d'une manière continue, par l'intermédiaire de l'acétate.

La céruse est insoluble dans l'eau, mais soluble dans l'eau chargée d'acide carbonique. Chauffée progressivement, elle perd de l'eau, de l'acide carbonique et se transforme en *mine orange*, mélange de minium, de protoxyde et d'un peu de carbonate non altéré.

On se sert de la céruse en peinture : mélangée intimement à l'huile, elle forme une peinture blanche opaque qui *couvre* bien; on la mélange généralement aux autres couleurs pour leur donner de l'opacité. Mais la céruse présente l'inconvénient de noircir par les émanations sulfureuses; de plus son maniement est dangereux. C'est surtout dans les fabriques de céruse que l'inconvénient se manifeste; les poussières de céruse, pénétrant dans le tube digestif, déterminent des accidents connus sous le nom de *coliques saturnines*. Pour éviter les accidents, on pulvérise sous l'eau la céruse produite par le procédé hollandais; puis on imbibe la pâte humide avec de l'huile qui déplace l'eau, et la céruse est livrée aux peintres dans l'état même où elle doit être employée.

ÉTAIN, Sn = 117,4.

309. Propriétés. — L'étain est un métal blanc très malléable; on peut le réduire en feuilles minces, mais sa ténacité est faible. Lorsqu'on plie un barreau d'étain, on entend un bruit particulier connu sous le nom de *cri* de l'étain, dû à ce que les parties internes, formées de cristaux enchevêtrés, se brisent ou frottent les unes contre les autres. L'étain possède une légère odeur, bien perceptible lorsqu'on frotte ce métal avec la main.

Sa densité est 7,29. Il fond à 228°; c'est le plus fusible des métaux communs. Par refroidissement, l'étain fondu cristallise. Si la solidification est complète, les cristaux restent enchevêtrés; mais on met en évidence la structure cristalline du lingot en lavant la surface avec de l'acide chlorhydrique étendu (*moiré métallique*). Si, lorsque la solidification est incomplète, on décante le liquide, on trouve sur les parois du vase des cristaux d'étain.

L'étain n'est pas volatil.

L'étain ne s'oxyde pas sensiblement à la température ordinaire; la surface du métal se ternit cependant un peu. Mais, lorsqu'il est fondu, sa surface se recouvre rapidement d'une couche grisâtre, mélange de protoxyde SnO et de bioxyde d'étain SnO^2. Chauffé au rouge vif, il brûle en se transformant en bioxyde.

L'étain se dissout à froid dans l'acide chlorhydrique concentré, avec dégagement d'hydrogène; la liqueur contient alors un chlorure stanneux $SnCl^2$. L'acide sulfurique étendu le dissout lentement à chaud, avec dégagement d'hydrogène; mais l'acide sulfurique concentré et bouillant l'attaque avec dégagement d'acide sulfureux, tandis que le métal se transforme en sulfate.

L'acide azotique ordinaire attaque l'étain avec une très grande énergie à la température ordinaire, et le transforme en acide *métastannique*; mais l'acide monohydraté pur est sans action.

L'étain se dissout avec dégagement d'hydrogène, lorsqu'on le chauffe avec une solution de potasse ou de soude; l'oxyde formé se combine avec les alcalis pour former des stannates.

510. **Métallurgie.** — La métallurgie de l'étain est des plus simples : le seul minerai d'étain est le bioxyde naturel ou *cassitérite* SnO^2, réductible par le charbon.

On charge, couche par couche, dans un fourneau droit dit *fourneau à manche* (fig. 159), le charbon et le minerai, et on active la combustion à l'aide d'une machine soufflante. L'étain et les scories s'écoulent dans un premier bassin; puis, lorsque celui-ci est plein, on fait écouler le métal dans un second, où on l'agite avec du bois vert. On réduit ainsi la petite quantité d'oxyde entraîné, en même temps que les gaz qui se dégagent du bois remuent la masse et font monter les crasses à sa surface; on coule l'étain en lingots.

On affine le métal en chauffant ces lingots sur la sole d'un four à réverbère; l'étain fond le premier et se sépare des alliages qu'il forme avec les métaux étrangers.

511. **Applications.** — L'étain est employé en feuilles minces pour envelopper le chocolat, étamer les glaces. Comme les composés de l'étain sont inoffensifs, on étame à l'intérieur les vases de cuivre qui servent à la cuisson des aliments; on étame également les épingles en laiton.

Le *fer-blanc* est de la tôle étamée. On décape soigneusement la surface du fer avec des acides sulfurique ou chlorhydrique étendus et l'on sèche en frottant avec du son. On plonge ensuite pendant quelque temps la tôle dans un bain de graisse, puis dans l'étain fondu, et l'on nettoie rapidement la surface avec un pinceau; la surface du fer s'est, dans ces conditions, alliée à l'étain. En plongeant une dernière fois la lame dans de l'étain pur fondu, on la recouvre d'une couche brillante de ce métal.

En mouillant la surface du fer-blanc avec une eau régale

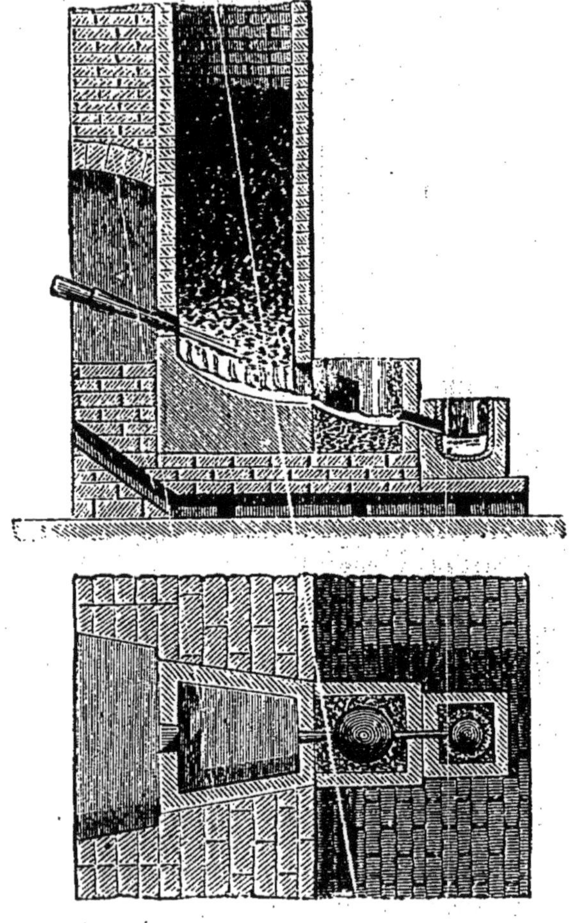

Fig. 159.

faible (2 parties d'acide chlorhydrique, 1 partie d'acide azotique, 3 parties d'eau) on dissout la couche superficielle, et la surface apparait *moirée*, c'est-à-dire tapissée de cristaux d'étain enchevêtrés et présentant de vives couleurs à la lumière réfléchie. On recouvre les feuilles de fer-blanc moiré d'un vernis transparent.

ANTIMOINE, Sb = 120.

312. **Propriétés.** — L'antimoine est un métal de couleur blanche, à texture cristalline, très cassant. Sa densité est 6,7. Il fond à 450°.

Inaltérable à la température ordinaire, il s'oxyde au rouge, et se transforme en un oxyde volatil Sb^2O^3, qui se condense en petites aiguilles blanches (*fleurs argentines d'antimoine*). L'acide azotique l'oxyde avec dégagement de vapeurs rutilantes et le transforme en *acide antimonique* Sb^2O^5. Les acides sulfurique et chlorhydrique l'attaquent difficilement.

En se combinant avec le chlore, il peut former deux chlorures : le *trichlorure* $SbCl^3$ et le *pentachlorure* $SbCl^5$. Le premier se forme lorsqu'on dissout le sulfure d'antimoine dans l'acide chlorhydrique (*préparation de l'hydrogène sulfuré*); il suffit d'évaporer le liquide et de distiller le résidu pour obtenir le trichlorure sous la forme d'une masse incolore à cassure cristalline, qui ne se dissout dans l'eau qu'en subissant une décomposition partielle en oxychlorure solide SbOCl et acide chlorhydrique. Le pentachlorure se forme lorsqu'on projette de l'antimoine en poudre dans une atmosphère de chlore, ou lorsqu'on fait passer un courant de chlore dans le trichlorure; c'est un liquide qui ne peut être volatilisé sans se décomposer partiellement en chlore et trichlorure.

Le *sulfure d'antimoine* Sb^2S^3 se trouve dans la nature en cristaux fibreux, gris de plomb (*stibine*). On l'obtient sous la forme d'un précipité rouge-orangé lorsqu'on fait passer un courant d'hydrogène sulfuré dans une dissolution chlorhydrique de trichlorure.

313. **Métallurgie.** — Le minerai d'antimoine est le sulfure; on le sépare par fusion des matières terreuses qui l'accompagnent. On grille ce sulfure et on le fond dans un creuset avec un mélange de carbonate de soude et de charbon; l'oxyde est réduit par le charbon, et la petite quantité de soufre contenue dans la matière forme un sulfure double d'antimoine et de sodium qui reste comme une scorie à la surface du métal.

BISMUTH, Bi = 208.

314. **Propriétés.** — Le bismuth est d'un blanc jaunâtre; sa densité est 9,8. Il fond à 264° et cristallise facilement par refroidissement (2).

Inaltérable à l'air à la température ordinaire, il brûle au rouge vif et forme l'oxyde Bi^2O^3. L'acide azotique l'oxyde et le dissout à l'état d'azotate; les acides sulfurique et chlorhydrique l'attaquent difficilement.

On connaît deux composés oxygénés du bismuth : l'*oxyde* Bi^2O^3 et l'*acide bismuthique* Bi^2O^5. Le premier forme avec l'acide azotique une combinaison importante, l'*azotate de bismuth* $(AzO^3)^3Bi + 3H^2O$. Ce sel se dissout dans l'eau en se décomposant partiellement : un précipité blanc, cristallin, de *sous-azotate de bismuth* $AzO^3(OH)^2Bi$ se dépose et le liquide s'enrichit en acide azotique, qui dissout alors sans décomposition une partie de l'azotate primitif. Le sous-azotate ou sous-nitrate de bismuth est employé en médecine.

315. **Métallurgie.** — Le bismuth existe à l'état natif, mélangé à du quartz et à des matières terreuses. On le sépare de ces matières étrangères par simple fusion. On prépare du bismuth très pur en calcinant le sous-azotate avec un mélange de carbonate de soude et de charbon.

CHAPITRE XIX

CUIVRE — MERCURE — ARGENT — OR — PLATINE

CUIVRE, $Cu = 63,2$.

316. Propriétés. — Le cuivre est d'une couleur rouge caractéristique. C'est, après l'or et l'argent, le métal le plus malléable et le plus ductile ; il jouit également d'une assez grande ténacité. La densité du cuivre varie de 8,85 à 8,95, suivant qu'il a été fondu ou martelé. Il fond vers 1100°, et au rouge blanc émet des vapeurs qui brûlent au contact de l'air avec une flamme verte.

Le cuivre ne s'oxyde pas dans l'air sec à la température ordinaire ; mais, à l'air humide renfermant de l'acide carbonique, il se recouvre d'une couche verdâtre d'hydrocarbonate de cuivre (*vert-de-gris*). Lorsqu'on le chauffe au rouge sombre, il noircit, en se recouvrant d'une mince couche d'oxyde de cuivre ; il brûle dans le chlore, au rouge ; lorsqu'on le chauffe dans la vapeur de soufre, il s'y combine avec dégagement de chaleur et de lumière en donnant un sous-sulfure Cu^2S.

Le cuivre ne décompose pas l'eau en présence des acides ; cependant, si l'on expose à l'air une lame de ce métal humectée d'une dissolution acide étendue, le cuivre s'oxyde aux dépens de l'oxygène de l'air et l'oxyde formé se dissout dans l'acide. Ainsi s'expliquent l'attaque du cuivre par des acides faibles et les dépôts verdâtres qui se forment à sa surface, et il faut tenir compte de ce fait, en évitant de laisser des aliments au contact du cuivre, car les sels de cuivre sont toxiques.

Le cuivre est attaqué par l'acide sulfurique concentré et bouillant : il se forme de l'acide sulfureux et du sulfate de cuivre : il se dissout à froid dans l'acide azotique, avec dégagement de bioxyde d'azote.

Le cuivre humecté d'ammoniaque absorbe l'oxygène de l'air : de l'oxyde de cuivre et de l'azotite d'ammoniaque se forment et se dissolvent dans l'excès d'ammoniaque, en donnant un liquide bleu qui jouit de la propriété de dissoudre la cellulose. Il suffit, par exemple, d'agiter pendant quelque temps de la tournure de cuivre et de l'ammoniaque dans un grand flacon pour absorber l'oxygène de l'air qu'il contient : il ne reste bientôt plus que de l'azote, que l'on peut recueillir par déplacement.

Au contact d'une dissolution étendue de sel marin, le cuivre est rapidement attaqué.

317. Métallurgie. — Les principaux minerais de cuivre sont : les *pyrites cuivreuses* Cu^2S,Fe^2S^3, presque toujours mélangées d'un excès de pyrite de fer FeS^2 ; les *cuivres panachés* $2Cu^2S,FeS$ et des sulfures doubles d'antimoine et de cuivre (*cuivre gris*) ou des sulfures d'antimoine, de cuivre et de plomb (*bournonites*) renfermant ordinairement de l'argent ; le sous-oxyde Cu^2O et les carbonates.

Les usines anglaises fabriquent la plus grande partie du cuivre que l'on trouve dans le commerce ; elles traitent des minerais de

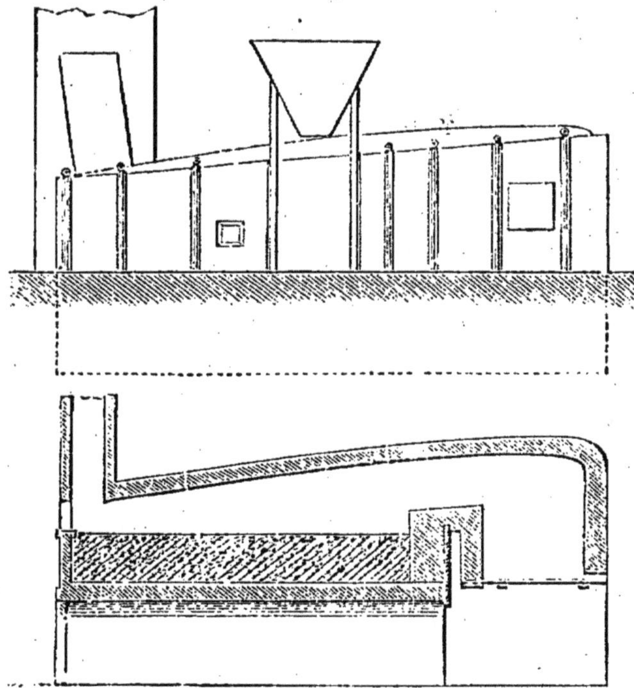

Fig. 160.

Cornouailles et des minerais étrangers, provenant du Chili, du Pérou, de l'Océanie, etc.

Les minerais sulfurés sont grillés dans des fours à réverbère (fig. 160) ; cette matière, incomplètement oxydée, est mélangée de scories provenant des opérations précédentes et des minerais sulfurés quartzeux et chauffée dans un fourneau à réverbère dit *four de fusion*. Les oxydes et les sulfures réagissent ; il se dégage de l'acide sulfureux, le cuivre reste combiné au soufre, le fer s'oxyde et passe dans les scories à l'état de silicate. On obtient comme produit de cette opération une *matte bronze* renfermant

53 pour 100 de cuivre. La matte bronze est soumise à un nouveau grillage, puis à une nouvelle fusion avec des minerais oxydés et la majeure partie du cuivre se trouve dans une *matte blanche* renfermant 75 pour 100 de cuivre, et dont la composition diffère peu de celle du sous-sulfure Cu^2S.

Enfin cette matte blanche est grillée à une température voisine de sa température de fusion, ce qui transforme une partie du sulfure en oxyde, et, dans une dernière fusion, l'oxyde et le sulfure réagissent pour donner du cuivre métallique et un dégagement d'acide sulfureux :

$$Cu^2S + 2CuO = 4Cu + SO^2.$$

On raffine le cuivre brut ainsi obtenu en le fondant sur la sole siliceuse d'un four à réverbère; il se forme du sous-oxyde de cuivre et de l'oxyde de fer, qui forment avec la silice de la sole un silicate fusible. En remuant le bain métallique avec des branches de bois vert qui dégagent des hydrocarbures sous l'action de la chaleur, on réduit l'oxyde que le cuivre maintient en dissolution, et on coule dans des moules le cuivre malléable.

L'affinage du cuivre s'obtient aussi par voie électrolytique. On électrolyse une solution de sulfate de cuivre en prenant du cuivre brut comme électrode positive. Cette électrode se dissout, et du cuivre pur se dépose sur l'électrode négative tandis que les impuretés se précipitent (soufre, plomb, argent), ou restent dans la solution (fer, zinc).

518. **Alliages.** — Le cuivre entre dans la composition d'un grand nombre d'alliages importants.

Les *laitons* (*cuivre jaune*) sont des alliages de cuivre et de zinc, auxquels on ajoute un peu de plomb et d'étain, qui empêchent l'alliage de graisser la lime ou le ciseau et permettent de le travailler au tour.

	Cu	Zn	Pb	Sn
Laiton pour instruments.	62	36	1,8	0,2
Laiton pour tréfilerie	64,2	35	0,4	0,4
Similor.	80 à 88	20 à 12	»	»
Chrysocale	92	6	»	»

Le *tombac* ou *cuivre blanc* contient 97 de cuivre, 2 de zinc et 1 d'arsenic.

La plus grande partie du laiton fabriqué est employée à la confection des épingles[1].

1. Les épingles sont étamées: on empêche ainsi qu'elles se recouvrent de vert-de-gris; on superpose, à cet effet, dans une bassine des couches alternatives d'é-

Le *maillechort* ou *argentan* est un alliage renfermant 50 parties de cuivre, 25 de zinc et 25 de nickel. On en fait des couverts qui sont argentés par voie galvanique, et des objets de toute sorte qui sont ensuite recouverts de nickel.

Les *bronzes* sont des alliages de cuivre et d'étain pouvant renfermer un peu de zinc :

	Cu	Sn
Bronze des canons	90	10
— des cloches	78	22
— des tamtams.	80	20
— des miroirs de télescope	67	33

Le bronze des médailles contient 95 de cuivre, 5 d'étain et quelques millièmes de zinc.

Les *bronzes d'aluminium* renferment de 90 à 95 de cuivre et 10 à 5 d'aluminium; ils ont une belle couleur jaune, sont susceptibles d'un beau poli et peuvent se forger et se marteler à chaud, comme le fer. On fait avec le bronze d'aluminium des objets ciselés.

319. **Cuivrage. Galvanoplastie.** — Le *cuivrage* a pour effet de recouvrir les objets en fonte de fer d'une mince couche de cuivre qui les protége contre l'oxydation et leur donne l'apparence extérieure du bronze.

Une lame de fer que l'on plonge dans un sel de cuivre se recouvre d'une mince couche de cuivre rouge, pulvérulent; mais l'adhérence est faible. On trouve avantageux de cuivrer le fer par voie galvanique pour le soustraire à l'action des agents atmosphériques. On ne pourrait réussir cette opération en plongeant directement l'objet dans un bain de sulfate de cuivre en le fixant au pôle négatif, car dans ce bain acide le fer est attaqué; entre le cuivre qui s'est déposé et le fer sous-jacent s'établit un circuit électrique qui amène l'attaque du fer et, par conséquent, empêche toute adhérence du dépôt cuivreux.

Le procédé employé pour cuivrer les candélabres, les statues en fonte, etc., consiste à recouvrir ceux-ci d'un vernis isolant, puis à rendre la nouvelle surface conductrice en la recouvrant de plombagine. On communique à la surface cuivrée une patine verdâtre en la frottant avec une brosse imbibée d'une dissolution ammoniacale d'acétate de cuivre; la surface du cuivre se trouve ainsi légèrement verdegrisée.

La *galvanoplastie* diffère du cuivrage en ce qu'il s'agit ici de

pingles, d'étain en grenaille et de crème de tartre. On verse de l'eau chaude sur le tout et l'on fait bouillir. L'acide tartrique de la crème de tartre ou bitartrate de potasse dissout l'étain, qui est précipité par le zinc contenu dans le laiton.

déposer sur un moule reproduisant en creux les reliefs de l'objet une couche de cuivre non adhérente. Dans l'industrie, les empreintes sont faites en gutta-percha, qui, ramollie dans l'eau chaude, et comprimée sur le moule, en reproduit exactement les détails et se durcit par le refroidissement. La gutta-percha n'étant pas conductrice de la chaleur, on recouvre celle-ci d'une mince couche de plombagine, puis on suspend le moule à l'aide d'un fil de cuivre dans une dissolution saturée de sulfate de cuivre, en la reliant au pôle négatif d'une pile ; au pôle positif est suspendue une plaque de cuivre. Les figures 161 et 162 représentent le moule

Fig. 161.

Fig. 162.

d'une médaille et la reproduction de celle-ci par la galvanoplastie.

On reproduit par galvanoplastie des bas-reliefs, des objets ciselés d'un travail très délicat ; les gravures sur bois sont reproduites en cuivre par voie électrochimique et les clichés typographiques ainsi obtenus peuvent subir les fatigues de nombreux tirages ; les planches gravées en creux sur cuivre (*gravure en taille-douce*) sont reproduites par deux épreuves galvaniques successives, la planche type ne subissant aucune détérioration.

COMPOSÉS DU CUIVRE.

320. **Oxydes.** — On connait deux oxydes de cuivre : le *sous-oxyde* ou *oxyde cuivreux* Cu^2O et le *protoxyde* ou *oxyde cuivrique* CuO.

Le *sous-oxyde* de cuivre se trouve dans la nature en octaèdres réguliers d'un beau rouge. On le prépare artificiellement en faisant bouillir avec du sucre ou du glucose une dissolution d'acétate de cuivre. Ainsi obtenu, c'est une poudre rouge cristalline. On l'obtient à l'état d'hydrate, jaune, amorphe, en précipitant par la potasse le sous-chlorure de cuivre. Ce sous-oxyde ne forme pas de sels : au contact des acides, il se dédouble en cuivre qui se sépare, et en protoxyde qui reste uni à l'acide.

Le *protoxyde* anhydre s'obtient lorsqu'on grille la tournure de cuivre, ou lorsqu'on décompose l'azotate par la chaleur. C'est une poudre noire, amorphe, réductible par l'hydrogène et le charbon. On précipite un hydrate $Cu(OH)^2$ lorsqu'on verse de la potasse dans un sel de cuivre. C'est un précipité bleu, gélatineux, insoluble dans un excès de potasse ou de soude. On obtient le même précipité lorsqu'on verse peu à peu de l'ammoniaque dans un sel de cuivre, mais le précipité se redissout dans un excès d'alcali, pour former un liquide d'un beau bleu (*eau céleste*).

On colore les verres en rouge avec du sous-oxyde de cuivre, en vert avec le protoxyde.

321. **Sulfate.** — On obtient du sulfate de cuivre lorsque l'on chauffe du cuivre avec de l'acide sulfurique concentré :

$$Cu + 2SO^4H^2 = SO^4Cu + SO^2 + 2H^2O.$$

On prépare de grandes quantités de sulfate de cuivre dans l'industrie, en grillant les sulfures de cuivre naturels ou artificiels. On utilise à cet effet les plaques de cuivre qui proviennent du doublage des navires et qui ont été mises hors d'usage. On les chauffe au rouge avec du soufre dans des fours à réverbère, puis on grille le sous-sulfure obtenu ; on obtient ainsi un sulfate basique, que l'on dissout dans de l'eau aiguisée d'acide sulfurique.

Le sulfate de cuivre du commerce renferme presque toujours du fer ; on le désigne sous le nom de *vitriol bleu, couperose bleue*. Ce sont de beaux cristaux bleus, dérivant d'un prisme doublement oblique et renfermant 5 molécules d'eau de cristallisation : $SO^4Cu + 5H^2O$. Ils se dissolvent dans 3,5 fois leur poids d'eau à 1°, et dans 0,55 à 100°. Le sel perd $4H^2O$ à 100°, et le dernier seulement vers 200° ; il forme alors une poudre blanche, qui bleuit immédiatement au contact de l'eau. Au rouge, le sulfate de cuivre se décompose en oxyde de cuivre, et en un mélange d'anhydride sulfurique, d'acide sulfureux et d'oxygène.

Le sulfate de cuivre est utilisé en teinture ; on en emploie de grandes quantités pour la galvanoplastie et le cuivrage de la fonte. Lorsqu'on mélange des dissolutions de sulfate de cuivre et d'arsénite de potassium, on obtient un précipité d'un beau vert (*vert de Scheele*) $2CuO,As^2O^3$.

MERCURE, $Hg = 200$.

322. **Propriétés.** — Le mercure est le seul métal qui soit liquide à la température ordinaire. Il se solidifie à — 40° en une masse blanche, ressemblant à l'argent, malléable. On le solidifie facilement à l'aide d'un mélange de neige d'acide carbonique et d'éther.

La densité du mercure est 13,596 à 0°; il bout à 360°. La tension de la vapeur mercurielle est trop faible aux températures ordinaires de l'atmosphère pour qu'on puisse la mesurer, mais elle est néanmoins sensible ; la vapeur de mercure se diffuse en effet dans l'atmosphère, car si à quelque distance au-dessus d'une cuve à mercure on expose un papier imbibé d'une dissolution d'azotate d'argent ammoniacal, le papier noircit par suite de la mise en liberté de l'argent déplacé par le mercure. Dans les ateliers où l'on manie du mercure, les ouvriers exposés à l'action persistante de cette vapeur éprouvent des accidents caractéristiques de l'intoxication mercurielle ; aussi doit-on bannir de la pratique industrielle le maniement de ce métal.

Le mercure s'oxyde à peine à la température ordinaire. Cependant sa surface se ternit, se recouvre d'une couche grisâtre d'oxyde qui se dissémine dans la masse du liquide lorsqu'on l'agite. Tandis que le mercure pur, versé sur une plaque de verre, se divise en globules qui se déplacent rapidement, le mercure oxydé mouille le verre, s'attache à ses parois : on dit qu'il fait la *queue*. Mais le mercure s'oxyde lorsqu'on le porte à l'ébullition au contact de l'air; il se recouvre alors de pellicules rougeâtres de protoxyde HgO. Le chlore attaque le mercure à froid, le soufre s'y combine à une température peu élevée.

L'acide sulfurique attaque le mercure à chaud, avec dégagement de gaz sulfureux et formation de sulfate de mercure; l'acide azotique l'attaque à la température ordinaire avec dégagement de bioxyde d'azote; l'acide chlorhydrique est sans action.

323. **Amalgames.** — Les alliages du mercure portent le nom d'*amalgames*. Le mercure s'allie directement avec la plupart des métaux; il est sans action sur le fer, le manganèse, le nickel, le cobalt, l'aluminium et le platine.

Le potassium et le sodium se dissolvent dans le mercure avec dégagement de chaleur, et des alliages cristallisés se séparent lorsqu'on laisse refroidir et que l'on décante l'excès du liquide.

On étame les glaces avec un amalgame d'étain qui porte le nom de *tain*. Pour effectuer l'étamage, on étend sur une surface bien plane et disposée horizontalement une mince feuille d'étain dont les dimensions sont celles de la glace ; on l'imbibe de mercure, et on la recouvre d'une couche de mercure de 4 à 5 millimètres d'épaisseur. On fait glisser la lame de verre sur la feuille d'étain, de façon à l'appliquer exactement sur la feuille d'étain, en chassant l'excès de mercure ; on charge la glace avec des poids et on incline la table de façon à faciliter l'écoulement du métal. Au bout d'une quinzaine de jours, l'adhérence de l'alliage est complète.

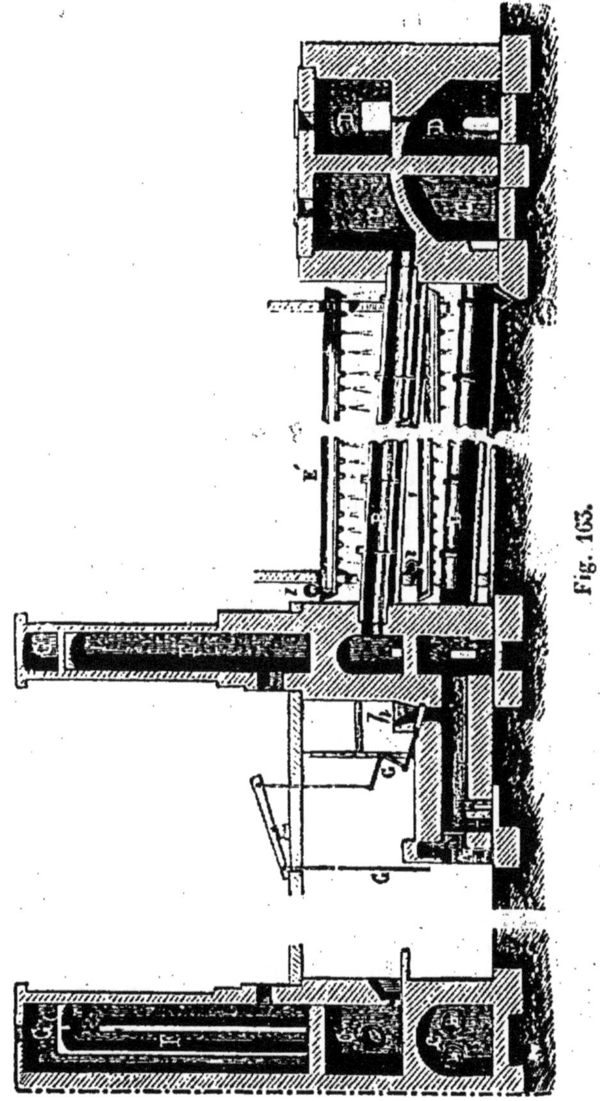
Fig. 163.

324. Métallurgie. — Le minerai de mercure est le sulfure ou *cinabre*, que l'on exploite à Almaden (Espagne), à Idria (Illyrie) et à San-José (Californie).

En grillant ce sulfure, on élimine le soufre à l'état d'anhydride sulfureux et l'on condense les vapeurs métalliques :

$$HgS + 2O = Hg + SO^2.$$

Les appareils utilisés pour l'extraction du mercure sont de vastes appareils distillatoires dans lesquels les vapeurs de mercure, ayant un long parcours à effectuer, se condensent en totalité. La figure 163 représente les appareils employés à Idria. Le cinabre pulvérisé est grillé sur la sole d'une sorte de four à réverbère A; les vapeurs métalliques et le gaz sulfureux parcourent des chambres en maçonnerie et des cylindres métalliques inclinés, refroidis par de l'eau.

On transporte le mercure dans des bouteilles en fer forgé.

COMPOSÉS DU MERCURE.

525. **Oxydes.** — Il existe deux composés oxygénés du mercure : le *sous-oxyde* ou *oxyde mercureux* Hg^2O et le *protoxyde* ou *oxyde mercurique* HgO. L'un et l'autre forment des sels.

Le *sous-oxyde* Hg^2O est un précipité noir, peu stable et sans intérêt pratique.

Le *protoxyde* HgO se forme lorsqu'on soumet le mercure à une ébullition prolongée au contact de l'air; il se présente alors sous la forme d'écailles d'un rouge brun, connues anciennement sous le nom de précipité *per se*.

La calcination ménagée de l'azotate mercurique le donne sous la forme d'une poudre *rouge* très divisée. Préparé par voie humide, en ajoutant de la potasse ou de la soude à une dissolution de chlorure mercurique, c'est une poudre *jaune*.

Au rouge, l'oxyde mercurique se décompose en mercure et oxygène (1).

526. **Sulfures.** — Lorsqu'on fait agir l'hydrogène sulfuré sur un sel mercurique on obtient tout d'abord un précipité blanc, qui noircit peu à peu. La matière noire ainsi obtenue est le *protosulfure* HgS. On peut obtenir par voie sèche la combinaison du mercure et du soufre en broyant ensemble 1 partie du soufre en fleur et 6 parties de mercure, et sublimant le produit de cette réaction. Le produit volatilisé est identique au sulfure de mercure naturel (*cinabre*) que l'on trouve en beaux cristaux rouges ou en masses compactes d'un rouge foncé.

Le *vermillon* est un sulfure de mercure d'un rouge vif que l'on emploie dans la peinture à l'huile. Pour le préparer, on triture longuement 300 parties de mercure, 114 parties de soufre, 75 parties de potasse et 400 parties d'eau. Puis on élève la température du mélange vers 45°, jusqu'à ce que le précipité noir formé tout d'abord ait pris une belle teinte rouge; à ce moment, on décante le liquide et on lave le vermillon à l'eau bouillante.

527. **Chlorures.** — Le *chlorure mercureux* ou *calomel* Hg^2Cl^2 est une poudre blanche, insoluble dans l'eau, que l'on obtient en mélangeant des dissolutions de sel marin et d'un sel mercureux.

Le chlorure mercureux est employé en pharmacie; aussi faut-il soigneusement éviter qu'il ne soit mélangé de chlorure mercurique. A cet effet, on opère la distillation du calomel dans un vase à col court relié à un large récipient; les vapeurs de calomel se condensent, au contact de l'air froid de cette chambre, en une poudre impalpable. On fait arriver en même temps dans cette enceinte de la vapeur d'eau; le chlorure mercurique est dissous par l'eau de condensation et le produit est lavé soigneusement.

La préparation du *chlorure mercurique* $HgCl^2$ se fait en chauffant au bain de sable, dans un matras, du sulfate mercurique et du sel marin :

$$SO^4Hg + 2NaCl = HgCl^2 + SO^4Na^2.$$

Le chlorure mercurique ou *sublimé corrosif* se sublime en petits cristaux blancs, solubles dans l'eau et dans l'alcool. C'est un poison énergique; en dissolution étendue, c'est un antiseptique.

ARGENT, $Ag = 108$.

328. **Propriétés.** — L'argent pur est blanc et remarquable par son éclat, qui ne se ternit au contact de l'air que si celui-ci renferme des traces de gaz sulfhydrique. Lorsqu'il est poli, son pouvoir réfléchissant pour la lumière et la chaleur est plus grand que celui de tout autre métal; son pouvoir émissif est par conséquent très faible, et un liquide contenu dans un vase en argent poli se refroidit très lentement.

La densité de l'argent est 10,5. C'est, après l'or, le métal le plus malléable; on le réduit en feuilles minces ou en fils fins. Il fond à 954°, et se volatilise lorsqu'on le fond au chalumeau oxyhydrique.

Lorsqu'on laisse refroidir de l'argent qui a été fondu au contact de l'air, on observe qu'au moment de la solidification la surface se soulève par suite d'un dégagement de gaz oxygène que le métal avait absorbé à l'état liquide. Ce phénomène est connu sous le nom de *rochage*. L'argent fondu peut absorber ainsi 22 fois son volume d'oxygène.

Il cristallise en octaèdres réguliers par fusion ou par l'électrolyse de ses sels.

L'argent ne s'oxyde à aucune température; tous les métalloïdes, l'azote excepté, s'y combinent facilement.

L'acide azotique dissout l'argent en formant du nitrate d'argent et du bioxyde d'azote; l'acide sulfurique concentré et chaud l'attaque avec formation d'anhydride sulfureux; l'acide chlorhydrique est sans action. L'hydrogène sulfuré noircit l'argent, surtout lorsqu'il est humide; la surface du métal se recouvre d'une mince couche de sulfure d'argent.

L'argent n'est pas attaqué par les alcalis ou les azotates alcalins fondus; dans les laboratoires, on se sert fréquemment de petits creusets ou de capsules d'argent toutes les fois qu'on a besoin d'attaquer une substance par la potasse fondue.

329. **Métallurgie.** — L'argent natif se rencontre dans certains filons de plomb et de cuivre argentifères. A Kongsberg (Norvège), on a trouvé des masses d'argent qui pesaient jusqu'à 280 kilogrammes. Mais les minerais les plus ordinairement exploités sont le sulfure d'argent Ag^2S pur ou associé au sous-sulfure de cuivre, des sulfures doubles d'argent et d'arsenic ou d'antimoine; plus rarement on trouve l'argent à l'état de chlorure. Les galènes et les sulfures de cuivre sont fréquemment argentifères.

Les minerais riches en argent sont traités par amalgamation. A Freiberg, en Saxe, et plus généralement dans les usines de l'Europe, on grille le minerai mélangé à des pyrites de fer et du sel marin sur la sole de fours à réverbère. Il se dégage de l'acide sulfureux, et les sulfates formés réagissent sur le sel marin pour donner du sulfate de soude et de l'acide chlorhydrique qui transforme l'argent en chlorure. On introduit le produit de ce grillage dans des tonneaux mobiles autour d'un axe horizontal, avec de l'eau et des lames de fer. Le chlorure d'argent se dissout dans l'eau chargée de sel marin, et le fer déplace l'argent. Au bout de quelque temps, on ajoute du mercure qui s'unit à l'argent à mesure que celui-ci est mis en liberté. On recueille l'amalgame, on le filtre dans des toiles pour éliminer l'excès de mercure, et on distille l'alliage solide. L'argent qui reste comme résidu contient du cuivre et du plomb. On l'oxyde sur la sole poreuse d'un four à réverbère qui absorbe les métaux étrangers. L'argent purifié renferme encore 0,5pour 100 de cuivre environ.

Au Chili et au Mexique, l'amalgamation est produite à froid. On étend le minerai pulvérisé sur une aire plane après l'avoir additionné de sel marin et l'on fait piétiner le tout par des mules.

Au bout de quelque temps, on ajoute des pyrites de cuivre grillées, c'est-à-dire partiellement transformées en sulfate. Il se forme du sulfate de soude et du chlorure de cuivre, et ce dernier, réagissant sur le sulfure d'argent, transforme celui-ci en chlorure. On ajoute alors du mercure, qui déplace l'argent et se transforme partiellement en chlorure, tandis qu'une autre partie forme avec l'argent un amalgame. Lorsqu'on juge l'opération terminée, on lave à grande eau, et il reste un amalgame que l'on distille.

330. Alliages. — Argenture. — Le mercure dissout l'argent avec une extrême facilité et forme des amalgames cristallisés. Ainsi, lorsqu'on verse un sel d'argent sur du mercure, on voit se former à la surface du métal des arborescences cristallines d'un alliage Hg^2Ag, connu anciennement sous le nom d'*arbre de Diane*. Les alliages que forme l'argent avec le cuivre sont plus durs que le métal et sont employés à la fabrication des monnaies, des objets de bijouterie et d'orfèvrerie :

		Argent.	Cuivre.
Monnaies. . .	Pièces de 5f.	900	100
	Pièces de 2f, 1f, et 0f,50. . . .	835	165
Médailles, vaisselle, argenterie.		950	50
Bijouterie, vaisselle au 2e titre.		800	200

On accorde une tolérance de $\frac{2}{1000}$ au-dessous du titre pour les monnaies et médailles, de $\frac{5}{1000}$ pour la vaisselle, l'argenterie et la bijouterie.

On recouvre fréquemment les métaux, et particulièrement le laiton, le maillechort, d'une mince couche d'argent, leur communiquant ainsi la couleur, l'éclat et l'inaltérabilité du métal précieux. Le procédé d'argenture le plus employé aujourd'hui est l'*argenture galvanique.*

L'objet, soigneusement décapé, est suspendu à l'extrémité d'un fil métallique relié au pôle négatif d'une pile dans une dissolution renfermant, par kilogramme d'eau, 20 grammes de cyanure de potassium et 10 grammes de cyanure d'argent (fig. 164). Attachée

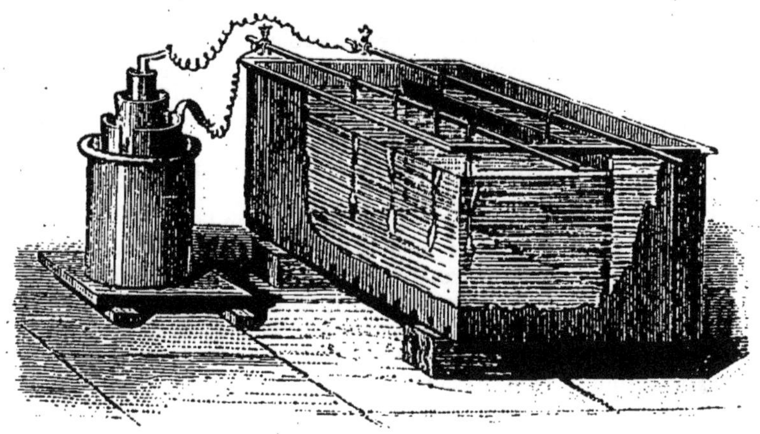

Fig. 164.

au pôle négatif de la pile, dans le même bain, plonge une plaque d'argent qui sert d'électrode soluble. Après un séjour convenable dans le bain d'argenture, on lave l'objet à grande eau et on le sèche. La surface est alors d'un blanc mat; on la polit à l'aide d'un pinceau en fil de laiton, et d'un outil portant, enchâssé à son extrémité, un fragment d'hématite.

On communique une argenture légère et peu coûteuse à de petits objets (agrafes, boutons, etc.) en les plongeant pendant quelques instants dans un liquide bouillant (*bouillitoire*) obtenu en projetant dans l'eau une petite quantité d'une pâte formée de 4 grammes de chlorure d'argent, 250 grammes de crème de tartre et 250 grammes de sel marin.

COMPOSÉS DE L'ARGENT.

331. **Oxyde.** — Le seul composé oxygéné de l'argent qui présente de l'intérêt est le protoxyde Ag^2O. On l'obtient sous la forme d'une poudre brune lorsqu'on verse de la potasse dans une dissolution d'azotate d'argent.

L'oxyde d'argent est peu soluble dans l'eau, à laquelle il communique cependant une réaction alcaline. Beaucoup de matières organiques le réduisent; chauffé, il se décompose à une température peu élevée; il se décompose, même à basse température, lorsqu'on l'expose à la lumière solaire.

332. **Azotate.** — On le prépare en dissolvant l'argent dans l'acide azotique chaud; si la liqueur est convenablement concentrée, elle dépose par refroidissement des lamelles incolores et transparentes du sel anhydre AzO^3Ag.

L'azotate d'argent fondu est employé par les chirurgiens pour ronger les chairs : il porte alors le nom de *pierre infernale.*

333. **Chlorure. Bromure, Iodure.** — On obtient le chlorure d'argent $AgCl$ sous la forme d'un précipité blanc ressemblant à du lait caillé, lorsqu'on verse de l'acide chlorhydrique ou un chlorure soluble dans une dissolution d'azotate d'argent. Le chlorure d'argent est en effet insoluble dans l'eau; mais il est soluble dans l'ammoniaque et dans une dissolution d'hyposulfite de soude.

Le chlorure d'argent fond vers 250° en un liquide jaune qui se solidifie en une masse semi-transparente (*argent corné*). Il se décompose partiellement sous l'action de la lumière en argent métallique et chlore qui se dégage; il noircit alors et ne se dissout plus qu'incomplètement dans l'ammoniaque ou l'hyposulfite de sodium. L'hydrogène le réduit, sous l'action de la chaleur; le zinc ou le fer, mis au contact du chlorure d'argent humecté de quelques gouttes d'acide chlorhydrique, le ramènent à l'état métallique.

L'action exercée par la lumière sur le chlorure d'argent est utilisée en photographie pour obtenir les épreuves positives sur papier.

Le bromure $AgBr$ et l'iodure AgI sont insolubles, comme le chlorure. On les obtient également en précipitant une dissolution d'azotate d'argent par un bromure ou un iodure alcalin. Le bromure est blanc-jaunâtre, l'iodure d'un jaune pâle; ils sont tous deux solubles dans l'hyposulfite de sodium; mais le bromure est moins soluble que le chlorure dans l'ammoniaque, et l'iodure est insoluble dans ce réactif. Altérables à la lumière, ils sont employés en photographie pour la confection des épreuves négatives.

OR, $Au = 196,2$.

334. **Propriétés.** — L'or pur est d'une belle couleur jaune, sa densité est 19,5. Il fond au rouge vif à 1045° et émet des vapeurs à une température plus élevée.

C'est le plus malléable de tous les métaux : on peut le réduire en feuilles dont l'épaisseur ne dépasse pas $\frac{1}{10000}$ de millimètre et qui laissent percer une lumière verte. L'or cristallise par fusion dans le système régulier, en cubes plus ou moins modifiés, comme certains échantillons d'or natif.

L'oxygène est sans action sur l'or à toutes les températures. Les acides sulfurique, azotique et chlorhydrique réagissant isolément ne l'attaquent pas; mais le mélange d'acide chlorhydrique et d'acide azotique (*eau régale*) le dissout aisément à l'état de trichlorure $AuCl^3$. L'eau de chlore le dissout très rapidement lorsqu'il est en feuilles minces et donne une liqueur jaune qui contient ce même chlorure.

335. Alliages. — Dorure. — L'or ne s'emploie jamais pur; il est presque toujours allié au cuivre, quelquefois à l'argent.

Les alliages avec le cuivre sont :

	Or.	Cuivre.
Monnaies	900	100
Médailles	916	84
Bijoux et orfèvrerie	920	80
	840	160
	750	250

On accorde une tolérance de 0,002 pour les monnaies et de 0,003 pour les bijoux.

Les alliages d'or et de cuivre donnent l'*or rouge* ; l'alliage avec l'argent donne l'*or vert*; en combinant ces trois métaux, on obtient des couleurs intermédiaires.

On dore le bronze, le laiton et l'on obtient ainsi des objets d'orfèvrerie et de bijouterie qui doivent à la couche de métal précieux qui les recouvre leur éclat et leur inaltérabilité.

1° *Dorure au mercure.* Le métal est bien décapé, puis frotté avec une brosse trempée dans un amalgame obtenu en alliant 1 partie d'or et 8 parties de mercure. On chauffe ensuite au rouge de façon à volatiliser le mercure sous des cheminées ayant un bon tirage. Le métal se trouve recouvert ainsi d'une couche d'or très adhérente, que l'on polit ensuite si cela est nécessaire.

2° *Dorure galvanique.* L'objet, fixé au pôle négatif d'une pile, est plongé dans un bain renfermant pour 100 gr. d'eau 1 gr. de chlorure d'or et 10 gr. de cyanure de potassium. On suspend au pôle positif une électrode soluble formée d'une lame d'or.

3° *Dorure au trempé.* On plonge les objets décapés dans une dissolution d'azotate de mercure, ce qui les *blanchit* en les recouvrant d'une mince couche de mercure, puis dans un bain renfermant 10 gr. d'or à l'état de chlorure, 750 gr. de bicarbonate de potassium et 2 litres d'eau. Une immersion d'une minute à peine dans ce bain porté à l'ébullition suffit pour dorer.

336. Métallurgie. — L'or est disséminé à l'état natif dans des filons quartzeux ou dans des terrains d'alluvion (*placers*) provenant de la désagrégation de ces terrains par l'eau ou les agents atmosphériques (Oural, Australie, Californie). L'or natif se trouve en cristaux du système cubique, en filaments, en paillettes ou en grains irréguliers (*pépites*) dont le poids peut s'élever à plusieurs kilogrammes.

Lorsque l'or est disséminé dans les sables d'alluvion, on désagrége ceux-ci sous l'action de puissants jets d'eau et l'on dirige les matières pulvérulentes sur des planchers inclinés portant de petites rainures transversales où l'or, plus dense que le sable quartzeux, se rassemble. On dissout l'or dans le mercure, on filtre l'amalgame liquide et il reste un amalgame solide dont on sépare l'or par distillation.

Les minerais quartzeux sont broyés, enrichis par lavage et amalgamés.

Au Transvaal, l'or est inclus en fines paillettes dans un conglomérat quartzeux riche en pyrites ou à l'état de combinaisons sulfurées. Les minerais extraits de la tête des filons, où la pyrite est oxydée, sont traités après broyage par amalgamation. Les poussières et les boues qui renferment encore de notables quantités d'or sont traitées par le chlore (*chloruration*) et le chlorure d'or décomposé par le sulfate ferreux. Les minerais sulfurés sont grillés et l'or métallique très divisé dissous par le cyanure de potassium à l'état de cyanure double alcalin (*cyanuration*) :

$$2Au + 4KCy + O + H^2O = 2[AuCy, KCy] + 2KOH;$$

l'or est ensuite précipité par le zinc, l'aluminium ou par électrolyse.

L'or ainsi obtenu renferme de l'argent et du cuivre; on l'*affine* en le fondant avec un poids d'argent tel, que l'or n'entre que pour 20 pour 100 dans l'alliage, et on l'attaque dans des vases de platine par l'acide sulfurique concentré et bouillant qui dissout le cuivre et l'argent. L'or pulvérulent qui reste comme résidu est lavé, fondu et coulé en lingot.

PLATINE, $Pt = 194$.

337. Propriétés. — Le platine fondu est blanc-grisâtre; pur, il est malléable, ductile et d'une ténacité presque égale à celle du fer. La densité du métal martelé ou laminé est 21,5.

La température de fusion du platine est d'environ 1775°. Sainte-Claire Deville et Debray n'ont réussi à le fondre en grande masse qu'à l'aide du chalumeau oxyhydrique. Dans un morceau de chaux vive A (fig. 165), on pratique une cavité dans laquelle s'effectuera la fusion; on recouvre ce fragment d'un second B disposé en forme de voûte et, par des ouvertures cylindriques, on introduit soit un, soit deux chalumeaux à gaz oxygène et gaz de l'éclairage EE, suivant la masse qu'il s'agit de fondre. Le four ayant été préalablement chauffé au rouge blanc, on introduit le platine par une ouverture antérieure. Lorsque le métal est fondu, on soulève la voûte du four et on coule le platine dans une lingotière.

Comme le fer, le platine peut être forgé et soudé à lui-même à la chaleur blanche.

Le platine ne s'oxyde à aucune température ; le chlore l'attaque à une température peu élevée ; le soufre, le phosphore, le silicium, le bore se combinent lorsqu'on les chauffe au contact de ce métal, et les produits formés sont très fusibles. Le zinc, le plomb, l'étain, l'argent forment des alliages très fusibles ; aussi faut-il éviter de chauffer ces métalloïdes ou ces métaux au contact

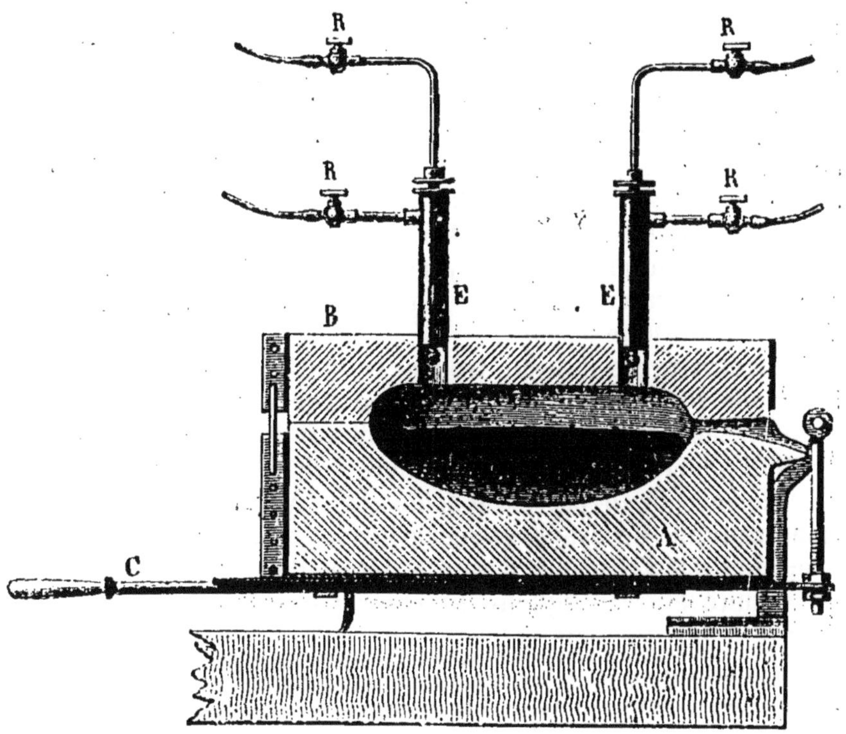

Fig. 165.

du platine, qui serait facilement fondu. On ne peut chauffer des creusets de platine au contact du charbon, car le métal est attaqué par les silicates contenus dans les cendres du combustible, chauffés en présence d'une matière réductrice telle que le carbone, l'hydrogène ou les carbures d'hydrogène. Aussi protége-t-on toujours les creusets de platine du contact direct du combustible en les introduisant dans un creuset en terre réfractaire et séparant les deux vases par une couche d'alumine calcinée ou de magnésie.

La potasse ne peut être fondue dans le platine, qu'elle attaque.

Les acides sulfurique, azotique et chlorhydrique sont sans

action sur le platine; mais l'eau régale le dissout facilement.

Le platine possède à un haut degré la propriété d'absorber les gaz et de les condenser, même lorsqu'il a été laminé ou martelé. Ainsi, chauffons au rouge un creuset de platine, au-dessus d'un brûleur, puis interrompons l'arrivée du gaz; lorsque le creuset s'est un peu refroidi, laissons arriver le gaz de l'éclairage : le creuset rougit de nouveau, par suite de la combustion lente du gaz qui s'effectue dans ses pores. L'éponge de platine jouit de cette même propriété : si l'on projette sur de la mousse de platine un jet d'hydrogène, le métal rougit et le gaz s'enflamme. Disposons à l'extrémité d'un fil métallique une certaine quantité d'éponge de platine et introduisons-la rapidement dans une éprouvette renfermant un mélange de 2 volumes d'hydrogène et de 1 volume d'oxygène; au bout de quelques instants le métal devient incandescent et le mélange fait explosion.

Le *noir de platine* peut absorber 250 fois son volume d'oxygène et il jouit alors de propriétés oxydantes énergiques; si l'on projette sur cette substance quelques gouttes d'alcool absolu, celui-ci s'enflamme presque aussitôt.

338. **Métallurgie.** — On trouve le platine à l'état natif dans les mêmes terrains de transport que l'or et le diamant. On le sépare du sable par lévigation, en profitant de sa grande densité.

On fait digérer à chaud le minerai de platine avec une eau régale formée de 6 parties d'acide chlorhydrique pour 1 partie d'acide azotique. On évapore à sec de façon à chasser l'excès d'acide, on reprend par l'eau qui dissout le tétrachlorure de platine $PtCl^4$ et on ajoute à cette liqueur du chlorhydrate d'ammoniaque qui précipite le platine sous la forme d'un chlorure double de platine et d'ammonium $2AzH^4Cl, PtCl^4$, jaune, cristallin, peu soluble dans l'eau froide, insoluble dans un excès de chlorure d'ammonium. Ce précipité calciné laisse le métal très divisé (*mousse de platine*).

On fait avec le platine des creusets, des capsules, des tubes qui peuvent supporter sans altération des températures élevées, pourvu que l'on ait soin de n'y point chauffer les quelques substances que nous avons énumérées ci-dessus.

CHAPITRE XX

ÉLÉMENTS DES SUBSTANCES ORGANIQUES — PRINCIPES IMMÉDIATS FONCTIONS CHIMIQUES

339. **Éléments des substances organiques.** — Un petit nombre d'éléments entrent dans la composition des tissus animaux ou végétaux, des liquides qui les baignent, ou des matières solides que ces liquides tiennent en dissolution ou en suspension. Ces éléments sont le carbone, l'hydrogène, l'oxygène et l'azote; on trouve aussi de petites quantités de soufre ou de phosphore.

Lorsqu'on brûle en effet un fragment d'une matière organique, les éléments constitutifs en s'unissant à l'oxygène se transforment en composés volatils ou se dégagent à l'état gazeux (vapeur d'eau, acide carbonique, azote); il ne reste qu'un faible résidu solide constituant les cendres et renfermant de la silice, de l'alumine, des oxydes ou des carbonates alcalins, substances qui préexistent dans les incrustations solides des cellules ou des vaisseaux, ou qui proviennent de la décomposition par la chaleur de certains sels dissous dans les liquides qui baignent ces organes.

De ces quatre éléments principaux, il en est un qui ne fait jamais défaut : c'est le carbone. Aussi peut-on définir aujourd'hui la *Chimie organique*, la *Chimie des composés du carbone*. Nous trouverons toujours en effet de l'acide carbonique parmi les produits de la combustion de la substance. On peut faire l'expérience d'une façon très simple, en chauffant dans un tube de verre de l'oxyde de cuivre avec du sucre en poudre, de l'amidon, de la fécule, de la sciure de bois (fig. 166). L'oxyde de cuivre cède de l'oxygène à la matière organique, et l'acide carbonique formé se dégage par un petit tube recourbé qui plonge dans de l'eau de chaux ou de baryte.

Si, après avoir desséché la substance à 100°, de façon à chasser l'eau hygrométrique ou l'eau interposée, on observe en la chauffant avec de l'oxyde de cuivre un dépôt de gouttelettes d'eau sur les parois froides du tube (fig. 167) et dans une petite boule C qui

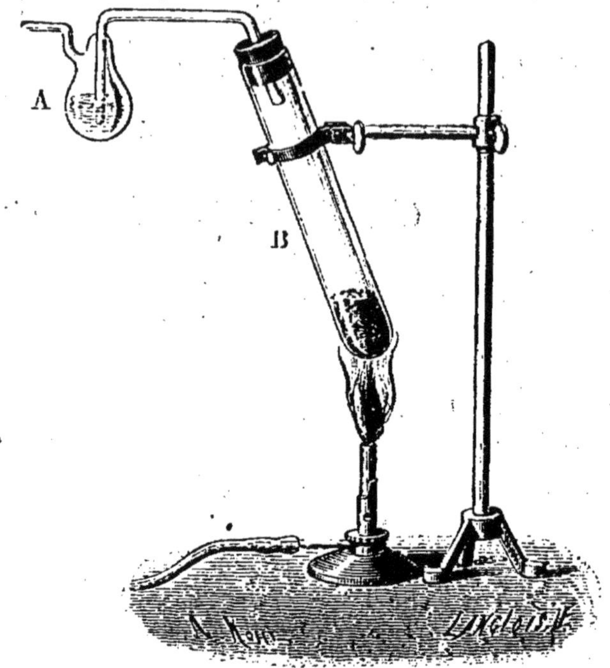

Fig. 166.

y est adaptée, ou si enfin un tube B à ponce sulfurique

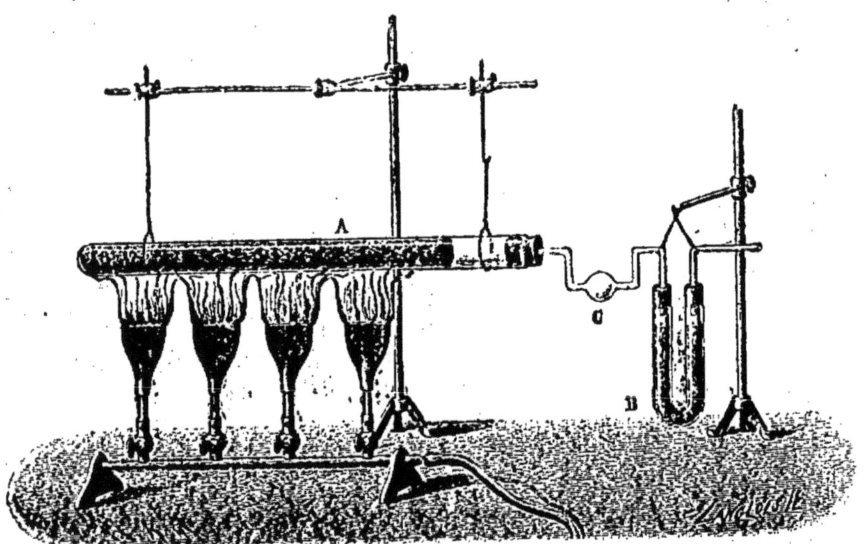

Fig. 167.

augmente de poids, c'est que la substance était hydrogénée.

Nous reconnaîtrons une matière azotée à ce caractère que, chauffée dans un tube de verre avec de la potasse ou mieux de la chaux sodée, elle donne lieu à un dégagement d'ammoniaque qu'il est facile de reconnaître à son odeur et à la réaction alcaline qu'elle exerce sur un papier rouge de tournesol humide.

Il est plus difficile de reconnaître si une matière est oxygénée; quelquefois la substance chauffée en vase clos, dans une petite cornue par exemple, laisse dégager un composé oxygéné, de l'oxyde de carbone, de l'acide carbonique, de la vapeur d'eau. Nous n'accuserons cependant la présence de l'oxygène d'une façon certaine qu'en déterminant exactement les poids de carbone, d'hydrogène et d'azote contenus dans un poids connu de la substance et calculant l'oxygène par différence, après avoir vérifié soigneusement qu'il n'existe pas d'autres éléments, tels que du soufre ou du phosphore, ou des matières minérales.

340. **Analyse immédiate.** — Si l'on soumettait brutalement à l'analyse un organe d'un végétal ou d'un animal, on déterminerait les proportions de carbone, d'hydrogène, d'oxygène et d'azote qui entrent dans sa composition; mais divers fragments du même végétal ou du même organe de ce végétal présenteraient des compositions très différentes, et l'on pourrait en tirer cette conclusion que les êtres organisés ne renferment pas de composés *définis* analogues à ceux que l'on étudie en chimie minérale.

Il n'en est rien cependant; diversement groupés, les éléments fondamentaux forment de nombreux composés caractérisés par la fixité de leur composition, dont quelques-uns même sont susceptibles de cristalliser, de fondre ou de se volatiliser sans subir d'altération. On donne à ces composés le nom de *principes immédiats*. Les plantes et les animaux sont formés par des agglomérations complexes de ces principes immédiats, qui constituent des *espèces chimiques* tout aussi nettement caractérisées que les espèces minérales.

La séparation des principes immédiats, ou *analyse immédiate*, présente parfois de grandes difficultés; il s'agit, en effet, de l'effectuer sans altérer les matières organiques. On fait usage, suivant les cas, d'actions mécaniques, de dissolvants divers (eau, alcool, éther, etc.), ou bien encore on soumet les substances, avec ménagement, à l'action de la chaleur, de façon à fondre ou à volatiliser quelques-uns des éléments constitutifs.

341. **Analyse élémentaire.** — Pour déterminer la composition d'une matière organique, on fait une *analyse élémentaire*.

1° S'agit-il d'une matière organique non azotée, on en chauffe un poids connu P avec une matière oxydante telle que de l'oxyde de cuivre; on recueille l'eau formée dans un tube à ponce sulfurique, le gaz carbonique dans une dissolution alcaline.

Soient p et p' les poids respectifs d'eau et de gaz carbonique recueillis,

$$p_1 = \frac{1}{9} p \text{ sera le poids de l'hydrogène}^{1}$$

$$p'_1 = \frac{3}{11} p' \quad — \quad \text{du carbone}$$

$$P - p_1 - p'_1 \quad — \quad \text{de l'oxygène.}$$

2° Si la matière organique est azotée, on fait une seconde opération en recueillant l'azote, mesurant son volume, d'où l'on déduit son poids p''. Le poids de l'oxygène est alors

$$P - p_1 - p'_1 - p''.$$

3° On s'est assuré, bien entendu, avant de calculer le poids de l'oxygène par différence, que la substance ne contient aucun autre élément. Si elle ne contient que des substances organiques, elle doit brûler sans laisser de résidu. Si la combustion laisse des *cendres*, le poids de ces cendres représente le poids des substances minérales contenues dans la matière organique. Ce poids doit être ajouté à la somme des poids de l'hydrogène, du carbone et de l'azote.

342. Formules moléculaires. — Des nombres fournis par l'analyse élémentaire on déduit la *composition centésimale* de la substance, c'est-à-dire que l'on calcule les poids des éléments que l'on aurait obtenus si l'on avait effectué l'analyse sur un poids de matière égal à 100. Supposons que l'analyse de l'alcool ait donné :

Carbone.	52,17
Hydrogène.	13,04
Oxygène.	34,79
	100,00

En divisant chacun de ces nombres par le poids atomique du corps simple, on trouve :

$$\frac{52,17}{12} = 4,3490, \quad \frac{13,04}{1} = 13,037, \quad \frac{34,79}{16} = 2,1743,$$

1. On doit se rappeler que 9 grammes d'eau renferment 1 gramme d'hydrogène et que 22 grammes de gaz carbonique contiennent 6 grammes de carbone.

qui sont entre eux comme :

$$2 \qquad 6 \qquad 1$$

La formule la plus simple serait donc

$$C^2H^6O = 46.$$

La formule C^2H^6O est-elle la *formule moléculaire* ou convient-il de la multiplier par un facteur entier? Rappelons que le poids moléculaire des matières volatiles est un poids tel, que, réduit en vapeurs, il occupe le même volume que $H^2 = 2$ volumes. Dans le cas actuel, la densité de vapeur de l'alcool étant 1,589, son poids moléculaire est

$$1,589 \times 28,9 = 45,92,$$

soit en nombre rond 46 ; 46 grammes d'alcool occupant le même volume gazeux que H^2, 46 est bien le poids moléculaire et la *formule moléculaire* est

$$C^2H^6O.$$

Lorsque la substance n'est pas volatile, on peut s'appuyer pour fixer sa formule sur ses réactions chimiques.

315. **Radicaux. — Formules développées ou formules de constitution.** — Pour formuler la composition d'une matière organique, on peut se contenter de juxtaposer les symboles des éléments, en les affectant d'un coefficient disposé en forme d'exposant. C'est ainsi que nous avons écrit la formule de l'alcool C^2H^6O. Cette formule est une *formule brute*. Les formules brutes sont les plus simples en apparence, mais elles présentent cet inconvénient qu'elles ne permettent pas de se rendre compte à première vue des conditions dans lesquelles la substance a pu être produite, ou des réactions de décomposition qu'elle peut présenter.

Admettons que le carbone joue le rôle d'élément tétravalent vis-à-vis de l'hydrogène, tétravalence qui sera définie par la formule moléculaire CH^4 que l'on attribue au méthane, hydrocarbure qui, sous le volume 2, renferme le plus petit poids de carbone. Il sera possible de faire dériver de ce carbure, par des substitutions directes ou indirectes, toutes les autres combinaisons du carbone. Plus que tout autre élément, en raison de sa valence élevée, le carbone se prêtera à la formation de *radicaux* hydrogénés ou oxygénés, analogues à ceux que l'on a été conduit à formuler dans l'étude des substances minérales.

En écrivant la formule du méthane CH^3-H, on voit que l'on peut considérer le groupe CH^3 comme remplaçant 1 atome d'hydrogène dans la molécule de l'hydrogène H^2 ou $H-H$; CH^3 sera un radical *monovalent*, le *méthyle*, et l'étude du méthane et de ses dérivés montrera que l'on peut considérer ce groupe comme un corps simple, se transportant d'un composé à un autre sans subir d'altération.

De même CH^2 sera un radical *divalent*
CH — *trivalent*.

Dans les composés oxygénés

CO jouera le rôle d'un radical *divalent*,

et dans les composés azotés

AzH^2 jouera le rôle d'un radical *monovalent*
AzH — — *divalent*.

Les formules dans lesquelles on met les radicaux en évidence sont des *formules développées*. Telles sont :

Méthane	CH^3-H,
Alcool méthylique	CH^3-OH;

on les appelle aussi *formules de constitution*, bien qu'elles n'aient pas la prétention de représenter la constitution intime de la molécule, qui pour le moment nous échappe. Mais elles ont cet avantage de représenter symboliquement les réactions et de grouper un grand nombre de dérivés autour d'un radical hypothétique, comme les composés d'un métalloïde ou d'un métal sont groupés autour de cet élément; on facilite ainsi l'étude des combinaisons du carbone, si nombreuses et de compositions si diverses.

Les formules dites de constitution nous permettront en outre de différencier les réactions qui très souvent donnent naissance à des corps dont les formules moléculaires brutes sont identiques, mais qui sont des *isomères* de l'un d'entre eux.

344. Corps homologues. — Parmi les corps formés des mêmes éléments, et ayant même fonction chimique, il en est dont les formules ne diffèrent que par CH^2 ou par un multiple de CH^2; on dit que ces corps sont *homologues*. Les corps homologues forment des *séries* dites *homologues*.

Ainsi, pour n'envisager en ce moment que les composés les plus simples, les carbures d'hydrogène, nous verrons qu'il existe un nombre immense de ces composés binaires que l'on peut partager en séries homologues :

CH^4	C^2H^4	C^2H^2
C^2H^6	C^3H^6	C^3H^4
C^3H^8, etc.	C^4H^8, etc.	C^4H^6, etc.

Les formules des carbures de ces séries s'obtiennent en faisant $n = 1, 2, 3...$ dans les formules générales :

$$C^nH^{2n+2}, \quad C^nH^{2n}, \quad C^nH^{2n-2}.$$

Les divers termes d'une série homologue possèdent en général des propriétés chimiques assez voisines pour qu'on puisse restreindre leur étude à celle de quelques termes types.

CLASSIFICATION DES MATIÈRES ORGANIQUES.

345. Fonctions chimiques. — Les corps qui jouissent de propriétés chimiques communes sont dits posséder la même *fonction chimique*.

On distingue, pour les composés du carbone, quatre fonctions chimiques principales :

1° La fonction *carbure d'hydrogène*; type : $R-H$;
2° — *alcool* : $R-OH$;
3° — *acide* : $R-CO.OH$;
4° — *éther-sel* : $R-CO.OR'$ ou $R-Cl$.

R représente ici un radical hydrocarboné tel que CH^3 ou C^2H^5 ou même H monovalent.

Les *acides organiques* sont comparables aux acides minéraux; ils rougissent le tournesol et forment avec les bases des sels.

Les *alcools* peuvent être rapprochés des hydrates métalliques ou bases.

Quant aux *éthers-sels*, ils résultent de la réaction d'un acide organique ou minéral sur les alcools avec élimination d'eau, de la même manière que les sels minéraux dérivent des acides et des bases.

On distingue en outre, pour les corps oxygénés :

5° La fonction *éther-oxyde* : R^2-O;

6° — *aldéhyde* : $R-CHO$;

et pour les composés azotés :

7° La fonction *amine* : $R-AzH^2$;

8° — *amide* : $R-CO.AzH^2$;

9° — *nitrile* : $R-CAz$.

Une même substance peut posséder plusieurs fois la même fonction (*alcool polyatomique, acide polybasique*) ou plusieurs fonctions distinctes; on dit alors qu'elle est à *fonction mixte*. Ainsi, certains *acides* peuvent agir encore comme *alcools* : ce sont des *acides-alcools*.

CHAPITRE XXI

HYDROCARBURES.

346. Classification. — On connait un grand nombre de composés hydrogénés du carbone, *carbures d'hydrogène* ou *hydrocarbures*. Pour faciliter leur étude, on les groupe en séries homologues :

Hydrocarbures saturés.	. . . . .	C^nH^{2n+2}
—	*éthyléniques.* . . .	C^nH^{2n}
—	*acétyléniques.* . .	C^nH^{2n-2}
—	*camphéniques.* . .	C^nH^{2n-4}
—	*benzéniques.* . . .	C^nH^{2n-6}

. . . .

Les hydrocarbures des trois premières séries et leurs dérivés peuvent être obtenus synthétiquement à partir du *méthane* CH^4, qui définit le carbone comme tétravalent, par une suite de substitutions régulières. L'ensemble de ces carbures et leurs dérivés forment la *série grasse*, ainsi nommée parce que, parmi les acides correspondant aux hydrocarbures saturés, se trouvent des acides retirés des corps gras naturels.

Les *hydrocarbures benzéniques* et ceux qui forment les séries suivantes peuvent être dérivés plus immédiatement de la *benzine* C^6H^6; parmi leurs dérivés se trouvent des corps volatils doués d'odeurs aromatiques. L'ensemble de ces hydrocarbures et de leurs dérivés forme la *série aromatique*.

Bien que cette séparation en deux séries paraisse arbitraire, puisque la benzine elle-même peut être dérivée de l'acétylène et par conséquent du méthane par une réaction simple, il y a intérêt à la conserver, car les composés dits aromatiques offrent dans l'ensemble de leurs réactions une allure toute spéciale qui les distingue des composés de la série grasse.

347. Synthèse des hydrocarbures à partir des éléments. — Les trois premiers termes des séries du 1er groupe, c'est-à-dire le méthane ou gaz des marais CH^4, l'*éthylène* ou gaz oléfiant C^2H^4, l'*acétylène* C^2H^2, sont liés entre eux et à un quatrième carbure qui est l'homologue supérieur du méthane, l'*hydrure d'éthylène* ou *éthane* C^2H^6, par des relations simples.

L'*acétylène* est le seul carbure d'hydrogene dont on ait pu faire la synthèse par l'union du carbone et de l'hydrogène (357). Si on chauffe l'acétylène dans une cloche courbe avec un égal volume d'hydrogène, on reproduit l'éthylène :

$$C^2H^2 + H^2 = C^2H^4.$$

L'éthylène chauffé de même avec un égal volume d'hydrogène reproduit l'hydrure d'éthylène :

$$C^2H^4 + H^2 = C^2H^6.$$

Enfin, la même réaction appliquée à l'hydrure d'éthylène donne le méthane :

$$C^2H^6 + H^2 = 2(CH^4).$$

Nous verrons, en poursuivant l'étude des hydrocarbures, que l'acétylène peut s'unir à lui-même, se *polymériser*, sous l'action de la chaleur, pour donner des hydrocarbures plus complexes; en s'unissant à l'hydrogène ou au formène, l'acétylène et ses produits de condensation peuvent donner tous les autres hydrocarbures.

Aussi M. Berthelot a-t-il appelé *hydrocarbures fondamentaux* l'*acétylène*, l'*éthylène*, l'*hydrure d'éthylène* ou *éthane* et le *méthane*, qui dérivent ainsi par synthèse directe les uns des autres et à partir desquels on peut effectuer la synthèse des autres composés hydrogénés du carbone.

MÉTHANE, CH^4.

Syn : *Hydrure de méthyle, protocarbure d'hydrogène, formène, gaz des marais.*

548. **État naturel.** — Mélangé d'hydrogène, d'azote, d'oxygène et d'acide carbonique, le méthane se dégage de la vase des marais où il a pris naissance dans la décomposition lente au contact de l'eau, dans la putréfaction des matières végétales.

Dans certaines contrées, en Perse, en Italie, en France dans le Dauphiné, il se dégage des fissures du sol; mais c'est principalement dans les mines de houille que l'on a à redouter le dégagement subit de ce gaz. Emprisonné et comprimé dans les fissures de la houille, à de grandes profondeurs, il se dégage subitement sous le coup de pic du mineur, ou lorsqu'on fait éclater une mine destinée à l'abatage de gros blocs de minerais, ou quelquefois même sans cause apparente. Mélangé à l'air des galeries, il prend feu au contact d'une flamme et produit de terribles explosions : c'est le *grisou*.

349. Préparation. — 1° Lorsqu'on dirige des vapeurs d'acide acétique $C^2H^4O^2$ dans un tube de porcelaine chauffé au rouge vif, on recueille un mélange de gaz carbonique et de méthane :

$$C^2H^4O^2 = CH^4 + CO^2$$

Cette décomposition est plus facile à réaliser en présence des alcalis.

On introduit dans une petite cornue de verre (fig. 168) un mé-

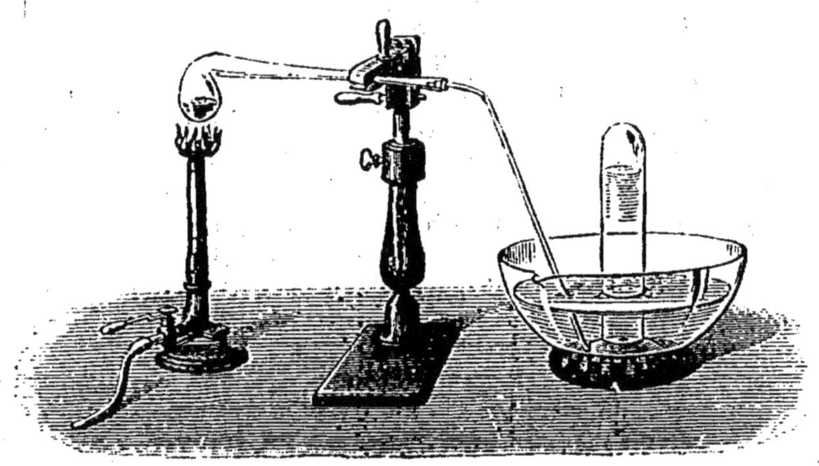

Fig. 168.

lange de 1 partie d'acétate de sodium et de 4 parties de chaux sodée ; un tube de dégagement permet de recueillir le gaz sur la cuve à eau. Il reste dans la cornue du carbonate de sodium indécomposable par la chaleur :

$$C^2H^3NaO^2 + NaOH = CH^4 + CO^3Na^2.$$

350. Propriétés. — Le méthane est un gaz incolore, inodore, insipide. Sa densité est 0,559 (*poids moléculaire* : 16).

Le méthane est difficilement liquéfiable.

Sa solubilité dans l'eau est très faible, elle est plus grande dans l'alcool.

A une température élevée, le méthane se décompose en hydrogène et acétylène (357) :

$$2CH^4 = C^2H^2 + 6H.$$

Il brûle au contact de l'air avec une flamme peu éclairante, en donnant de l'eau et du gaz carbonique :

$$CH^4 + 4O = CO^2 + 2H^2O.$$

Un mélange de 1 volume de ce gaz et de 2 volumes d'oxygène détone au contact d'une flamme avec une grande violence; mais lorsque la quantité d'oxygène est moindre que celle indiquée ci-dessus, lorsqu'on brûle, par exemple, le méthane dans une éprouvette étroite, l'hydrogène brûle tout d'abord et du carbone très divisé se dépose sur les parois du vase.

Action du chlore. — 1° Un mélange de 1 vol. de méthane et de 2 vol. de chlore brûle avec une flamme fuligineuse :

$$CH^4 + 4Cl = C + 4HCl.$$

2° Le chlore peut exercer en outre sur le protocarbure d'hydrogène une action très différente de la précédente. Exposé à la lumière solaire diffusée par un mur blanc, un mélange de ces deux gaz fournit une série régulière de composés qui ne diffèrent du carbure primitif que par la substitution du chlore à un égal volume d'hydrogène Cl, Cl^2, Cl^3, Cl^4 remplaçant H, H^2, H^3, H^4; ce sont des ***produits de substitution***. Ainsi, si le carbure est en excès par rapport au chlore, on a

$$CH^4 + 2Cl = CH^3Cl + HCl.$$

Le composé CH^3Cl est le *méthane monochloré*; il est identique au *chlorure de méthyle* ou *éther méthylchlorhydrique* qui résulte de l'action de l'acide chlorhydrique sur l'alcool méthylique (402). L'action du chlore continuant, on aurait successivement :

$$\begin{aligned} CH^3Cl + 2Cl &= CH^2Cl^2 + HCl, \\ CH^2Cl^2 + 2Cl &= CHCl^3 + HCl, \\ CHCl^3 + 2Cl &= CCl^4 + HCl. \end{aligned}$$

Le corps $CHCl^3$ est un liquide, le *chloroforme*; CCl^4 est le tétrachlorure de carbone.

551. Chloroforme, $CHCl^3$. — Industriellement, on prépare le chloroforme en délayant dans une cornue spacieuse 10 parties de chaux, 20 parties de chlorure de chaux et 80 parties d'eau, puis mélangeant 3 parties d'alcool et chauffant légèrement. On recueille dans un récipient refroidi un mélange de chloroforme, d'alcool et d'eau. On sépare le chloroforme, plus dense que les autres liquides, on le lave avec de l'eau, on le dessèche sur du chlorure de calcium, puis on le distille.

Le chloroforme est un liquide incolore, doué d'une odeur pénétrante et caractéristique; il bout à + 60°; sa densité est 1,491. Il est très peu soluble dans l'eau.

Mélangé avec une dissolution alcoolique de potasse, il se transforme rapidement en chlorure de potassium et formiate HCO^2K :

$$CHCl^3 + 4KOH = 3KCl + HCO^2K + 2H^2O.$$

C'est cette transformation en acide formique qui lui a fait donner son nom.

PÉTROLES.

352. **Extraction.** — Des hydrocarbures saturés liquides ou solides (pentanes et homologues supérieurs) forment la partie principale des *pétroles* d'Amérique et sont également utilisés pour l'éclairage et le chauffage.

Des sources de pétroles d'une très grande richesse sont exploitées aux États-Unis (Pensylvanie, Virginie occidentale, haut Canada) et en Russie, sur les bords de la mer Caspienne[1]. De ces sources s'échappent des gaz carburés qui sont utilisés sur place comme combustibles. Les pétroles liquides, renfermant des carbures de volatilités très différentes, sont soumis à des distillations fractionnées; on distingue les produits commerciaux en :

Éthers de pétrole, formés de carbures bouillant de 45° à 70°;

Essence de pétrole, essence minérale, employées à l'éclairage dans des lampes spéciales dites lampes à éponges (produits dont les points d'ébullition sont compris entre 70° et 120°);

Huile de pétrole, renfermant des carbures bouillant de 150° à 280°, destinée à l'éclairage;

Huiles lourdes de pétrole, employées au graissage des machines, formées des carbures les moins volatils (de 280° à 400°). Ces huiles peuvent remplacer la houille pour le chauffage des machines à vapeur.

Les résidus de la distillation sont des *goudrons*; ceux-ci, soumis à l'action de la chaleur rouge, se décomposent en carbures volatils utilisés comme les produits de la distillation directe des pétroles bruts et en composés solides, charbonneux, destinés au chauffage.

Les produits de première distillation sont soumis d'ailleurs à de

1. Depuis 1859, le principal centre d'exploitation des pétroles américains est la vallée d'Oil-Creek en Pensylvanie. En creusant des puits, on a rencontré, à des profondeurs très diverses, d'immenses poches renfermant de l'eau, du pétrole et des gaz combustibles. Lorsque le forage atteint la couche d'hydrocarbures, la pression du gaz fait jaillir le liquide jusqu'à la surface; mais, peu à peu la pression du gaz diminuant, on est obligé d'extraire celui-ci avec des pompes. Les pétroles russes sont surtout abondants aux environs de Bakou, dans la région du Caucase.

nouvelles rectifications destinées à éliminer des huiles de pétrole les produits volatils entraînés. *L'huile lampante* ou *huile de pétrole raffinée* ne doit pas émettre, à la température 35°, de vapeurs inflammables; elle ne brûle, comme les huiles végétales, qu'à l'extrémité d'une mèche et son maniement est sans danger.

553. **Paraffine. — Vaseline.** — Lorsqu'on laisse refroidir les huiles lourdes de pétrole immédiatement après leur distillation, il s'en sépare une matière solide, blanche, cristalline, qui porte le nom de *paraffine*. La paraffine est purifiée par expression, fondue et filtrée sur du noir animal; on obtient ainsi des masses blanches, translucides, avec lesquelles on fait des bougies. La paraffine est formée de divers carbures fondant entre 45° et 65°, mais qui ne peuvent être volatilisés sans subir une décomposition partielle.

L'ozokérite est une paraffine naturelle imprégnée de matières bitumineuses, que l'on rencontre sur les bords de la mer Caspienne; après purification, elle sert aux mêmes usages que la paraffine.

La *vaseline* est une matière blanche, onctueuse et inodore, utilisée aujourd'hui dans la pharmacie et d'une façon plus générale dans beaucoup d'industries, où elle tient avantageusement la place de matières grasses d'origine végétale et animale; car elle ne rancit pas comme celles-ci. On obtient la vaseline en arrêtant la distillation des pétroles bruts avant d'avoir éliminé tous les produits volatils; on évapore ensuite lentement à l'air libre et enfin on décolore par le noir animal.

ÉTHYLÈNE, C^2H^4 ou $CH^2=CH^2$.

Syn : *Bicarbure d'hydrogène, hydrogène bicarboné, gaz oléfiant.*

554. **Préparation.** — L'alcool éthylique $CH^3-CH^2.OH$ se décompose, lorsqu'on le chauffe avec de l'acide sulfurique concentré, à une température d'environ 170°, en éthylène C^2H^4 qui se dégage et en eau qui est retenue par l'acide sulfurique. La réaction peut être formulée symboliquement :

$$C^2H^6O = C^2H^4 + H^2O.$$

On introduit dans un ballon de verre (fig. 169) un mélange de 1 partie d'alcool et de 6 parties d'acide sulfurique, fait en versant lentement et en agitant constamment l'acide sulfurique dans l'alcool, de façon à éviter une élévation trop brusque de température. On ajoute ensuite du sable dans le ballon, ce qui permet d'obtenir un dégagement de gaz plus régulier. On élève peu à peu la température et le gaz se dégage sur la cuve à eau[1].

355. Propriétés physiques. — L'éthylène est un gaz incolore,

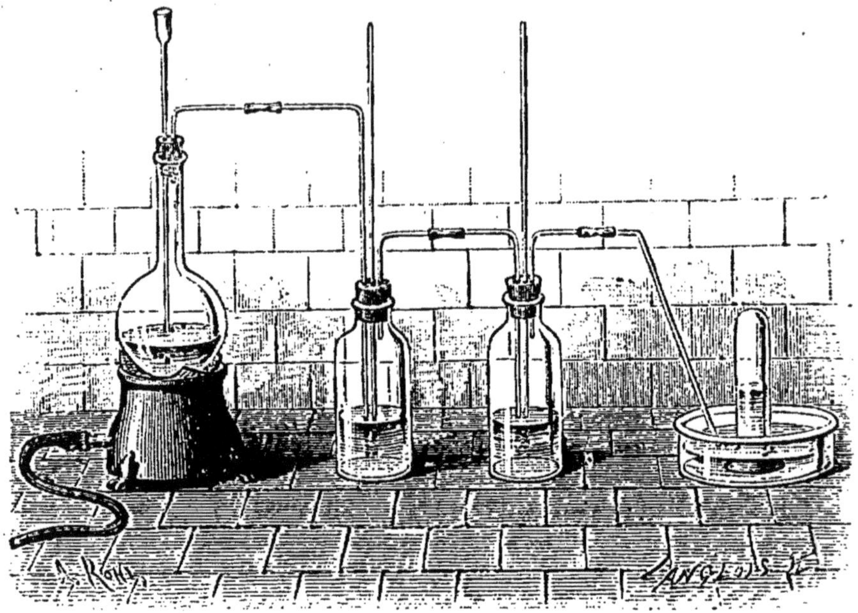

Fig. 169.

doué d'une légère odeur empyreumatique. Sa densité est 0,97 (*poids moléculaire* : 28). Il est peu soluble dans l'eau, qui n'en dissout que 1/6 de son volume à la température ordinaire.

356. Propriétés chimiques. — Lorsqu'on fait passer l'éthylène dans un tube de porcelaine chauffé au rouge, il se décompose partiellement en acétylène et hydrogène :

$$C^2H^4 = C^2H^2 + H^2.$$

L'éthylène est combustible : il brûle au contact de l'air, avec une flamme blanche très éclairante :

$$C^2H^4 + 6O = 2CO^2 + 2H^2O.$$

1. Le gaz qui se dégage peut contenir une petite quantité d'éther $(C^2H^5)^2O$ qui prend naissance lorsque la température est inférieure à 160°, et si la température s'élève au-dessus de cette température du gaz carbonique et du gaz sulfureux résultant de l'action exercée sur l'acide sulfurique par le carbone et par l'hydrogène de l'alcool. Aussi, avant de recueillir le gaz sur la cuve à eau, doit-on lui faire traverser deux flacons laveurs, le premier renfermant de la potasse destinée à retenir les gaz carbonique et sulfureux, et le second de l'acide sulfurique qui dissout l'éther entraîné.

Un mélange de 1 volume d'éthylène et de 3 volumes d'oxygène fait explosion au contact d'une flamme.

Mais si le volume d'oxygène est moindre, la combustion est incomplète : il se forme de l'eau et de l'oxyde de carbone ou même un dépôt de charbon. C'est ce qui arrive lorsqu'on enflamme l'éthylène à l'orifice d'une éprouvette étroite.

Une oxydation ménagée transforme l'éthylène en acide acétique :

$$C^2H^4 + 2O = C^2H^4O^2.$$

C'est ce qu'on réalise en chauffant l'éthylène en vase clos avec une dissolution d'anhydride chromique CrO^3, qui cède une partie de son oxygène en se transformant en sesquioxyde de chrome Cr^2O^3.

Action du chlore. — 1° L'action exercée par le chlore sur l'éthylène, au contact d'une flamme, est la même que celle qui a été observée avec le méthane.

Si l'on introduit dans une grande éprouvette 1 volume d'éthylène et 2 volumes de chlore, et qu'on approche une bougie de l'orifice, une flamme rouge descend lentement jusqu'au fond de l'éprouvette, et un nuage de noir de fumée s'élève. Un papier de tournesol bleu humide, que l'on expose aux vapeurs qui se dégagent de l'éprouvette lorsque la combustion est terminée, rougit, accusant la formation de l'acide chlorhydrique. Le gaz a été décomposé par le chlore qui s'est uni à l'hydrogène, tandis que le carbone a été mis en liberté :

$$C^2H^4 + 4Cl = 2C + 4HCl.$$

2° Le chlore donne avec l'éthylène des produits d'addition *directs* et des produits de substitution *indirects*.

Dans une éprouvette que l'on renverse sur une assiette remplie d'eau, on introduit volumes égaux d'éthylène et de chlore (fig. 170). A la lumière diffuse, les deux gaz réagissent immédiatement pour donner un liquide huileux qui ruisselle sur les parois de l'éprouvette et tombe au fond du vase, et le niveau du liquide monte peu à peu. Le corps qui prend naissance ici est une combinaison des deux gaz, le *bichlorure d'éthylène*, $C^2H^4.Cl^2$, ou *huile des Hollandais*. C'est cette réaction qui a valu à l'éthylène le nom de *gaz oléfiant*.

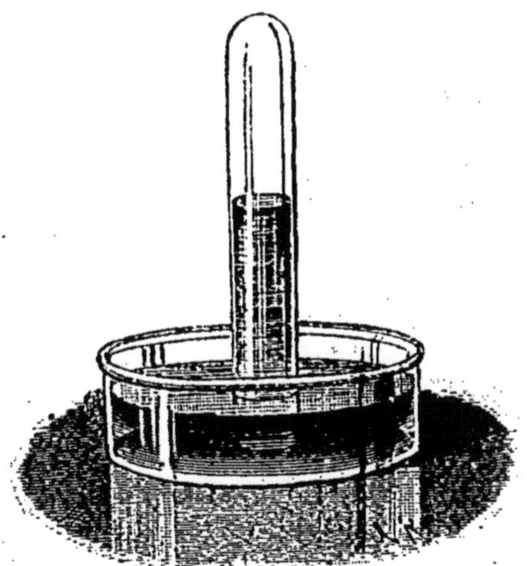

Fig. 170.

En présence d'un excès de chlore, on forme des produits de substitution du bichlorure d'éthylène :

$$C^2H^4.Cl^2 + 2Cl = HCl + C^2H^3Cl.Cl^2,$$
$$C^2H^3Cl.Cl^2 + 2Cl = HCl + C^2H^2Cl^2.Cl^2,$$
$$C^2H^2Cl^2.Cl^2 + 2Cl = HCl + C^2HCl^3.Cl^2;$$

enfin, en épuisant l'action du chlore, on obtiendrait un chlorure de carbone C^2Cl^6 :

$$C^2HCl^3.Cl^2 + 2Cl = HCl + C^2Cl^6,$$

corps solide, bouillant à + 182°.

On n'observe jamais, dans cette action exercée par le chlore sur l'éthylène, la formation de produits directs de substitution de l'éthylène. On ne peut préparer ces dérivés qu'en décomposant par un alcali les produits que nous venons d'obtenir, ce qu'on réalise en les chauffant avec une solution alcoolique de potasse :

$$C^2H^4Cl^2 + KOH = KCl + H^2O + C^2H^3Cl ;$$

C^2H^3Cl est l'éthylène monochloré. On obtiendrait de même

L'éthylène bichloré. $C^2H^2Cl^2$,
L'éthylène trichloré. C^2HCl^3,
L'éthylène tétrachloré ou protochlorure de carbone . . C^2Cl^4.

ACÉTYLÈNE, C^2H^2 ou $CH \equiv CH$.

357. Circonstances de formation. — Préparation. — 1° *Synthèse directe.* — L'acétylène est le seul carbure d'hydrogène que l'on puisse obtenir par l'union directe de l'hydrogène avec le carbone.

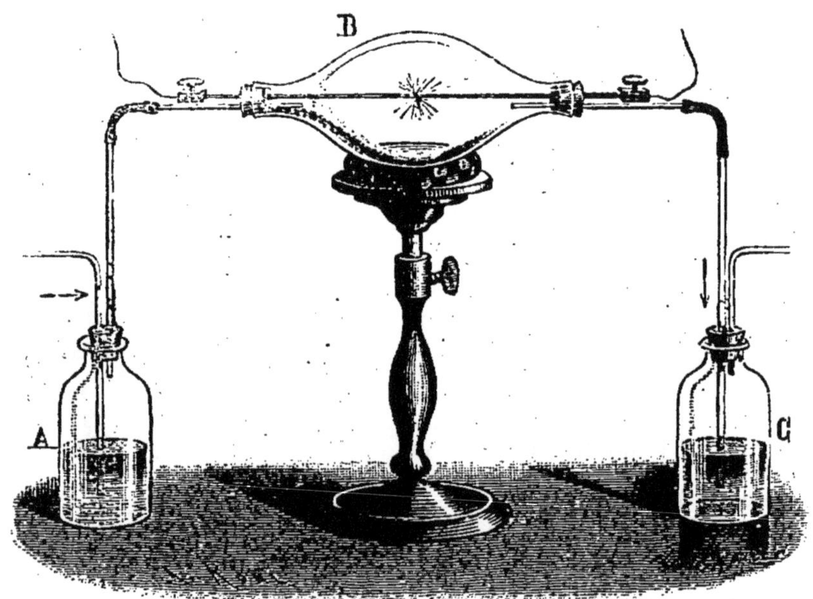

Fig. 171.

M. Berthelot a obtenu en effet ce gaz en faisant éclater l'arc électrique fourni par une pile de 50 éléments Bunsen entre deux baguettes en charbon de cornue, au centre d'un ballon en verre traversé par un courant d'hydrogène pur (fig. 171). Au sortir du ballon, les gaz traversent un flacon renfermant une dissolution de sous-chlorure de cuivre Cu^2Cl^2 dans l'ammoniaque. L'acétylène forme, dans ces conditions, un précipité rouge-brun d'*acétylure de cuivre*, $C^2H.Cu^2Cl$.

2° *Action de la chaleur sur les matières organiques.* — On obtient également de l'acétylène lorsqu'on décompose par la chaleur une matière organique volatile, ou lorsqu'on fait passer dans un tube de porcelaine chauffé au rouge un des deux carbures d'hydrogène que nous venons d'étudier. Le gaz d'éclairage provenant de la décomposition de la houille par la chaleur renferme de petites quantités d'acétylène.

Fig. 172.

3° *Combustions incomplètes.* — Il se forme de l'acétylène toutes les fois qu'un carbure d'hydrogène ou un composé carburé quelconque brûle en présence d'un volume d'oxygène insuffisant pour transformer tout le carbone en gaz carbonique. Ainsi, lorsque dans une éprouvette longue et étroite (fig. 172), on introduit quelques centimètres cubes d'éther et quelques gouttes de sous-chlorure de cuivre ammoniacal, et qu'on enflamme l'éther à l'orifice, on voit se former sur les parois un dépôt rougeâtre d'acétylure de cuivre.

On démontrerait de la même façon que la combustion incomplète de l'éthylène, du méthane ou du gaz de la houille donne de l'acétylène.

La formation de l'acétylène dans la combustion incomplète du gaz peut être utilisée pour préparer l'acétylure de cuivre.

Pour obtenir l'acétylène pur, on introduit dans un petit ballon l'acétylure de cuivre et de l'acide chlorhydrique concentré; on chauffe légèrement et on recueille le gaz sur la cuve à mercure :

$$C^2H.Cu^2Cl + HCl = C^2H^2 + Cu^2Cl^2.$$

4° *Carbures alcalino-terreux.* — Les carbures des métaux alcalino-terreux, tels que C^2Ba (Maquenne) ou C^2Ca (Moissan), mis en présence de l'eau ou de l'acide chlorhydrique étendu, dégagent de l'acétylène :

$$C^2Ca + 2H^2O = Ca(OH)^2 + C^2H^2,$$
$$C^2Ca + 2HCl = CaCl^2 + C^2H^2.$$

Le carbure de calcium cristallisé ou *acétylure de calcium* C^2Ca

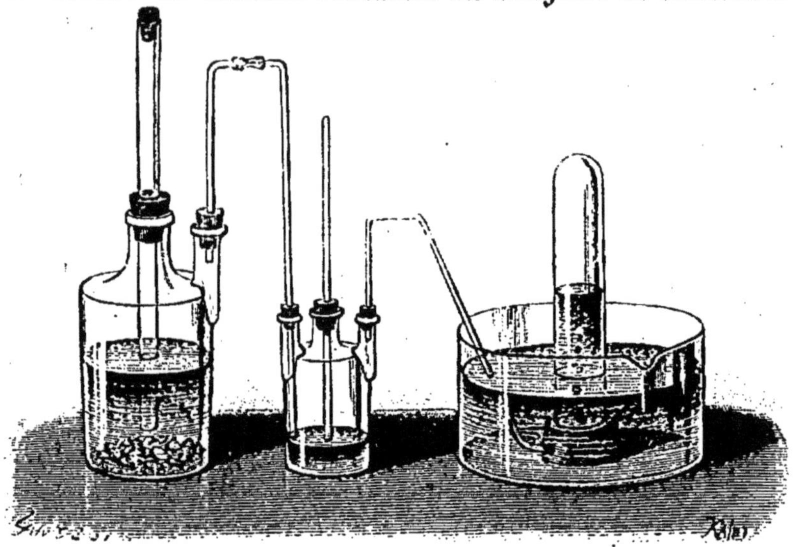

Fig. 173.

est préparé par M. Moissan en décomposant la chaux par le charbon dans l'arc électrique; il donne au contact de l'eau de l'acétylène très pur.

C'est cette réaction que l'on utilise aujourd'hui pour préparer l'acétylène. On introduit peu à peu des fragments de carbure de calcium dans un flacon bitubulé contenant de l'eau (fig. 173). La réaction est immédiate; on recueille le gaz sur la cuve à eau.

On peut faire brûler le gaz à l'orifice d'un tube effilé ou mieux de deux petits tubes très fins inclinés l'un vers l'autre et très rapprochés. On obtient dans ce cas une flamme plate en forme de papillon dans un plan perpendiculaire à celui des deux tubes.

338. **Propriétés physiques.** — L'acétylène est un gaz incolore; lorsqu'il a été préparé par le carbure de calcium, il possède souvent une odeur alliacée désagréable due à la présence de très petites quantités de matières étrangères. Sa densité est 0,92. Il est peu soluble dans l'eau. La liquéfaction de l'acétylène est aussi facile à réaliser que celle de l'anhydride carbonique :

Température critique.	37°,05
Pression critique.	$68^{atm},0$

A 15°, la tension de vapeur de l'acétylène liquide est de 37atm,9; il est solide au-dessous de — 81°.

559. **Propriétés chimiques**. — Un mélange de 2 vol. d'acétylène et de 5 vol. d'oxygène brûle complètement.

$$C^2H^2 + 5O = 2CO^2 + H^2O.$$

La flamme est jaune ou rouge, plus ou moins fuligineuse, et la combustion est incomplète lorsque le gaz brûle à la sortie d'un orifice étroit, de la fente d'un bec papillon ou à l'ouverture d'une éprouvette. Mais si le gaz s'échappe par un orifice très fin d'un gazomètre ou mieux d'un récipient qui le contient à l'état liquide, la flamme est très blanche et la combustion complète; le pouvoir éclairant est alors 12 fois plus grand que celui du gaz de l'éclairage[1].

Une oxydation ménagée transforme l'acétylène en acide oxalique :

$$C^2H^2 + 4O = C^2H^2O^4.$$

Il s'unit directement avec l'hydrogène au rouge sombre pour donner l'éthylène C^2H^4 et même l'hydrure d'éthylène ou éthane C^2H^6 :

$$C^2H^2 + H^2 = C^2H^4;$$
$$C^2H^2 + 2H^2 = C^2H^6.$$

Sous l'action de la chaleur il tend à former des polymères; telle est la benzine :

$$(C^2H^2)^3 = C^6H^6.$$

C'est ainsi qu'en chauffant l'acétylène au rouge sombre, dans une cloche courbe (fig. 174), on obtient des matières solides et liquides d'où on peut séparer par distillation de la benzine.

Les étincelles électriques éclatant dans un mélange d'acétylène et d'azote à volumes égaux donnent l'acide cyanhydrique :

$$C^2H^2 + 2Az = 2(CAzH).$$

1. La *température de combustion* est fort élevée (2400°) ; d'autre part, formé avec absorption de chaleur à partir des éléments, l'acétylène se dissocie aisément et le carbone en suspension dans la flamme lui donne un grand éclat.

Action du chlore. — A la lumière diffuse, l'acétylène peut fixer soit 2, soit 4 atomes de chlore.

$$C^2H^2Cl^2 \qquad C^2H^2Cl^4$$

Fig. 171.

La réaction peut être explosive ; elle le devient nécessairement à la lumière solaire ; le carbure est alors détruit :

$$C^2H^2 + Cl^2 = C^2 + 2HCl.$$

Mais on n'observe jamais de réaction directe de substitution.

HYDROCARBURES AROMATIQUES.

360. Extraction. — La plupart des matières organiques soumises à l'influence d'une température rouge donnent de l'acétylène, du formène et de l'éthylène, mais elles donnent aussi de la benzine et de nombreux carbures d'hydrogène liquides ou solides, tels que la naphtaline et l'anthracène.

Ces mêmes hydrocarbures prennent naissance pendant la distillation de la houille ; les carbures d'hydrogène gazeux forment le gaz de l'éclairage ; liquides ou solides, ils constituent les *goudrons* de houille, soigneusement condensés dans les usines à gaz et exploités pour la préparation des carbures benzéniques et des carbures pyrogénés.

Ces goudrons sont distillés dans de grandes cornues cylindriques en tôle et les produits sont fractionnés en :

1° *Huiles légères;*

2° *Huiles lourdes;*

3° *Huiles anthracéniques;*

4° *Brais.*

1° *Huiles légères.* — Celles-ci renferment tous les produits qui distillent au-dessous de 200° : benzine, toluène et leurs homologues supérieurs, quelques carbures éthyléniques, des bases et des phénols. On élimine les carbures éthyléniques et les bases en agitant les huiles légères avec de l'acide sulfurique concentré, et les phénols en les lavant avec des lessives alcalines. Les carbures sont alors soumis à une nouvelle distillation en ne recueillant que les produits bouillant entre 80° et 120°, ce qui fournit les benzines commerciales ou *benzols;* ceux-ci renferment en proportions variables

La benzine, qui bout à . . . . 80°,
La toluène, — . . . . 110°,

mélangés de xylènes et d'autres carbures bouillant au-dessus de 110°. Suivant les usages auxquels on les destine, on utilise directement ces benzols ou on les soumet à une nouvelle rectification.

2° *Huiles lourdes.* — Elles passent à la distillation entre 200° et 300° et se prennent en masse cristalline par le refroidissement.

Ces huiles lourdes sont en effet riches en naphtaline, carbure solide que l'on sépare en exprimant la masse.

Les huiles lourdes débarrassées de naphtaline peuvent être employées au chauffage dans des foyers spéciaux, au même titre que les huiles lourdes de pétrole (352), ou mieux encore utilisées pour l'extraction des phénols (406).

3° *Huiles anthracéniques.* — Les résidus de la distillation précédente forment le *brai,* mélange de carbures solides parmi lesquels se trouve l'anthracène. En soumettant ces résidus à une nouvelle distillation au rouge sombre, on obtient les *huiles anthracéniques,* qui servent à la préparation de l'anthracène (367).

4° *Brais.* — Le brai, résidu de la distillation des huiles lourdes, est, en raison de sa consistance, appelé *brai gras.* Mélangé à du poussier de charbon, il sert à faire les *agglomérés,* qui, sous forme de briquettes, sont employés au chauffage des machines à vapeur.

Les *brais secs,* moins fusibles, résidus de la distillation des huiles anthracéniques, ne peuvent servir à cet usage qu'après avoir été mélangés aux carbures liquides que l'on obtient en éliminant l'anthracène des huiles anthracéniques. Ils servent aussi à faire l'*asphalte artificiel*.

BENZINE, C^6H^6.

(Syn. Benzène.)

361. **Préparation.** — Industriellement, la benzine s'extrait des benzols par distillation fractionnée[1].

Au-dessus de la chaudière A (fig. 175), chauffée par un courant de vapeur CC', s'élève une colonne à plateaux analogue à celle dont on se sert dans la distillation des alcools (450) et qui opère un premier fractionnement; les vapeurs passent ensuite dans des boules G, H, I, K, plongées dans un même bac renfermant une dissolution de chlorure de calcium. Si la température de ce liquide est maintenue un peu au-dessous de 80°, les vapeurs de benzine arrivent sans se condenser dans le réfrigérant L; si on élève ensuite la température du bac à 108°, on recueille du toluène.

La benzine rectifiée n'est pas encore pure; elle contient, outre du toluène, une petite quantité d'un composé sulfuré, le *thiophène*, qui lui communique une odeur désagréable.

On obtient de la benzine parfaitement exempte de toluène en chauffant dans une cornue de l'acide benzoïque avec 2 ou 3 fois son poids de chaux[2] :

$$C^6H^5-CO^2H + CaO = CO^3Ca + C^6H^6,$$

réaction analogue à celle qui donne naissance au méthane (348).

362. **Propriétés physiques.** — La benzine est un liquide incolore, très mobile, doué d'une odeur forte, mais assez agréable lorsqu'elle est d'une pureté parfaite; sa densité à 0° est 0,899.

Elle se solidifie vers 0° en une masse cristalline qui ne fond plus qu'à + 4°,45; elle bout à 80°,4.

La densité de vapeur est 2,75, égale à 3 fois la densité de vapeur de l'acétylène (*poids moléculaire* : 78).

Insoluble dans l'eau, elle est soluble dans l'alcool, l'esprit de bois, l'éther; elle dissout l'iode, le soufre, le phosphore, les huiles grasses, les essences, les résines, le caoutchouc et la gutta-percha.

363. **Propriétés chimiques.** — La benzine brûle avec une

1. La benzine a été découverte par Faraday, en 1825.
2. C'est de cette réaction que lui vient le nom de benzine.

flamme blanche un peu fuligineuse ; si la combustion était complète, on aurait la réaction

$$C^6H^6 + 15O = 6CO^2 + 3H^2O;$$

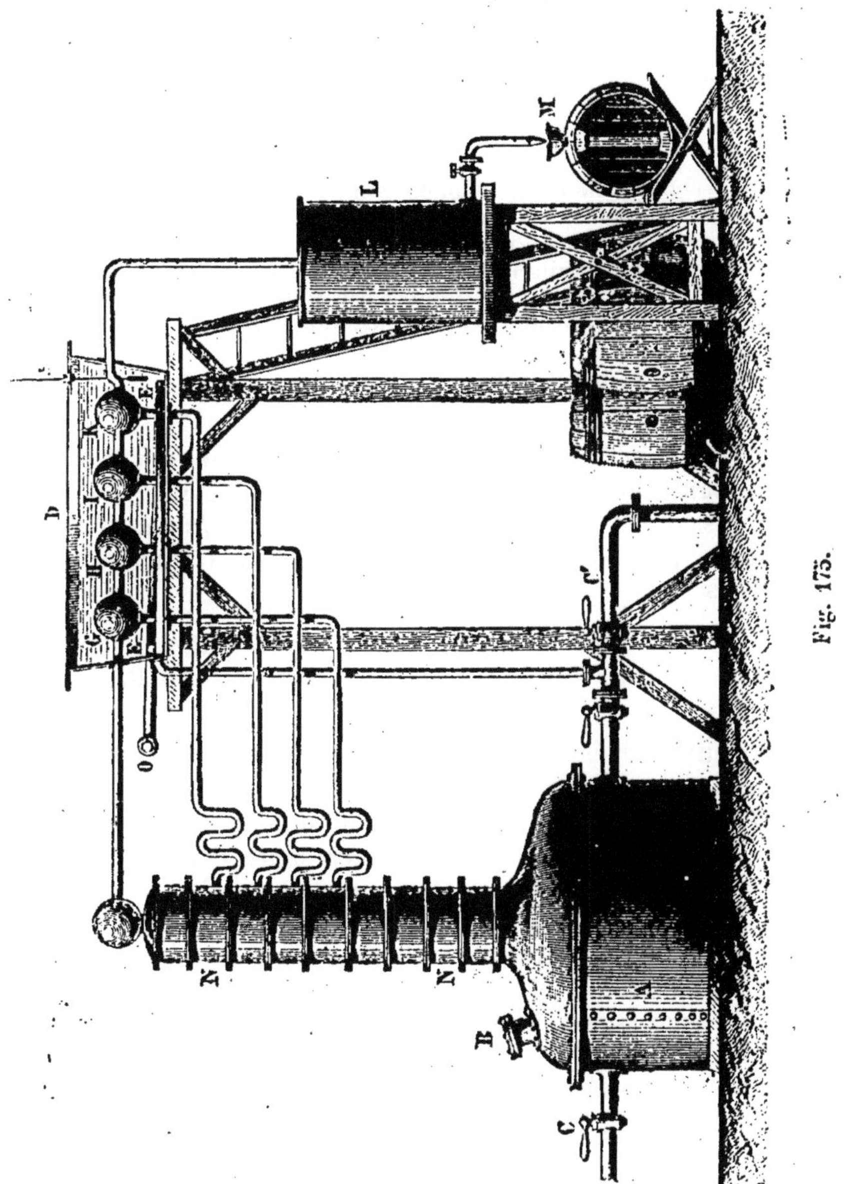

Fig. 175.

mais une certaine quantité de carbone échappe à la combustion et se dépose à l'état de *noir de fumée.*

Action des éléments halogènes. — Lorsqu'on verse de la benzine dans un flacon rempli de chlore, et qu'on expose celui-ci à la lumière solaire directe ou à la lumière produite par la combustion du magnésium, on voit se former immédiatement des fumées blanches qui se condensent en petits cristaux sur les parois du vase. On a obtenu ainsi l'hexachlorure de benzine $C^6H^6.Cl^6$.

Par l'action ménagée du chlore, on a préparé un dichlorure et un tétrachlorure $C^6H^6.Cl^2$ et $C^6H^6.Cl^4$.

La benzine peut se comporter en outre comme un carbure saturé et donner directement des produits de substitution dont les formules brutes sont :

$$C^6H^5Cl \quad C^6H^4Cl^2 \quad C^6H^3Cl^3 \quad C^6H^2Cl^4 \quad C^6HCl^5$$

et enfin un chlorure de carbone solide C^6Cl^6.

Ces produits de substitution s'obtiennent quand on fait passer un courant de chlore *à froid*, dans la benzine en présence d'une petite quantité d'iode. La réaction est plus facile à réaliser encore en présence du chlorure d'aluminium.

On obtient aussi ces benzines chlorées par voie indirecte ; l'hexachlorure de benzine, par exemple, chauffé avec une dissolution alcoolique de potasse donne la réaction

$$C^6H^6Cl^6 + 3KOH = C^6H^3Cl^3 + 3KCl + 3H^2O.$$

Dérivés sulfonés. — L'acide sulfurique fumant dissout la benzine en donnant, suivant les proportions de matière réagissante, deux composés acides principaux, l'acide *phénylsulfureux* $C^6H^5-SO^3H$ et l'acide *phényldisulfureux* $C^6H^4=(SO^3H)^2$, formés d'après les réactions

$$C^6H^6 + SO^4H^2 = C^6H^5-SO^3H + H^2O,$$
$$C^6H^6 + 2SO^4H^2 = C^6H^4=(SO^3H)^2 + 2H^2O.$$

Ces deux dérivés sont importants, car ils ont été appliqués à la synthèse des phénols (406).

364. Nitrobenzine. — L'acide azotique fumant réagit énergiquement sur la benzine pour former deux dérivés de substitution, dont le premier présente un intérêt capital.

La benzine, versée goutte à goutte dans l'acide azotique monohydraté, se dissout avec élévation de température. Si l'on a soin de refroidir l'acide et de ne verser la benzine que par petites portions successives, la réaction s'accomplit sans dégagement de vapeurs nitreuses. En versant la dissolution dans un grand excès d'eau, on sépare des gouttelettes huileuses de *nitrobenzine* $C^6H^5AzO^2$, formée d'après la réaction

$$C^6H^6 + AzO^3H = C^6H^5.AzO^2 + H^2O.$$

Lavée abondamment à l'eau, puis à l'eau alcaline, et enfin à l'eau distillée, la nitrobenzine constitue un liquide légèrement jaunâtre, dont l'odeur rappelle celle des amandes amères. Elle bout à 220° et sa vapeur détone lorsqu'on la porte au rouge. Insoluble dans l'eau, elle est soluble dans l'alcool, l'éther, l'acide acétique; elle est toxique.

Son odeur la fait employer, sous le nom d'*essence de mirbane*, dans la parfumerie grossière. Mais sa principale application est la fabrication de l'*aniline* (475).

TOLUÈNE, C^7H^8.

365. **Extraction. Propriétés.** — On retire le toluène du goudron de houille par distillation fractionnée.

Liquide incolore, doué d'une odeur analogue à la benzine, de densité 0,856 à 15°. Il bout à 111°, il se solidifie vers — 100°.

Le chlore et l'acide azotique donnent, avec le toluène comme avec la benzine, des dérivés par substitution; mais leur étude est plus complexe, en raison des nombreux cas d'isomérie qu'ils présentent.

Ainsi l'acide azotique fumant transforme le toluène en *trois mononitrotoluènes* ayant même composition et même poids moléculaire, mais doués de propriétés physiques différentes : deux sont solides (*méta* et *para*), le troisième est liquide (*ortho*).

NAPHTALINE, $C^{10}H^8$.

366. **Extraction. Propriétés.** — On retire la naphtaline du goudron de houille (360). Elle se forme en effet toutes les fois qu'on porte une matière hydrocarburée au rouge vif.

Industriellement on sublime la naphtaline brute dans de grands tonneaux. On la purifie par cristallisation dans l'alcool ou par une nouvelle sublimation dans un têt en terre, surmonté d'un cône en carton.

La naphtaline sublimée est en cristaux lamellaires transparents, incolores, d'un éclat micacé, gras au toucher. Elle fond à 79° et bout à 218°.

Insoluble dans l'eau, elle est peu soluble dans l'alcool froid, mais beaucoup plus soluble dans l'alcool bouillant, facilement soluble dans l'éther et dans les carbures liquides.

La naphtaline brûle avec une flamme fuligineuse. Ses réactions générales sont celles de la benzine.

ANTHRACÈNE $C^{14}H^{10}$.

367. **Préparation. Propriétés.** — L'anthracène s'extrait des produits les moins volatils du goudron de houille (*huiles anthracéniques*). En soumettant ces produits semi-liquides, chauffés entre 40° et 50°, à l'action d'un filtre-presse, on sépare les produits solides, et on les lave à l'huile légère du goudron de houille; on sublime enfin l'anthracène et on le purifie par cristallisation dans l'alcool ou dans la benzine.

L'anthracène prend naissance dans la distillation sèche d'un grand nombre de matières organiques.

L'anthracène ainsi préparé est en feuillets très légers, incolores, fondant à 210° et bouillant à 360° environ. Peu soluble dans l'alcool et dans l'éther, il est plus soluble dans la benzine, le toluène ou les huiles de pétrole.

Les réactions les plus intéressantes de l'anthracène sont celles qu'exercent sur ce carbure les réactifs oxydants. Ainsi l'acide chromique le convertit en *anthraquinone* $C^{14}H^8O^2$, corps important, car il sert à préparer artificiellement l'alizarine (490).

ESSENCE DE TÉRÉBENTHINE.

368. **Origine.** — Les *térébenthines* sont des liquides visqueux qui s'écoulent d'incisions pratiquées au tronc de diverses espèces de conifères, tels que les pins, sapins, mélèzes. Soumises à la distillation avec de l'eau, les térébenthines se scindent en un carbure liquide, l'*essence de térébenthine*, et en une résine solide, la *colophane*.

On distingue dans le commerce, suivant leur provenance, diverses essences de térébenthine dont les propriétés physiques ne sont pas identiques. Les principales sont : l'essence de térébenthine française ou *térébenthène* et l'essence de térébenthine anglaise ou *australène*.

369. **Térébenthène** $C^{10}H^{16}$. — Le *térébenthène* est un liquide incolore, mobile, doué d'une odeur caractéristique dont la densité à 16° est 0,864. Il bout à 156°.

Abandonnée au contact de l'air, l'essence de térébenthine absorbe peu à peu l'oxygène, jaunit, se résinifie (*essence grasse des peintres sur porcelaine*). Dans cette oxydation, il se forme des carbures liquides ou solides par perte d'hydrogène et des acides.

Lorsqu'on approche un corps incandescent d'une mèche

imbibée d'essence de térébenthine, celle-ci s'enflamme et brûle avec une flamme rougeâtre, très fuligineuse. On utilise cette réaction pour préparer le noir de fumée.

L'acide azotique fumant versé sur l'essence en détermine l'inflammation; mais l'acide azotique étendu et bouillant l'oxyde lentement et la transforme en divers composés acides.

370. **Isomères du térébenthène. — Huiles essentielles. —** Le térébenthène se transforme avec une grande facilité en composés *isomères* ou *polymères*. On connait, on outre, un nombre considérable d'*essences végétales* ayant même composition centésimale que le térébenthène et même densité de vapeur, ayant toutes, par conséquent, pour formule $C^{10}H^{16}$, mais différant par quelques-unes de leurs propriétés organoleptiques ou physiques; telles sont :

L'essence de citron,
— d'orange,
— de lavande,
— de genièvre,
— de poivre, etc.

D'autres essences, tout en ayant même composition centésimale, ont une densité de vapeur égale à une fois et demie ou deux fois celle du térébenthène.

On extrait généralement ces huiles essentielles en soumettant les parties de végétaux qui les contiennent à la distillation avec de l'eau dans des alambics disposés de telle sorte, que le chauffage du liquide est obtenu par la condensation d'un courant de vapeur d'eau qui arrive au fond de l'alambic. L'essence est entraînée avec la vapeur d'eau, se condense dans le serpentin et est recueillie dans un récipient de forme spéciale, dit *récipient florentin* (fig. 176).

Fig. 176.

L'essence plus légère surnage; mais le niveau du liquide tendant à s'élever, dès que celui-ci a dépassé le plan tangent au sommet du col du cygne, l'eau s'écoule, tandis que l'essence s'accumule dans le vase. On dispose aujourd'hui ces récipients un peu différemment (fig. 177), de façon à pouvoir recueillir l'essence pendant la durée de la distillation[1].

1. On groupait autrefois sous le nom d'*huiles essentielles* des corps doués d'une odeur aromatique, volatils, insolubles ou peu solubles dans l'eau, solubles dans l'alcool et l'éther, graissant le papier, mais se distinguant des corps gras proprement dits en ce que la tache, en raison de la volatilité de la substance, n'est que temporaire. Les huiles essentielles sont des mélanges de divers carbures liquides et de composés solides généralement oxygénés (*résines*, *camphres*).

Les isomères de l'essence de térébenthine sont employés en parfumerie. L'essence de térébenthine a elle-même d'importantes applications : peinture sur porcelaine, fabrication des vernis, etc.

371. Résines. — Les *résines* sont des produits solides qui résultent de l'oxydation des huiles essentielles, oxydation qui s'effectue dans la plante elle-même. Mélangées aux hydrocarbures liquides, elles constituent les *térébenthines* ou les *baumes* (*benjoin*, *baume de Tolu*) lorsque la résine contient des acides *benzoïque* ou *cinnamique*; les *gommes-résines* (*galbanum*, *opopanax*, *encens*, *gomme-gutte*) sont des mélanges de résines et de gommes ou de mucilages.

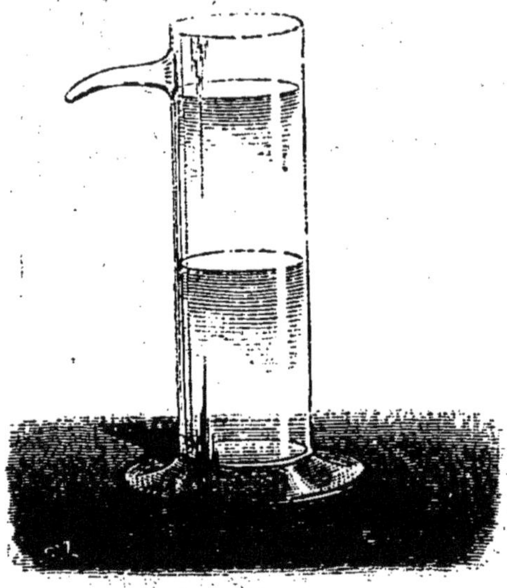

Fig. 177.

Les *résines* sèches ne contiennent que peu de matières liquides : tels sont la *colophane*, la *sandaraque*, le *copal*, la *laque*; ces résines proviennent de la distillation artificielle des térébenthines, ou de l'évaporation spontanée, accompagnée d'oxydation, des sucs laiteux de divers végétaux. *L'ambre succin* est une résine fossile qu'on trouve dans les lignites.

Les résines dissoutes dans l'essence de térébenthine, ou dans des mélanges d'essence de térébenthine et d'alcool, ou encore des mélanges de térébenthine et d'huile de lin, forment les vernis.

372. Caoutchouc. — Gutta-percha. — Le *caoutchouc* provient de la dessiccation, au contact de l'air, d'un suc blanc, laiteux, qui s'écoule d'incisions pratiquées au tronc de certains arbres des genres *Hevea*, *Siphonia* ou *Ficus*, croissant au Brésil, aux Indes, à Java, au Gabon. Le caoutchouc naturel, coloré en brun par l'action de la lumière, est élastique aux températures comprises entre 10° et 35°; il durcit aux basses températures et fond à 180°.

Le caoutchouc, divisé en fils très fins, sert à faire des tissus élastiques. Dissous dans un mélange de sulfure de carbone et d'alcool absolu et étendu à la surface des étoffes, il rend celles-ci imperméables. On en fait des tubes, des courroies de transmission, etc. Afin d'éviter que deux lames de caoutchouc, ramollies par la chaleur, ne se soudent à elles-mêmes, on le combine au soufre (*caoutchouc vulcanisé*). Pour vulcaniser le caoutchouc, on plonge les objets dans du sulfure de carbone additionné de 2 pour 100 de chlorure de soufre.

La *gutta-percha* est le suc épaissi de l'*Isonendra* (Chine, Malaisie) ; elle est noire, soluble dans le sulfure de carbone, dure à la température ordinaire et se ramollit vers 60°. Ramollie dans l'eau chaude, elle peut se souder à elle-même et sert à faire des vases imperméables, à prendre des empreintes pour la galvanoplastie, à isoler les fils télégraphiques, etc.

CHAPITRE XXII

GAZ DE L'ÉCLAIRAGE — FLAMME

GAZ DE L'ÉCLAIRAGE.

La houille, chauffée en vase clos, laisse dégager des gaz combustibles (hydrogène, carbures d'hydrogène, oxyde de carbone), qui sont utilisés pour le chauffage et l'éclairage[1].

575. **Matières premières.** — La distillation de la houille fournit :

1° Des *gaz combustibles*, utilisés pour l'éclairage et le chauffage;

2° Des *produits liquides* ou *solides*, désignés sous le nom de *goudrons*;

3° Des *eaux ammoniacales*;

4° Un résidu solide, le *coke*, employé au chauffage.

Toutes les variétés de houille ne sont pas propres à la fabrication du gaz de l'éclairage. Les houilles *grasses*, qui brûlent avec une flamme fuligineuse, en se boursouflant (houilles de Mons, d'Anzin), fournissent trop de goudron; les houilles *maigres* donnent peu de gaz et un coke mal aggloméré. On satisfait aux conditions multiples d'un pouvoir éclairant suffisant, d'un bon coke de chauffage et d'un rendement moyen en goudron, en mélangeant convenablement diverses variétés de houille.

Un gaz dont le pouvoir éclairant est plus grand que celui que

1. C'est un ingénieur français, Philippe Lebon, qui eut le premier l'idée, en 1785, d'utiliser pour l'éclairage un gaz qu'il obtenait en chauffant du bois ou de la houille. Ces expériences furent reprises en Angleterre en 1792. Quelques usines furent seules éclairées tout d'abord par le gaz de la houille, puis en 1812 une Société se forma à Londres, ayant pour but l'éclairage des rues. En 1816 et 1817 quelques édifices furent éclairés à Paris par ce nouveau système : le Palais-Royal, le passage des Panoramas, le Luxembourg, l'Odéon. A partir de ce moment, la consommation du gaz de l'éclairage a pris une extension croissante.

l'on obtient en calcinant la houille est préparé en distillant un schiste bitumeux que l'on exploite en Écosse, et désigné sous le nom de *boghead*. Le gaz ainsi fabriqué se transporte dans des récipients où on le comprime; c'est le *gaz portatif*.

374. Distillation de la houille. — La distillation de la houille s'effectue dans des *cornues* ou demi-cylindres en terre réfractaire fermés à une extrémité et munis à l'autre d'une garniture en fonte (fig. 178), qui peut être fermée par une plaque maintenue

Fig. 178.

par une vis de pression. C'est par cette ouverture antérieure que l'on charge la houille et qu'on extrait le coke, lorsque la distillation est terminée. Sept cornues sont en général chauffées dans un même foyer (fig. 179).

Le gaz se dégage par un tuyau HH fixé à la garniture métallique antérieure de chaque cornue. Tous ces tubes communiquent avec une large conduite horizontale II, nommée le *barillet* et à moitié remplie d'eau. Dans cette eau se déposent quelques matières goudronneuses. Mais au sortir de cet appareil le gaz ne peut encore être utilisé : il doit subir une *épuration physique* et une *épuration chimique*.

375. Épuration physique. — L'épuration physique a pour but de le débarrasser de produits peu volatils qui, en se condensant dans les tuyaux, les obstrueraient et qui, brûlant d'autre part difficilement, rendraient la flamme fuligineuse. Ces produits sont formés principalement de carbures d'hydrogène liquides ou solides et constituent par leur mélange des dépôts semi-fluides, noirs, connus sous le nom de *goudrons*. Au sortir du barillet, le gaz est amené, par de larges tuyaux *collecteurs* J, dans de grandes

Fig. 179.

colonnes en fonte *rrr*, refroidies extérieurement par un courant d'eau (*jeux d'orgues*, fig. 180), et dans de grands cylindres remplis de coke où le gaz, en frottant contre les aspérités de cette matière, y laisse les fines gouttelettes liquides ou les poussières solides qu'il tient en suspension.

376. **Épuration chimique.** — Au sortir des appareils précédents, le gaz renferme encore des composés ammoniacaux et des composés sulfurés dont l'origine est facile à expliquer.

La houille est le plus souvent pénétrée de petits cristaux jaunes de *pyrite de fer* (FeS^2). Sous l'action de la chaleur, la pyrite réagit par son soufre soit sur le carbone, soit sur l'hydrogène de la matière organique, pour donner du sulfure de carbone et de l'hydrogène sulfuré.

Renfermant en outre de l'azote, la houille donne, par sa calcination, comme toutes les matières organiques azotées, de l'ammoniaque, que l'on retrouve dans le gaz à l'état de sulfhydrate et de carbonate.

Il est indispensable d'éliminer tous ces produits secondaires qui, soit qu'ils se dégagent dans l'atmosphère à l'état de liberté,

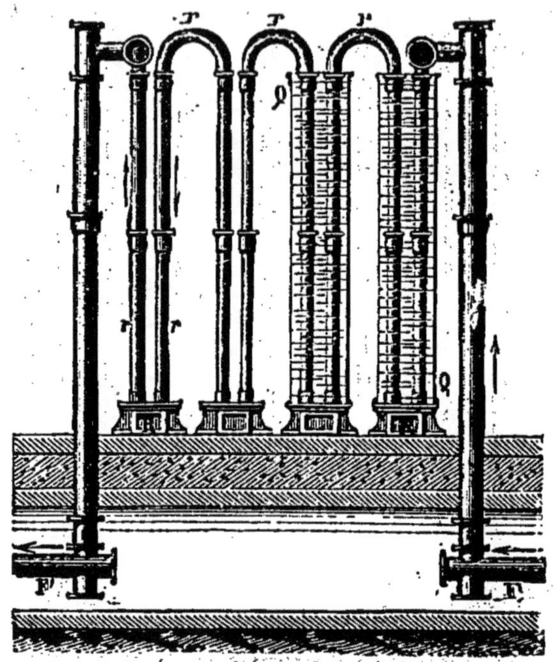

Fig. 180.

soit qu'ils fournissent par leur combustion des produits délétères tels que l'acide sulfureux, répandraient une odeur désagréable et vicieraient l'atmosphère. Les sels ammoniacaux ont en outre une valeur commerciale.

L'épuration chimique a donc pour but d'éliminer l'ammoniaque et les composés sulfurés.

Le gaz circule à cet effet dans des caisses d'épuration (fig. 181) fermées par un couvercle mobile C plongeant dans une rainure remplie d'eau (*fermeture hydraulique*) et renfermant des matières pulvérulentes disposées sur des claies. Les premières caisses renferment de la *sciure de bois humide* qui retient la majeure partie des sels ammoniacaux; les caisses suivantes contiennent un mélange de sulfate de calcium et de sesquioxyde de fer hydraté obtenu en mélangeant des dissolutions de sulfate de fer avec de la chaux, et rendu perméable au gaz par une addition de sciure de bois, mélange qui fixe l'hydrogène sulfuré en donnant du sulfure de fer, du soufre et de l'eau. Dans les caisses suivantes, on

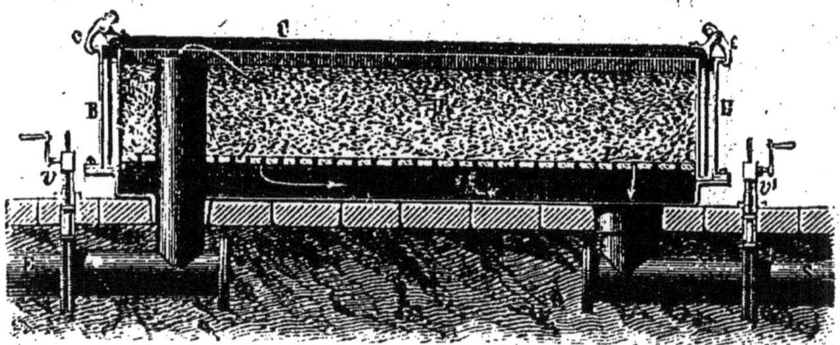

Fig. 181.

absorbe l'acide carbonique avec de la chaux éteinte, et le sulfure de carbone avec de la chaux partiellement sulfurée.

377. **Gazomètre.** — Le gaz se rend alors dans les gazomètres,

Fig. 182.

grandes cloches en tôle plongeant dans l'eau d'un bassin en maçonnerie (fig. 182). Le gaz pénètre dans ces cloches par des tuyaux articulés ABC et s'échappe, lorsque l'on ferme les valves de sortie, par des tuyaux A'B'C' disposés comme les premiers.

378. **Composition du gaz.** — 100 kilogrammes de houille

type donnent environ 30 mètres cubes de gaz, 1,78 hectolitre de coke, 5 kilogrammes de goudron et 6k,8 d'eaux ammoniacales.

Le gaz livré à la consommation contient, sur 100 parties en volumes, 50 d'hydrogène, 35 de méthane, 8,5 d'oxyde de carbone, 1,7 de gaz carbonique, 0,96 de benzine, 4 de carbures d'hydrogène gazeux, tels que l'éthylène et l'acétylène. Sa densité est 0,399.

On sait que l'hydrogène et le méthane, qui dominent dans le gaz de l'éclairage, brûlent avec une flamme peu éclairante; le pouvoir éclairant du gaz est à peu près uniquement dû à la présence de la benzine et de carbures analogues.

FLAMME.

379. **Flamme.** — Le carbone et le fer brûlent sans *flamme*; il n'en est pas de même du phosphore et du soufre, qui se volatilisent partiellement, tandis que le carbone et le fer ne peuvent prendre l'état gazeux.

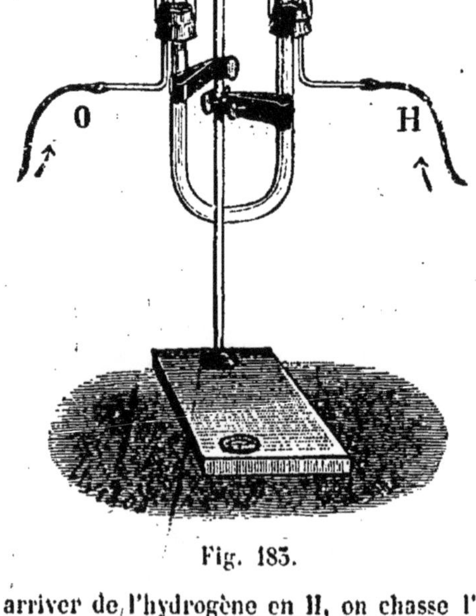

Fig. 183.

Nous définirons donc la flamme, *un gaz ou une vapeur rendus incandescents par un phénomène de combustion.*

Lorsque d'un jet d'hydrogène s'échappant par un tube effilé (10) on approche un corps incandescent, l'hydrogène brûle, c'est-à-dire se combine avec dégagement de chaleur avec l'oxygène de l'air, et la chaleur dégagée par la combustion suffit pour porter à l'incandescence le gaz qui s'échappe.

On dit généralement que l'hydrogène est le corps *combustible* et l'oxygène le corps *comburant* (qui entretient la combustion). Mais en variant la disposition de l'expérience on peut observer la combustion de l'oxygène dans l'hydrogène. Un tube de verre de 0m,01 de diamètre environ et recourbé (fig. 183) est effilé à ses deux extrémités. Chacune d'elles s'engage dans un large bouchon, en même temps que deux tubes, l'un permettant de faire arriver de l'hydrogène, l'autre de l'oxygène, et deux allonges A et B peuvent se fixer sur ces bouchons. Si l'on fait arriver de l'hydrogène en H, on chasse l'air de l'allonge B, puis on recouvre celle-ci d'une petite plaque de verre et le gaz, se dégageant par le tube recourbé, peut être enflammé en A. A ce moment, on fait arriver de l'oxygène et on transporte l'obturateur de B en A, comme le représente la figure; la flamme se

Lorsqu'on souffle une bougie, une fumée noirâtre et odorante s'échappe de la mèche. Si l'on approche aussitôt une seconde bougie allumée, ces gaz s'enflamment et l'inflammation se communique à la mèche.

Fig. 187.

381. **Propriétés des toiles métalliques.** — Nous nous sommes efforcés d'établir qu'une flamme devait son éclat à l'incandescence de matières solides qui y

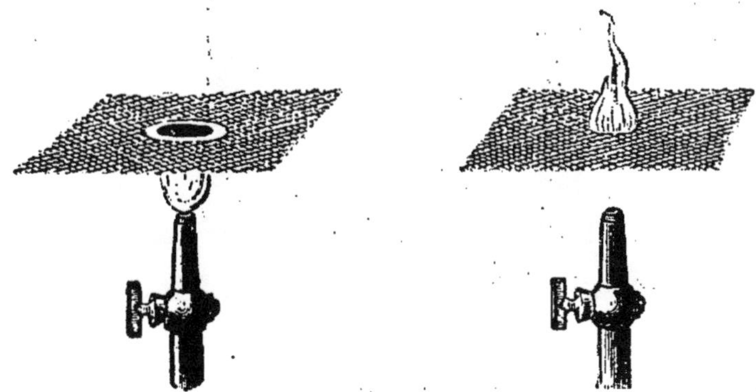

Fig. 188.

sont plongées. Cependant il faut remarquer que, si l'on plonge dans une flamme un corps solide, ce dernier s'échauffe aux dépens de la flamme, et, s'il est bon conducteur, il pourra se faire qu'il abaisse la température du gaz au-dessous de leur température de combustion, et que la flamme s'éteigne. C'est ce résultat que l'on obtient avec un réseau de toiles métalliques.

Plaçons une toile métallique au-dessus d'une flamme de gaz et abaissons-la lentement (fig. 188); nous pourrons écraser la flamme, ne laissant en combustion que les parties de la masse gazeuse qui sont au-dessous de la toile.

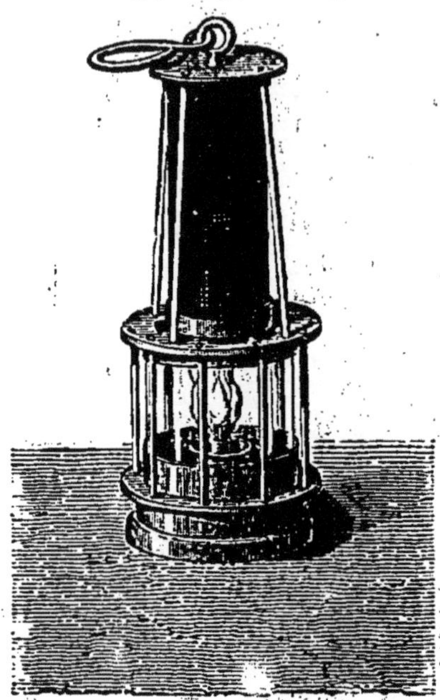

Fig. 189.

Mais les gaz combustibles traversent néanmoins le réseau métallique; nous pourrons les enflammer au-dessus ou, éteignant le bec de gaz et le rouvrant immédiatement, nous pourrons enflammer le gaz au-dessus de la toile.

Lorsqu'une toile métallique coupe ainsi une flamme, le métal est porté à l'incandescence aux points de rencontre avec la zone où se produit une combustion; la partie centrale reste sombre, montrant ainsi nettement que le cône central n'est le siège d'aucune combustion.

382. **Lampe de sûreté.** — La flamme d'une lampe à l'huile ordinaire, plongée dans un mélange de méthane et d'air, en déterminerait l'explosion. Ce fait se produit souvent dans les houillères, et la *lampe de sûreté* a été imaginée par Davy pour empêcher l'inflammation de se propager de la flamme de la lampe à la masse entière du mélange combustible remplissant une galerie de mine.

Elle se compose essentiellement d'une lampe à huile ordinaire enveloppée d'une toile métallique (fig. 189). Si le mélange gazeux pénètre dans l'intérieur

Fig. 190.

de la toile, il peut faire explosion, mais cette explosion, ne portant que sur une faible masse gazeuse, est sans danger; la lampe s'éteint et le mineur est averti qu'il doit se retirer.

383. **De la flamme étudiée comme source de chaleur.** — Lorsqu'on enflamme le gaz de l'éclairage à l'extrémité d'un petit ajutage cylindrique, on obtient une

flamme éclairante, dont l'éclat est dû à la présence du carbone très divisé qui, dans la région moyenne de la flamme, est porté à l'incandescence. On obtiendra une flamme plus chaude en mélangeant le gaz avec un volume d'air suffisant pour qu'en tous les points la combustion soit complète, mais la flamme n'aura plus d'éclat.

Le brûleur *Bunsen*, dont on se sert comme source de chaleur dans les laboratoires, réalise ces conditions. Il se compose (fig. 190) d'un petit ajutage conique par lequel le gaz arrive à la base d'un tuyau cylindrique d'un plus grand diamètre qui porte à sa base deux ouvertures que l'on peut ouvrir ou fermer en tournant une virole.

Lorsque, en disposant convenablement la virole, on ferme les ouvertures inférieures, le gaz brûle avec une flamme blanche et éclairante; mais si on tourne la virole de façon à déboucher peu à peu les ouvertures, la flamme perd de son éclat, en même temps que sa température s'élève. Le gaz en s'échappant, sous pression, par le petit ajutage conique, produit un appel d'air qui, se mélangeant au gaz, donne un mélange qui brûle complètement.

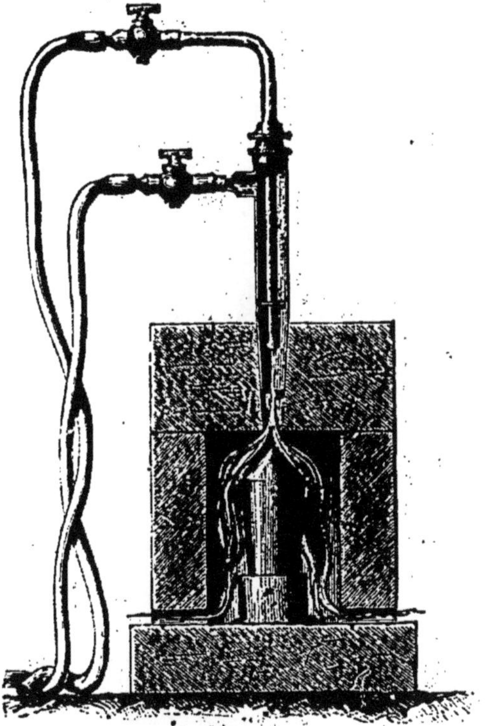

Fig. 191.

Pour obtenir une flamme dont la température soit plus élevée encore, on emploiera le chalumeau à gaz et oxygène dont Deville et Debray se sont servis pour fondre des métaux réfractaires tels que le platine (fig. 191). Ce petit appareil se compose de deux tubes concentriques; dans l'espace annulaire on fait arriver du gaz d'éclairage et, par le tube central, de l'oxygène. En réglant convenablement l'arrivée des gaz, on obtient à l'extrémité une flamme peu éclairante, mais dont la température est d'autant plus élevée, que tout le gaz qui afflue à l'orifice forme de l'eau et de l'acide carbonique, et que la chaleur dégagée par la combustion de l'hydrogène et du carbone est employée à élever uniquement la température des produits de la combustion. Pour fondre du platine, on placera le métal dans une cavité creusée dans un fragment de chaux, substance infusible, ou on l'enfermera dans un creuset en chaux comme le montre la figure.

Si l'on faisait arriver dans le chalumeau de l'air au lieu d'oxygène, on obtiendrait une température moins élevée, car l'azote, qui entre pour les 4/5 dans la composition de l'air, serait échauffé en pure perte. Le chalumeau à air dont on se sert pour travailler le verre ou pour porter au rouge vif de petits creusets de platine, est construit comme le chalumeau que nous venons de décrire (fig. 192). Dans l'espace annulaire on fait arriver le gaz par le tube C; en D on injecte de l'air, soit au moyen d'une sorte de soufflet mû par une pédale, soit par une trompe à eau. Cette trompe à eau se compose d'un tuyau cylindrique de fort diamètre, dans lequel on fait arriver par un ajutage conique un courant d'eau. L'air entraîné par le courant d'eau vient s'accu-

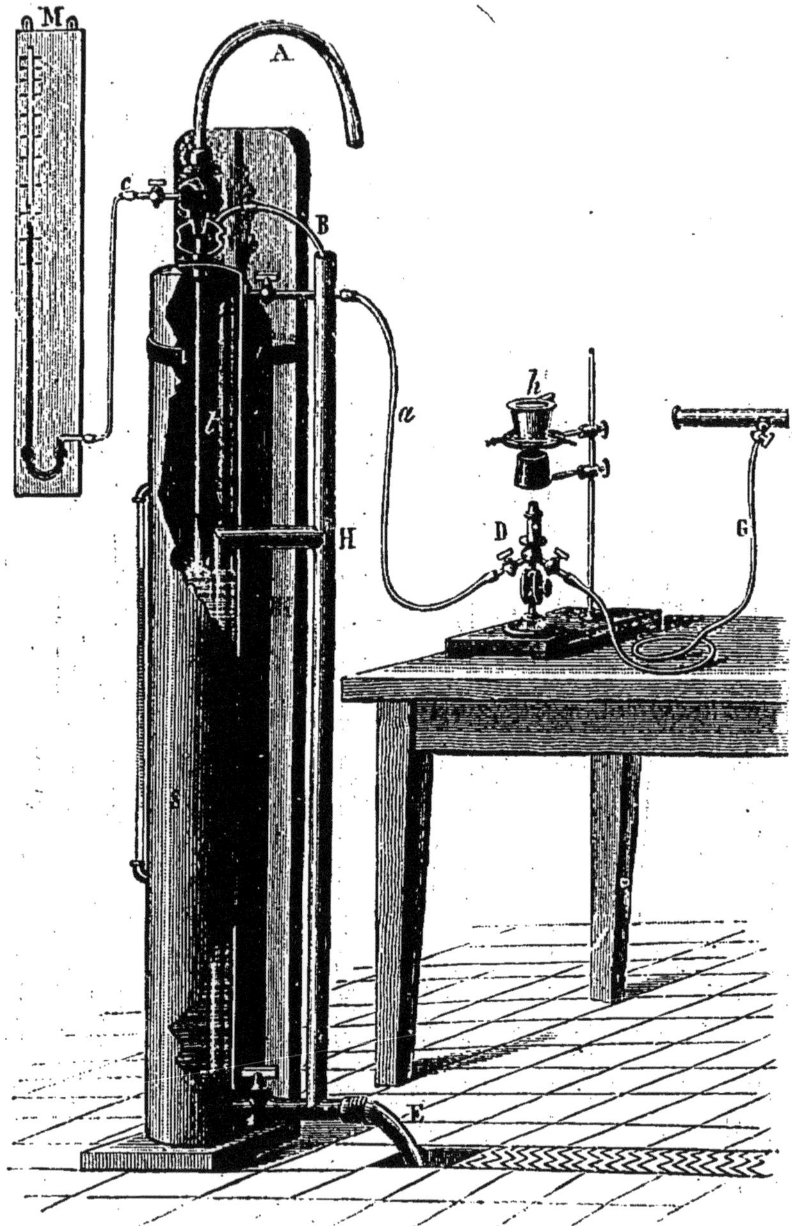

Fig. 192

muler, sous une pression indiquée par un manomètre M, à la partie supérieure du cylindre et sort par le tube *a*. L'eau s'échappe du cylindre par le tube E ou par un siphon H.

On obtient les températures les plus hautes en brûlant dans le chalumeau de l'hydrogène au lieu de gaz d'éclairage. La température que développe la combustion de 2 volumes d'hydrogène mélangés à 1 volume d'oxygène est évaluée à 2 500°.

381. **De la flamme comme source de lumière.** — Le gaz brûle avec une flamme blanche lorsqu'il s'échappe dans l'air par un orifice étroit. Si l'orifice est plus large, la flamme prend une teinte rougeâtre et peut devenir fuligineuse, la présence du carbone divisé abaissant alors la température au point qu'une partie du carbone échappe à la combustion. Dans les becs utilisés pour l'éclairage on cherche à développer la zone éclairante tout en maintenant une combustion complète. On y parvient en employant le bec papillon (fig. 193), dans lequel le gaz s'échappe par une fente pratiquée dans une petite sphère creuse. La flamme s'étale et la zone obscure prend peu de développement. Dans les becs cylindriques (*lampe Bengel*) le gaz s'échappe par de petits trous disposés en couronne; une cheminée de verre détermine un double tirage tant à la partie extérieure qu'à la partie intérieure de la flamme (fig. 194).

L'huile brûle, à l'extrémité d'une mèche, avec une flamme fuligineuse et rouge. Mais la flamme devient blanche et éclairante lorsqu'on l'enveloppe d'une cheminée de verre, et surtout lorsqu'on se sert d'une mèche cylindrique. La flamme cylindrique elle-même a peu d'épaisseur et la combustion est complète grâce à un double courant d'air, l'un intérieur, l'autre extérieur. La flamme d'une lampe Carcel présente la plus grande analogie avec celle de la lampe à gaz figurée ci-contre.

On obtient enfin des flammes plus éclatantes encore, en projetant sur un morceau de chaux vive la flamme d'un chalumeau à gaz et à oxygène. La chaux

Fig. 193.

Fig. 194.

est portée à l'incandescence et c'est elle qui devient la source d'une lumière blanche très vive; c'est la lampe *Drummond*, dont on se sert dans les cours pour effectuer des projections.

Afin d'être à même de lutter contre l'éclairage électrique, l'éclairage au gaz de la houille a dû subir dans ces dernières années des perfectionnements destinés à obtenir une combustion plus complète et une utilisation plus parfaite du pouvoir éclairant.

Trois types principaux d'appareils à éclairage serviront d'exemples.

1° La température de combustion est augmentée et la combustion rendue plus complète en chauffant l'air d'alimentation par sa circulation, en sens inverse des produits de la combustion, dans un appareil appelé *récupérateur de chaleur*.

Le *Bec Parisien*, destiné à l'éclairage des rues des grandes villes, comprend une série de becs à fente en stéatite *c*, *c'* disposés en couronne sur un *chandelier* A (fig. 195); un bec central *a*, dit *bec de minuit*, peut être conservé seul

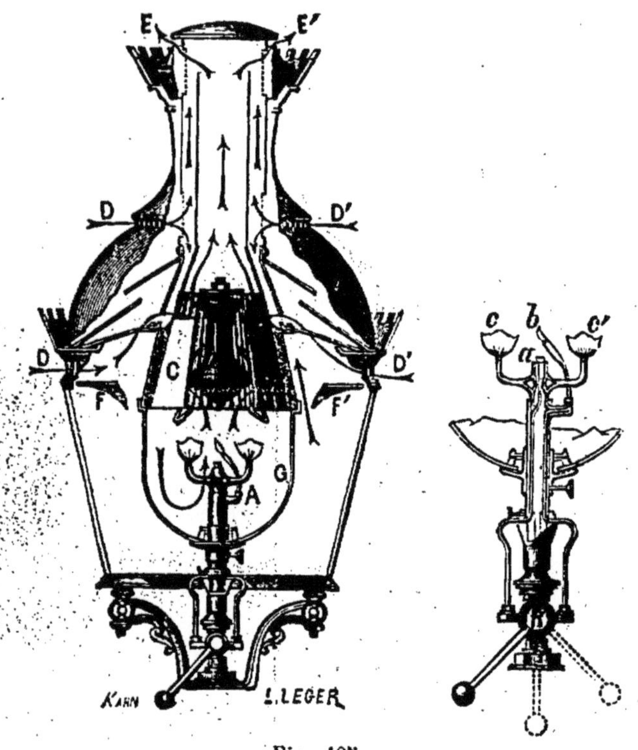

Fig. 195.

allumé lorsque la consommation du gaz peut être diminuée sans inconvénient; un petit bec oblique *b*, dit *veilleuse*, allumé tout d'abord, permet d'allumer instantanément toute la couronne. La manœuvre d'un robinet à 3 voies R suffit pour ouvrir soit la conduite de la veilleuse, soit la conduite du bec de minuit, soit celle de la couronne. Les becs d'éclairage sont placés dans une coupe en verre fermée à sa partie supérieure par le *récupérateur* C. Les gaz chauds s'élèvent dans un conduit conique en métal; une masse métallique B en ralentit les mouvements; ils s'échappent par des ouvertures disposées en couronne à la partie supérieure de la lanterne E, E'. L'air pénètre dans la lanterne par des galeries ajourées D D' et s'échauffe en circulant dans l'épaisseur du récupérateur avant d'atteindre les becs.

Ces becs consomment, suivant leur taille, de 200 à 1 000 litres à l'heure.

2° Le gaz, mélangé d'air, porte à l'incandescence une matière solide donnant une intensité lumineuse supérieure à celle du carbone incandescent en suspension dans la flamme.

Le bec *Auer* n'est autre qu'un brûleur Bunsen dans lequel on admet 2 lit. 8 d'air pour 1 litre de gaz (fig. 196); la flamme très chaude, mais peu éclairante, porte à l'incandescence un cône constitué par des filaments très fins d'oxydes terreux infusibles (zircone, thorine, lanthane, etc.) qui agissent comme la chaux dans la lampe Drummond. Ce cône provient de la calcination d'une toile de coton imbibée d'une dissolution contenant les azotates des terres qu'il s'agit de substituer au fil végétal.

La lumière est d'une très grande intensité, fixe, et l'économie qui résulte de l'emploi de ce dispositif est considérable, compensant largement le

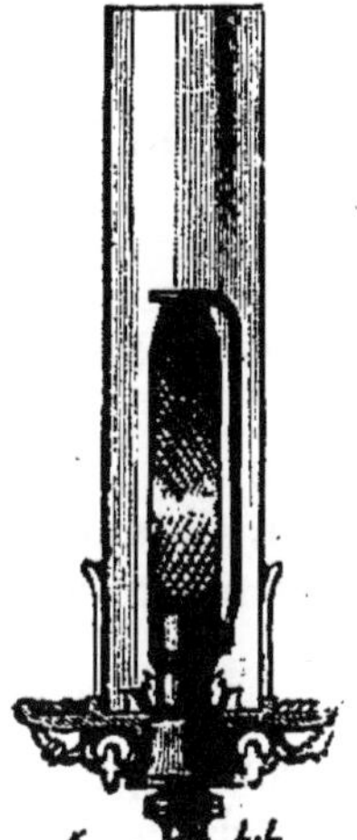

Fig. 196.

Fig. 197.

prix d'achat de l'appareil. Malheureusement le cône est fragile, et l'appareil exige des précautions particulières au moment de l'allumage; il faut éviter une inflammation brusque du mélange tonnant, qui ferait voler en éclats le mince tissu; tout déplacement du bec est nuisible.

3° Le pouvoir éclairant est augmenté par le mélange au gaz de l'éclairage d'hydrocarbures plus riches en carbone.

Comme type des becs dits à *carburation*, le plus employé est l'*albo-carbon* (fig. 197). Il comprend un bec à fente placé devant un réservoir métallique contenant de la naphtaline; le gaz traverse ce réservoir, se charge de vapeurs de naphtaline avant d'arriver au bec; la flamme échauffe une petite plaque métallique placée au-dessus et celle-ci échauffe à son tour, par conductibilité, le réservoir à hydrocarbure; celui-ci, qui fond à 80°, émet des vapeurs qui, mélangées au gaz, brûlent avec une flamme blanche, largement étalée, très fixe.

CHAPITRE XXIII

ALCOOL ÉTHYLIQUE — ÉTHERS-SELS — ÉTHER-OXYDE FONCTION ALCOOL — PHÉNOL

ALCOOL ÉTHYLIQUE, C^2H^6O ou C^2H^5-OH.

Toutes les boissons fermentées contiennent de l'alcool que l'on sait depuis longtemps isoler par distillation. Obtenu tout d'abord par la distillation du vin, on l'a désigné et on le désigne encore quelquefois sous le nom d'*esprit-de-vin*.

385. **Préparation.** — On extrait l'alcool par distillation des liquides fermentés, le vin notamment; mais depuis que le prix du vin s'est élevé et que les usages industriels de l'alcool se sont multipliés, on prépare industriellement des quantités considérables d'alcool en faisant fermenter les mélasses, résidus de la préparation du sucre de betterave, et les jus sucrés obtenus en saccharifiant les fécules (450).

L'industrie livre au commerce des *alcools rectifiés* marquant 90° et 95° à l'alcoomètre centésimal de Gay-Lussac, des *esprits* marquant de 60° à 70°, et des *eaux-de-vie* dont le titre est inférieur à 50° [1].

L'*alcool absolu* est l'alcool anhydre. Pour le préparer, on fait

1. On s'est servi pendant longtemps, pour apprécier la richesse alcoolique d'un mélange d'eau et d'alcool, d'un aréomètre à graduation empirique, l'aréomètre ou *œnomètre* de Cartier. Il marquait 0° dans l'eau pure et 44° dans l'alcool absolu. Les indications de cet instrument sont encore données quelquefois et employées concurremment avec celles de l'alcoomètre, et quelques expressions commerciales se sont conservées qu'il est bon d'expliquer. Voici, pour quelques mélanges alcooliques, la comparaison des deux indications :

Alcool absolu	44°	100°
Alcool dit à 40°.	40°	95°,9
Esprit *trois-six*	33°	85°,9
Eau-de-vie (preuve de Hollande).	19°	50°,1

L'expression de *trois-six* vient de ce que le mélange de 3 volumes d'esprit à 33° avec 3 volumes d'eau donne immédiatement 6 volumes d'eau-de-vie à 18° Cartier.

digérer l'alcool le plus concentré du commerce (alcool à 95°) avec de la chaux vive dans un ballon muni d'un réfrigérant ascendant (fig. 198) ; puis, au bout de vingt-quatre heures, on distille au

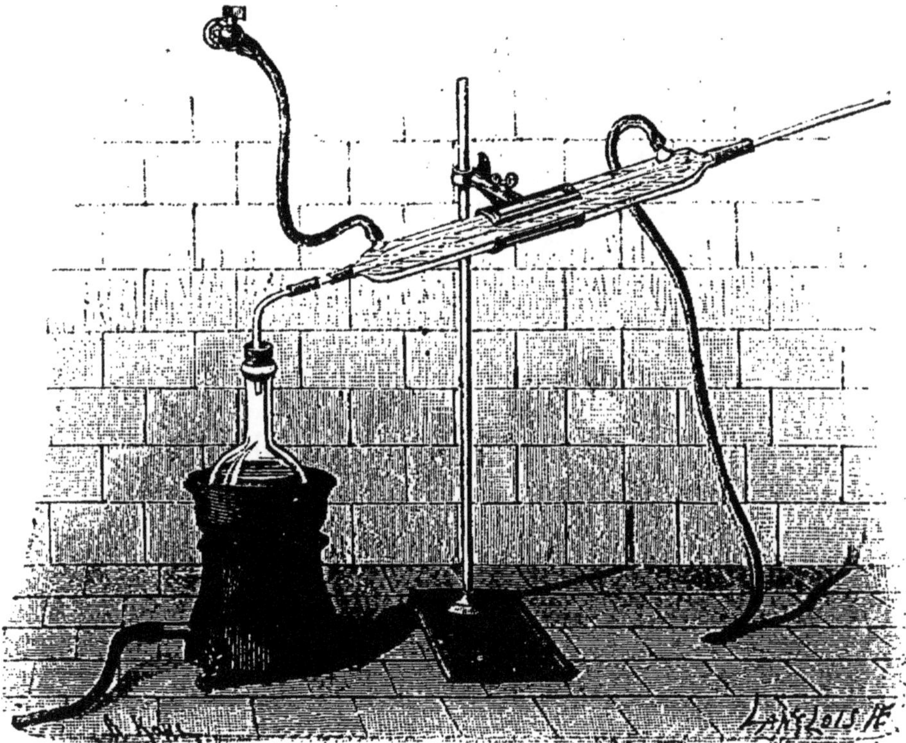

Fig. 198.

bain-marie, en déplaçant le réfrigérant, de façon à faire couler le liquide condensé dans un ballon refroidi.

Mais on n'enlève jamais ainsi les dernières traces d'eau. Pour déshydrater entièrement l'alcool, on fait digérer celui que l'on a obtenu dans l'opération précédente avec de la baryte, puis on distille au bain-marie. La baryte forme avec l'alcool un alcoolate, soluble dans l'alcool, mais que la moindre trace d'eau décompose en donnant un hydrate de baryte insoluble dans l'alcool et qui reste dans le vase distillatoire.

386. **Propriétés physiques.** — L'alcool est un liquide incolore, d'une odeur caractéristique, d'une saveur brûlante ; sa densité est 0,809. Il bout à 78° sous la pression normale. Il n'a été solidifié que dans ces dernières années, à la température de — 140° produite par l'évaporation rapide de l'éthylène liquide (Wroblewski

et Olzewski); aussi l'alcool peut-il servir à la construction des thermomètres destinés à l'étude des basses températures.

L'alcool est, après l'eau, le dissolvant le plus généralement employé. Les gaz sont en général plus solubles dans l'alcool que dans l'eau : en particulier le protoxyde d'azote, l'acide carbonique. Il dissout la potasse, la soude, la plupart des acides minéraux, un grand nombre de chlorures : les chlorures de calcium, de strontium, de zinc, par exemple. Il dissout l'azotate de calcium, l'azotate de magnésium, mais l'azotate de potassium est insoluble. Tous les carbonates et les sulfates sont insolubles dans l'alcool.

Il dissout les acides et les bases organiques, les essences, les corps gras. Parmi les corps simples solubles dans l'alcool, nous citerons l'iode; la solution alcoolique d'iode est employée en pharmacie sous le nom de *teinture d'iode*.

L'alcool est miscible à l'eau en toutes proportions. Le mélange se fait avec dégagement de chaleur et le volume du mélange refroidi est plus petit que la somme des volumes de l'eau et de l'alcool employés : il y a *contraction*. Le maximum de contraction a lieu lorsqu'on mélange 52,3 volumes d'alcool et 47,7 volumes d'eau, ce qui correspond sensiblement à la composition

$$C^2H^6O + 3H^2O;$$

la contraction est de 0,036.

387. Propriétés chimiques. — Les vapeurs d'alcool, traversant un tube chauffé au rouge, se décomposent en eau, oxyde de carbone, hydrogène, méthane, éthylène, acétylène; il se produit en outre de la benzine, de la naphtaline, et un grand nombre de carbures pyrogénés. La nature des produits recueillis dépend d'ailleurs de la température à laquelle se fait la réaction.

L'alcool brûle avec une flamme pâle :

$$C^2H^6O + 6O = 2CO^2 + 3H^2O.$$

Si l'on fait tomber goutte à goutte de l'alcool (fig. 199) sur du noir de platine, ce liquide subit une combustion lente ; il se forme de l'*aldéhyde* C^2H^4O, dont l'odeur est facile à reconnaître, et des vapeurs d'*acide acétique* $C^2H^4O^2$; un papier bleu de tournesol que l'on a collé sur les parois de la cloche ou suspendu à quelque distance au-dessus de la coupelle, ne tarde pas en effet à rougir :

$$C^2H^6O + O = C^2H^4O + H^2O,$$
$$C^2H^6O + 2O = C^2H^4O^2 + H^2O.$$

Le sodium et le potassium, au contact de l'alcool, déterminent un dégagement d'hydrogène et le transforment en *alcool sodé* ou *potassé* :

$$C^2H^6O + Na = C^2H^5ONa + H.$$

La masse s'échauffe et, si le poids du métal dissous est suffisant, elle cristallise par le refroidissement. Ces alcoolates ou éthylates alcalins se décomposent par l'eau en régénérant l'alcool :

$$C^2H^5NaO + H^2O = C^2H^6O + NaOH.$$

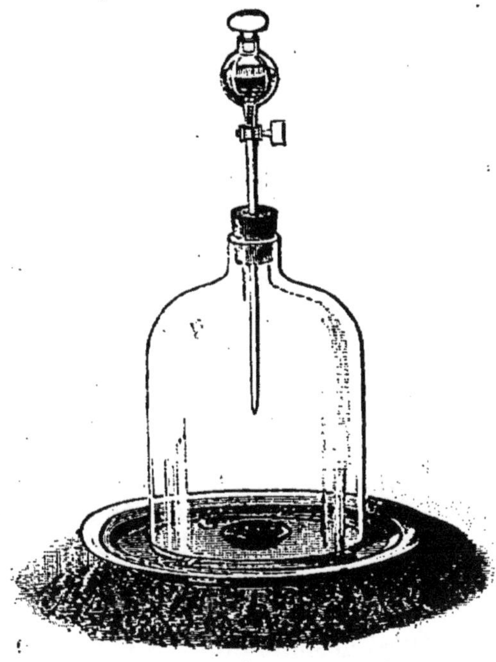

Fig. 199.

388. **Usages.** — L'alcool est employé comme dissolvant dans un grand nombre d'industries; mais, à cause de son prix élevé, on tend à le remplacer par des substances moins coûteuses, telles que l'esprit de bois ou alcool méthylique, pour la fabrication des vernis, ou comme combustible. L'alcool incomplètement rectifié est employé en grande quantité pour la fabrication des matières colorantes artificielles.

L'alcool rectifié ou alcool bon goût sert presque exclusivement à la fabrication des liqueurs, au vinage des vins, à la préparation des alcoolats et extraits pharmaceutiques; la parfumerie en consomme de grandes quantités.

ÉTHERS-SELS.

389. **Définition de la fonction alcool.** — Les acides réagissent sur l'alcool pour former des composés qu'on appelle des *éthers-sels* et dans la composition desquels entrent les éléments constitutifs de l'acide et de l'alcool, moins une certaine quantité d'eau.

Ainsi avec l'acide chlorhydrique on obtient l'*éther chlorhydrique* :

$$C^2H^6O + HCl = C^2H^5Cl + H^2O;$$

avec l'acide azotique, on a l'*éther azotique* :

$$C^2H^6O + AzO^3H = C^2H^5AzO^3 + H^2O.$$

L'acide azotique, l'acide chlorhydrique ne peuvent former avec l'alcool ordinaire qu'un seul éther, qui est *neutre* aux réactifs colorés : ce sont des acides *monobasiques*.

L'acide sulfurique SO^4H^2, qui est un acide bibasique, peut former, suivant les conditions dans lesquelles la réaction a lieu, deux éthers :

$$C^2H^6O + SO^4H^2 = SO^4HC^2H^5 + H^2O,$$
$$2C^2H^6O + SO^4H^2 = SO^4(C^2H^5)^2 + 2H^2O.$$

Le premier composé est un *éther acide* (*acide éthylsulfurique*) ; le second est l'*éther sulfurique neutre*. L'acide sulfurique se comporte donc vis-à-vis de l'alcool comme il le ferait avec une base alcaline, la potasse ou la soude.

Un acide *tribasique* comme l'acide phosphorique fournit de même trois éthers avec élimination de $H^2O, 2H^2O, 3H^2O$; les deux premiers sont *acides* et le troisième est l'éther phosphorique *neutre*.

Le mode de formation de ces éthers est analogue à celui des sels; les formules suivantes mettent ce fait en évidence :

$$KOH + HCl = KCl + H^2O,$$
$$KOH + AzO^3H = AzO^3K + H^2O,$$
$$KOH + SO^4H^2 = SO^4HK + H^2O,$$
$$2KOH + SO^4H^2 = SO^4K^2 + 2H^2O.$$

Aussi désigne-t-on ces éthers sous le nom d'*éthers-sels*.

On remarquera que si l'on écrit l'alcool C^2H^5-OH, on peut envisager les formules des éthers comme résultant de la substitution du radical monovalent C^2H^5 à l'hydrogène de l'acide, de même que dans un sel alcalin c'est le métal monovalent K ou Na qui prend la place de l'hydrogène atome à atome :

Alcool et éthers.	Potasse et sels.
$C^2H^5 . OH$	$K . OH$
$C^2H^5 . Cl$	$K . Cl$
$AzO^3 . C^2H^5$	$AzO^3 . K$
$SO^4H . C^2H^5$	$SO^4H . K$
$SO^4(C^2H^5)^2$	SO^4K^2

Tout corps susceptible de réagir sur un acide pour donner un éther-sel sera un *alcool* et la *fonction alcool* sera définie par *le groupement caractéristique* OH *relié à un radical hydrocarburé*; la formule des alcools pourra toujours se mettre sous la forme R—OH, ce qui les rapproche des hydrates métalliques.

390. Procédés généraux de préparation. — 1° Le procédé de préparation le plus simple consiste à chauffer directement l'acide avec l'alcool. Mais ce procédé est applicable surtout aux acides minéraux et à quelques acides organiques :

$$C^2H^5.OH + HCl = C^2H^5.Cl + H^2O.$$

2° Dans le cas de la plupart des acides organiques, il est préférable de chauffer l'alcool avec un mélange d'acide sulfurique et d'acide, ou bien encore d'un sel alcalin de cet acide. Les éthers des acides organiques sont en effet facilement décomposables par l'eau, et comme l'éthérification est nécessairement accompagnée d'une mise en liberté d'eau, on s'explique aisément que l'éthérification soit plus facile en présence d'un corps avide d'eau comme l'acide sulfurique.

Le rôle de l'acide sulfurique n'est pas seulement de déshydrater l'alcool et l'acide, mais surtout de former un *acide éthylsulfurique* $SO^4H.C^2H^5$, sur lequel l'acide réagit ensuite par double décomposition :

$$C^2H^5.OH + SO^4H^2 = SO^4H.C^2H^5 + H^2O,$$
$$\underset{\text{Acide acétique.}}{SO^4H.C^2H^5 + C^2H^4O^2} = \underset{\text{Éther acétique.}}{C^2H^3(C^2H^5)O^2 + SO^4H^2}.$$

3° Si l'acide à éthérifier est un acide organique solide, on le dissout dans l'alcool et l'on fait passer un courant de gaz chlorhydrique. Il suffit de traiter par l'eau la liqueur pour isoler l'éther, que l'on déshydrate et que l'on distille.

391. Action de l'eau sur les éthers. — L'eau tend à décomposer les éthers et à régénérer l'acide et l'alcool. Cette action, lente à la température ordinaire, devient plus rapide quand on chauffe l'éther et l'eau, en vase clos, à 200°. Aussi, quand on veut conserver des éthers pendant un certain temps, est-il indispensable de les déshydrater soigneusement.

Cette réaction de l'eau sur les éthers est inverse de celle qui se produit quand on mélange l'acide et l'alcool. Aussi l'éthérification directe de l'alcool sera-t-elle toujours limitée; elle sera d'autant plus considérable que l'alcool et l'acide seront plus déshydratés. Inversement, la décomposition de l'éther par l'eau sera toujours limitée, mais elle sera d'autant plus complète que la masse d'eau employée est plus grande.

392. Action des alcalis. — Les alcalis fixes, potasse et soude, exercent sur les éthers une action comparable à celle de l'eau; mais comme ici l'acide est saturé par la base au fur et à mesure de sa mise en liberté, on conçoit que la réaction devienne bientôt complète. Elle n'est pas immédiate; ainsi, pour décomposer l'éther acétique, il faut faire bouillir pendant quelques heures cet éther avec l'alcali :

$$C^2H^3(C^2H^5)O^2 + KOH = C^2H^3KO^2 + C^2H^5.OH.$$

Éther acétique. Acétate de potassium.

On donne à cette décomposition des éthers par les alcalis le nom de *saponification*, par analogie avec l'opération qui consiste à décomposer les corps gras (*éthers de la glycérine*) par les alcalis pour former des sels alcalins employés sous le nom de *savons* (461).

593. Éther chlorhydrique ou chlorure d'éthyle, C^2H^5Cl. — Pour préparer l'éther chlorhydrique ou chlorure d'éthyle, on sature l'alcool à 95° centésimaux de gaz chlorhydrique, puis on distille au bain-marie dans un ballon qui communique avec un flacon laveur dont l'eau doit être maintenue à une température supérieure à + 15°. Cette eau retient l'acide chlorhydrique; les vapeurs d'éther se dessèchent en traversant un tube rempli de chlorure de calcium, puis se condensent dans un matras refroidi par un mélange de glace et de sel.

Au lieu de saturer l'alcool par l'acide chlorhydrique, on peut encore distiller avec du sel marin (2 parties) un mélange de parties égales d'alcool et d'acide sulfurique.

L'éther chlorhydrique est un liquide neutre, très mobile, incolore, doué d'une odeur éthérée, bouillant à + 11°. Il est soluble dans l'eau et dans l'alcool. Mélangé avec une dissolution de nitrate d'argent, il ne donne, s'il est bien pur, aucune trace de précipité de chlorure d'argent; mais la précipitation du chlorure d'argent a lieu si on chauffe l'éther en vase clos avec une dissolution alcoolique de nitrate d'argent.

Il brûle avec une flamme verdâtre :

$$C^2H^5Cl + 6O = 2CO^2 + 2H^2O + HCl;$$

et si l'on effectue cette combustion à l'orifice d'une petite éprouvette renfermant l'éther et quelques gouttes d'une dissolution de nitrate d'argent, on voit apparaître bientôt le précipité blanc caillebotté de chlorure d'argent.

594. Éther acétique ou acétate d'éthyle, $C^2H^3(C^2H^5)O^2$. — On prépare l'éther acétique en distillant un mélange de 3 parties d'acétate de potassium, 3 parties d'alcool concentré et 2 parties d'acide sulfurique.

C'est un liquide incolore, doué d'une odeur éthérée très agréable, plus léger que l'eau (D = 0,911). Il est soluble dans 7 parties d'eau et se mêle en toutes proportions à l'alcool et à l'éther. Il bout à 74°.

ÉTHER-OXYDE.

ÉTHER ÉTHYLIQUE, $(C^2H^5)^2O$.

Oxyde d'éthyle; vulg. : Éther.

39.. **Fonction éther-oxyde.** — Si l'alcool est comparable à un hydrate métallique, il existe des corps analogues aux anhydrides de ces hydrates, c'est-à-dire analogues aux oxydes métalliques : ce sont des *éthers-oxydes*. Ainsi, à l'alcool éthylique ou hydrate d'éthyle C^2H^5-OH correspond un anhydride qui est l'éther éthylique :

$$\left.\begin{array}{l} C^2H^5-O\boxed{H} \\ C^2H^5-\boxed{OH} \end{array}\right\} = (C^2H^5)^2O + H^2O,$$

comme à la potasse KOH correspond l'anhydride K^2O :

$$\left.\begin{array}{l} K-O\boxed{H} \\ K-\boxed{OH} \end{array}\right\} = K^2O + H^2O.$$

396. **Préparation.** — On chauffe dans un ballon (fig. 200) un mélange de 9 parties d'acide sulfurique et de 5 parties d'alcool à 90°, et l'on fait arriver dans le liquide un filet continu d'alcool que l'on règle de façon que l'ébullition ne soit pas interrompue et que la température ne dépasse pas notablement 140°. Le ballon est chauffé au bain de sable et un thermomètre qui plonge dans le liquide sert à régler la marche de l'expérience. Les vapeurs d'éther se condensent dans un réfrigérant et sont recueillies dans un ballon refroidi.

On condense ainsi un mélange d'éther, d'eau et d'alcool. Pratiquement, l'acide sulfurique introduit peut éthérifier 30 fois environ son poids d'alcool. Mais à la longue le mélange noircit et il se dégage vers la fin de l'opération un peu de gaz sulfureux.

On agite le produit de la réaction avec son volume d'eau; on décante l'éther qui surnage; on le mélange avec un lait de chaux et on distille au bain-marie. On peut le rectifier, si on tient à l'avoir anhydre, sur du chlorure de calcium, ou, s'il ne renferme que des traces d'eau, y projeter du sodium et distiller.

397. Théorie de l'éthérification. — Éthers mixtes. — La théorie de l'éthérification justifie la formule de constitution adoptée pour l'éther éthylique. La réac-

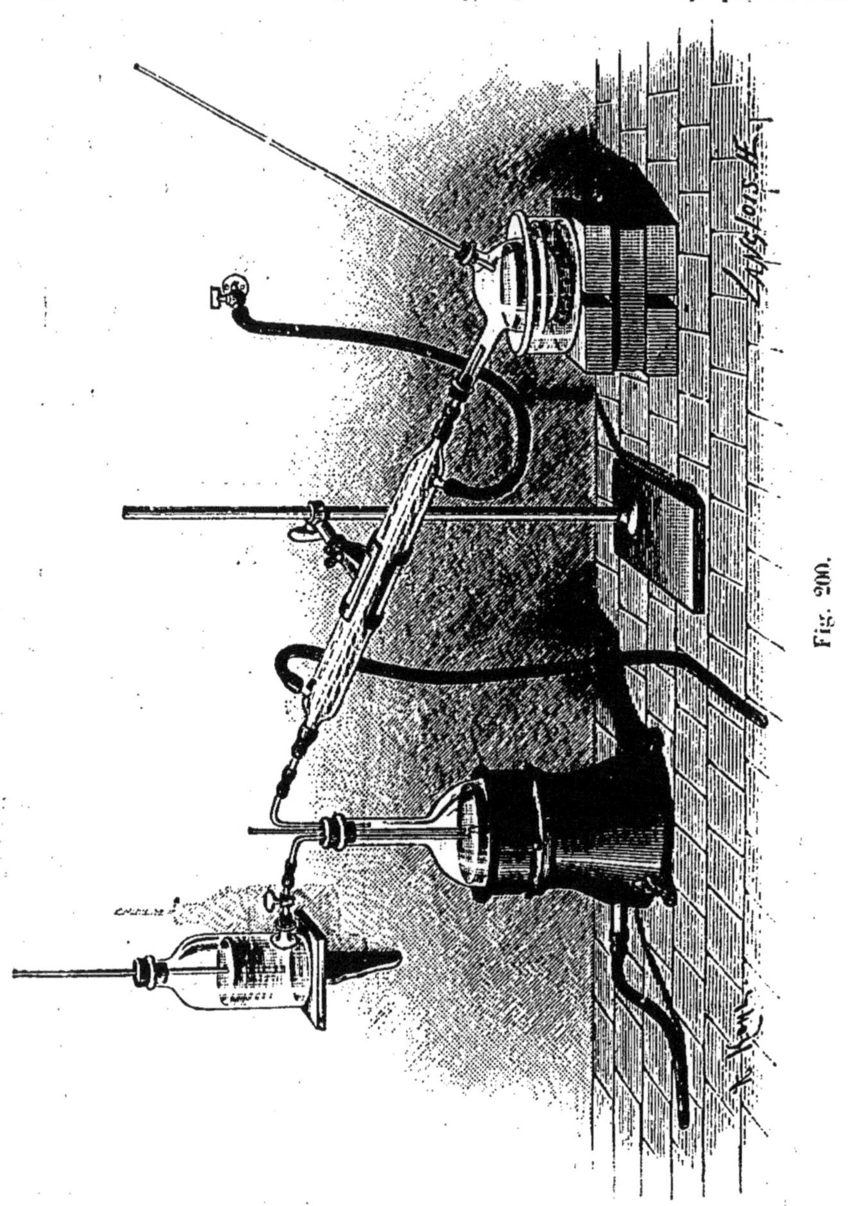

Fig. 200.

tion se divise en deux phases : dans la première il se forme de l'acide éthylsulfurique.

$$C^2H^5{-}OH + SO^4H^2 = SO^4H.C^2H^5 + H{-}OH;$$

dans la seconde, l'acide éthylsulfurique réagit sur une nouvelle molécule d'alcool pour former l'éther :

$$SO^4H.C^2H^5 + C^2H^5{-}OH = (C^2H^5)^2O + SO^4H^2,$$

et l'acide sulfurique régénéré peut agir de nouveau sur l'alcool. Théoriquement, la réaction serait indéfinie; nous avons vu que pratiquement elle ne l'est pas, parce que l'acide sulfurique s'hydrate de plus en plus et aussi parce qu'il y a toujours carbonisation des matières organiques contenues dans l'alcool et de l'alcool lui-même par l'acide sulfurique.

On peut préparer d'ailleurs l'éther ordinaire par une méthode différente, qui montre tout aussi nettement que l'éther résulte de la réaction de deux molécules d'alcool ou d'alcools différents.

On a obtenu en effet l'éther en distillant un éther iodhydrique avec un alcoolate alcalin :

$$C^2H^5\text{-}I + C^2H^5\text{-}ONa = (C^2H^5)^2O + NaI.$$

598. **Propriétés physiques.** — L'éther est un liquide incolore, très mobile, d'une saveur brûlante, d'une odeur agréable; sa densité est 0,736 à 0°. Il bout à 34°,5 et se solidifie à — 31°. La densité de vapeur est 2,575 (*poids moléculaire* : 74).

Mélangé à l'eau, l'éther surnage en raison de sa faible densité; il se dissout cependant en petite quantité : 9 parties d'eau dissolvent 1 partie d'éther. Il est soluble en toutes proportions dans l'alcool.

L'éther dissout l'iode, un certain nombre de chlorures métalliques, les graisses, les huiles, les alcalis organiques.

599. **Propriétés chimiques.** — L'éther brûle avec une flamme très éclairante,

$$C^4H^{10}O + 12O = 4CO^2 + 5H^2O.$$

Il est dangereux de manier un flacon d'éther près d'une flamme, car ses vapeurs forment avec l'air un mélange détonant.

Comme l'alcool, il se transforme par oxydation lente en aldéhyde et en acide acétique. C'est ainsi qu'un fil de platine rougi au feu et qu'on suspend à quelque distance au-dessus d'une couche d'éther demeure incandescent par suite de la combustion de la vapeur qui s'effectue dans les pores du métal (*lampe sans flamme*).

L'éther réagit sur les acides pour donner des éthers-sels. Ainsi il est absorbé par l'acide sulfurique hydraté et forme l'acide éthylsulfurique (589). L'anhydride sulfurique se combine directement à l'éther pour former l'éther sulfurique neutre :

$$(C^2H^5)^2O + SO^3 = SO^4(C^2H^5)^2.$$

ALCOOL MÉTHYLIQUE, CH^4O ou $CH^3\text{-}OH$.

400. **Préparation.** — Les produits les plus volatils de la distillation du bois renferment un liquide que l'on désigne sous le nom d'*esprit de bois*. Dumas et Péligot ont établi, en 1835, que les réactions de cette substance étaient comparables à celles de l'alcool ordinaire.

Pour isoler l'esprit de bois, on distille les produits liquides séparés des goudrons et on fait arriver les vapeurs, mélange d'eau, d'acide acétique, d'acétone et d'esprit de bois, dans une chaudière renfermant un lait de chaux; l'acide acétique est retenu à l'état d'acétate, et les vapeurs d'alcool méthylique traversent un récipient refroidi, où elles se condensent. On rectifie l'alcool par une nouvelle distillation sur de la chaux vive.

On obtient ainsi l'esprit de bois du commerce. Pour préparer l'esprit de bois pur, on mélange le produit brut avec du chlorure de calcium, qui forme un composé solide $CaCl^2 + 4CH^4O$; en chauffant cette combinaison avec de la chaux vive vers 65°, on sépare l'alcool méthylique.

On prépare l'alcool méthylique chimiquement pur en saponifiant un de ses éthers, l'éther oxalique par exemple, qui est solide et que l'on peut purifier lui-même par cristallisation.

M. Berthelot a fait la synthèse de l'alcool méthylique à partir du méthane CH^4. Le méthane chloré CH^3Cl est identique en effet avec l'éther méthylchlorhydrique, et il suffit de le chauffer avec de la potasse aqueuse pour le transformer en alcool méthylique :

$$CH^3\text{-}Cl + K\text{-}OH = KCl + CH^3\text{-}OH.$$

Cette synthèse justifie la formule développée que l'on attribue à l'alcool méthylique.

401. **Propriétés.** — L'alcool méthylique est un liquide incolore, doué d'une odeur spiritueuse lorsqu'il est pur. Sa densité est 0,814 à 0°; il bout à 65°. Il est miscible à l'eau en toutes proportions.

Il brûle avec une flamme pâle :

$$CH^4O + 3O = CO^2 + 2H^2O.$$

En présence du noir de platine il s'oxyde et donne de l'acide formique :

$$CH^4O + 2O = CH^2O^2 + H^2O.$$

402. Éthers de l'alcool méthylique. — Les éthers-sels de l'alcool méthylique se préparent comme ceux de l'alcool éthylique. Nous ne citerons que ceux qui ont reçu quelque application.

L'*éther méthylchlorhydrique* $CH^3.Cl$ peut s'obtenir en chauffant dans un ballon 1 partie d'esprit de bois, 5 parties d'acide sulfurique et 3 parties de sel marin. Il se dégage à l'état gazeux : on le recueille sur le mercure ou on le condense dans un mélange réfrigérant. C'est un gaz incolore, qu'il est facile de liquéfier par compression ou par refroidissement. Le liquide ainsi obtenu bout à — 23°; évaporé rapidement dans un courant d'air, sa température s'abaisse à — 55°. Ce liquide est un réfrigérant aujourd'hui fort employé. On le prépare industriellement, en décomposant par la chaleur le chlorhydrate de triméthylamine (472), que l'on obtient en distillant les vinasses de betteraves. Le gaz est liquéfié par compression et conservé dans des vases en cuivre fermés par des bouchons à vis.

L'*éther méthylique* proprement dit, ou *oxyde de méthyle* $(CH^3)^2O$, est isomère de l'alcool ordinaire. On le recueille à l'état gazeux lorsqu'on chauffe à 125° un mélange de 1 partie d'esprit de bois et de 2 parties d'acide sulfurique. Par compression ou refroidissement on le réduit en un liquide qui bout à — 24°. On a utilisé le froid produit par l'évaporation rapide de l'éther méthylique liquéfié pour la conservation des matières alimentaires (procédé Tellier).

403. **Alcools monatomiques dérivés des hydrocarbures saturés.** — On connaît aujourd'hui un grand nombre d'alcools monatomiques dérivés des carbures saturés, homologues de l'alcool méthylique et, par conséquent, de l'alcool éthylique :

Alcool	méthylique	C^2H^4O
—	éthylique	C^2H^6O
Alcools	propyliques	C^3H^8O
—	butyliques	$C^4H^{10}O$
—	amyliques	$C^5H^{12}O$
—	caproïques	$C^6H^{14}O$
—	œnanthyliques	$C^7H^{16}O$
—	cétyliques	$C^{16}H^{34}O$
—	céryliques	$C^{17}H^{36}O$
—	myricique	$C^{30}H^{62}O$

A partir du troisième terme, on connaît plusieurs alcools monatomiques ayant même composition, mais dont les propriétés physiques et chimiques diffèrent.

Tous sont susceptibles d'éthérification, et sont par conséquent des alcools.

Quelques-uns de ces alcools prennent naissance en même temps que l'alcool ordinaire dans la fermentation des jus sucrés. Les alcools d'industrie sont toujours souillés de matières moins volatiles, doués d'une odeur et d'un goût désagréables qu'on cherche soigneusement à éliminer (450). L'huile essentielle qu'on élimine de l'eau-de-vie de marc de raisin par distillation contient des *alcools propylique, amylique, caproïque* et *œnanthylique. L'huile de pommes de terre*, qu'on sépare des alcools de grains et de pommes de terre, renferme des *alcools amyliques*; l'huile essentielle qui souille l'alcool de betteraves contient des *alcools butyliques* et *amyliques*.

Les *cires* sont des éthers solides formés par les alcools *cérylique* et *myricique* avec l'acide palmitique (457).

Le *blanc de baleine*, ou *spermaceti*, est également un éther palmitique de l'*alcool cétylique*.

404. **Alcools monoatomiques de diverses séries.** — Indépendamment des alcools de la série grasse, on connaît un grand nombre de corps susceptibles d'éthérification et doués par conséquent de la fonction alcoolique.

Quelques-uns de ces alcools ou leurs dérivés entrent dans la composition d'huiles aromatiques.

Ainsi, l'essence d'ail est un éther sulfuré de l'*alcool allylique* C^3H^5-OH, qui existe en très petite quantité dans l'esprit de bois.

L'*alcool mentholique* $C^{10}H^{19}-OH$ se sépare à l'état solide quand on fait cristalliser l'essence de menthe.

Le *bornéol* ou *alcool campholique* est un corps solide doué de l'odeur de camphre; son aldéhyde est le camphre ordinaire ou *camphre des laurinées* $C^{10}H^{16}O$.

PHÉNOLS.

405. **Fonction phénol.** — Un composé ternaire oxygéné, le *phénol* C^6H^6O, peut être rapproché des alcools, bien qu'il en diffère sous certains rapports. Il est devenu le type de la *fonction phénol*.

On peut dire que le phénol est à la benzine ce que l'alcool éthylique est à l'hydrure d'éthylène ou éthane :

$C^2H^5.H$	éthane.	$C^6H^5.H$	benzine.
$C^2H^5.OH$	alcool.	$C^6H^5.OH$	phénol.

Les *phénols* forment, comme les alcools, des éthers avec les acides. Mais ils s'en distinguent en ce que le chlore et l'acide nitrique réagissent sur eux pour former des produits de substitution directe; par oxydation, ils ne donnent ni aldéhydes, ni acides. Ils se comportent, en outre, vis-à-vis des alcalis comme des acides faibles.

PHÉNOL, C^6H^6O ou C^6H^5-OH.

Hydrate de phényle.

406. **Préparation.** — Les *huiles moyennes* et les *huiles lourdes* qui résultent de la distillation du goudron de houille (360) renferment des phénols, qu'on sépare des hydrocarbures et des bases

par un traitement à l'acide sulfurique qui élimine les bases, puis à la soude caustique qui enlève les phénols.

Par le refroidissement, ces lessives de soude se prennent en un magma cristallin ; on reprend par l'eau bouillante ; on décante pour séparer les hydrocarbures entraînés, enfin on sature par l'acide sulfurique étendu ou l'acide chlorhydrique. Les phénols à peine solubles dans l'eau se séparent et se solidifient. On les lave à l'eau à plusieurs reprises, on les dessèche sur du chlorure de calcium et enfin on les distille.

Le produit brut de cette distillation renferme encore des hydrocarbures et des phénols homologues supérieurs du phénol ordinaire. On sépare les divers produits par des distillations fractionnées en s'appuyant sur ce que le phénol ordinaire bout à 181°,5 et les crésols, C^7H^8O, à 186° et 199°.

407. **Propriétés.** — Le phénol est un corps solide, incolore; ses cristaux fondent à 35°. Il bout à 181°,5. Il est doué d'une odeur caractéristique et d'une saveur amère et brûlante. Le phénol n'est soluble que dans 20 fois son poids d'eau et il communique aux liquides son odeur et sa saveur; il est plus soluble dans l'alcool.

Le phénol brûle avec une flamme fuligineuse. Bien que sa dissolution soit neutre au papier de tournesol, il se comporte comme un acide faible. Il est facilement absorbé par les dissolutions alcalines, avec lesquelles il forme des combinaisons peu stables, les *phénates* : $C^6H^5.OK$, $C^6H^5.ONa$; l'existence de telles combinaisons avait fait donner tout d'abord au phénol le nom d'*acide phénique*, nom sous lequel on le désigne encore quelquefois dans la pratique. Ces phénates sont peu stables : il suffit pour les décomposer de faire bouillir leurs dissolutions. Le phénol ne déplace pas l'acide carbonique des carbonates.

408. **Phénols nitrés. — Acide picrique.** — En faisant agir l'acide nitrique sur le phénol et faisant varier la concentration de l'acide et la durée de la réaction, on obtient les *phénols nitrés* :

$$C^6H^4.AzO^2-OH, \quad C^6H^3(AzO^2)^2-OH, \quad C^6H^2(AzO^2)^3-OH.$$

Le *phénol trinitré* ou *acide picrique* présente un intérêt particulier, en raison de ses applications industrielles.

On l'obtient en faisant bouillir le phénol avec de l'acide nitrique jusqu'à ce qu'il ne se dégage plus de vapeurs rutilantes. On concentre et on fait cristalliser. Pour purifier ces cristaux, qui sont imprégnés d'un excès d'acide azotique, on les dissout dans l'ammoniaque; on fait cristalliser le picrate d'ammoniaque par dissolution dans l'eau bouillante et on décompose le sel purifié par l'acide azotique. L'acide picrique, très peu soluble, se sépare en lamelles cristallines d'un jaune citron.

L'acide picrique ne se dissout que dans 165 fois son poids d'eau; 1 milligramme d'acide picrique suffit pour communiquer à 1 litre d'eau une coloration jaune sensible. La dissolution sert à teindre en jaune la soie et la laine.

La saveur de l'acide picrique est amère, et de très petites quantités de cet acide communiquent à l'eau une amertume caractéristique (*amer de Walter*).

Il se combine aux bases pour donner des sels bien définis, jaunes ou orangés. Le *picrate de potassium* $C^6H^2(AzO^2)^3.OK$ n'est soluble que dans 259 fois son poids d'eau froide : aussi l'acide picrique peut-il servir à reconnaître les sels de potassium.

L'acide picrique, soumis à l'action de la chaleur, fond ; mais, si on le chauffe brusquement, il détone. Ses sels se comportent de même et on utilise cette propriété pour former, soit avec du salpêtre, soit avec le chlorate de potassium, des mélanges détonants dont le maniement est fort dangereux.

L'acide picrique prend également naissance lorsqu'on traite par l'acide azotique la soie, l'indigo et un grand nombre de matières résineuses.

CHAPITRE XXIV

GLYCÉRINE — CORPS GRAS

ALCOOLS POLYATOMIQUES.

409. **Définition.** — Les alcools polyatomiques se distinguent de l'alcool ordinaire en ce qu'ils peuvent donner avec un même acide monobasique, tel que l'acide chlorhydrique ou l'acide azotique, deux, trois... éthers différents, avec élimination de $2H^2O$, $3H^2O$.... On peut dire qu'ils se comportent dans leurs réactions comme s'ils résultaient de l'union de 2, 3... alcools monatomiques. Leur formule générale contiendra 2, 3... fois l'oxhydryle OH uni à des radicaux hydrocarburés.

Alcools diatomiques ou *glycols.* — Le type de ces alcools est le *glycol éthylénique* $C^2H^4(OH)^2$, obtenu synthétiquement par Wurtz en 1856.

Alcools triatomiques ou glycérines. — La *glycérine* $C^3H^5(OH)^3$, extraite des corps gras par Scheele, a été caractérisée par M. Berthelot, en 1854, comme un alcool triatomique [1].

Alcools tétratomiques. — *L'érythrite* $C^4H^6(OH)^4$ est contenue dans certains lichens à l'état d'éther.

Alcools pentatomiques : *Pinite* et *quercite* $C^6H^7(OH)^5$; les *glucoses*, matières sucrées de la plus haute importance, jouent le rôle d'alcools pentatomiques.

Alcools hexatomiques. — La *mannite*, la *dulcite*, la *sorbite*, $C^6H^8(OH)^6$, tirent leur importance de leurs relations avec les glucoses.

La *cellulose* se comporte vis-à-vis des acides comme un alcool polyatomique.

GLYCÉRINE, $C^3H^8O^3$ ou $C^3H^5(OH)^3$.

410. **Préparation.** — Les corps gras (*graisses*, *huiles*, *beurres*), chauffés avec un alcali ou un oxyde métallique en présence de l'eau, se dédoublent en glycérine qui reste en dissolution dans le

1. La découverte du glycol est postérieure, comme on le voit, aux études de M. Berthelot sur la *glycérine* : le mot *glycol*, formé de la première syllabe du mot glycérine et de la dernière du mot alcool, était destiné à rappeler que les propriétés du nouvel alcool étaient intermédiaires entre celles de l'alcool et celles de la glycérine.

liquide et en une matière saline (*savon*) formée par la combinaison de la base avec un *acide gras*.

On préparait autrefois la glycérine en chauffant de l'axonge ou de l'huile avec de l'eau et de l'oxyde de plomb[1]. Le savon de plomb ainsi obtenu étant à peu près insoluble dans l'eau, il suffisait de décanter le liquide, d'évaporer et de concentrer doucement par la chaleur pour avoir la glycérine, que l'on dénommait alors, en raison de son origine, *principe doux des huiles*.

Actuellement la *glycérine* est fournie en grande quantité par l'industrie; sa préparation est corrélative de la fabrication des *savons* et des *bougies stéariques*. La glycérine brute telle qu'on la trouve dans le commerce est simplement décolorée par du noir animal. On la purifie par distillation dans le vide, ou mieux encore dans un courant de vapeur d'eau surchauffée.

411. Propriétés physiques. — La glycérine est un liquide sirupeux, incolore, déliquescent. Sa densité à + 15° est 1,264. Elle distille entre 275° et 280°, mais vers la fin de l'opération une certaine quantité de la matière se décompose ; elle distille plus facilement dans le vide.

Elle est soluble dans l'eau et l'alcool; mais l'éther n'en dissout que de très faibles quantités. La dissolution aqueuse dissout un certain nombre d'oxydes métalliques; l'addition de glycérine à une dissolution de perchlorure de fer empêche la précipitation du sesquioxyde de fer par la potasse.

412. Éthers de la glycérine. — Chauffée avec les acides, en tubes scellés, la glycérine forme des éthers avec élimination d'eau. Soit, par exemple, un acide monobasique R.OH; suivant les proportions de matières réagissantes et la durée de l'opération, on peut obtenir *trois* éthers :

$$(1)\qquad C^3H^5(OH)^3 + R.OH = C^3H^5(OH)^2(OR) + H^2O,$$
$$(2)\qquad C^3H^5(OH)^3 + 2R.OH = C^3H^5(OH)(OR)^2 + 2H^2O,$$
$$(3)\qquad C^3H^5(OH)^3 + 3R.OH = C^3H^5(OR)^3 + 3H^2O.$$

Le produit de la réaction (1) se comporte encore comme un alcool diatomique; celui de la réaction (2) est encore alcool monatomique ; la réaction (3) donne un éther neutre.

L'acide azotique en particulier donne trois éthers, dont un, l'éther triazotique, mérite une mention spéciale : c'est la *nitroglycérine* $C^3H^5(O.AzO^2)^3$, liquide huileux qui se solidifie au voisinage de 0°. Sous l'influence d'un choc ou d'une élévation

1. Le savon de plomb porte, dans les pharmacies, le nom d'*emplâtre simple*.

brusque de température, la nitroglycérine détone, en donnant du gaz carbonique, de l'eau, de l'azote et de l'oxygène :

$$2C^3H^5Az^3O^9 = 6CO^2 + 6Az + 5H^2O + O.$$

On atténue la sensibilité de la nitroglycérine et on rend son maniement plus facile en la mélangeant avec de la silice pulvérulente, qui l'absorbe sans cesser d'être solide ; on obtient ainsi la *dynamite*, qui produit, lorsqu'on détermine son explosion à l'aide d'une capsule fulminante, des effets de dislocation qui l'ont fait adopter, à la place de la poudre, dans les travaux des mines.

CORPS GRAS.

413. Analyse immédiate et synthèse des corps gras. — En soumettant les huiles, les beurres ou les graisses à un traitement méthodique par divers dissolvants, on peut en distraire quelques principes immédiats, dont les principaux sont la *stéarine*, la *palmitine* ou *margarine*, l'*oléine*, la *butyrine*.

La *stéarine* est contenue dans la plupart des corps gras solides, le suif et la graisse de mouton notamment. On l'obtient en dissolvant le suif dans l'éther, laissant refroidir, comprimant la partie solide, dissolvant de nouveau dans l'éther. En répétant ces traitements un certain nombre de fois, on obtient de petites lamelles d'un éclat micacé fondant vers 70°.

L'huile de palme, qui offre la consistance du suif, est formée principalement de *palmitine* ; on l'extrait de l'huile de palme, en comprimant celle-ci, épuisant le résidu solide par l'alcool bouillant, puis faisant cristalliser dans l'éther. La palmitine est en petits cristaux fusibles à 60°.

La *butyrine* a été extraite par Chevreul du beurre de vache, où elle se trouve mélangée avec la stéarine, la margarine et l'oléine; c'est un liquide huileux, soluble dans l'alcool et dans l'éther, mais insoluble dans l'eau.

L'*oléine* est liquide à + 10° et même un peu au-dessous ; elle est insoluble dans l'eau, peu soluble dans l'alcool, soluble dans l'éther. Elle est mélangée dans les huiles d'olives à la stéarine et à la palmitine et forme la partie principale de la masse qui reste liquide quand on refroidit l'huile.

Tous ces principes immédiats chauffés avec de l'eau et un alcali se *saponifient*, c'est-à-dire se dédoublent en un liquide, la glycérine, et en un acide qui reste uni à la base. Les acides mis en liberté sont des homologues supérieurs de l'acide acétique, que nous étudierons sous le nom d'*acides gras* (457), acides *stéarique*, *margarique* ou *palmitique*, *butyrique*, et un acide appartenant à une série différente, l'acide *oléique* (458). Chevreul a montré nettement que ce dédoublement s'opérait avec fixation d'eau et que par conséquent la réaction était analogue à celle qui se produit quand on traite un éther-sel de l'alcool ordinaire, l'éther acétique par exemple, par les alcalis : ainsi on a :

$$C^4H^8O^2 + H^2O = C^2H^6O + C^2H^4O^2.$$

Éther acétique. Alcool. Acide acétique.

$$C^{57}H^{110}O^6 + 3H^2O = C^3H^8O^3 + 3C^{18}H^{36}O^2.$$

Stéarine. Glycérine. Acide stéarique.

Inversement, en chauffant en tubes scellés la glycérine avec des proportions croissantes d'acide stéarique, M. Berthelot a obtenu trois stéarines qui renferment les éléments de la glycérine et de l'acide moins H^2O, $2H^2O$, $3H^2O$; la *tristéarine* est identique à la stéarine naturelle.

L'expérience a montré de même que la margarine était l'éther neutre de l'acide margarique ou palmitique, une *trimargarine*, l'oléine une *trioléine*, éther neutre de l'acide oléique et la *butyrine* une *tributyrine*, résultant de l'éthérification de la glycérine par trois molécules d'acide butyrique.

414. Corps gras naturels. — Les corps gras naturels sont des *huiles*, des *beurres*, des *graisses*, suivant leur consistance.

1° *Corps gras d'origine végétale.* — Les matières grasses d'origine végétale sont extraites des graines ou des fruits par compression, à froid tout d'abord, puis entre des plaques chauffées, à l'aide de presses hydrauliques.

Les huiles d'olives et d'œillette sont employées comme aliment.

L'*huile d'olives*, jaune-verdâtre, de densité 0,919 à + 12°, se fige à quelques degrés au-dessous de 0°. L'*huile d'œillette* s'extrait des graines du pavot ; elle se solidifie à — 18°.

Les *huiles de colza* et *de navette*, s'emploient plus particulièrement pour l'éclairage. On les épure en les battant avec 2 ou 3 pour 100 de leur poids d'acide sulfurique qui charbonne les matières mucilagineuses et les débris de parenchymes, entraînés par le pressage à chaud, puis on lave à l'eau.

L'*huile de palme* et l'*huile d'arachide* servent à la fabrication des savons et des bougies.

Un certain nombre d'huiles sont employées en thérapeutique : l'*huile d'amandes douces*, très fluide, inodore, insipide ; l'*huile de ricin*, employée comme purgatif; l'*huile de croton tiglium*, douée de propriétés vésicantes.

Au point de vue de la façon dont les huiles se comportent vis-à-vis de l'oxygène, on peut les partager en deux groupes : les *huiles siccatives* et les *huiles non siccatives* ou *grasses*. Les premières s'épaississent en absorbant l'oxygène de l'air et se transforment en une sorte de vernis un peu élastique résultant de l'oxydation d'une oléine qu'elles renferment. Le type des huiles siccatives est l'*huile de lin*, employée pour la préparation des couleurs à l'huile. Les huiles d'œillette et de ricin sont également siccatives. Les huiles siccatives sèchent plus rapidement encore lorsqu'on les cuit avec de la litharge ou du bioxyde de manganèse. L'huile de lin lithargirée sert à la fabrication des toiles cirées.

Les huiles d'olives, d'amandes douces, de navette, ne se comportent pas de même au contact de l'air : elles absorbent peu à peu l'oxygène et dégagent de l'acide carbonique, tout en conservant l'état liquide; elles acquièrent une réaction acide et un goût désagréable : elles *rancissent*. Une partie de l'oléine est alors décomposée, la glycérine est mise en liberté et s'oxyde, en même temps que l'acide oléique se transforme, par oxydation, en acides volatils doués d'une odeur désagréable, tels que les acides *butyrique* et *valérique* (457).

2° *Corps gras d'origine animale.* — La *graisse de bœuf* et le *suif de mouton*, fusibles entre 40° et 52° environ, sont séparés par fusion des enveloppes cellulaires qui les contiennent. Les suifs liquides sont décantés, tamisés et clarifiés par quelques millièmes d'alun. Le suif est formé principalement de stéarine. Fondu et coulé en cylindres, au centre desquels on a placé une mèche de coton, il forme les *chandelles*.

Le *beurre*, obtenu par le battage du lait de vache non écrémé, fond entre 26° et 27°; il renferme de l'oléine, de la margarine et de la butyrine.

CHAPITRE XXV

SUCRES

415. Classification. — Les *sucres* ont une même composition centésimale, représentée par la formule générale

$$(CH^2O)^n;$$

ils font partie d'un groupe important de corps qu'on appelle *hydrates de carbone.*

On les partage en deux groupes : les *glucoses* et les *saccharoses.*

GLUCOSES.

416. Définition. — Les *glucoses* desséchées à 100° ont pour formule générale $C^6H^{12}O^6$; elles fermentent directement au contact de la levure de bière et réduisent à l'ébullition la liqueur cupropotassique; enfin, chauffées avec des dissolutions alcalines, elles sont détruites plus ou moins rapidement.

Les principales glucoses sont :

La *glucose* proprement dite ou *dextrose*;
La *fructose* ou *lévulose*;
La *galactose* ou *glucose lactique.*

GLUCOSE.

Dextrose, Sucre de raisin.

417. État naturel. — Préparation. — La glucose ou sucre de raisin est le type du groupe des glucoses. On la trouve à l'état solide dans les raisins secs, le miel; elle forme des efflorescences blanches à la surface des figues, des prunes desséchées; c'est la matière sucrée contenue dans l'urine des diabétiques.

Pour la préparer industriellement, on s'appuie sur la transformation de la fécule et de l'amidon en glucose en présence de l'acide sulfurique étendu et sous l'action de la chaleur.

On introduit dans de grands cuviers en bois de 1600 hectolitres environ de capacité (fig. 201) 15 hectolitres d'eau, 140 kilogrammes d'acide sulfurique, puis, par un tuyau en cuivre qui plonge au fond de la cuve et se contourne en demi-cercle vers le

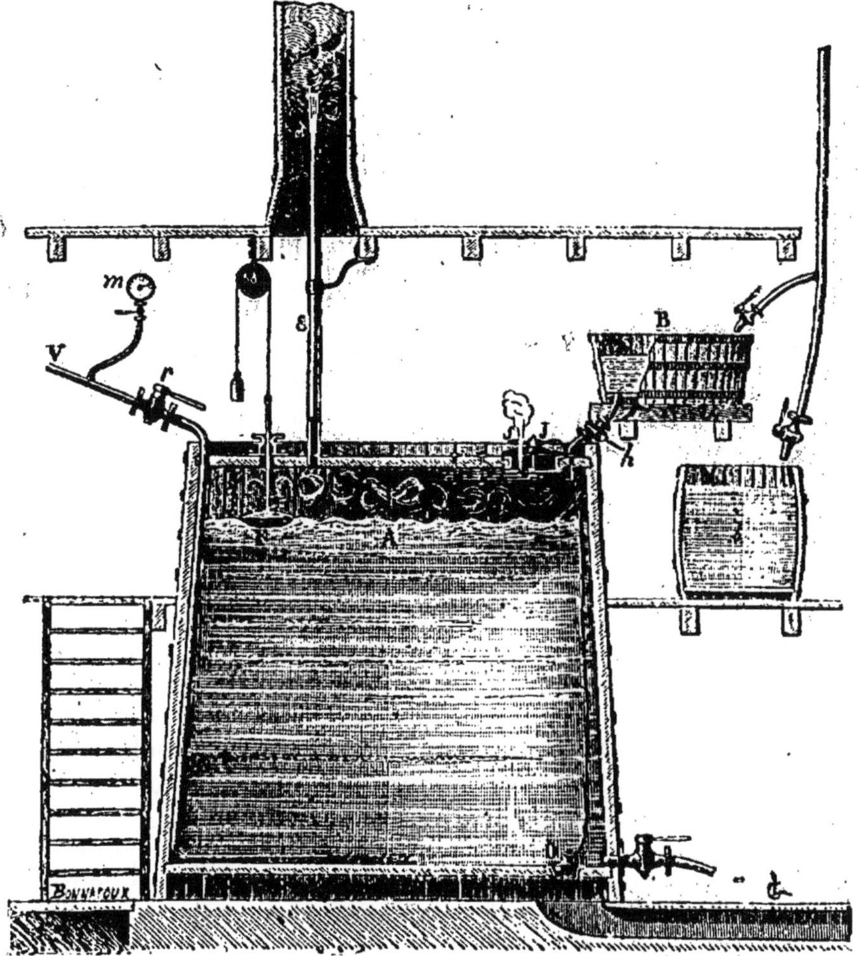

Fig. 201.

fond, on fait arriver de la vapeur. On verse peu à peu dans le liquide de la fécule délayée dans une petite quantité d'eau.

Lorsque l'iode libre ne colore plus le liquide froid en violet, la réaction est terminée. On sature alors l'acide sulfurique avec de la craie pulvérisée et on laisse reposer; du sulfate de calcium se dépose; on décante le liquide et on le décolore par filtration sur du noir animal.

On concentre le liquide jusqu'à 30° B. (27° B. lorsqu'il est bouillant), et le sirop de fécule ainsi obtenu est livré aux brasseurs et aux fabricants de pain d'épice. Un sirop plus blanc, plus concentré que celui-ci, dit *impondérable*, ainsi nommé parce que sa viscosité est telle qu'on ne peut y plonger l'aréomètre, sert à la préparation des fruits confits, des sirops, des confitures, etc.

Le sirop concentré jusqu'à 30° B. et abandonné au repos dans des tonneaux laisse déposer de petits cristaux de glucose (*glucose granulée*).

Enfin, lorsqu'on concentre le sirop jusqu'à 41°, il se prend peu à peu par le refroidissement en une masse dure, blanche, dite *glucose en masse* ou *sucre de fécule massé*.

418. Propriétés. — Les petits cristaux mamelonnés de glucose ont comme composition $C^6H^{12}O^6 + H^2O$; ils se ramollissent à 60°, fondent, puis perdent une molécule d'eau à 100°.

Une partie de glucose se dissout dans une partie et demie d'eau à 17°, mais elle est beaucoup moins soluble dans l'alcool.

L'acide azotique étendu et bouillant la transforme en acide oxalique (462).

Les bases alcalines détruisent la glucose, lentement à froid, rapidement à l'ébullition. Ainsi, si l'on ajoute de la potasse concentrée à une solution de glucose, le liquide jaunit dès que l'on chauffe, puis prend une teinte brune très foncée. Cette réaction est assez sensible pour permettre de reconnaître la glucose mélangée à du sucre de canne dans les produits commerciaux falsifiés.

Propriétés réductrices. — Les propriétés réductrices de la glucose la différencient nettement du sucre : les dissolutions des sels de cuivre, d'argent, de mercure, de chlorure d'or en particulier sont réduites par la glucose à l'ébullition.

Une dissolution d'acétate de cuivre à laquelle on ajoute de la glucose et qu'on porte à l'ébullition laisse déposer une poussière cristalline rouge d'oxyde cuivreux Cu^2O.

Une dissolution de sulfate de cuivre, additionnée de glucose, ne précipite plus par la potasse, mais prend une couleur bleue intense, analogue à celle que l'on obtient en ajoutant un excès d'ammoniaque; mais si l'on chauffe, la liqueur jaunit, laisse déposer un précipité rouge d'oxyde cuivreux et se décolore. La dissolution de sulfate de cuivre, acide au tournesol, ne précipiterait après l'addition de la glucose que par une longue ébullition, et encore la réaction serait-elle incomplète. La réduction n'est facile qu'en liqueur alcaline.

On emploie pour la recherche de la glucose et son dosage la *liqueur cupropotassique* ou *liqueur de Fehling*, obtenue de la façon suivante : On dissout dans 500 grammes d'eau 75 grammes de carbonate de sodium cristallisé et 100 grammes de tartrate acide de potassium ou crème de tartre; on mélange cette liqueur avec une dissolution de 40 grammes de sulfate de cuivre cristallisé dans 160 grammes d'eau; on ajoute enfin 600 centimètres cubes d'une dissolution de soude caustique de densité 1,12[1]. Il suffit de porter à l'ébullition cette liqueur et d'y ajouter une petite quantité d'un liquide sucré dans lequel on soupçonne la présence de la glucose, pour obtenir immédiatement un précipité rouge.

Glucosides. — La glucose fonctionne comme un alcool vis-à-vis des acides. Elle forme avec élimination de $H^2O, 2H^2O, 3H^2O, 4H^2O$ et même $5H^2O$ de véritables éthers, auxquels M. Berthelot a donné le nom de *glucosides*. Ces combinaisons s'obtiennent en chauffant la glucose en tube scellé avec l'acide; mais, les acides minéraux exerçant une action destructive sur la glucose aux températures de 100° à 120° auxquelles s'effectuent les réactions, on n'obtient facilement ainsi que les glucosides dérivés des acides organiques (acides tartrique, acétique, stéarique, etc.). En dissolvant cependant la glucose dans l'acide nitrique fumant, on prépare un composé cristallisable, le *glucoside pentanitrique*, qui suffit à établir la fonction alcoolique pentatomique :

$C^6H^7O(OH)^5$	$C^6H^7O(O.AzO^2)^5$.
Glucose.	Glucose pentanitrique.

Tous ces glucosides se dédoublent, en présence des acides étendus, en glucose et acides; quelques-uns des glucosides des acides organiques existent dans les fruits acides.

FRUCTOSE.

Lévulose, Sucre des fruits

419. **Préparation.** — La fructose accompagne la glucose dans la plupart des fruits sucrés et acides (raisins, cerises, groseilles); elle forme la partie incristallisable du miel.

On l'extrait de la solution du sucre interverti (427) en l'agitant avec de la chaux éteinte; on filtre et, par évaporation, on obtient des cristaux incolores d'une combinaison calcique qui, décomposés par l'acide oxalique, donnent la fructose.

1. L'addition d'acide tartrique ou d'un tartrate à une dissolution d'un sel cuivrique empêche la précipitation du protoxyde de cuivre par un alcali.

420. **Propriétés.** — La fructose cristallise difficilement. Cependant, en la déshydratant par des lavages à l'alcool absolu et la dissolvant à l'aide d'une douce chaleur dans ce liquide, elle cristallise par refroidissement.

Les réactions chimiques de la fructose sont sensiblement les mêmes que celles de la glucose.

SACCHAROSES.

421. **Définition.** — Le caractère chimique essentiel des saccharoses est leur dédoublement en deux glucoses sous l'influence des acides étendus ou des ferments ; ils se rattachent par conséquent au groupe des *glucosides* (418).

On distingue :

Le *sucre de canne* ou *saccharose proprement dite*,
La *lactose* ou *sucre de lait*,
La *maltose*,

et un certain nombre d'autres matières sucrées moins importantes retirées des végétaux. Leur formule générale est $C^{12}H^{22}O^{11}$.

SUCRE DE CANNE

Saccharose.

422. **Extraction du sucre de la betterave.** — Le sucre a été retiré tout d'abord de la canne à sucre. En majeure partie, le sucre consommé dans les pays d'Europe est extrait de la betterave.

La betterave la plus riche en sucre est la betterave blanche à collet rose, ou betterave de Silésie : améliorée par une culture rationnelle et une sélection rigoureuse, une de ses variétés, la betterave améliorée de Vilmorin, généralement cultivée en France, contient en moyenne de 11 à 15 pour 100 de sucre ; cette teneur peut s'élever exceptionnellement à 18 pour 100. Dès qu'elles atteignent leur maturité, c'est-à-dire dès que les feuilles principales se fanent, on arrache les betteraves, on supprime les feuilles et la tête ou tige unique qui porte les feuilles, et on les met en tas dans les champs ; si l'on doit les conserver plus longtemps, on les enferme dans des silos, où, recouvertes de terre, elles seront à l'abri des gelées.

Dès son entrée dans le cours de la fabrication la betterave est lavée, épierrée et desséchée. Elle est ensuite découpée par des machines spéciales (*coupe-racines*) en fines lanières de 4 à 5 millimètres de côté (*cossettes*).

Diffusion. L'extraction du sucre de la betterave se fait aujourd'hui par la *méthode de diffusion*, imaginée en 1830 par Mathieu de Dombasle.

Supposons une cuve séparée en deux compartiments par une cloison formée par du papier parchemin perméable aux liquides ; si de part et d'autre de cette cloison sont placées deux dissolutions salines ou sucrées de concentration différente, un équilibre tend à s'établir, et au bout d'un temps plus ou moins long, les deux liqueurs acquière .a même concentration. On conçoit donc que si l'on fait circuler un courant d'eau pure dans l'un des compartiments, la totalité du sucre ou des sels contenus dans l'autre passera peu à peu au travers de la paroi. La cellulose qui forme les parois des cellules végétales se comporte comme une paroi perméable aux dissolutions des corps cristallisables (*corps cristalloïdes*), elle ne laisse passer que très difficilement, au contraire, les substances gélatineuses comme les matières albuminoïdes (*corps colloïdes*), et c'est en faisant circuler un courant d'eau autour des cossettes que l'on épuise celles-ci de tout le sucre que contiennent leurs cellules.

Les *diffuseurs* (fig. 202) sont des cylindres verticaux en tôle de 3 à 4 mètres cubes de capacité. Ils sont généralement disposés en cercle autour d'une cuve en maçonnerie qui recevra, l'épuisement terminé, les cossettes épuisées. Dans ces cylindres on fait circuler de l'eau à la température de 75°, 80° et, à des intervalles de temps déterminés, on vide l'un d'eux que l'on remplit de cossettes fraîches. C'est alors cette cuve qui reçoit en dernier lieu le liquide

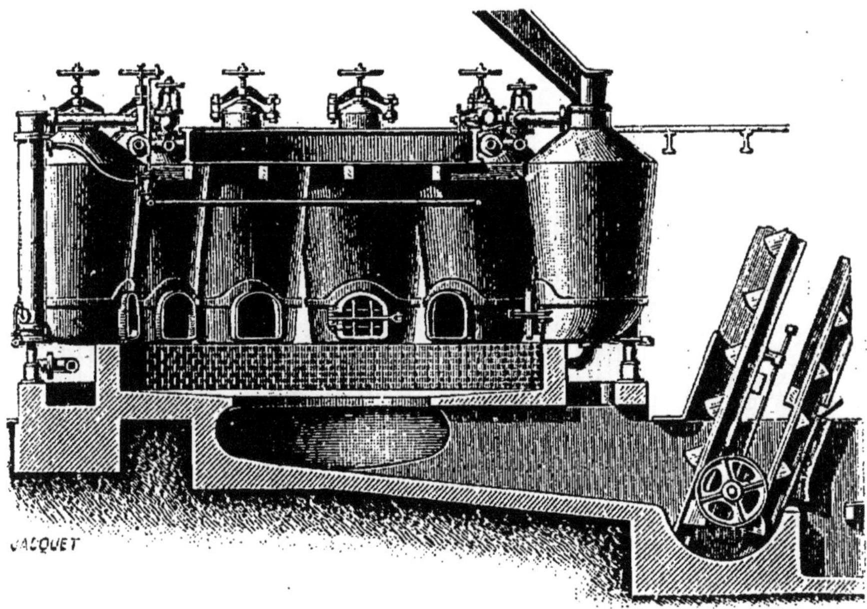

Fig. 202.

chargé de sucre, le liquide le plus riche baignant ainsi toujours les cossettes neuves, tandis que l'eau pure arrive au contact des cossettes épuisées qu'elle soumet à un dernier lavage. La vitesse du courant liquide est telle que, au sortir d'un diffuseur, sa teneur en sucre est égale à celle du liquide contenu dans les cellules; ce liquide contient du sucre et des matières salines, mais il contient peu de matières albuminoïdes et pectiques.

Défécation. Double carbonatation. La défécation a pour but de saturer à l'aide de la chaux les acides du *jus cru*, et de former, avec les matières albuminoïdes, les matières grasses et les matières colorantes, des combinaisons insolubles. En employant un léger excès de chaux, on est certain d'éliminer toutes les substances étrangères, mais en même temps on forme avec le sucre une combinaison insoluble, le sucrate de chaux (426), ce qui entraînerait des pertes si l'on ne déplaçait cet excès de chaux par un courant de gaz carbonique.

Lorsqu'on opère, comme on le fait généralement aujourd'hui, par *double carbonatation*, on additionne le jus sucré au sortir des diffuseurs d'un lait de chaux, on élève la température à 80°, et on fait arriver dans le liquide un courant de gaz carbonique qui décompose le sucrate de chaux. Les jus déféqués laissent déposer, par le repos, du carbonate de calcium pulvérulent; dès qu'ils se sont éclaircis, on les décante; les dépôts boueux sont comprimés dans des *filtres-presses* et tous les liquides clarifiés sont introduits dans des appareils identiques aux précédents. On injecte cette fois du gaz carbonique de façon à saturer complètement la chaux, puis on chauffe de façon à chasser l'excès de gaz. Les jus clarifiés par le repos sont passés au filtre-presse.

Filtration mécanique. Les jus qui s'écoulent des filtres-presses sont encore légèrement troubles; on les soumet à un *filtrage mécanique* en les forçant à traverser sous pression des sacs en tissus tendus sur une tôle ondulée. Un certain nombre de ces sacs sont disposés dans une caisse rectangulaire et le liquide traverse les sacs de dehors en dedans pour s'écouler ensuite à l'extérieur.

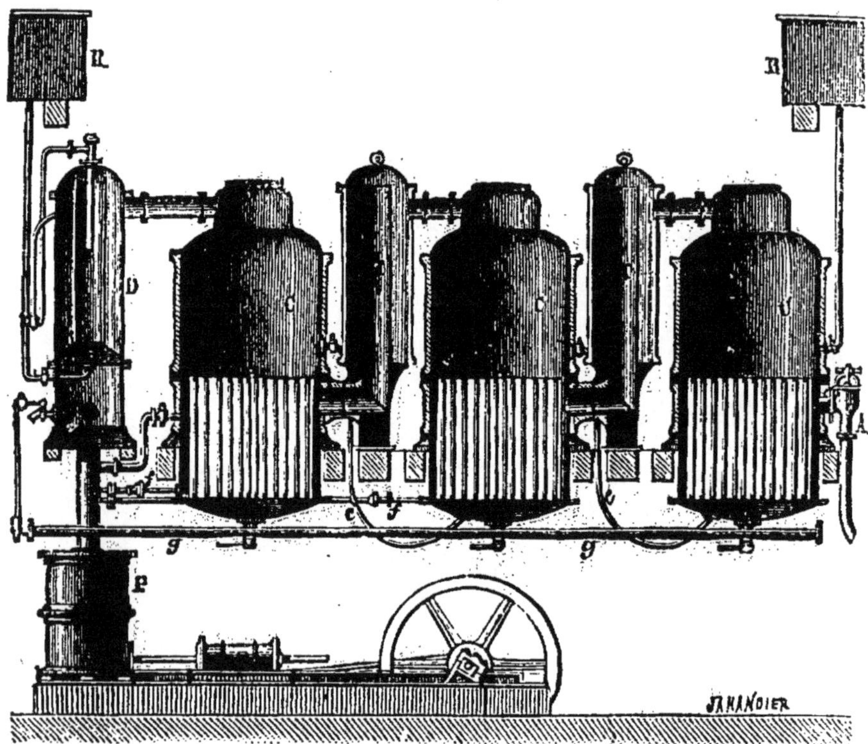

Fig. 203.

Évaporation et cuite. — La concentration des liqueurs sucrées s'effectue dans une atmosphère raréfiée.

L'appareil à triple effet (fig. 203) dans lequel s'effectue cette opération se compose de trois caisses cylindriques en fonte, vers la partie inférieure desquels se trouvent des assemblages de tubes verticaux faisant communiquer la partie inférieure et la partie supérieure de l'appareil; les jus occupent la partie inférieure des caisses, les tubes verticaux, et s'élèvent de 0m,20 environ au-dessus de l'orifice supérieur de ceux-ci; la vapeur qui sert au chauffage circule dans les espaces libres compris entre les tubes. On fait passer successivement les jus de la caisse n° 1 dans la caisse n° 2, enfin dans la caisse n° 3, par des robinets et des tuyaux *cc'*. La chaudière n° 1 est chauffée par de la vapeur qui arrive en A, se condense autour des tubes et retourne, après liquéfaction, aux générateurs. Les vapeurs émises par les jus sucrés de la caisse n° 1 s'échappent par le tuyau T et pénètrent dans les intervalles des tubes de la caisse n° 2; les vapeurs émises par celle-ci servent à échauffer les tubes de la caisse n° 3. Une pompe fait un vide partiel dans les trois chaudières de façon que l'ébullition ait lieu à 96° dans la caisse n° 1, à 82° dans la seconde et à 54° seulement dans la troisième. Les jus se trouvent ainsi portés, à mesure qu'ils se concentrent, à des températures de plus en plus basses, ce qui diminue les causes d'altérabilité du sucre.

Au sortir de la première caisse le jus doit marquer 10° Baumé, de 15° à 16° au sortir de la seconde, et 22° environ au sortir de l'appareil.

La concentration définitive ou *cuite en grains* qui a pour but de déterminer un commencement de cristallisation s'effectue également dans une atmosphère raréfiée.

Au sortir de la chaudière à cuire, le sirop qui ne contient plus que 5 à 6 pour 100 d'eau est versé dans des bacs refroidisseurs et agité; les cristaux précédemment formés continuent de se développer régulièrement et restent détachés les uns des autres. Lorsque, au bout de quelques jours, la cristallisation est terminée, on essore le sucre à l'aide d'une *turbine à force centrifuge*. On débarrasse les cristaux de la mélasse interposée en les *clairçant*, c'est-à-dire en projetant sur les cristaux, dans les turbines mêmes, du sirop de sucre, de l'eau, ou même de la vapeur qui, pénétrant entre les interstices, chasse la mélasse et s'échappe à son tour.

Le sucre ainsi obtenu est le sucre de *premier jet*: c'est le plus pur et le plus blanc; en concentrant de nouveau les eaux mères toujours plus ou moins colorées, on obtient les sucres de *deuxième* et de *troisième jet*.

Les dernières eaux mères ou *mélasses* proprement dites renferment encore 50 pour 100 de sucre cristallisable, ce qui correspond à environ 1,5 pour 100 du sucre de la betterave; mais elles contiennent aussi des glucoses, des sels et des produits d'altération des matières sucrées. Divers procédés ont été employés pour en extraire du sucre cristallisable (précipitation du sucre par l'alcool, transformation en sucrate, osmose) ou pour diminuer, par une cristallisation et un turbinage plus rationnel, la masse de ces sirops incristallisables; mais le plus souvent on se borne à les faire fermenter (446) et à distiller le liquide alcoolique. Les résidus solides de cette opération (*vinasse*) sont incinérés et le salin résultant, soumis à des traitements méthodiques, fournit de grandes quantités de sels de potassium employés en agriculture.

Sucre de canne. — Le jus de la canne contient de 18 à 20 pour 100 de sucre que l'on extrayait tout d'abord en broyant la canne entre des cylindres cannelés et concentrant le jus directement à feu nu; on emploie aujourd'hui la méthode de diffusion comme dans les pays d'Europe. La canne est découpée en minces rondelles obliquement à son axe et ces rondelles sont épuisées dans des diffuseurs. Le jus qui sort des diffuseurs renferme beaucoup moins de matières albuminoïdes que le jus de la betterave. Il suffit de le concentrer après l'avoir additionné de quelques millièmes de chaux destinés à saturer l'acidité naturelle de la liqueur sucrée pour obtenir un sirop cristallisable. La suite des opérations, dans les usines modernes, s'effectue dans des appareils identiques à ceux qui servent en Europe au traitement du jus de la betterave.

423. Raffinage. — Les sucres cristallisés blancs de premier jet qui contiennent de 98 à 99 pour 100 de saccharose pourraient être livrés directement à la consommation. Mais les sucres bruts colorés de canne ou de betterave (*cassonades*) renferment généralement du *sucre incristallisable*, des *matières azotées*, des *débris organiques*, des *sels minéraux*, du *sucrate de calcium* et quelquefois aussi des *acides libres* qui préexistent (acide malique) ou qui se développent pendant le séjour en magasins et dans les navires (acides acétique, lactique). On ne les livre généralement à la consommation qu'après les avoir soumis à une épuration ou *raffinage.*

Les sucres sont dissous dans environ 30 pour 100 de leur poids d'eau. On ajoute au liquide du noir animal fin (2 à 4 pour 100) et du sang de bœuf (1,5 à 2 pour 100). On brasse avec un agitateur, puis on fait passer le mélange dans une

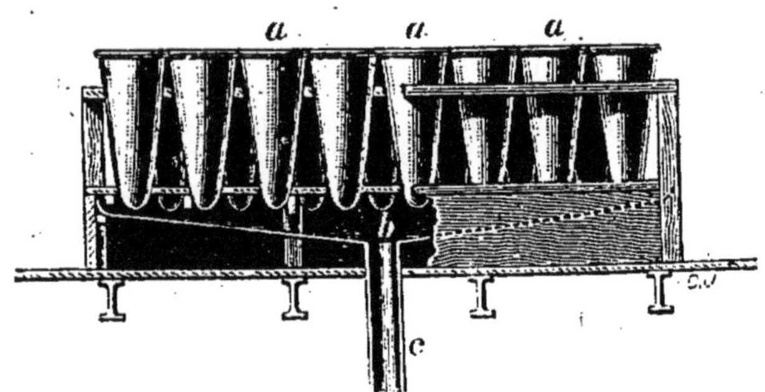

Fig. 204.

chaudière close; à l'aide d'un courant de vapeur qui traverse un serpentin, on élève la température de façon à coaguler l'albumine du sang qui entraîne les particules en suspension. Le liquide s'écoule de là dans des filtres en toile

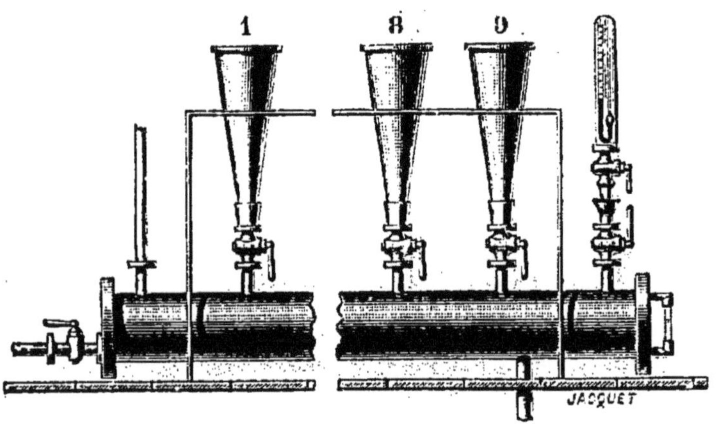

Fig. 204 *bis.*

(filtres Taylor) puis, dans des filtres à noir. Les jus sont ensuite évaporés jusqu'à commencement de cristallisation (*cuite en grains*) dans des chaudières où la concentration s'effectue dans une atmosphère raréfiée. Lorsque la concentration est à son terme, on fait couler le sirop dans un réchauffoir à double fond où le grainage s'effectue et se régularise par une agitation lente pratiquée à la main. Enfin on coule dans des formes coniques en fer, émaillées intérieurement et dont la pointe porte une petite ouverture que l'on ferme, au moment du remplissage, avec une cheville en bois. Le sirop est brassé jusqu'à ce que la

cristallisation se soit propagée dans toute la masse. On abandonne alors les pains à eux-mêmes dans des greniers dont la température ne doit pas dépasser 20°, sur des tables percées de trous (*lits de pains*, fig. 201).

Dès que la prise en masse s'est effectuée, on ouvre la pointe des formes et on laisse égoutter pendant plusieurs jours.

Lorsque l'égouttage est terminé, on enlève la base des pains, on tasse du sucre blanc en petits cristaux et on procède au *terrage*. Cette opération se pratiquait autrefois en plaçant à la base du pain une bouillie d'argile blanche; l'eau qui imbibe l'argile dissolvait le sucre et, pénétrant peu à peu dans la masse, déplaçait les jus colorés. Actuellement on verse à la base du pain un sirop de sucre pur ou *clairce* et on répète cette opération à plusieurs reprises; lorsque le pain est d'une blancheur parfaite et que les liquides qui s'écoulent par la pointe (*sirops d'égout*) sont incolores, on porte les formes sur les *sucettes* (fig. 201 *bis*). Les pointes des formes sont engagées dans des cavités coniques garnies de joints en caoutchouc et pratiquées dans un tuyau horizontal en cuivre dans lequel on fait le vide. Enfin, les pains sont séchés à l'étuve à une température que l'on élève peu à peu à 50°.

424. **Sucre candi.** — Le sucre en cristaux volumineux, ou sucre candi, s'obtient en concentrant les sirops jusqu'à 37° B. Ces sirops sont placés dans des bassines en cuivre aux travers desquelles sont tendus des fils et évaporés lentement dans des étuves chauffées à 30°.

425. **Propriétés physiques.** — Les cristaux de saccharose sont des prismes rhomboïdaux obliques; ils sont très durs et répandent des lueurs dans l'obscurité quand on les brise. Ils sont inaltérables à l'air.

Le sucre se dissout dans la moitié de son poids d'eau froide et forme un liquide épais, un sirop : dans le quart de son poids d'eau à 80°, dans un cinquième à 100°. Le sucre est insoluble dans l'éther et dans l'alcool absolu froid; l'alcool absolu et surtout l'alcool ordinaire le dissolvent à l'ébullition et le laissent déposer par le refroidissement en petits cristaux distincts.

426. **Propriétés chimiques.** — Le sucre fond à 160° et se prend par le refroidissement en une masse vitreuse (*sucre d'orge*); peu à peu cette masse perd sa transparence et devient trouble en se transformant en une masse de petits cristaux accolés.

A une température plus élevée, il se transforme en produits mal définis, jaunes ou bruns (*caramel*), puis il laisse dégager de l'eau, des gaz combustibles, et il reste enfin un charbon volumineux, très léger (*charbon de sucre*).

Les alcalis ne peuvent altérer le sucre, même à 100°, ce qui le distingue de la glucose. Avec les bases alcalino-terreuses le sucre forme des combinaisons qui jouent un rôle important dans la fabrication. L'eau sucrée dissout la chaux; si on porte le liquide à l'ébullition, celui-ci se prend en masse, pour peu qu'il soit concentré; la combinaison calcique primitivement formée s'est dédoublée sous l'action de la chaleur en un sucrate basique insoluble $C^{12}H^{16}Ca^{3}O^{11} + 3H^{2}O$, tandis qu'il reste en dissolution une combinaison calcique plus riche en sucre. Par le refroidissement, les deux composés réagissent l'un sur l'autre et la liqueur redevient limpide. Un courant de gaz carbonique traversant la masse forme du carbonate de calcium qui se précipite et le sucre reste en dissolution.

Le sucre forme avec le sel marin un composé cristallisé $C^{12}H^{22}O^{11} + NaCl$.

427. **Sucre interverti.** — Les acides minéraux étendus et bouillants transforment rapidement le sucre en un mélange à poids égaux de glucose et de fructose (*sucre interverti*) :

$$C^{12}H^{22}O^{11} + H^2O = C^6H^{12}O^6 + C^6H^{12}O^6.$$

Les acides organiques produisent le même effet à l'ébullition, mais à la température ordinaire leur action est d'une lenteur extrême et on s'explique ainsi la coexistence du sucre de canne et des glucoses dans certains fruits acides qui contiennent les acides acétique, malique et tartrique.

LACTOSE.

428. **Préparation.** — La *lactose* ou sucre de lait s'obtient en évaporant le petit-lait, résidu de la préparation du fromage. La solution sirupeuse abandonnée dans un endroit frais laisse déposer de petits cristaux très durs qu'on purifie par de nouvelles cristallisations et qu'on décolore par le noir animal.

429. **Propriétés.** — Les cristaux de lactose renferment 1 molécule d'eau de cristallisation qu'ils abandonnent à 150° ; leur formule est donc $C^{12}H^{22}O^{11} + H^2O$.

La dissolution de lactose additionnée d'un acide minéral se dédouble à l'ébullition en deux glucoses, la glucose ordinaire et une glucose particulière, la *galactose* :

$$\underset{}{C^{12}H^{22}O^{11}} + H^2O = \underset{\text{Glucose.}}{C^6H^{12}O^6} + \underset{\text{Galactose.}}{C^6H^{12}O^6}.$$

Elle réduit, comme les glucoses, la liqueur cupropotassique (418). Comme le sucre de canne, elle ne fermente pas directement, mais se dédouble en glucoses, puis subit la fermentation alcoolique.

MALTOSE.

430. **Préparation.** — La *maltose* se produit lorsqu'on chauffe vers 60° les matières amylacées avec de l'eau et de l'orge germée. Sous l'influence de la *diastase* (418) contenue dans l'orge germée, la matière amylacée se transforme en dextrine, puis, celle-ci fixant les éléments de l'eau, se change en maltose :

$$\underset{\text{Dextrine.}}{C^{12}H^{20}O^{10}} + H^2O = \underset{\text{Maltose.}}{C^{12}H^{22}O^{11}}.$$

431. **Propriétés.** — La maltose cristallisée a pour formule $C^{12}H^{22}O^{11} + H^2O$; chauffée avec de l'acide sulfurique étendu, elle se transforme en glucose :

$$C^{12}H^{22}O^{11} + H^2O = 2\,(C^6H^{12}O^6).$$

Elle réduit, quoique plus difficilement que les glucoses, la liqueur cupropotassique ; elle fermente dans les mêmes conditions que le sucre de canne.

CHAPITRE XXVI

AMIDON ET FÉCULES — DEXTRINES — GOMMES — CELLULOSES

432. **Hydrates de carbone.** — Un grand nombre de principes immédiats neutres retirés des organismes vivants, particulièrement des végétaux, peuvent être, comme les glucoses et les sucres, désignés sous le nom d'*hydrates de carbone*, c'est-à-dire que la composition peut être représentée par une formule générale :

$$C^m (H^2 O)^n.$$

Comme ces principes ne sont pas volatils, on ne peut déterminer leur formule moléculaire, c'est-à-dire fixer les valeurs de *m* et de *n*, qu'en s'appuyant sur leurs réactions principales.

Tels sont l'*amidon* et les *fécules*, les *dextrines*, les *gommes* dont la formule moléculaire la plus simple peut être représentée par

$$C^6 H^{10} O^5$$

qui ne diffère de celle des glucoses que par une molécule d'eau $H^2 O$ en moins. Tous ces corps se comportent comme des alcools polyatomiques et l'étude des éthers qu'ils forment avec les acides conduit à multiplier par 2 ou par 4 le symbole précédent.

AMIDON ET FÉCULES.

433. **Origine. — Extraction.** — Les cellules végétales renferment des petits grains microscopiques d'une matière à laquelle on a donné le nom de *matière amylacée*. Cette matière se rencontre dans les graines des céréales, les tiges, les tubercules et les racines d'un grand nombre de végétaux ; elle est particulièrement abondante dans les tubercules de la pomme de terre. On désigne plus spécialement sous le nom d'*amidon* la matière amylacée des *céréales* ; la *fécule* est la matière amylacée de la pomme de terre.

Amidon. — Lorsqu'on réduit la farine en pâte et qu'on soumet celle-ci à un malaxage sous un filet d'eau, il reste entre les doigts une matière grise élastique, le *gluten* : l'eau entraîne l'amidon et le laisse déposer par le repos.

Dans l'industrie on pétrit mécaniquement la pâte de farine sous un grand nombre de filets d'eau dans une auge allongée demi-cylindrique, dont le fond est formé d'une toile mécanique (fig. 205 et 206). Comme l'amidon ainsi préparé entraîne toujours quelques traces de gluten qui, en se putréfiant ultérieurement, altéreraient l'amidon, on fait fermenter le produit

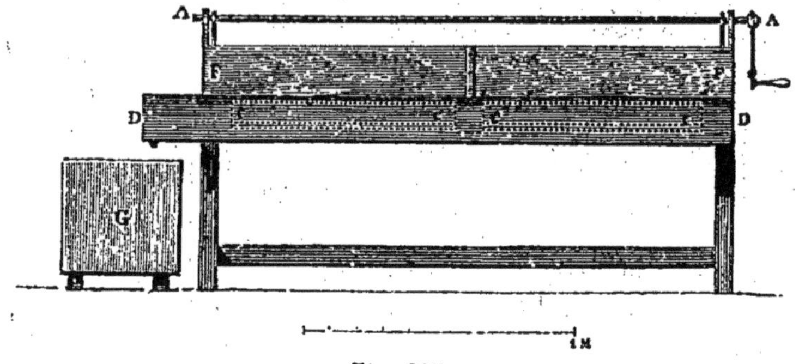

Fig. 205.

brut dans des cuves en ajoutant une petite quantité d'eau provenant d'opérations antérieures (*eau sure*). Au bout de quelques jours, on lave l'amidon, on l'égoutte sur des toiles, puis sur des carreaux de plâtre, enfin on le dessèche dans une étuve. La masse subit un retrait par la dessiccation et se divise en prismes irréguliers : c'est l'*amidon en aiguilles* du commerce. Cette forme est pour l'acheteur une garantie de pureté ; car la fécule, dont les grains sont globuleux et plus volumineux que ceux de l'amidon, ne pourrait prendre cette forme.

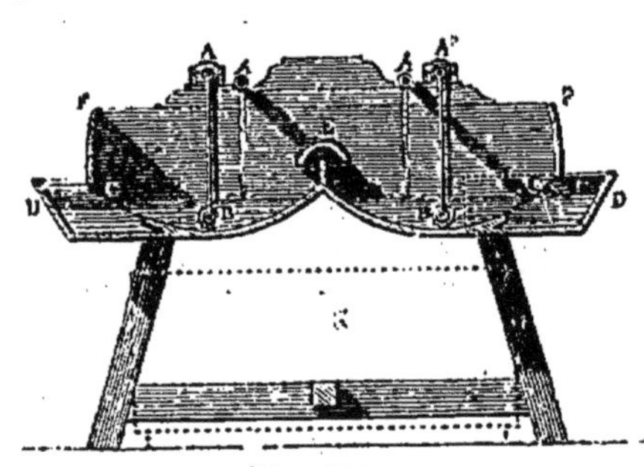

Fig. 206.

Un autre procédé consiste à soumettre directement le grain grossièrement moulu à la fermentation en l'arrosant, dans de grandes cuves en bois, avec de l'eau mélangée d'*eau sure* des opérations précédentes. Les matières sucrées contenues dans le grain éprouvent la fermentation alcoolique et le gluten se putréfie en dégageant de l'ammoniaque, de l'hydrogène sulfuré et autres produits odorants. On lave ensuite l'amidon et l'on termine l'opération comme ci-dessus. Ce procédé, applicable surtout aux farines avariées, dont le gluten ne peut être employé, tend à être abandonné, par suite des odeurs infectes qui se répandent autour des fabriques et rendent cette fabrication insalubre.

Fécule de pommes de terre. — En râpant une pomme de terre au-dessus d'un tamis et sous un mince filet d'eau, on déchire les cellules : l'eau entraîne la fécule, qui se dépose par le repos et qu'on sépare par lévigation des débris de cellulose qui ont pu traverser les mailles du tamis.

Dans l'industrie, toutes ces opérations s'effectuent mécaniquement (fig. 207 et 208) : C, laveur mécanique; R, râpe; F, eau

Fig. 207.

entraînant la fécule; T et T′, tamis séparant la fécule; UUU, tables où elle se dépose; on dessèche la fécule à l'aide d'une turbine.

La fécule humide ou *fécule verte* est employée directement à la fabrication des glucoses. La fécule qui doit être conservée est séchée à l'étuve, dans un courant d'air chaud dont la température ne dépasse pas 60°.

434. Propriétés physiques. — Les propriétés physiques de la matière amylacée dépendent de son origine.

L'amidon du blé se présente sous la forme de petits grains lenticulaires; les grains de fécule de pomme de terre sont plus gros et plus allongés (fig. 209). D'après Payen, les grosseurs des

Fig. 208.

grains de matière amylacée de diverses origines sont, en millièmes de millimètre :

Pommes de terre de Rohan.	105
Sagou.	70
Lentilles.	67
Haricots	36
Gros pois.	50
Blé.	50
Maïs.	30

L'amidon du blé, dont les grains sont très petits, est doux au toucher; la fécule de pommes de terre est rugueuse. Les grains de la matière amylacée sont formés d'enveloppes concentriques qu'on aperçoit nettement lorsqu'on fait gonfler les grains dans l'eau chaude; les diverses couches se séparent alors et se déchirent. Au centre du grain se trouve une cellule, la dernière formée, dont le contenu transparent apparaît, lorsqu'on examine la matière amylacée au microscope, comme une sorte de dépression qu'on nomme le *hile*.

La matière amylacée est insoluble dans l'alcool et dans l'éther.

Elle est insoluble dans l'eau froide ; cependant, lorsqu'on la triture avec de l'eau, elle forme une sorte de dissolution qui traverse les filtres ; mais vers 60° ou 70° elle se gonfle de façon que chaque grain occupe environ 30 fois son volume primitif. Si la quantité d'eau n'est pas trop considérable, les grains se soudent en une masse semi-transparente de consistance gélatineuse (empois).

Fig. 209.

Soumis à l'ébullition avec un grand excès d'eau, l'amidon se transforme partiellement en *amidon soluble*, en même temps que la liqueur tient en suspension des fragments assez ténus pour traverser les filtres.

L'empois d'amidon et l'amidon lui-même se colorent en bleu au contact de l'iode libre. Cette coloration disparait lorsqu'on chauffe à 90°, pour reparaître par le refroidissement. La liqueur bleue se décolore lorsqu'on y verse du sulfate de sodium ou du chlorure de calcium, et laisse déposer des flocons bleus (iodure d'amidon).

435. **Propriétés chimiques.** — L'amidon desséché à 100° a pour composition $C^{12}H^{20}O^{10}$; l'amidon sec du commerce contient 18 pour 100 d'eau, ce qui correspond à la formule $C^{12}H^{20}O^{10} + H^2O$ ou un multiple.

Maintenu longtemps à 100°, il se transforme en une variété d'*amidon soluble* qui, insoluble dans l'eau froide, se dissout totalement quand on élève la température à 50° et que l'addition d'alcool précipite sous la forme d'une poudre blanche. A 160°, l'amidon se transforme en dextrine et en glucose ; à 210°, la matière brunit, devient cassante, soluble dans l'eau : c'est un mélange de dextrine et de glucose (*fécule torréfiée*).

Au contact des alcalis, les grains de matière amylacée se gonflent et, par l'ébullition, se transforment en *amidon soluble*, puis en dextrine.

Les acides minéraux étendus transforment l'amidon, sous l'action de la chaleur, en amidon soluble, puis en un mélange de dextrine et de glucose, puis enfin en glucose. On observe ces faits en délayant dans l'eau une petite quantité d'amidon et faisant arriver dans le liquide de la vapeur d'eau qui, en se condensant, élève peu à peu la température jusque vers 100° (fig. 210); lorsque

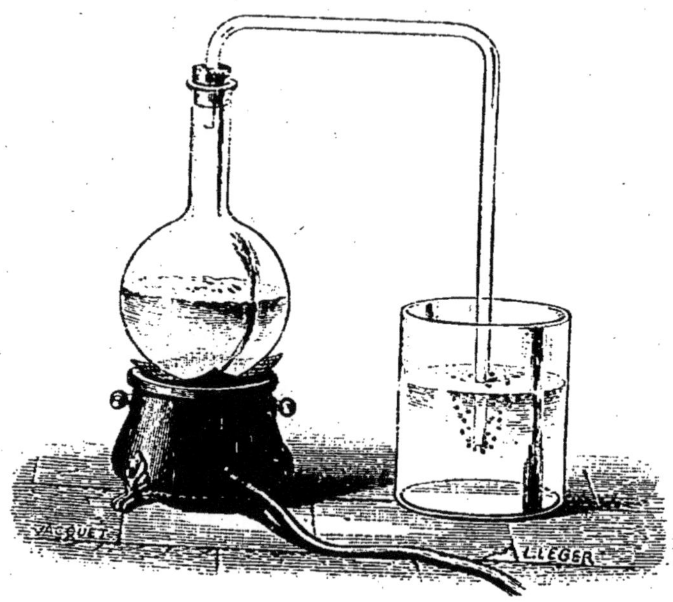

Fig. 210.

la liqueur cesse de se colorer par l'iode, elle ne renferme plus que de la glucose.

Chauffé à 70° environ, avec de l'eau et de l'orge germée, l'amidon se transforme sous l'influence de la *diastase* en amidon soluble, puis en *maltose* (430).

Les acides concentrés peuvent former avec l'amidon des combinaisons. Ainsi, on obtient une combinaison nitrique (*xyloïdine*, *pyroxame*) en dissolvant l'amidon dans l'acide azotique fumant et ajoutant de l'eau, qui la précipite. C'est un corps blanc, insoluble dans l'eau, l'alcool et l'éther, qui détone faiblement par le choc et brûle avec déflagration à 180°.

Mais, lorsqu'on chauffe l'amidon avec de l'acide azotique étendu d'eau, il se transforme en acide oxalique, en même temps qu'il se dégage des torrents de vapeurs rutilantes.

436. **Applications.** — L'amidon gonflé par l'eau (*empois d'amidon*) est employé pour empeser le linge. La fécule de pommes de terre sert à préparer les dextrines et les glucoses; elle est employée dans l'économie domestique.

On trouve dans le commerce quelques fécules d'origines diverses qui servent comme aliments. Ainsi, la fécule extraite de la racine du *manihot*, autrement dit la *moussache*, séchée sur des plaques chaudes, se gonfle et s'agglomère en petites masses irrégulières qui constituent le *tapioca*. On imite le tapioca en projetant la *fécule verte* sur des plaques métalliques chauffées à 150°. Le *sagou* est une fécule qui s'extrait de la moelle de divers palmiers.

437. **Farine. — Panification.** — Les matières féculentes comme les matières sucrées jouent un rôle important dans l'alimentation. Celles que l'on emploie plus spécialement pour l'alimentation des hommes et des animaux sont contenues dans les graines des céréales (*blé* ou *froment*, *seigle*, *maïs*, *avoine*, *orge*); les graines renferment en outre de la cellulose, des matières azotées que l'on comprend sous le nom de gluten, des matières sucrées (dextrine, glucose), des matières grasses et des matières minérales.

Le blé est plus spécialement appliqué à l'alimentation de l'homme. Par la mouture, on sépare le *son*, constitué par les couches épidermiques riches en cellulose, en matières minérales et en matières azotées, de la partie centrale (*farine*) où prédomine l'amidon.

Les *blés durs* sont surtout riches en matières azotées; ils sont en général cultivés dans les contrées méridionales (blés d'Odessa, d'Égypte, d'Italie); les *blés tendres* sont cultivés dans les régions tempérées.

Pour faire le pain, on forme une pâte consistante, rendue bien homogène par le pétrissage, avec de la farine, de l'eau, et l'on ajoute de la levure de bière, ou mieux du levain, c'est-à-dire de la pâte fermentée provenant d'une opération antérieure. Abandonnée à elle-même dans des paniers garnis de toile destinés à donner au pain sa forme, la pâte subit une fermentation alcoolique; des vapeurs d'alcool, de l'acide carbonique, se dégagent en bulles dans la matière pâteuse et la gonflent. On introduit alors le pain dans des fours chauffés préalablement vers 300°. Les parties externes subissent une torréfaction légère et forment la croûte.

Les farines de seigle, d'orge, de riz, de maïs, peu riches en gluten, ne peuvent donner du pain semblable à celui du blé.

Les *pâtes d'Italie*, le *macaroni*, le *vermicelle*, sont faits avec des farines très riches en gluten, comme les farines des blés durs; on les réduit en une pâte à laquelle on donne par compression, dans des moules, la forme voulue. On imite les bonnes pâtes d'Italie en ajoutant à la farine de blé tendre des pâtes de gluten provenant des amidonneries.

DEXTRINES.

438. État naturel. — Préparation. — Les dextrines sont des matières gommeuses incristallisables, solubles dans l'eau. Elles existent dans un certain nombre de produits végétaux et dans la chair musculaire.

439. Propriétés. — On a distingué diverses dextrines, qui ne sont peut-être encore elles-mêmes que des mélanges. Leur composition centésimale est la même, et leurs formules, établies d'après leurs réactions de dédoublement, sont $C^6 H^{10} O^5$ ou un multiple.

Toutes sont transformables en glucose par les acides minéraux étendus, sous l'action de la chaleur.

Les dextrines obtenues par la diastase sont employées dans la fabrication des pains de luxe, la préparation des tisanes mucilagineuses, la fabrication de la bière, du cidre, des liqueurs. La dextrine pulvérulente, préparée par les acides et rendue plus épaississante par l'addition de fécule hydratée, est utilisée pour l'apprêt des tissus de coton, la fabrication des papiers peints et enfin pour la préparation de bandes agglutinatives employées par les chirurgiens pour maintenir les fractures. D'une façon générale, les dextrines, d'un prix moins élevé que les gommes, remplacent celles-ci dans la plupart de leurs applications.

GOMMES.

440. État naturel. — On désigne sous le nom de *gommes* ou *mucilages* des matières incristallisables sécrétées par divers végétaux, solubles dans l'eau ou se gonflant au contact de ce liquide. Les matières solubles portent plus spécialement le nom de gommes; les matières mucilagineuses sont insolubles.

On distingue diverses espèces de gommes commerciales, qui ne sont évidemment que des mélanges.

441. Gomme soluble ou arabine. — La gomme qui s'écoule de certains acacias croissant en Arabie ou au Sénégal porte le nom de *gomme arabique*. La gomme arabique est formée d'une combinaison avec la chaux ou la potasse d'un principe soluble, l'*arabine*. On isole cette substance en dissolvant dans l'eau la gomme arabique, acidulant avec l'acide chlorhydrique, et versant le liquide dans l'alcool. L'arabine, insoluble dans l'alcool, se précipite et prend un aspect vitreux par la dessiccation.

Ce corps a comme composition $C^{12} H^{20} O^{10} + H^2 O$ après dessiccation à 100°.

442. Gommes insolubles. — Mucilages. — La *gomme adragante*, qui s'écoule d'astragales du Levant, la *gomme de Bassora*, qui provient d'une espèce de cactus, et la *gomme de pays*, qui découle de nos arbres fruitiers, sont insolubles. L'eau les gonfle et les transforme en une gelée transparente.

Les graines de lin ou de coing, les feuilles et les racines de la guimauve donnent, quand on les traite par l'eau chaude, un mélange insoluble et une gomme soluble dont la composition est la même que celle de l'arabine.

Les gommes sont employées surtout en pharmacie pour fabriquer des tablettes, des pastilles, des sirops ; les infusions de certaines plantes médicinales doivent leurs propriétés émollientes aux mucilages qu'elles contiennent.

CELLULOSES.

443. Origine. — Préparation. — Les parois des cellules et des fibres végétales sont formées de diverses substances solides dont la composition centésimale est la même et peut être représentée par un multiple de $C^6H^{10}O^5$. Payen a désigné sous le nom de *cellulose* une matière qui présente des propriétés chimiques bien définies et qui résulte d'une transformation de ces divers principes sous l'action des acides ou des alcalis étendus. La moelle de sureau, le coton, le papier non collé et le vieux linge sont de la cellulose presque pure. On l'obtient à l'état de pureté en faisant bouillir ces substances avec une solution alcaline étendue, lavant à l'eau, puis, après les avoir mises en suspension dans l'eau, faisant passer un courant de chlore. Après de nouveaux lavages, on les traite successivement par l'acide acétique, l'alcool, l'éther, l'eau, et enfin on fait sécher à 100°.

444. Propriétés. — La cellulose est solide, blanche ; sa densité est 1,45. Elle est insoluble dans l'eau, l'alcool, l'éther, les acides et les alcalis étendus.

Sa propriété caractéristique est de se dissoudre dans la *liqueur cupro-ammoniacale* de Schweitzer. On obtient très facilement cette liqueur en agitant du cuivre en tournure avec une solution ammoniacale au contact de l'air ; le liquide bleuit rapidement. Au contact de ce liquide la cellulose se gonfle, puis se dissout ; les flocons de cellulose se séparent de nouveau lorsqu'on verse cette dissolution dans un grand excès d'eau. En acidulant la liqueur ou ajoutant certains sels, on précipite de même la cellulose de sa dissolution.

Trempée dans l'acide sulfurique concentré, puis lavée presque aussitôt à grande eau, la cellulose se transforme en une matière qui, comme l'amidon, se gonfle au contact de l'eau et colore l'amidon en bleu ; cette réaction est appliquée à la fabrication d'un parchemin végétal. Le papier non collé (*papier à filtre*), immergé dans l'acide sulfurique étendu de son volume d'eau, puis lavé et séché, se transforme en une masse translucide très résistante, qui, par son aspect et sa ténacité, rappelle le parchemin.

Si l'on prolonge l'action de l'acide sulfurique concentré, la cellulose se désagrège et se dissout en se transformant en *cellulose soluble*, puis en un mélange de dextrine et de glucose et finalement de deux glucoses fermentescibles (*sucre de chiffon*).

L'acide azotique concentré et bouillant transforme la cellulose en acide oxalique (462); mais en ménageant l'action de l'acide azotique on obtient les *celluloses nitriques*.

415. Celluloses nitriques. — Les celluloses nitriques sont des éthers de la cellulose $(C^6H^{10}O^5)^4$ ou $C^{24}H^{40}O^{20}$ fonctionnant comme alcool polyatomique. Elles résultent de la réaction exercée par un mélange d'acide azotique et d'acide sulfurique sur le coton, dans des conditions variées de température et de concentration.

Leur formule générale est :

$$C^{20}H^{40-2n}O^{20-n}(AzO^3H)^n.$$

En attribuant à *n* des valeurs comprises entre 11 et 4 on a les divers produits de substitution.

Les celluloses nitriques sont, comme le coton, insolubles dans l'eau, l'alcool, l'éther; elles sont insolubles dans la liqueur de Schweitzer. Au contact d'un sel ferreux, elles dégagent à l'état de bioxyde d'azote tout l'azote qu'elles contiennent et le taux de gaz dégagé sert à les différencier. A l'exception des derniers termes qui sont pulvérulents, les celluloses nitriques ont conservé l'aspect extérieur du coton; elles sont plus rudes au toucher, cependant.

Coton-poudre. Les *celluloses endécanitrique* (n = 11) et *décanitrique* (n = 10) sont solubles dans l'éther acétique, insolubles dans un mélange d'alcool et d'éther; elles forment le *coton-poudre* ou *fulmicoton*. Celui-ci s'enflamme au contact d'un corps incandescent et brûle sans laisser de résidu solide. Réduit à un petit volume par compression (*coton-poudre comprimé*), il détone par le choc ou par l'explosion d'une amorce. On le prépare en immergeant pendant dix minutes le coton cardé dans un mélange de 1 vol. d'acide azotique fumant et de 3 vol. d'acide sulfurique concentré; on lave à grande eau et on fait sécher

Collodion. Les *celluloses ennéanitrique* (n = 9) et *octonitrique* (n = 8), solubles dans l'éther acétique et dans un mélange d'alcool et d'éther, servent à la préparation du collodion. On les obtient en maintenant pendant 24 heures, le coton cardé dans un mélange de 2 parties d'acide sulfurique monohydraté et de 1 partie d'acide azotique de densité 1,37. La solution visqueuse dans le mélange d'alcool et d'éther versée sur une surface plane, une lame de verre par exemple. laissé, par suite de l'évaporation du dissolvant, une pellicule très mince. On emploie le collodion pour préserver les plaies du contact de l'air, et en photographie pour la préparation des plaques sensibles.

En comprimant les celluloses nitrées avec du camphre entre des cylindres métalliques légèrement chauffés, on obtient une matière translucide (*celluloïd*) qui peut être facilement travaillée au tour, rabotée, découpée et sert à la fabrication d'objets translucides ou opaques, diversement colorés, imitant l'ivoire, l'écaille, etc. ; le celluloïd est très combustible et son emploi n'est pas sans présenter quelques dangers.

CHAPITRE XXVII

FERMENTATIONS — ALCOOLS D'INDUSTRIE

FERMENTATIONS.

446. **Fermentation alcoolique.** — Les jus sucrés, abandonnés à eux-mêmes à une température de 25° ou 30°, sont le siège d'une réaction tumultueuse qu'on a désignée sous le nom de *fermentation*; de l'acide carbonique se dégage et le liquide renferme de l'alcool. Cette transformation s'effectue aux dépens de la glucose, en même temps que se développe, au sein du liquide, un organisme microscopique, le *ferment*, qui vit aux dépens des éléments de la glucose; comme l'ont établi les expériences si précises de M. Pasteur, la vie du ferment est indispensable pour qu'il y ait fermentation.

Pour étudier la fermentation de la glucose, on peut opérer simplement comme il suit. On introduit dans un flacon (fig. 211) une

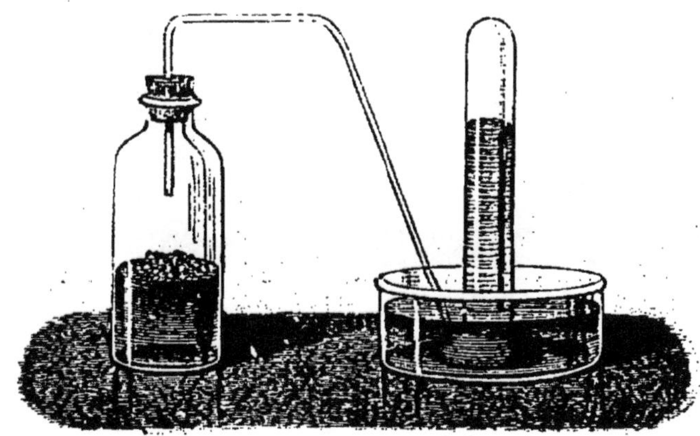

Fig. 211.

dissolution de glucose et une petite quantité de *levure de bière*. Si la température ambiante n'est pas inférieure à 20°, on voit bientôt se dégager de l'acide carbonique que l'on recueille sur la cuve à eau, et, lorsque le dégagement de gaz a cessé, on reconnaît que toute la glucose a disparu et a été remplacée par de l'alcool; M. Pasteur a constaté en outre qu'il s'était formé un peu de glycérine et d'acide succinique. Si on laisse de côté ces deux dernières substances, qui sont toujours en très petite quantité, afin de ne pas compliquer la réaction, on peut écrire :

$$C^6H^{12}O^6 = 2C^2H^6O + 2CO^2.$$

La décomposition exprimée par cette formule ne porte pas sur la totalité de la glucose; une certaine quantité de celle-ci a été employée au développement de la *levure de bière*. On reconnait en effet que le poids de celle-ci a augmenté, et, lorsqu'on place une petite quantité de cette levure vivante sur le porte-objet du microscope, on voit qu'elle est formée (fig. 211) d'un amas de

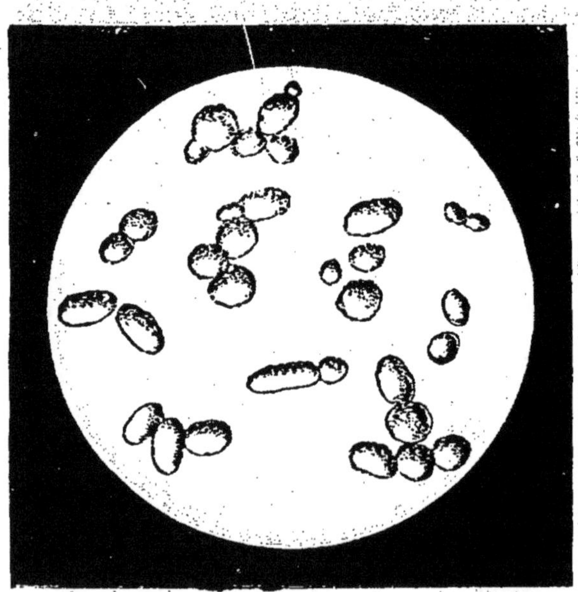

Fig. 212.

cellules ovoïdes qui se multiplient en tous sens par bourgeonnement. Ces cellules renferment un liquide contenant des sels minéraux et des matières azotées (*matières albuminoïdes*).

Le développement de la levure ne se produit régulièrement que si la plante trouve dans le liquide, indépendamment de la glucose qui lui fournit les éléments nécessaires au développement des parois de la cellule (*cellulose*), des matières azotées et de petites quantités d'acide phosphorique à l'état de phosphates. Si dans une dissolution de glucose on introduit un sel ammoniacal et un phosphate, puis une quantité aussi faible que possible de levure de bière fraîche, celle-ci se développe rapidement et la transformation de la glucose en alcool devient bientôt complète. Si la solution de glucose ne contient ni azote, ni phosphate, elle se développe difficilement, et l'on n'observe un dégagement régulier d'acide carbonique qu'en introduisant une masse assez considérable de levure; celle-ci renferme alors assez d'éléments anciens ou morts pour fournir à la jeune cellule les éléments complémentaires nécessaires à son développement.

La fermentation que nous venons d'étudier est une *fermentation alcoolique*. Le ferment que nous avons employé, la levure de bière, est un végétal cellulaire, le *Saccharomyces cerevisiæ*; d'autres saccharomyces produisent un effet analogue.

447. Fermentations lactique, butyrique, visqueuse. — En semant dans des dissolutions de glucose des mycodermes différents des précédents et en faisant varier les conditions de l'expérience, on obtient des *fermentations* caractérisées par des produits différents de la transformation des glucoses.

La glucose additionnée de caséine et de carbonate de calcium se transforme en *lactate de calcium*, sous l'influence du développement d'un ferment formé de globules plus petits que le ferment alcoolique, le *ferment lactique*. La transformation peut être formulée simplement :

$$C^6H^{12}O^6 = 2\,(C^3H^6O^3).$$

La glucose peut être transformée en *acide butyrique*, ou mieux encore l'acide lactique précédemment formé peut être transformé en acide butyrique sous l'influence d'un *bacille*, qui vit et se développe dans des milieux privés d'oxygène libre et pour respirer, doit nécessairement décomposer des corps oxygénés dont il s'approprie une partie de l'oxygène. Dans cette fermentation butyrique, il se dégage de l'acide carbonique et de l'hydrogène :

$$\underset{\text{Acide lactique.}}{2\,C^3H^6O^3} = \underset{\text{Acide butyrique.}}{C^4H^8O^4} + 2\,CO^2 + 2\,H^2.$$

Si les milieux précédents deviennent acides, un autre ferment peut se développer, le *ferment visqueux*; la glucose est alors transformée en un alcool hexatomique la mannite, c'est-à-dire hydrogéné :

$$\underset{\text{Glucose.}}{C^6H^{12}O^6} + H^2 = \underset{\text{Mannite.}}{C^6H^{14}O^6},$$

en même temps que le liquide contient une matière gommeuse, distincte des gommes proprement dites en ce qu'elle ne fournit pas d'acide mucique par oxydation.

Les ferments qui déterminent ces diverses réactions sont des êtres vivants, des *ferments figurés.*

448. **Ferments solubles ou diastases.** — Une dissolution de sucre de canne ne fermente pas immédiatement lorsqu'on l'additionne de levure de bière; elle se change tout d'abord en glucose, et cette transformation s'effectue sous l'influence d'une matière sécrétée par la levure de bière et isolée par M. Berthelot, l'*invertine* ou *sucrase.* Précipitée en effet par l'alcool d'une infusion aqueuse de levure, elle transforme le sucre en glucose lorsqu'on la met en présence d'une solution sucrée.

L'invertine est un *ferment soluble* ou ferment *non figuré.* Nous verrons que l'amidon contenu dans les graines des céréales se transforme en glucose soluble sous l'influence d'une substance, la *diastase,* sécrétée par la plante au moment de la germination; la diastase est également un ferment soluble et l'on désigne aujourd'hui sous le nom générique de *diastases* tous ces ferments solubles. Les réactions produites par ces diastases sont comparables à celles que fournit la sucrase : il y a fixation d'eau et dédoublement d'un composé en composés plus simples.

449. **Boissons fermentées.** — La fermentation alcoolique de la glucose contenue dans divers fruits à l'époque de leur maturité ou produite artificiellement en saccharifiant l'amidon des céréales fournit diverses boissons, dont les principales sont le *vin,* le *cidre* ou le *poiré* et la *bière.*

1° *Vin.* — Les raisins mûrs foulés dans de grandes cuves en bois donnent un jus sucré ou *moût* renfermant du sucre interverti, de l'albumine végétale, des matières colorantes, des acides tartrique et malique libres, des tartrates, enfin des sels, tels que le sulfate de potassium, le chlorure de sodium, le phosphate de calcium.

Abandonné dans un cellier à la température de 20° à 25°, le moût fermente. Une mousse épaisse (*chapeau*) se forme à la surface; on la brise lorsque la fermentation se ralentit et on agite la masse. Lorsque la fermentation est terminée, le liquide s'éclaircit et on le soutire dans des tonneaux, où il continue encore à fermenter, puis s'éclaircit en laissant déposer la lie, mélange de tartrate acide de potassium (*crème de tartre*, 467) et de matières organisées.

Indépendamment d'une partie des matières contenues dans le moût, le vin renferme de l'alcool, une matière colorante provenant des pellicules du raisin, du tannin provenant des parties vertes de la grappe et des pépins, de l'aldéhyde et de l'acide acétique, de la glycérine, de l'acide succinique et des éthers composés qui donnent au vin son *bouquet*.

Les ferments qui déterminent la fermentation des jus sucrés du raisin, se trouvent sur les grains et sur la grappe au moment de la vendange. Les figures 213 et 214 représentent divers ferments recueillis et étudiés par M. Pasteur.

2° *Cidre, poiré.* — Dans les pays où la vigne ne peut être cultivée et où les pommiers ou les poiriers abondent (Normandie, Picardie), on fait une boisson alcoolique en soumettant à la fermentation le jus des pommes (*cidre*) ou des poires (*poiré*). Les cidres et poirés renferment moins d'alcool que le vin.

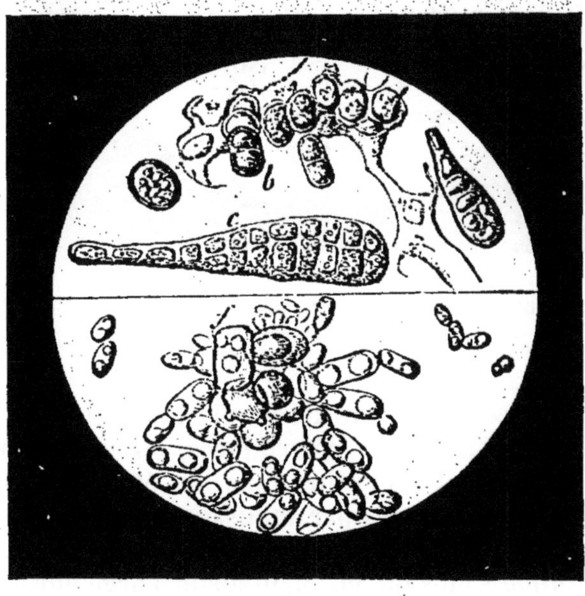

Fig. 213. — *b* corpuscules et *c* spores recueillis à la surface du raisin, *f*, développement des spores.

3° *Bière.* — Les dissolutions de maltose provenant de la transformation de l'amidon de l'orge germée sous l'influence de la *diastase*, soumises à la fermentation et aromatisées avec du houblon, constituent une boisson (*bière*) d'un usage très répandu.

La fabrication de la bière comprend quatre opérations : le *maltage*, la *saccharification*, le *houblonnage* et la *fermentation*.

L'orge humide est tout d'abord soumise à la germination, afin

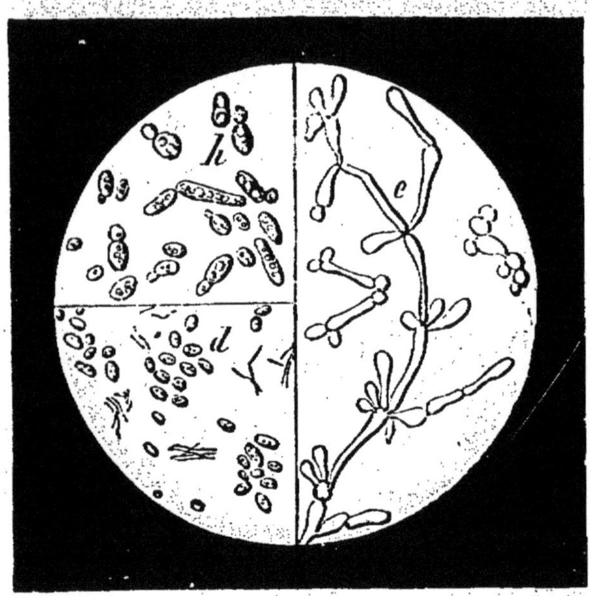

Fig. 214. — *d*, ferment alcoolique trouvé dans le vin. — *e*, variété de levure alcoolique. — *h*, levure de bière.

d'y développer une certaine quantité de diastase; puis, lorsque le germe a atteint des dimensions déterminées, on arrête son développement en desséchant les grains dans des étuves à air chaud (*touraillcs*). Les grains, séparés par tamisage des radicelles desséchées, sont concassés et constituent le *malt*.

La *saccharification* s'effectue en maintenant l'orge germée à 70° ou 75° pendant quelque temps avec de l'eau; puis le liquide est soutiré et chauffé dans des chaudières closes avec du houblon (fig. 215). Enfin le liquide (*moût*), rapidement refroidi, est soumis à la fermentation par l'addition de levure de bière, puis il est introduit dans des tonneaux, où la fermentation s'achève. Les écumes de fermentation comprimées dans des sacs constituent la levure de bière.

On ajoute souvent au moût houblonné des sirops, des mélasses, des glucoses ou plutôt les *dextrines sucrées* obtenues avec la

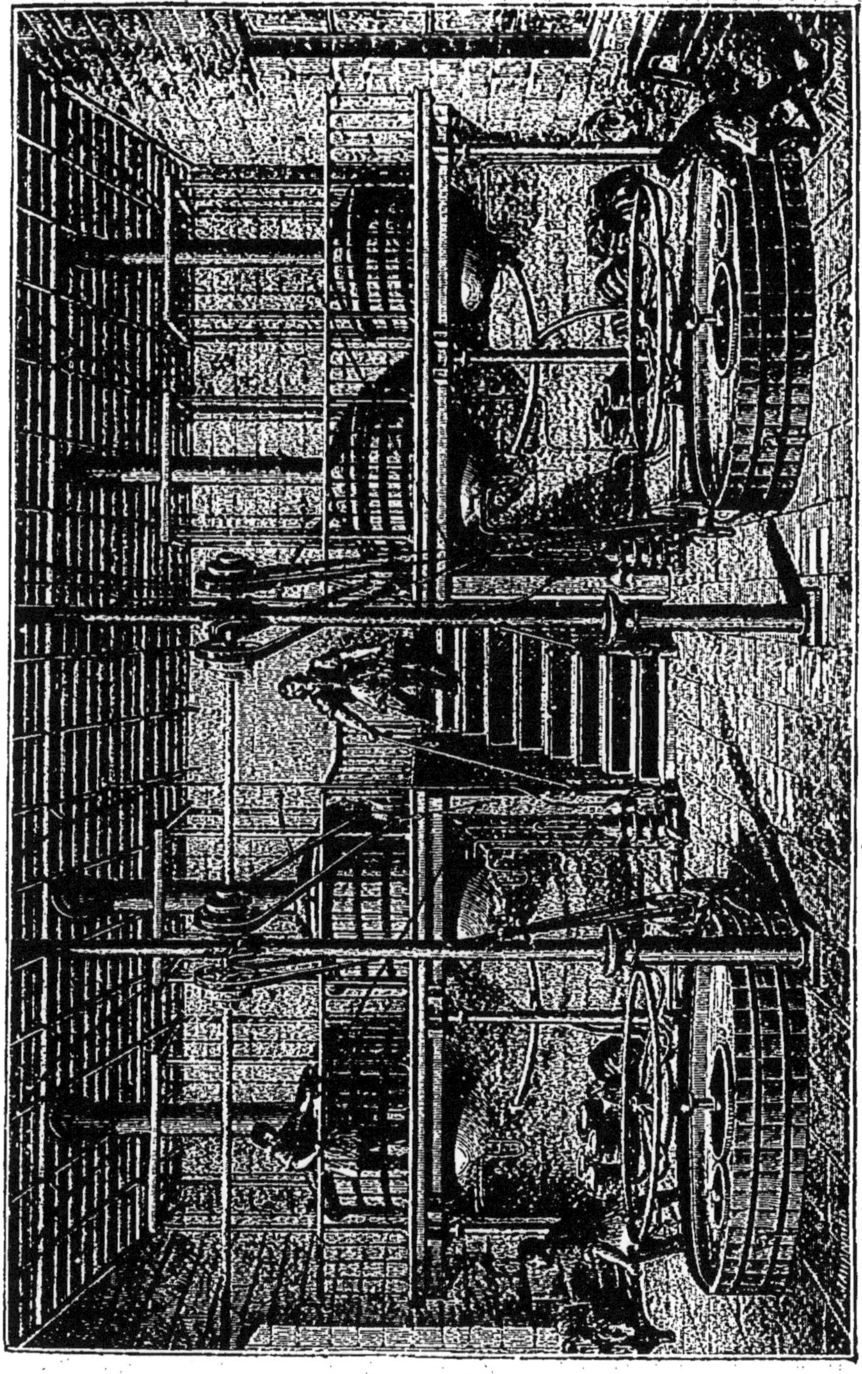

Fig. 215.

diastase, afin d'augmenter la quantité de matière sucrée soumise à la fermentation.

Le malt qui a été épuisé par l'eau est égoutté (*drêche*) et sert à l'alimentation des vaches laitières.

ALCOOLS D'INDUSTRIE.

450. **Généralités.** — On prépare aujourd'hui dans le nord de la France, en Belgique, en Hollande, en Angleterre et en Allemagne une grande quantité de liquides alcooliques par la saccharification des matières amylacées (seigle, orge, maïs, blés avariés, pommes de terre) et la fermentation des matières sucrées ainsi obtenues. Cette fabrication, qui tend à se répandre et à s'annexer aux grandes exploitations agricoles, présente cet avantage que le prix de l'alcool est assez élevé pour compenser largement les frais et que les résidus en sont applicables à la fumure des terres ou à la nourriture des bestiaux.

Les produits volatils formés pendant la fermentation sont séparés par distillation. Mais ces alcools de grains et de betteraves (alcools d'industrie) sont souillés de diverses substances qui se sont formées en même temps que l'alcool pendant la fermentation et qui lui communiquent un goût désagréable et sont plus ou moins toxiques; il importe d'en débarrasser l'alcool.

L'industrie de l'alcool comprend donc les opérations suivantes :

1° La *saccharification* ;
2° La *fermentation* ;
3° La *distillation* ;
4° La *rectification*.

Saccharification. — 1° Le sucre de canne, la glucose, la maltose sont soit directement fermentescibles, soit susceptibles d'être transformés en un sucre fermentescible par l'invertine (418).

2° D'autres hydrates de carbone, comme l'inuline (matière amylacée des topinambours), ont besoin d'être hydratés soit par la vapeur d'eau surchauffée, soit par l'action des acides étendus à la température de 100°, pour pouvoir fermenter.

3° Enfin l'amidon et la fécule ne sont pas fermentescibles, mais on les saccharifie, c'est-à-dire qu'on les transforme en dextrines, puis en glucoses (417).

Fermentation. — La transformation de toutes ces matières sucrées en alcool a lieu sous l'influence d'un ferment figuré appartenant à la nombreuse classe des *saccharomyces*, à des températures voisines de 28-29° (416).

Distillation. — On sépare l'alcool par distillation, en soumettant le produit de la fermentation à des distillations fractionnées dans des appareils très perfectionnés qui permettent d'extraire du mélange d'eau et d'alcool que fournit la fermentation la totalité de l'alcool qu'il contient.

La figure 216 représente un des plus simples de ces appareils (appareil Savalle).

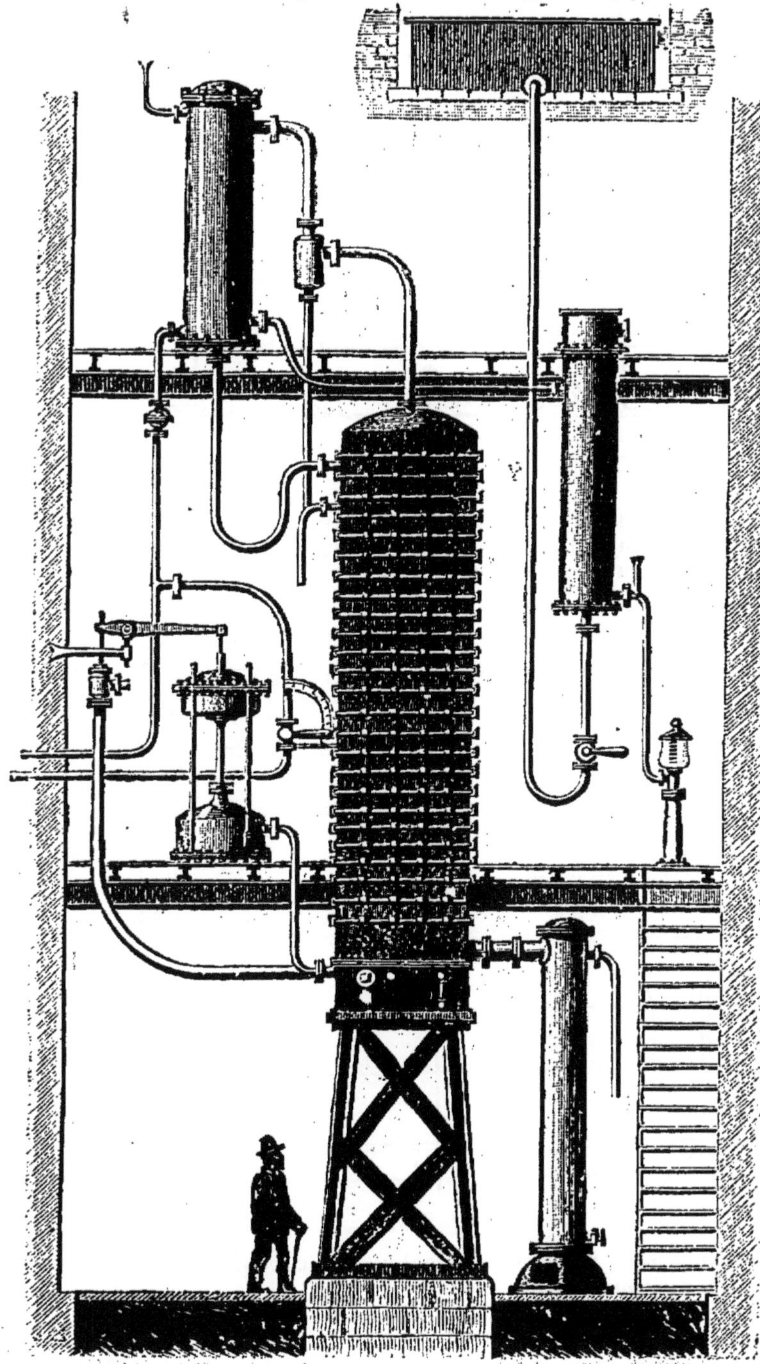

Fig. 216.

La partie essentielle est une *colonne* à la partie supérieure de laquelle arrive le liquide à épuiser. Cette colonne est formée de tronçons rectangulaires ou *plateaux* disposés de telle sorte que la vapeur qui s'élève ne peut passer d'un plateau à l'autre sans barboter dans une certaine quantité du liquide condensé; les figures 217 et 218 représentent une coupe verticale et une coupe horizontale de ces plateaux.

Les vapeurs les plus volatiles s'élèvent seules, atteignent le sommet de la

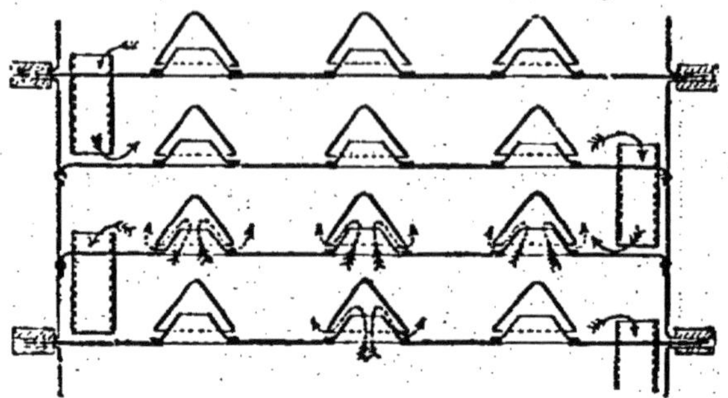

Fig. 217.

colonne et s'échappent par un tuyau vertical traversant un réfrigérant où elles se condensent et s'écoulent dans l'éprouvette-jauge où plonge un alcoomètre.

Le liquide alcoolique, après avoir traversé un *chauffe-vin* tubulaire où il

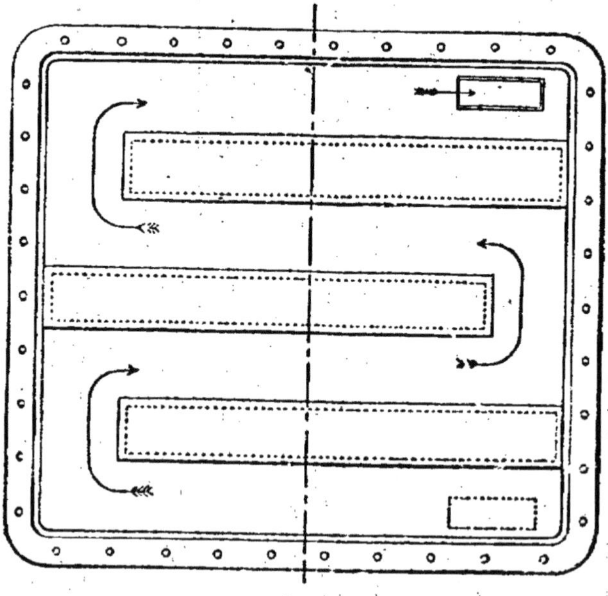

Fig. 218.

s'échauffe aux dépens de la vapeur d'alcool qui le parcourt en sens inverse, se déverse sur le second plateau de la colonne; lorsqu'il arrive au bas de l'appareil, où débouche en même temps un courant de vapeur d'eau, il doit être dépouillé d'alcool, et s'écoule à l'extérieur. La fabrication est donc continue[1].

1. Une colonne à 21 plateaux peut fournir en vingt-quatre heures 16 800 litres de flegmes à 50° centésimaux.

Rectification. — La distillation doit être suivie d'une *rectification*, dans laquelle on se propose d'éliminer des eaux-de-vie brutes ou *flegmes* tous les principes odorants qui les souillent. Cette opération s'exécute dans des appareils (*rectificateurs*) construits sur le même principe que les appareils à distillation.

Les impuretés contenues dans les flegmes sont dissoutes dans un très grand excès d'alcool éthylique concentré; quelques-unes sont en quantité minime; pour toutes, les proportions dépendent des conditions dans lesquelles se sont effectuées la saccharification, la fermentation et la distillation.

La rectification met en œuvre un flegme étendu d'eau (de 38 à 50 p. 100 d'alcool); elle s'effectue dans un appareil à plateaux, dont le nombre devra être d'autant plus élevé que l'on cherchera à obtenir un produit plus pur.

Le rectificateur Savalle, le type le plus parfait des rectificateurs discontinus, est représenté par la figure 219. Il se compose d'une chaudière, dans laquelle les flegmes sont chauffés par un serpentin dans lequel circule de la vapeur d'eau, d'un régulateur de vapeur, d'une colonne à plateaux rectangulaires et d'un condenseur.

Le liquide introduit dans la chaudière est un flegme marquant de 40 à 45 degrés centésimaux. La vapeur qui circule dans le serpentin porte ce liquide à l'ébullition et les vapeurs alcooliques s'élèvent dans la colonne. Elles se condensent tout d'abord en grande partie dans le premier plateau dont elles élèvent ainsi la température, et au bout d'un certain temps tous les plateaux se trouvent chargés d'un liquide alcoolique dont les températures vont en décroissant et dont les titres alcooliques vont au contraire en croissant de bas en haut. Les vapeurs d'alcool arrivent enfin au condenseur; si celui-ci est soigneusement refroidi, tout s'y condensera, mais pendant cette première partie de l'opération les impuretés les moins solubles dans l'alcool ont dû nécessairement s'accumuler dans les plateaux supérieurs, dont le titre alcoolique est plus élevé, tandis que les impuretés les plus solubles sont retenues dans les plateaux inférieurs. Les liquides formés dans le condenseur rétrogradent dans le régulateur et la pression s'élève peu à peu dans la colonne. Lorsque la soupape du régulateur se soulève, on dit que les plateaux sont garnis; on arrive alors à la période de marche.

On diminue l'arrivée de l'eau dans le réfrigérant, celui-ci se refroidit et une partie de l'alcool distille dans l'éprouvette-jauge; en réglant l'arrivée de l'eau, on peut ainsi maintenir dans le condenseur une température constante et le liquide condensé peut avoir à volonté un titre alcoolique déterminé.

Les premiers produits recueillis (*mauvais goût de tête*) ont une odeur forte et désagréable; ils contiennent surtout de l'aldéhyde acétique et de l'éther acétique; ils marquent environ 94° à l'alcoomètre de Gay-Lussac. On les envoie dans un bac spécial.

Puis viennent les *mauvais goûts à retravailler* qui sont mis de côté et traités à nouveau, puis les *moyens goûts*.

Les *alcools fins goûts* et les *alcools de cœur*, les plus purs, qui se condensent ensuite, représentent 72 à 80 pour 100 de l'alcool mis en œuvre.

En poursuivant la distillation, on aurait les *alcools de queue*, que l'on peut subdiviser en *moyens goûts de queue* que l'on retravaille et les *huiles*. Dans un appareil bien construit, la fin de la distillation des alcools purs est caractérisée par ce fait que le thermomètre de la chaudière marque de 99° à 100°; celle-ci ne contient que de l'eau; les plateaux sont chargés des alcools de mauvais goûts, de queue et des huiles; ils sont disposés de telle sorte qu'on puisse en effectuer la vidange.

451. Alcoométrie. — La richesse en alcool d'une boisson fermentée, ou d'un mélange d'eau et d'alcool tel que le fournissent les appareils distillatoires, est un des éléments principaux sur lesquels on s'appuie pour établir la valeur commerciale.

L'alcoomètre centésimal de Gay-Lussac fournit immédiatement, par son im-

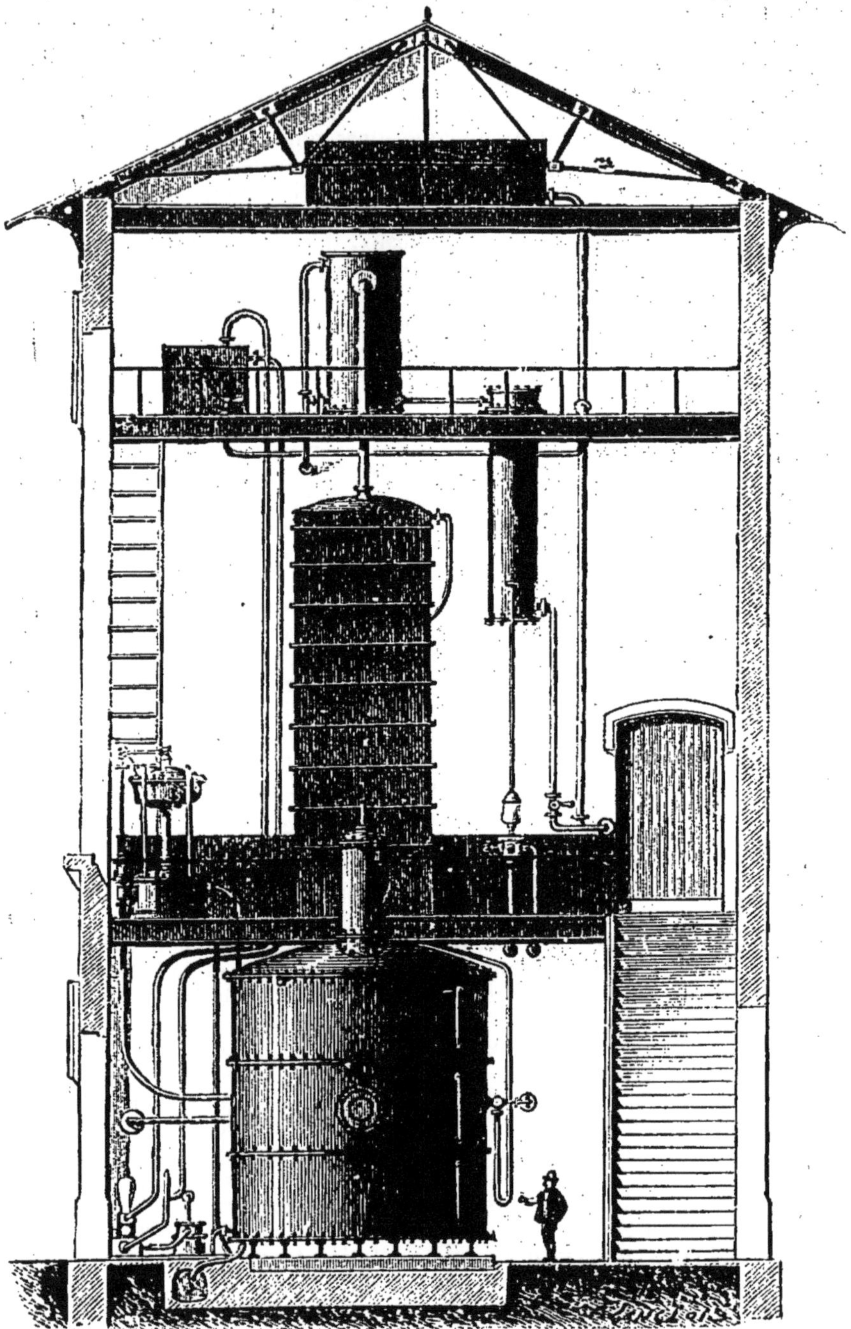

Fig. 219.

mersion dans le mélange d'eau et d'alcool, le volume d'alcool contenu dans 100 parties du mélange pris à la température de 15°,5. Lorsqu'on opère à une température différente, on corrige les indications de l'instrument en consultant des tables construites par Gay-Lussac à cet effet.

L'immersion d'un alcoomètre dans un liquide alcoolique de composition aussi complexe que le vin, le cidre ou la bière ne donnerait aucune indication précise. Pour déterminer la richesse de ces liquides en alcool, on se sert généralement soit de l'*appareil Salleron*, soit de l'*ébulliomètre.*

Appareil Salleron. — Un volume du liquide mesuré dans l'éprouvette graduée A jusqu'au trait supérieur est chauffé à l'aide d'une lampe à alcool dans le petit ballon B (fig. 220) ; les vapeurs se condensent dans le serpentin, et lorsqu'on a recueilli un tiers du volume primitif, on arrête la distillation. L'expérience a montré que ce tiers recueilli renferme tout l'alcool, lorsqu'il s'agit d'un vin ou d'une boisson d'une richesse alcoolique comparable. On étend l'eau de façon à reproduire le volume primitif, et on détermine le titre de ce liquide à l'aide de l'alcoomètre.

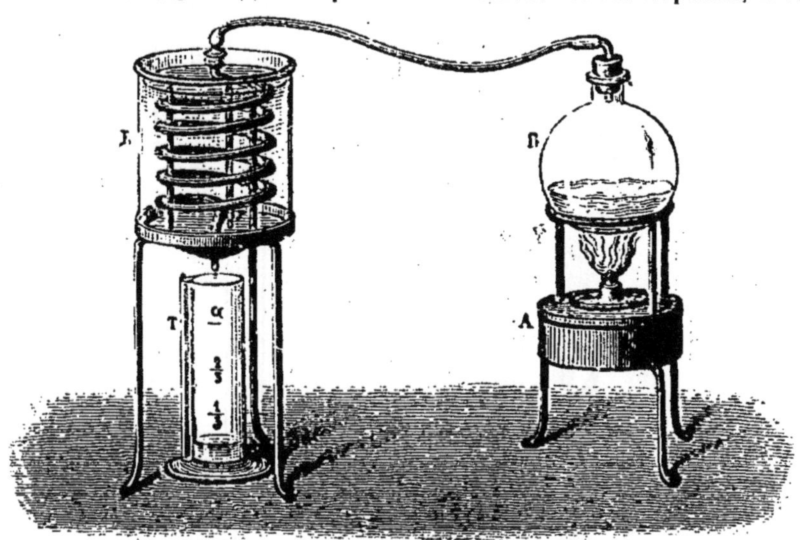

Fig. 220.

Les richesses alcooliques des boissons fermentées (volume d'alcool contenu dans 100 volumes du liquide) sont très variables, suivant les origines. Voici quelques indications approchées :

Vins de Madère, Porto.		20	
— de Malaga		16	
— de Sauterne blanc		15	
— de Bordeaux.	de	11	à 7,5
— de Bourgogne rouge		8	
Bières anglaises.	de	8	à 4
— dites de Strasbourg.	de	4,5	à 3,5
— de Paris.	de	2,5	à 1

Les alcools de vin sont en grande partie employés à la fabrication des boissons alcooliques dites *eaux-de-vie*. Cependant on en fabrique aujourd'hui de grandes quantités en additionnant d'eau les alcools bon goût livrés par l'industrie. Les eaux-de-vie marquent de 40° à 50° à l'alcoomètre centésimal.

Ébulliomètre. — La température d'ébullition d'une dissolution alcoolique est moins élevée que celle de l'eau ; elle s'abaisse lorsque le taux pour 100 de l'alcool diminue.

L'ébulliomètre Salleron (fig. 221) se compose d'une petite chaudière C que l'on chauffe au moyen d'un thermo-siphon ; un réfrigérant à reflux R ramène constamment les vapeurs dans la chaudière, et maintient ainsi constante la composition du liquide soumis à l'essai. Un thermomètre T indique la température d'ébullition. Comme la température d'ébullition d'un même liquide varie

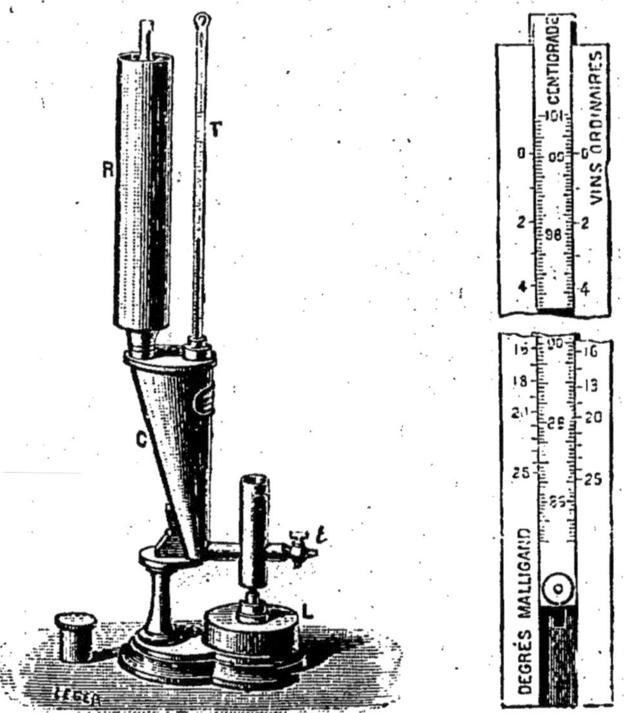

Fig. 221.

avec la pression, les indications thermométriques doivent subir une correction ; elles sont ensuite converties en degrés alcoométriques. La correction et la conversion se font à l'aide d'une règle à coulisse annexée à l'instrument ; la règle mobile porte les indications thermométriques, la règle fixe[1] le degré alcoométrique. Si la pression était exactement 760 millimètres, on ferait coïncider le degré 100 avec le point 0 de l'échelle alcoométrique lorsque le liquide qui bout est de l'eau pure ; si le liquide essayé est une dissolution alcoolique bouillant à 90° par exemple, il suffit de relever le trait de la règle fixe qui coïncide avec le trait 90° de la règle mobile pour avoir le degré alcoométrique. Mais, le plus souvent, la pression différant de 760 mm., on fait bouillir de l'eau dans l'appareil et si la température d'ébullition est t, on amène le trait t de la règle mobile en coïncidence avec le trait 0 de la règle fixe. Remplaçant alors l'eau par le liquide alcoolique à étudier, on observe sa température d'ébullition t' et, sans toucher à la règle mobile, on lit immédiatement sur la règle fixe le degré alcoométrique correspondant.

1. La règle fixe porte à gauche, sur la figure, les *degrés Malligand*. L'ébullioscope Malligand, qui diffère peu de l'appareil décrit ici et est fondé sur le même principe, portait une graduation déterminée empiriquement et qui diffère un peu de l'échelle alcoométrique.

CHAPITRE XXVIII

ACIDES MONOBASIQUES

152. **Fonction acide.** — L'acide acétique peut être pris comme type des acides monobasiques ; c'est le produit d'oxydation de l'alcool éthylique :

$$C^2H^6O + 2O = C^2H^4O^2 + H^2O$$

ou, en développant,

$$CH^3 - CH^2.OH + 2O = CH^3 - CO.OH + H^2O.$$

Alcool éthylique.

Le groupe CO.OH est dit le *groupement fonctionnel des acides*; tout acide monobasique pourra se mettre sous la forme

$$R' - CO.OH,$$

R étant un radical monovalent, qui peut être l'hydrogène :

Acide formique. . . . . $H - CO.OH.$

La formule moléculaire d'un acide bibasique contiendra 2 fois le groupement CO.OH ou CO^2H ; ainsi

Acide oxalique. . . . . $CO.OH - CO.OH$;

et d'une façon générale

$$R'' = (CO.OH)^2.$$

Un acide de basicité n sera de la forme

$$R^n(CO.OH)^n.$$

Pour former des sels ou des éthers, il suffit de remplacer l'atome d'hydrogène du groupement CO.OH par un atome d'un métal monovalent, ou par un radical alcoolique monovalent :

Acétate de potassium. . . . . $CH^3 - CO.OK$
— d'éthyle . . . . $CH^3 - CO.OC^2H^5$
— de calcium. . . . . $(CH^3 - CO)^2O^2Ca$

ACIDES MONOBASIQUES.

Les acides monobasiques dérivent par oxydation des alcools monoatomiques. Ainsi, aux alcools $C^nH^{2n+2}O$, dont les premiers termes sont l'alcool méthylique et l'alcool éthylique, et qui dérivent des hydrocarbures saturés C^nH^{2n}, correspondent des acides de formule générale $C^nH^{2n}O^2$.

Hydrocarbures.

Méthane.	$H-CH^3$
Éthane.	$H-CH^2-CH^3$
Propane.	$H-CH^2-CH^2-CH^3$

Alcools.

Alcool méthylique.	$H-CH^2.OH$
— éthylique.	$H-CH^2-CH^2.OH$
— propylique.	$H-CH^2-CH^2-CH^2.OH$

Acides.

Acide formique	$H-CO.OH$
— acétique.	$H-CH^2-CO.OH$
— propionique.	$H-CH^2-CH^2-CO.OH$

Cette série est la série des *acides gras*, ainsi dénommée parce que parmi les termes les plus élevés se trouvent des acides que l'on rencontre dans les corps gras (*graisses, huiles*), à l'état d'éthers de la glycérine. Les acides gras sont des acides forts.

ACIDE ACÉTIQUE, $C^2H^4O^2$ ou $CH^3-CO.OH$.

455. **Modes de formation. — Préparation.** — L'acide acétique est de tous les acides le plus anciennement connu. Il résulte en effet de l'oxydation de l'alcool et le *vinaigre* (*acetum* en latin) lui doit ses propriétés acides.

On prépare l'acide acétique pur en distillant l'acétate de sodium fondu avec de l'acide sulfurique :

$$C^2H^3NaO^2 + SO^4H^2 = C^2H^4O^2 + SO^4HNa.$$

On le purifie en le solidifiant dans la glace et décantant le liquide qui imprègne les cristaux.

L'acétate qui sert à cette préparation est obtenu en transformant en sel de soude les liquides acides (*acide pyroligneux*), que l'on condense en chauffant le bois en vase clos.

Cette distillation s'effectue dans les cylindres verticaux en tôle (fig. 222); on condense, dans les réfrigérants, de l'eau, des goudrons, de l'acide acétique, de l'esprit de bois, de l'acétone, de l'éther méthylacétique; il se dégage des gaz combustibles, que l'on dirige dans le cendrier pour les brûler. Les cornues renferment du charbon de bois comme résidu.

On distille les liquides condensés en mettant à part les parties les plus volatiles, qui contiennent tout l'esprit de bois et servent à la préparation de l'alcool méthylique. En poursuivant la distillation, on recueille de l'acide acétique impur, qu'on sature avec de la craie et que l'on transforme ainsi en acétate de calcium. En mélangeant la dissolution d'acétate de calcium avec du sulfate de sodium, on obtient par double décomposition du sulfate de calcium insoluble qui se dépose et de l'acétate de sodium que l'on fait cristalliser. Ce sel est sali par des matières goudronneuses;

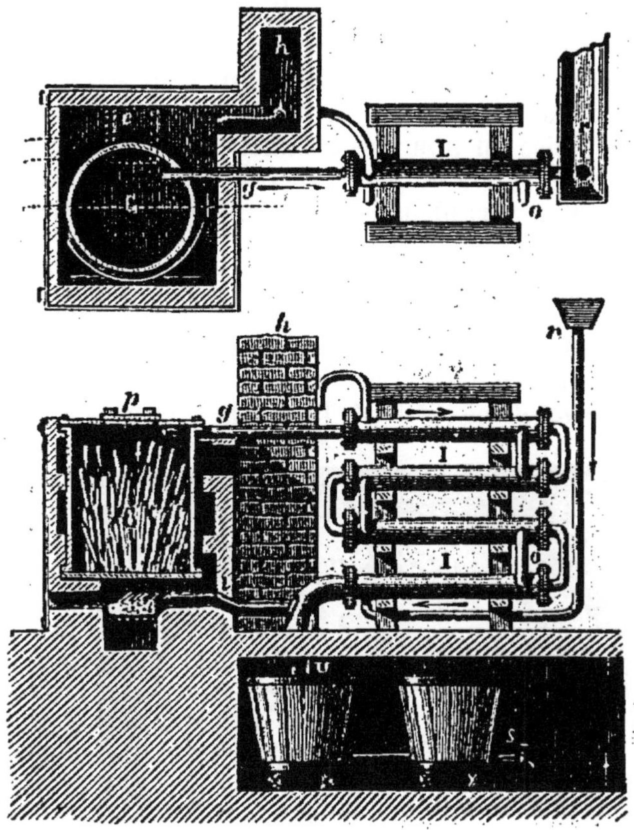

Fig. 222.

pour le purifier, on le fait fondre dans son eau de cristallisation, et on le projette dans une chaudière en fonte chauffée à une température telle que les matières goudronneuses soient décomposées sans que le sel de sodium soit altéré. On reprend par l'eau et on fait cristalliser.

454. Propriétés. — L'acide acétique est un liquide incolore, d'une odeur piquante, solidifiable au-dessous de $+17^{\circ}$ et bouillant à 118°; sa densité est 1,080 à 0°. Il est miscible à l'eau et à l'alcool en toutes proportions.

Les vapeurs d'acide acétique dirigées dans un tube de porcelaine chauffé au rouge se décomposent en gaz carbonique et méthane :

$$CH^3\text{-}CO.OH = CH^4 + CO^2.$$

455. Acétates. — Les acétates sont en général solubles dans l'eau. Les acétates alcalins, chauffés avec un excès d'alcali, dégagent du méthane (548) :

$$CH^3-CO.ONa + NaOH = CH^4 + CO^3Na^2.$$

Les acétates les plus importants sont :

L'acétate de sodium $C^2H^3NaO^2 + 3H^2O$, qui fond au-dessous de 100° dans son eau de cristallisation, se maintient facilement en surfusion et cristallise en une masse lamelleuse.

L'acétate neutre de cuivre ou *verdet* $(C^2H^3O^2)^2Cu + H^2O$, en cristaux volumineux d'un vert bleuâtre, que l'on prépare en dissolvant l'acétate basique dans l'acide acétique.

L'acétate basique de cuivre (*vert-de-gris, verdet de Montpellier*), mélange de diverses combinaisons d'acétate neutre avec l'oxyde de cuivre, que l'on prépare en abandonnant à l'oxydation des plaques de cuivre imbibées d'acide acétique.

L'acétate neutre de plomb $(C^2H^3O^2)^2Pb + 3H^2O$ ou *sel de Saturne*,

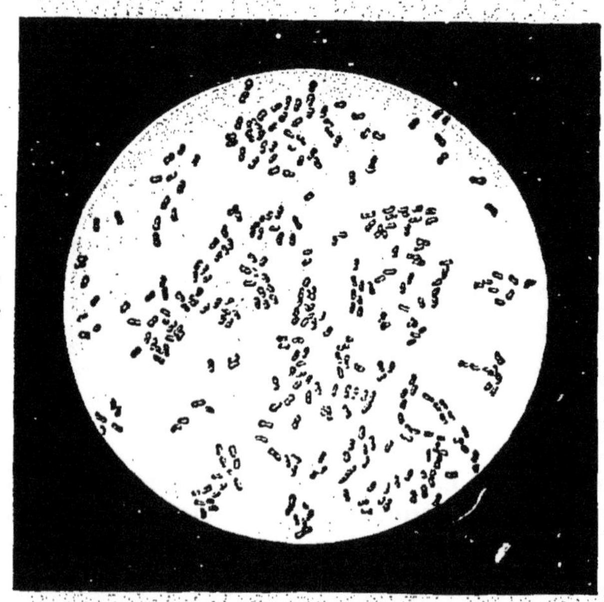

Fig. 223.

que l'on prépare en saturant l'acide acétique par la litharge ; il est soluble dans l'eau et cette dissolution peut dissoudre un excès de litharge ; la liqueur, qui renferme alors des acétates basiques, combinaisons d'acétate neutre avec l'oxyde de plomb, précipite par l'acide carbonique (*préparation de la céruse*).

L'acétate d'aluminium, obtenu par décomposition entre l'acétate de plomb et le sulfate d'aluminium, est employé en teinture, pour le mordançage des tissus.

456. Vinaigre. — On sait depuis longtemps que les boissons fermentées sont susceptibles de s'acidifier pour donner du vinaigre et le vinaigre de vin notamment est employé comme condiment. L'acidification des liquides alcooliques s'effectue par oxydation de l'alcool, en même temps que se développe à la *surface* du liquide un organisme cellulaire, le *mycoderma aceti* (fig. 225).

Ce mycoderme est, comme l'a démontré M. Pasteur, l'agent de cette transformation; il vit au contact de l'oxygène qu'il condense et dont il provoque la fixation sur l'alcool et se développe à la surface du liquide, en formant une sorte de voile qu'on appelle *mère du vinaigre*. Ce végétal doit trouver d'ailleurs, comme toutes les plantes, dans le milieu où il se développe, des matières azotées et des phosphates; les liquides fermentés qui servent à la préparation du vinaigre, le vin notamment, renferment les éléments nécessaires au développement du mycoderme; il est nécessaire en outre que la température soit comprise entre 25° et 30°.

D'après M. Pasteur, les conditions normales d'acidification sont les suivantes: abandonner le vin dans un vase large sous une faible épaisseur après l'avoir additionné d'une certaine quantité de vinaigre provenant d'opérations précédentes et semer le mycoderme à la surface du liquide; lorsque le voile s'est développé, soutirer une partie du liquide sans rompre ce voile, et le remplacer par du vin.

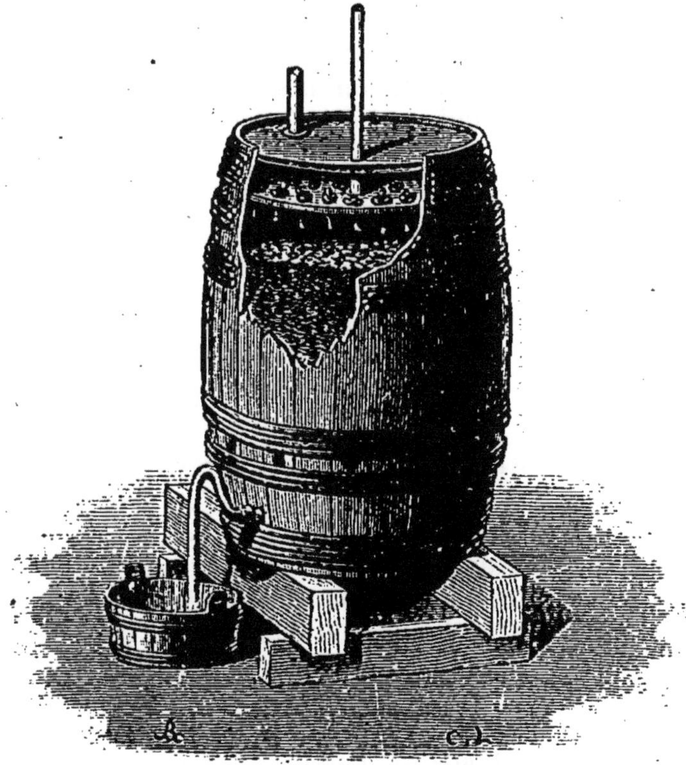

Fig. 224.

C'est en s'appuyant sur ces principes que l'on procède dans certaines fabriques de l'Orléanais. Mais généralement on opère plus grossièrement. L'acidification s'effectue (*procédé d'Orléans*) en introduisant dans des futailles à vin de 230 litres environ de capacité, et dont le fond est percé d'un large trou de 10 centimètres pour le renouvellement de l'air, du vinaigre au tiers de leur capacité, puis 10 litres de vin. Ces fûts sont disposés sur des chantiers et superposés en plusieurs rangées dans un cellier dont la température est de 25 ou 30°. Au bout de huit jours on ajoute 10 litres de vin jusqu'à addition totale de 40 litres; on soutire 40 litres de vinaigre et on ajoute de nouveau le vin par 10 litres, aux mêmes intervalles. Le vinaigre ainsi préparé conserve les principes aromatiques du vin qui a servi à le préparer; c'est le meilleur vinaigre.

Le vinaigre préparé par le *procédé allemand* est de moins bonne qualité. On l'obtient en faisant couler peu à peu les alcools provenant de la fermentation du moût de malt sur des copeaux de hêtre (fig. 221) entassés dans un tonneau et reposant sur un double fond. Des ouvertures nombreuses pratiquées aux parois du tonneau permettent à l'air de circuler librement. On fait passer trois fois le liquide alcoolique sur les copeaux de hêtre, qui, imprégnés de *mycoderma aceti* et permettant, par leur porosité, un libre accès à l'oxygène atmosphérique, déterminent une acidification rapide.

Les vinaigres ainsi préparés sont utilisés dans l'économie domestique; on augmente généralement leur force en les additionnant d'acide acétique pur préparé à l'aide de l'acide pyroligneux.

457. Homologues de l'acide acétique. — La série des acides gras dont nous venons d'étudier un des premiers termes, comprend les corps suivants, qui ont pour formule générale $C^nH^{2n}O^2$.

		Point de fusion.	Point d'ébullition.
Acide formique. . . .	CH^2O^2	8°,6	99°
— acétique. . . .	$C^2H^4O^2$	17°,0	120°
— propionique. . .	$C^3H^6O^2$		142°
— butyrique. . . .	$C^4H^8O^2$		163°
— palmitique . . .	$C^{16}H^{32}O^2$	62°,2	
— stéarique. . . .	$C^{18}H^{36}O^2$	69°	

Les premiers termes sont liquides; les termes les plus élevés sont solides.

L'*acide butyrique* $C^4H^8O^2$, forme avec la glycérine un éther neutre (*tributyrine*), corps gras neutre que l'on trouve dans le beurre; liquide incolore, doué d'une odeur fétide, bouillant à 163°; se solidifie un peu au-dessus de 0° en petits cristaux nacrés.

L'*acide palmitique* ou *margarique* $C^{16}H^{32}O^2$, existe à l'état d'éther de la glycérine (*palmitine* ou *margarine*) dans tous les corps gras solides, et principalement dans l'huile de palme. C'est un corps solide, blanc, fondant à 62°. Insoluble dans l'eau, il se dissout facilement dans l'alcool et l'éther bouillants.

L'*acide stéarique* $C^{18}H^{36}O^2$, à l'état de *tristéarine*, forme la partie la plus importante des corps gras solides. Il se présente sous la forme de petits cristaux nacrés, fondant à 70°; il est insoluble dans l'eau, très soluble dans l'alcool bouillant, et à peine soluble à froid dans ce liquide.

On extrait les acides palmitique et stéarique, en même temps que l'*acide oléique*, des graisses dans la fabrication des *bougies stéariques*; leurs sels sont des *savons*.

Les acides palmitique et stéarique ne sont pas volatils sans décomposition; on peut néanmoins les distiller dans un courant de vapeur d'eau surchauffée.

ACIDE OLÉIQUE, $C^{18}H^{34}O^2$.

458. **Propriétés.** — L'acide oléique ne se solidifie qu'au-dessous de 0°; mais ses cristaux fondent à + 14°. Les oléates alcalins sont solubles, les autres sont insolubles.

L'acide oléique n'appartient pas à la série des acides gras; il renferme 2 atomes d'hydrogène en moins que l'acide stéarique. Chauffé avec un excès d'alcali, il se transforme en acide palmitique et acide acétique :

$$C^{18}H^{34}O^2 + 2KOH = C^{16}H^{31}KO^2 + C^2H^3KO^2 + 2H.$$

L'acide oléique forme, à l'état d'éther neutre de la glycérine (*trioléine*), la partie liquide des huiles; il accompagne dans les corps gras solides d'origine animale les acides palmitique et stéarique. On l'obtient en grande quantité, à l'état impur, dans la fabrication des acides gras.

SAVONS. — BOUGIES. — FABRICATION DES ACIDES GRAS.

459. **Saponification des corps gras.** — Les corps gras neutres, et principalement la palmitine, la stéarine et l'oléine, qui par leur mélange constituent les graisses ou les huiles, sont traités industriellement pour la fabrication des bougies stéariques et des savons.

Ces deux industries ont comme point de départ le dédoublement des éthers de la glycérine en glycérine et acide avec fixation des éléments de l'eau (77). Cette décomposition effectuée par les alcalis donne un corps solide soluble dans l'eau, un *savon*, sel alcalin d'un acide gras, et la glycérine est mise en liberté. Cette décomposition porte le nom de *saponification*.

Si l'on se propose, au contraire, d'extraire les acides gras, on effectue la saponification à l'aide d'une base alcalino-terreuse, la chaux par exemple, qui forme un savon insoluble, à l'aide duquel on isole facilement les acides gras.

Par extension, on appelle saponification le dédoublement des éthers de la glycérine de quelque façon qu'on l'effectue, et nous avons vu, en étudiant les éthers de l'alcool ordinaire, que cette expression désigne maintenant, d'une façon générale, la décomposition d'un éther quelconque en alcool et acide.

460. **Bougies stéariques.** — On prépare les bougies stéariques, formées principalement d'acide stéarique, en saponifiant les suifs de bœuf ou de mouton par trois méthodes principales :

1° Saponification calcaire;
2° Saponification sulfurique;
3° Saponification par la vapeur d'eau surchauffée.

Les suifs frais de bœuf ou de mouton (*suifs en branches*) sont fondus dans des chaudières à feu nu, ou chauffés dans des chaudières closes avec de l'eau acidulée par l'acide sulfurique. Dans le premier cas, les membranes qui enveloppent la matière grasse se séparent ; on les comprime à la presse hydraulique pour en extraire toute la graisse, et il reste une sorte de gâteau (*pains de cretons*) qui peutêtre employé comme engrais ou pour la nourriture des chiens. Dans le second cas, les membranes sont désagrégées et impropres à tout usage.

Les matières grasses fondues peuvent être, au sortir des chaudières, coulées dans des moules analogues à ceux qu'on emploie pour la fabrication des bougies, en vue de fabriquer des chandelles.

Saponification calcaire. — Employée tout d'abord par M. de Milly et perfectionnée par ce savant industriel, elle est aujourd'hui effectuée de la façon suivante :

Le suif est chauffé dans un autoclave avec de l'eau et de la chaux (2000 kilogr. de suif, 1 000 kilogr. d'eau et 60 kilogr. de chaux délayée dans l'eau). Par un tuyau on fait arriver de la vapeur, qui élève peu à peu la température à 172°, ce qui correspond à une pression de 8 atmosphères. Dès que l'opération est terminée, on fait arriver la masse demi-fluide dans de l'acide sulfurique étendu d'eau et chauffé par un courant de vapeur. L'acide sulfurique décompose le savon calcaire et les acides gras surnagent ; on les décante et on les coule dans des moules rectangulaires, où ils cristallisent.

Saponification sulfurique. — L'acide sulfurique chauffé avec les corps gras les décompose en glycérine et acides gras, qui contractent avec l'acide sulfurique des combinaisons facilement décomposables par l'eau bouillante (*acides sulfo-gras*).

Les matières grasses ainsi traitées sont des suifs et de l'huile de palme. L'opération s'exécute dans une chaudière fermée en cuivre doublé de plomb et chauffée à la vapeur. Un agitateur mécanique remue la masse et les vapeurs infectes qui se dégagent sont dirigées, pour être brûlées, dans le cendrier des générateurs. On lave les produits de cette réaction à l'eau bouillante ; les acides surnagent, la glycérine et l'acide sulfurique restent dissous.

Saponification par l'eau ou la vapeur surchauffée. — L'eau seule chauffée sous pression avec des corps gras, ou la vapeur d'eau surchauffée à 300° et dirigée à travers les graisses fondues, suffisent pour en déterminer la saponification. Ce procédé n'est plus appliqué qu'en Angleterre à la saponification de l'huile de palme, plus fusible que les suifs et plus facile à décomposer.

Distillation des acides gras. — Les acides gras obtenus par ces méthodes, surtout ceux qui ont été chauffés avec de l'acide sulfurique, sont colorés en brun ; on les blanchit en les distillant dans un courant de vapeur d'eau surchauffée.

Cristallisation et pressage des acides gras. — Les acides gras sont alors coulés dans des moules rectangulaires en fer-blanc et abandonnés à cristallisation. Les cristaux d'acide stéarique sont imprégnés d'acide oléique liquide dont il importe de les débarrasser ; à cet effet, les pains sont enveloppés dans une étoffe de laine et pressés sur le plateau d'une presse hydraulique (fig. 225) ; pour les débarrasser aussi complètement que possible d'acide oléique, on termine par un pressage à une température d'environ 35 à 40° dans une presse à chaud (fig. 226).

Moulage des bougies. — Les mèches tressées en coton et préalablement trempées dans une dissolution faible d'acide borique, sont disposées suivant l'axe d'un moule légèrement conique fait d'un alliage de plomb et d'étain. Ces moules sont groupés au-dessous d'une cuvette commune (fig. 227) dans laquelle on verse l'acide stéarique fondu. Après solidification, les bougies sont coupées de longueur et polies par le frottement. Dans les grandes usines, le moulage s'effectue mécaniquement d'une façon continue ; les bougies sont rognées, polies et marquées à la machine.

461. Savons. — On désigne sous le nom général de *savons* les combinaisons que forment les acides gras avec les bases. Ces combinaisons sont solubles dans l'eau et dans l'alcool lorsqu'elles sont à base de potasse ou de soude : ce sont les savons employés aux usages domestiques ; les savons à base de chaux, d'alumine, d'oxyde de fer sont insolubles ; aussi, lorsqu'on délaye un savon alcalin dans une eau calcaire, obtient-on un précipité grenu, dur au toucher, qui rend cette eau peu propre au savonnage.

La fabrication des savons a été pendant longtemps centralisée à Marseille ; on

Fig. 225.

utilisait les huiles de palme, les huiles d'olive de mauvaise qualité et les graisses.

Les savons sont d'autant plus durs qu'ils sont fabriqués avec des acides gras moins fusibles ; les savons d'acide oléique sont les plus mous. Mais, toutes choses égales d'ailleurs, les savons à base de soude sont plus mous que les savons à base de potasse.

La fabrication de savon dur, dit de Marseille, comprend les opérations suivantes : On fait bouillir dans de grandes chaudières la matière grasse avec une lessive alcaline faible, et l'on obtient ainsi une saponification partielle ; puis on ajoute une lessive plus concentrée qui complète la saponification en formant un savon soluble (*empâtage*). On ajoute alors des lessives alcalines salées qui précipitent le savon (*relargage*), le savon étant insoluble dans une dissolution de sel marin. On fait écouler le liquide, on ajoute des lessives salées plus concentrées, et on fait bouillir (*coction*). La saponification se trouve ainsi terminée sans que le savon puisse se dissoudre dans la liqueur salée. Le savon ainsi préparé est noir ; il doit sa couleur à de l'oxyde de fer qui est sulfuré partiellement par les sulfures alcalins contenus dans les lessives impures employées à cette fabrication.

Pour préparer le *savon blanc*, on délaye le savon brut dans une lessive alca-

Fig. 226.

line faible et on laisse reposer; l'alumine et l'oxyde de fer se déposent et l'on coule le savon blanc, qui surnage, dans des moules, où il se prend en masse.

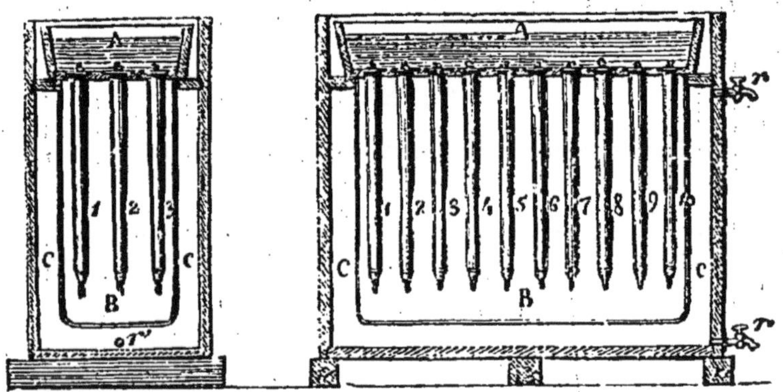

Fig. 227.

En délayant le savon brut dans une quantité d'eau beaucoup plus faible, on obtient une séparation partielle des savons à base de fer partiellement sulfuré, qui se distribuent dans la masse en veines irrégulières, et l'on prépare ainsi le *savon marbré*.

CHAPITRE XXIX

ACIDE OXALIQUE — ACIDES A FONCTION COMPLEXE — TANNINS

ACIDES BIBASIQUES.

Comme exemple d'acide bibasique, on se bornera à étudier l'acide oxalique.

ACIDE OXALIQUE, $C^2H^2O^4$ ou $(CO.OH)^2$.

462. **État naturel. — Préparation.** — L'acide oxalique se rencontre dans un grand nombre de végétaux, soit à l'état de liberté, soit principalement à l'état d'oxalate acide de potassium. L'oxalate de calcium forme des dépôts cristallins dans les cellules végétales; il constitue certains calculs vésicaux (*calculs mûraux*).

1° On prépare l'acide oxalique en oxydant par l'acide azotique la glucose, le sucre ou l'amidon. On évapore le liquide acide et l'acide oxalique cristallise par le refroidissement.

2° Industriellement, on prépare l'acide oxalique en s'appuyant sur une réaction différente. On fait avec de la sciure de bois et une lessive alcaline concentrée une pâte que l'on chauffe à 200° dans des tubes en tôle. De l'hydrogène et des carbures divers se dégagent et il reste comme résidu solide une masse noire poreuse renfermant des oxalates alcalins. On lessive ce résidu et, en ajoutant aux liquides un lait de chaux, on précipite l'acide oxalique à l'état d'oxalate de calcium insoluble dans l'eau. Il suffit ensuite de traiter ce précipité par l'acide sulfurique étendu pour former du sulfate de calcium insoluble et mettre en liberté l'acide oxalique. La liqueur est évaporée jusqu'à cristallisation.

463. **Propriétés.** — L'acide oxalique cristallise en prismes rhomboïdaux obliques renfermant 2 molécules d'eau de cristallisation : $C^2H^2O^4 + 2H^2O$. Il se dissout dans 17 parties d'eau à 0° et dans 10 parties à 20°. Il est soluble dans l'alcool.

A la température de 98° les cristaux d'acide oxalique fondent dans leur eau de cristallisation ; ils se subliment à une température plus élevée, non sans éprouver une décomposition partielle en anhydride carbonique, oxyde de carbone, acide formique et eau.

Chauffé avec l'acide sulfurique, il se décompose en eau, anhydride carbonique et oxyde de carbone (*préparation de l'oxyde de carbone*) :

$$\begin{matrix} CO-OH \\ | \\ CO-OH \end{matrix} = CO^2 + CO + H^2O.$$

En présence de l'acide sulfurique étendu, les oxydants, tels que le permanganate de potassium et le bioxyde de manganèse, transforment l'acide oxalique en acide carbonique, soit à froid, soit plus facilement à l'ébullition. Il suffit, par exemple, de verser dans une dissolution d'acide oxalique additionnée d'acide sulfurique quelques gouttes de permanganate pour voir ce réactif, dont le pouvoir colorant est si intense, se décolorer instantanément.

Quelques gouttes d'une dissolution d'acide oxalique ajoutées à une dissolution de chlorure d'or déterminent, lorsqu'on chauffe légèrement le liquide, une précipitation d'or métallique très divisé, en même temps qu'un dégagement de gaz carbonique :

$$3(CO\,.\,OH)^2 + 2AuCl^3 = 2Au + 3CO^2 + 6HCl.$$

Les oxalates des métaux monovalents sont :

$$C^2HMO^4, \qquad C^2M^2O^4$$

Parmi ces sels nous citerons l'*oxalate neutre d'ammonium* $C^2(AzH^4)^2O^4 + H^2O$, fréquemment employé comme réactif des sels de calcium ; l'*oxalate acide de potassium* (*bioxalate de potassium*) $C^2HKO^4 + H^2O$, et une combinaison de ce sel avec l'acide oxalique ou *quadroxalate de potassium* $C^2HKO^4 + C^2H^2O^4 + 4H^2O$; le *sel d'oseille*, qui se dépose par concentration du jus d l'oseille, est un mélange de bioxalate et de quadroxalate.

L'oxalate neutre de calcium $C^2CaO^4 + H^2O$ est insoluble dans l'eau. Aussi reconnait-on un sel de calcium en versant dans la liqueur une dissolution d'oxalate d'ammonium ; on voit se former par l'agitation un précipité cristallin. Mais le précipité est soluble dans les acides minéraux : aussi convient-il de neutraliser la liqueur avec de l'ammoniaque. Inversement on reconnaît l'acide oxalique en versant du chlorure de calcium dans la dissolution neutralisée par une base.

L'acide oxalique est vénéneux; c'est un poison énergique à la dose de 8 à 10 grammes.

ACIDES A FONCTION COMPLEXE[1].

ACIDE LACTIQUE, $C^3H^6O^3$.

464. **Préparation. — Propriétés.** — On prépare le lactate de calcium en abandonnant à lui-même, à la température de 30 à 35°, un mélange de glucose, de lait aigri, de vieux fromage et de craie pulvérisée; sous l'influence du ferment lactique (117) qui se développe dans ce milieu riche en matières azotées et maintenu toujours à l'état neutre par la présence du carbonate de calcium, la glucose se dédouble suivant la réaction

$$C^6H^{12}O^6 = 2(C^3H^6O^3).$$

Le lactate de calcium cristallise et remplit bientôt la masse entière; on le purifie par cristallisation et on le décompose par l'acide sulfurique étendu. On purifie l'acide lactique en le saturant par le carbonate de zinc et en faisant cristalliser. Le lactate de zinc, dissous de nouveau, est décomposé par l'hydrogène sulfuré; la liqueur, débarrassée du sulfure de zinc par filtration, est concentrée au bain marie.

L'acide lactique existe à l'état de liberté dans le *petit-lait* et dans le jus aigri de la betterave, dans la choucroute.

L'acide lactique est un liquide sirupeux, incolore, incristallisable. C'est un acide monobasique, et ses sels, solubles dans l'eau, cristallisent facilement. Il se comporte en outre comme un alcool monatomique, car il peut former des éthers

ACIDE MALIQUE, $C^4H^6O^5$.

465. **Préparation. — Propriétés.** — L'acide malique a été extrait par Scheele du jus des pommes acides; on le trouve encore dans les baies du sorbier, dans les fraises et les cerises.

On exprime le jus des baies du sorbier avant leur maturation; on coagule les matières albuminoïdes par l'ébullition et on filtre; on sature par la chaux et, en portant à l'ébullition, puis ajoutant de l'acide azotique, on transforme le sel neutre en un sel acide que l'on purifie par cristallisation; on transforme enfin, par l'addition d'un sel de plomb, le sel soluble en un sel de plomb insoluble qui, mis en suspension dans l'eau, est décomposé par l'hydrogène sulfuré.

Les cristaux d'acide malique, très solubles dans l'eau et déliquescents, fondent vers 100°.

1. Les fonctions multiples des acides lactique, malique et tartrique sont mise en évidence lorsqu'on développe ainsi leurs formules :

Acide lactique.	Acide malique.	Acide tartrique.
CH^3	CO-OH	CO-OH
CH-OH	CH-OH	CH-OH
CO-OH	CH^2	CH-OH
	CO-OH	CO-OH

L'acide malique est un acide bibasique; il se comporte encore comme un alcool monatomique.

Les solutions d'acide malique ne se troublent par l'eau de chaux ni à froid, ni à l'ébullition; elles ne précipitent pas par l'azotate d'argent ou par l'azotate de plomb; mais l'acétate de plomb donne un précipité dense, cristallin.

ACIDE TARTRIQUE, $C^4H^6O^6$.

L'acide tartrique a été extrait par Scheele en 1769 de la *crème de tartre* qui se dépose sur les parois des tonneaux où on conserve le vin.

466. **Préparation.** — Le tartrate brut est imprégné de la matière colorante du vin. On le décolore en le dissolvant dans l'eau bouillante, ajoutant de l'argile qui précipite la matière colorante et filtrant; le tartre, quoique peu soluble dans l'eau froide, cristallise par refroidissement.

Le tartre est un sel acide de potassium $C^4H^5KO^6$; on le dissout dans l'eau bouillante et par une addition de craie finement pulvérisée on le transforme en tartrate neutre de potassium soluble et tartrate de calcium insoluble qui se précipite :

$$2C^4H^5KO^6 + CO^3Ca = C^4H^4K^2O^6 + C^4H^4CaO^6 + CO^2 + H^2O.$$

En ajoutant du chlorure de calcium à la dissolution, on transforme le tartrate dissous en tartrate neutre insoluble :

$$C^4H^4K^2O^6 + CaCl^2 = 2KCl + C^4H^4CaO^6.$$

En chauffant ce tartrate avec de l'acide sulfurique dilué, on précipite du sulfate de calcium et il reste de l'acide tartrique en dissolution; par concentration, l'acide tartrique cristallise.

La dissolution d'acide tartrique précipite en blanc l'eau de chaux, l'eau de baryte, et les précipités obtenus sont solubles dans un excès d'acide. Elle ne précipite la dissolution des chlorures de calcium et de baryum qu'après neutralisation par l'ammoniaque.

467. **Tartrates.** — Les tartrates appartiennent à deux types,

$$C^4H^5MO^6 \quad \text{et} \quad C^4H^4M^2O^6,$$

ce qui définit l'acide tartrique comme acide bibasique.

La *crème de tartre* ou tartrate acide de potassium $C^4H^5KO^6$ appartient au premier type. C'est un sel assez peu soluble dans l'eau froide (1 partie se dissout dans 240 parties d'eau à 10°) pour que l'addition d'acide tartrique à une dissolution concentrée d'un sel de potassium en détermine la formation et la précipitation, accusant ainsi la présence du potassium. Le tartrate neutre est très soluble dans l'eau.

En faisant bouillir la crème de tartre avec du carbonate de sodium on obtient de magnifiques cristaux d'un sel double désigné sous le nom de *sel de Seignette*.

L'émétique, employé en pharmacie, est un tartrate double d'antimoine et de potassium : $2[C^4H^4K(SbO)O^6] + H^2O$. On l'obtient en faisant bouillir une dissolution de crème de tartre (10 parties dans 70 parties d'eau) avec de l'oxyde d'antimoine (7,5 parties), et il cristallise par refroidissement de la liqueur en octaèdres à base rhombe.

L'addition d'acide tartrique ou d'un tartrate alcalin à un grand nombre de dissolutions salines empêche la précipitation de l'oxyde métallique par les alcalis. C'est ainsi qu'une dissolution de sulfate de cuivre ne précipite pas par la soude en présence de l'acide tartrique (liqueur de Fehling, 418).

TANNINS.

468. **État naturel. — Préparation.** — On désigne sous le nom de *tannins* des substances diverses très répandues dans les végétaux; ils jouent le rôle d'acides faibles, forment avec la gélatine et les matières albuminoïdes des combinaisons insolubles et donnent avec les sels de fer au maximum une coloration noire.

Le tannin du chêne est le mieux connu et le plus important par ses applications.

On l'extrait de la *noix de galle*, excroissance développée sur les branches et les feuilles de différents chênes par la piqûre d'un insecte, le *Cynips gallæ tinctoriæ*.

Les noix de galle concassées sont introduites dans une allonge, bouchée à son extrémité inférieure par une mèche de coton (fig. 228) et placée sur une carafe. On arrose la noix de galle avec de l'éther du commerce, c'est-à-dire de l'éther mélangé d'eau et d'alcool. L'éther filtre peu à peu et l'on voit se former au fond de la carafe deux couches : la couche inférieure brune est une solution aqueuse de tannin; la couche supérieure éthérée n'en renferme pas. On décante la couche inférieure, on lave avec de l'éther et on évapore rapidement dans le vide.

Le tannin ainsi obtenu est une masse amorphe, jaunâtre, très légère. Il absorbe rapidement l'oxygène de l'air et se transforme avec dégagement d'acide carbonique en acide gallique. Les acides étendus le transforment à l'ébullition en acide gallique.

469. Applications. — Le tannin en solution aqueuse rougit le tournesol ; il forme avec les bases des composés incristallisables. L'encre à base de fer s'obtient en mélangeant une dissolution de sulfate de fer avec une dissolution de tannin ; la liqueur prend une coloration noir-bleuâtre, lors qu'on l'agite au contact de l'air de façon à faciliter la suroxydation du protoxyde de fer ; on épaissit avec un peu de gomme.

Fig. 228.

Le tannin coagule le sang, les matières albuminoïdes et forme avec ces substances des combinaisons non putrescibles. Grâce au tannin qu'elles contiennent, les écorces de chêne ou *tan* sont employées à la conservation des peaux (*tannage*).

470. Acide gallique. — En soumettant les noix de galle humides à la fermentation ou faisant bouillir celles-ci avec de l'acide sulfurique étendu, on transforme le tannin qu'elles contiennent en *acide gallique* $C^7H^6O^5$.

Dans ses réactions, l'acide gallique se comporte comme un acide monobasique et un phénol triatomique :

$$C^6H^2(OH)^3CO.OH.$$

Le tannin du chêne, ou *acide tannique* $C^{14}H^{10}O^9$, peut être considéré comme résultant de l'éthérification de 2 molécules d'acide gallique, dont l'une se comporte comme un acide monobasique, l'autre comme un phénol :

$$2C^7H^6O^5 = H^2O + C^{14}H^{10}O^9;$$

il y a perte de H^2O. Aussi appelle-t-on le tannin du chêne un acide *digallique.*

Chauffé vers 200° dans un courant de gaz inerte, l'acide gallique perd de l'acide carbonique et se transforme en *pyrogallol* ou *acide pyrogallique*, phénol triatomique :

$$\underset{\text{Acide gallique.}}{C^6H^2(OH)^3CO^2H} = \underset{\text{Pyrogallol.}}{C^6H^3(OH)^3} + CO^2.$$

CHAPITRE XXX

AMINES — AMIDES — NITRILES

AMINES.

471. Fonction amine. — Les *amines* ou *ammoniaques composées* sont des composés azotés dont la constitution est comparable à celle de l'ammoniaque et qui sont susceptibles de se combiner avec les acides pour former des sels.

Les amines les plus simples, les *monamines*, peuvent être considérées comme dérivant de l'ammoniaque AzH^3 par la substitution de 1, 2 ou 3 radicaux hydrocarburés monovalents à 1, 2 ou 3 atomes d'hydrogène.

Si R est un radical monovalent, on a ainsi :

AzH^2R	$AzHR^2$	AzR^3
Amine primaire.	Amine secondaire.	Amine tertiaire.

Ces amines sont des composés volatils dont les dissolutions jouissent des propriétés alcalines de la solution ammoniacale. Elles s'unissent aux hydracides ou aux oxacides pour former des sels. Avec l'amine primaire, on aura par exemple :

$$AzH^2 . R + HCl = AzH^2R , HCl,$$
$$AzH^2 . R + AzO^3H = AzH^2R , AzO^3H.$$

Dans l'amine secondaire et dans l'amine tertiaire, les deux ou les trois radicaux R ne sont pas nécessairement identiques.

A l'hydrate d'ammonium hypothétique $AzH^4 . OH$ correspondent des *hydrates d'ammonium composés* $AzR^4 . OH$, qui, pour la plupart, sont des composés bien définis, jouissant de propriétés basiques puissantes analogues à celles de la potasse et de la soude.

472. Modes généraux de formation. — *Méthode d'Hoffmann.* — L'éther iodhydrique d'un alcool monatomique, chauffé en vase clos avec de l'ammoniaque en solution alcoolique, donne un mélange des iodhydrates des trois amines. S'agit-il, par exemple, de former les éthylamines, on fait réagir l'ammoniaque sur l'iodure d'éthyle; on peut concevoir que l'on ait les réactions successives :

$$C^2H^5.I + AzH^3 = AzH^2.C^2H^5, HI,$$
$$C^2H^5.I + AzH^2.C^2H^5 = AzH(C^2H^5)^2, HI,$$
$$C^2H^5.I + AzH(C^2H^5)^2 = Az(C^2H^5)^3, HI.$$

L'amine, qui est volatile, sera préparée à l'aide de l'iodhydrate comme le gaz ammoniac est séparé de l'un de ses sels, le chlorhydrate par exemple, par un alcali ou un oxyde alcalino-terreux :

$$2(AzH^3, HCl) + CaO = CaCl^2 + 2AzH^3 + H^2O,$$
$$2(AzH^2.C^2H^5, HI) + CaO = CaI^2 + 2(AzH^2.C^2H^5) + H^2O.$$

Le triéthylamine peut réagir sur une nouvelle molécule d'iodure d'éthyle et donner l'*iodure de tétréthylammonium* :

$$C^2H^5.I + Az(C^2H^5)^3 = Az(C^2H^5)^4I.$$

Cette fois, la potasse, la soude, la chaux ne séparent de ce composé aucun élément volatil; mais si on fait réagir l'*hydrate d'oxyde d'argent* Ag(OH), on obtient, après séparation de l'iodure d'argent insoluble, un composé solide, doué de propriétés basiques énergiques, soluble dans l'eau, l'*hydrate de tétréthylammonium* :

$$Az(C^2H^5)^4I + Ag(OH) = AgI + Az(C^2H^5)^4.OH.$$

473. Méthylamines. — Éthylamines. — La *monométhylamine* $AzH^2.CH^3$ est gazeuse un peu au-dessous de 0°; la *diméthylamine* $AzH(CH^3)^2$ est un gaz liquéfiable à + 8°; la *triméthylamine* $Az(CH^3)^3$ bout à + 9°; quant à l'*hydrate de tétraméthylammonium* $Az(CH^3)^4,OH$, il n'est pas volatil.

Les *méthylamines* ont une odeur repoussante, qui rappelle celle que dégage la saumure de harengs.

On prépare aujourd'hui des quantités considérables de chlorhydrate de triméthylamine, en distillant en vase clos les vinasses de betteraves.

Sous l'action de la chaleur, ce chlorhydrate peut se décomposer partiellement, en donnant du chlorhydrate de méthylamine, de la triméthylamine et du chlorure de méthyle :

$$3[Az(CH^3)^3, HCl] = 2Az(CH^3)^3 + AzH^2.CH^3, HCl + 2CH^3Cl.$$

Cette réaction est appliquée industriellement à la préparation du chlorure de méthyle (402).

La *monoéthylamine* $AzH^2.C^2H^5$ est un liquide bouillant à 18°,5; la *diéthylamine* $AzH(C^2H^5)^2$ bout à 57°,5 et la *triéthylamine* $Az(C^2H^5)^3$ à 91°. L'*hydrate de tétréthylammonium* $Az(C^2H^5)^4.OH$ est un corps solide, blanc, déliquescent, très soluble dans l'eau, que la chaleur décompose en éthylène, eau et triéthylamine.

Comme l'ammoniaque, l'éthylamine déplace les oxydes métalliques de leurs combinaisons salines. Ainsi elle précipite l'oxyde de cuivre et, employée en excès, elle redissout le précipité en donnant une liqueur bleue. Mais elle précipite les sels de nickel sans redissoudre le précipité et elle déplace l'alumine, qu'un excès d'alcali dissout, se comportant ainsi dans les deux cas, comme la potasse et non comme l'ammoniaque.

AMINES AROMATIQUES.

471. **Amines primaires.** — Les amines primaires aromatiques dérivent des hydrocarbures ou des phénols monatomiques, comme les amines primaires de la série grasse des hydrocarbures ou des alcools monatomiques :

C^6H^5-H	C^6H^5-OH	$C^6H^5-AzH^2$
Benzine ou Hydrure de phényle.	Phénol.	Aniline ou Phénylamine.

On peut également les envisager comme dérivant de l'ammoniaque par la substitution à un atome d'hydrogène d'un radical d'hydrocarbure :

$$Az\begin{cases}H\\H\\H\end{cases} \qquad Az\begin{cases}C^6H^5\\H\\H\end{cases}$$

Ammoniaque. Aniline.

Ces amines sont les plus anciennement connues; elles ont été découvertes en 1825 par Unverdorben, parmi les produits de la distillation sèche des matières animales, et par Runge dans le goudron de houille; en 1840, Fritzsche trouvait l'aniline parmi les produits de la décomposition de l'indigo par la chaleur.

La méthode d'Hoffmann (472) ne serait pas applicable aux carbures aromatiques ou aux phénols. La méthode de Zinin consiste à transformer le carbure en dérivé nitré, puis à faire agir un réducteur (zinc et acide chlorhydrique, fer et acide acétique, sulfhydrate d'ammoniaque). Appliquons ceci à la transformation de la benzine en *aniline* ou *phénylamine* :

$$C^6H^6 + AzO^3H = C^6H^5-AzO^2 + H^2O,$$
$$C^6H^5-AzO^2 + 6H^2 = C^6H^5-AzH^2 + 2H^2O.$$

ANILINE, $C^6H^5-AzH^2$.

475. **Préparation.** — On prépare l'aniline ou *phénylamine* en chauffant dans une cornue tubulée un mélange de nitrobenzine, d'acide acétique et de limaille de fer. Le métal et l'acide acétique agissent comme hydrogénants :

$$C^6H^5-AzO^2 + 3H^2 = C^6H^5-AzH^2 + 2H^2O.$$

La réaction est tellement violente tout d'abord, que le liquide qui distille renferme beaucoup de nitrobenzine inaltérée et d'acide acétique. On reverse ce liquide dans la cornue et l'on chauffe doucement; on recueille un mélange d'eau et d'aniline et il reste dans la cornue de l'acétate de fer et de l'acétate d'aniline.

Dans l'industrie, on effectue cette réaction dans de grandes chaudières en fonte où les matières sont constamment mises en contact par des agitateurs mécaniques. Lorsque la réaction est terminée, on distille l'aniline, puis on ajoute de la chaux destinée à décomposer l'acétate d'aniline qui reste dans l'appareil et l'on distille de nouveau.

476. **Propriétés.** — L'aniline est un liquide incolore, doué d'une odeur caractéristique, désagréable. Elle est un peu plus lourde que l'eau (D = 1,036 à 0°). Elle bout à 184° et se solidifie dans un mélange réfrigérant en une masse fusible à — 8°. Peu soluble dans l'eau, elle est miscible en toute proportion à l'alcool et à l'éther. Les vapeurs d'aniline sont toxiques.

L'aniline n'agit pas sur le tournesol; elle forme cependant avec les acides des sels bien définis.

Exposée à l'air, elle brunit et se résinifie. Les réactifs oxydants donnent avec l'aniline des réactions colorées caractéristiques. Le mélange d'acide sulfurique et de bichromate de potassium la colore en bleu, mais la couleur devient violacée lorsqu'on étend d'eau; mélangée à une dissolution de chlorure de chaux, l'aniline donne une coloration violette. Nous verrons qu'en prenant l'aniline comme point de départ, on prépare un grand nombre de matières colorantes fort employées.

477. **Amines secondaires et tertiaires dérivées de l'aniline.** — Le chlorhydrate d'aniline chauffé en vase clos avec un excès d'aniline donne des amines secondaires et tertiaires :

$$Az\begin{cases}C^6H^5\\C^6H^5\\H\end{cases} \qquad Az\begin{cases}C^6H^5\\C^6H^5\\C^6H^5\end{cases}$$

Diphénylamine. Triphénylamine.

Soit, par exemple, la préparation de la diphénylamine :

$$AzH^2.C^6H^5 + AzH^2.C^6H^5,HCl = AzH(C^6H^5)^2 + AzH^4Cl.$$

Les éthers iodhydriques, réagissant sur l'aniline en vase clos (réaction d'Hoffmann), forment des amines mixtes :

$$Az\begin{cases}C^6H^5\\CH^3\\H\end{cases} \qquad Az\begin{cases}C^6H^5\\CH^3\\CH^3\end{cases} \qquad Az\begin{cases}C^6H^5\\C^6H^5\\CH^3\end{cases}$$

Méthylaniline ou méthylphénylamine. Diméthylaniline ou diméthylphénylamine. Méthyldiphénylamine.

Tous ces produits sont utilisés dans l'industrie pour préparer des matières colorantes.

TOLUIDINES, $C^6H^4.AzH^2-CH^3$.

478. Préparation. — Propriétés. — En appliquant la réaction qui fournit l'aniline au produit brut de la réaction de l'acide nitrique sur le toluène, on obtient la toluidine commerciale. Il existe *trois* nitrotoluènes isomères (365); chacun d'eux donne une toluidine différente :

L'*orthotoluidine*, liquide incolore, bouillant à + 198°,
La *métatoluidine*, bouillant à + 197°,
La *paratoluidine*, solide, fondant à 51°.

La paratoluidine et l'orthotoluidine forment la toluidine commerciale.

AMIDES

479. Fonction amide. — Les *amides* sont des composés azotés qui ont avec les acides les mêmes relations que les amines avec les carbures.

Une *monamide primaire*, par exemple, dérive d'un acide monobasique par la substitution du radical AzH^2 à OH dans le groupement caractéristique des acides :

Acide acétique . . . . $CH^3-CO.OH$
Acétamide . . . . $CH^3-CO.AzH^2$ (1)

480. Amides des acides monobasiques. — 1° Le sel ammoniacal d'un acide monobasique en perdant H^2O donne une monamide :

$$\underset{\text{Acétate d'ammonium.}}{CH^3-CO.OAzH^4} = H^2O + \underset{\text{Acétamide.}}{CH^3-CO.AzH^2}$$

Cette réaction se produit soit par l'action de la chaleur seule, soit en chauffant le sel ammoniacal avec un déshydratant tel que l'anhydride phosphorique.

2° L'ammoniaque en réagissant sur les éthers-sels donne des amides :

$$\underset{\text{Acétate d'éthyle.}}{CH^3-CO.OC^2H^5} + AzH^3 = \underset{\text{Acétamide.}}{CH^3-CO.AzH^2} + \underset{\text{Alcool éthylique.}}{C^2H^5-OH.}$$

Les monamides sont des corps neutres ou jouissant de propriétés basiques faibles.

1. On peut encore dire que cette amide résulte de la substitution d'un radical acide à un atome d'hydrogène de l'ammoniaque.

$$\underset{\text{Ammoniaque.}}{Az\begin{cases}H\\H\\H\end{cases}} \qquad \underset{\text{Acétamide.}}{Az\begin{cases}CH^3.CO\\H\\H.\end{cases}}$$

Chauffées avec de l'eau et un alcali, elles dégagent de l'ammoniaque et forment un sel alcalin :

$$CH^3-CO.AzH^2 + KOH = CH^3-CO.OK + AzH^3.$$

Acétamide — Acétate de potassium.

481. Amides des acides bibasiques. — Un acide bibasique forme deux sels ammoniacaux :

Un sel neutre ou biammoniacal,

Un sel acide ou monoammoniacal.

Ainsi l'acide oxalique donne l'*oxalate neutre* $C^2H^2O^4, 2AzH^3$ ou

$$CO.OAzH^4 - CO.OAzH^4,$$

et l'*oxalate acide* $C^2H^2O^4, AzH^3$ ou

$$CO.O.AzH^4 - CO.OH.$$

Le sel neutre, en perdant H^2O, donne une *diamide*; le sel acide, en perdant H^2O, donne un *acide amidé*.

Ainsi, de l'*acide oxalique* $CO.OH - CO.OH$ dérivent

L'oxamide.	$CO.OAzH^2 - CO.OAzH^2$
L'acide oxamique	$CO.OAzH^2 - CO.OH$

Les procédés généraux de préparation des diamides sont d'ailleurs ceux des monamides. Ainsi on trouve l'*oxamide* parmi les produits de la décomposition de l'oxalate neutre d'ammonium par la chaleur. Mais on l'obtient plus facilement en additionnant l'éther oxalique d'un excès d'ammoniaque; elle se précipite sous la forme d'une poudre blanche, insoluble dans l'eau. Chauffée avec de la potasse dissoute dans l'eau, elle dégage de l'ammoniaque et donne l'oxalate neutre de potassium.

L'acide carbonique $CO(OH)^2$ fonctionne comme un acide bibasique. Au carbonate neutre d'ammoniaque $CO(OAzH^4)^2$ correspond une diamide, la *diamide carbonique* ou *carbamide* $CO(AzH^2)^2$, qui est identique à l'*urée*.

URÉE, $CO(AzH^2)^2$.

L'urée est le principe immédiat le plus important de l'urine de l'homme et des animaux carnivores. C'est une des formes sous lesquelles l'azote est éliminé de l'organisme.

482. Préparation. — 1 litre d'urine humaine renferme de 24 à 30 grammes d'urée. On réduit l'urine fraîche au dixième environ de son volume, on ajoute un volume égal d'acide azotique et, par refroidissement, l'urée se sépare à l'état d'azotate. On égoutte les cristaux, et on les purifie en les faisant cristalliser de nouveau dans l'eau bouillante. Pour extraire l'urée de ce sel, on ajoute à sa dissolution un petit excès de carbonate de baryum précipité; l'acide carbonique se dégage et le liquide renferme de l'azotate de baryum et de l'urée. On sépare celle-ci en reprenant par l'alcool le résidu de l'évaporation de cette liqueur; l'azotate de baryum est en effet insoluble dans l'alcool.

483. **Propriétés.** — L'urée cristallise de ses dissolutions en longs prismes striés, incolores. Elle fond à 120° et se décompose un peu au-dessus de cette température avec dégagement d'ammoniaque.

Le chlore, le brome, les vapeurs nitreuses détruisent l'urée avec dégagement d'azote et de gaz carbonique :

$$CO(AzH^2)^2 + H^2O + 6Cl = CO^2 + 2Az + 6HCl,$$
$$CO(AzH^2)^2 + Az^2O^3 + H^2O = CO^2 + 4Az + 3H^2O.$$

Ces réactions sont utilisées pour déterminer, d'après le volume d'azote recueilli, la proportion d'urée contenue dans un volume donné d'urine.

Chauffée à 140° en tube scellé, la dissolution d'urée se dédouble en ammoniaque et en anhydride carbonique :

$$CO(AzH^2)^2 + H^2O = CO^2 + 2AzH^3.$$

Cette réaction, générale pour les amides, permet ainsi de remonter à l'acide générateur.

L'urée forme avec les acides, les bases ou certains sels des combinaisons bien définies et cristallisées. L'azotate d'urée $CO(AzH^2)^2, AzO^3H$ prend naissance quand on verse de l'acide azotique dans une dissolution un peu concentrée d'urée; celle-ci se prend en un magma cristallin.

NITRILES.

484. **Fonction nitrile.** — En perdant non plus H^2O, mais $2H^2O$, le sel ammoniacal neutre d'un acide monobasique donne un *nitrile*; le sel ammoniacal neutre d'un acide bibasique perdra $4H^2O$:

$$CH^3-CO.OAzH^4 = 2H^2O + \underset{\text{Acétonitrile.}}{CH^3-CAz};$$

$$(CO.OAzH^4)^2 = 4H^2O + \underset{\text{Oxalonitrile.}}{(CAz)^2}.$$

Le groupement (CAz) est caractéristique des nitriles. Ceux-ci peuvent être considérés comme les cyanures des radicaux alcooliques, correspondant aux cyanures métalliques.

C'est par déshydratation des sels ammoniacaux ou des amides que l'on prépare les nitriles; on chauffe ces composés avec de l'anhydride phosphorique.

En présence de l'eau et des acides ou des alcalis, les nitriles reprennent les éléments de l'eau et donnent un sel ammoniacal et l'acide dont ils dérivent, ou un dégagement d'ammoniaque et un sel alcalin de cet acide :

$$CH^3-CAz + 2H^2O + HCl = CH^3-CO.OH + AzH^4Cl$$
$$CH^3-CAz + H^2O + KOH = CH^3-CO.OK + AzH^3.$$

485. **Formionitrile.** — Le nitrile le plus simple est le *formionitrile* appelé aussi *acide cyanhydrique* ou *acide prussique* :

$$H-CAz.$$

On peut l'obtenir en effet par la méthode générale de formation des nitriles, c'est-à-dire en déshydratant par l'anhydride phosphorique le formiate d'ammonium :

$$H-CO.OAzH^4 = 2H^2O + H-CAz.$$

Inversement, l'eau transforme l'acide cyanhydrique en acide formique et ammoniaque; cette réaction s'effectue facilement en présence des acides forts et des bases fortes :

$$H-CAz + 2H^2O = \underset{\text{Acide formique.}}{H-CO.OH} + AzH^3.$$

Le formionitrile est un acide faible : il rougit à peine le tournesol et ne déplace pas l'acide carbonique des carbonates. Cependant l'hydrogène peut être remplacé par une valence métallique :

$K-CAz$	Cyanure de potassium.
$Ag-CAz$	Cyanure d'argent.
$Hg=(CAz)^2$	Cyanure de mercure.

L'acide cyanhydrique se prépare soit à partir du cyanure de mercure, soit à partir du ferrocyanure de potassium.

On introduit dans un petit ballon du cyanure de mercure et de l'acide chlorhydrique, et l'on chauffe légèrement (fig. 229). Les vapeurs traversent un long tube disposé horizontalement, renfermant dans sa première moitié du marbre pour absorber l'acide chlorhydrique entraîné et, dans la seconde moitié, une matière avide d'eau, du chlorure de calcium. Elles sont condensées dans un tube enveloppé d'un mélange de glace et de sel marin.

On a la réaction

$$Hg(CAz)^2 + 2HCl = HgCl^2 + 2HCAz.$$

Le chlorure de mercure reste dissous dans l'excès d'acide chlorhydrique employé.

Propriétés. — C'est un liquide incolore, doué d'une odeur

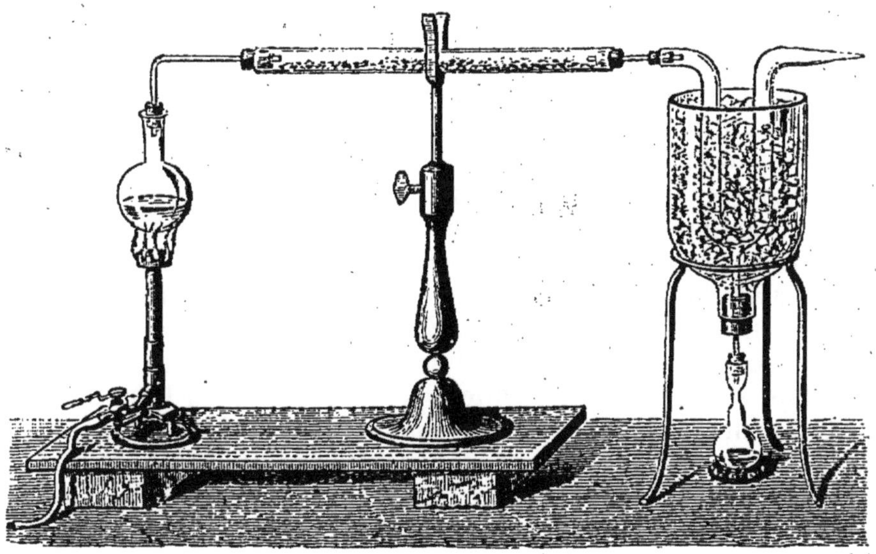

Fig. 229.

d'amandes amères. Il bout à + 26°,5 et se congèle à — 15°. La densité de vapeur est 0,93 (*poids moléculaire* : 27).

Au contact d'un corps incandescent, l'acide cyanhydrique prend feu et brûle avec une flamme blanche légèrement teintée de pourpre sur les bords; il se forme de l'anhydride carbonique, de l'eau, et l'azote est mis en liberté :

$$2HCAz + 5O = 2CO^2 + H^2O + 2Az.$$

C'est un acide très faible, qui rougit à peine la teinture de tournesol. Il ne décompose pas les carbonates.

L'acide cyanhydrique est un poison qui agit avec une extrême rapidité et dont les effets sont foudroyants. Quelques gouttes de ce liquide déposées sur l'œil d'un lapin suffisent pour amener, en quelques instants, la mort de l'animal au milieu de terribles convulsions.

486. **Oxalonitrile ou cyanogène.** — Le nitrile de l'acide oxalique s'obtient en déshydratant l'oxalate neutre d'ammonium par la chaleur en présence de l'anhydride phosphorique :

$$(CO.OAzH^4)^2 = 4H^2O + (CAz)^2.$$

Le corps ainsi obtenu reprend en effet les éléments de l'eau au contact des dissolutions des acides forts ou des alcalis, et forme de l'oxalate neutre d'ammonium; c'est la réaction inverse de la précédente.

L'oxalonitrile est intéressant à un autre point de vue : c'est un azoture de carbone, le *cyanogène*, et son étude rentre, par certains côtés, dans l'étude de la chimie minérale.

On n'a jamais observé la combinaison directe du carbone et de l'azote; le carbone reste inaltéré lorsqu'on le chauffe dans une atmosphère de gaz azote. Mais si l'on calcine des matières organiques azotées avec de la potasse, le carbone et l'azote de la matière organique et le potassium de la base forment une combinaison soluble dans l'eau, le *cyanure de potassium* KCAz, type d'une classe nombreuse de corps renfermant du carbone, de l'azote et un métal, les *cyanures*. En ajoutant une dissolution de cyanure de potassium et une dissolution d'un sel ferreux mélangé d'un sel ferrique, on obtient un précipité d'un beau bleu, qui était connu depuis longtemps sous le nom de *bleu de Prusse*. C'est en étudiant cette matière, qui est une combinaison de carbone, d'azote et de fer, que Gay-Lussac découvrit le cyanogène, en 1814 (*kuanos*, bleu; *gennao*, j'engendre).

Le cyanogène se comporte dans un grand nombre de réactions comme un corps simple. Pour exprimer ce fait, on représente le groupement CAz (*radical monovalent*) par le symbole Cy.

Préparation. — Il suffit de chauffer (fig. 250) le cyanure de mercure $Hg(CAz)^2$ pour le décomposer en mercure et cyanogène :

$$Hg(CAz)^2 = Hg + (CAz)^2.$$

Propriétés. — Le cyanogène est un gaz incolore, doué d'une odeur qui rappelle celle du kirsch. Sa densité est 1,8. Le poids moléculaire est donc environ 52 : ce qui correspond à la formule C^2Az^2 et non à la formule plus simple CAz.

L'eau en dissout 4 fois son volume environ à 15°; aussi ne peut-on le recueillir sur la cuve à eau.

Chauffons du cyanogène dans un tube de verre scellé, vers 500°, nous verrons se déposer sur les parois une matière brune (*paracyanogène*), identique à celle qui se forme lorsqu'on chauffe du cyanure de mercure. Inversement, chauffons du paracyanogène dans un vase clos vide d'air, vers 500°, du gaz cyanogène se dégagera, et, si nous enlevions le gaz à mesure qu'il se forme, nous obtiendrions la transformation complète du paracyanogène en cyanogène. Le *paracyanogène* est donc formé des mêmes élé-

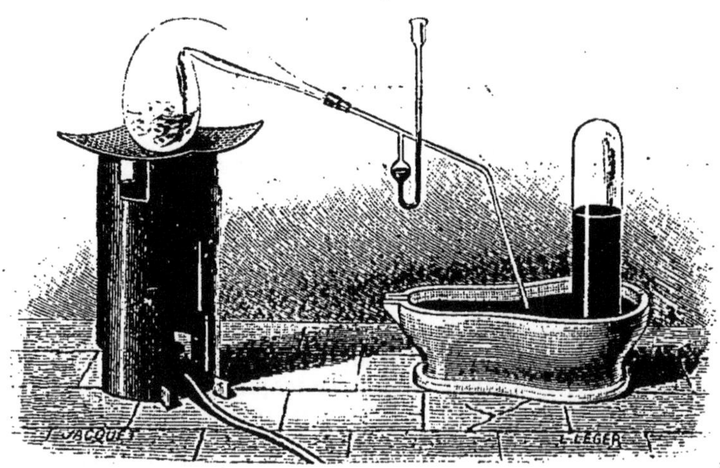

Fig. 250.

ments que le cyanogène unis dans les mêmes proportions; ces deux corps ne diffèrent que par leur état physique.

Le cyanogène brûle au contact de l'air avec une belle flamme pourpre. Si l'on fait cette expérience en enflammant le gaz contenu dans une éprouvette, et si l'on y verse quelques gouttes d'eau de chaux, une fois la combustion terminée, on observe la formation d'un précipité de carbonate de calcium. L'anhydride carbonique est donc un des produits de sa combustion :

$$C^2Az^2 + 4O = 2CO^2 + Az^2.$$

Un mélange à volumes égaux d'hydrogène et de cyanogène, chauffé vers 500°, donne l'acide *cyanhydrique*. Si l'on chauffe doucement du cyanogène dans une cloche courbe en présence d'un métal alcalin, tel que le potassium ou le sodium, le gaz est absorbé par le métal avec formation d'un cyanure de potassium ou de sodium.

Ces faits ont amené Gay-Lussac à rapprocher le cyanogène du chlore, du brome et de l'iode. Bien que ce soit un corps composé, il se comporte vis-à-vis de l'hydrogène et des métaux comme un corps simple. Les composés hydrogénés du cyanogène, du chlore, du brome et de l'iode sont formés par l'union de volumes égaux d'hydrogène et de ces corps; les cyanures se rapprochent des chlorures par un grand nombre de leurs réactions chimiques.

CHAPITRE XXXI

MATIÈRES COLORANTES NATURELLES ET ARTIFICIELLES ALCALOÏDES

487. Généralités. — Les matières colorantes les plus anciennement employées en teinture étaient presque toutes fournies par le règne végétal : indigo, garance, campêche, bois de teinture, etc. ; quelques-unes cependant sont d'origine minérale. C'est ainsi qu'en trempant une étoffe dans une dissolution d'un sel de fer au maximum, puis dans une lessive alcaline, on détermine la formation, dans le sein de la fibre, d'un précipité brun de sesquioxyde de fer, qui, suivant la concentration des liqueurs, donne des teintes rouille, chamois, nankin. On teint en bleu de Prusse en immergeant l'étoffe tout d'abord dans une dissolution d'un sel de sesquioxyde de fer, puis dans une dissolution de ferrocyanure de potassium ; le bleu de Prusse insoluble est retenu par la fibre.

Depuis que l'étude des produits retirés du goudron de houille par distillation a fait connaître un nombre considérable de bases nouvelles, l'industrie des matières colorantes artificielles s'est développée. Par la richesse et la variété de leurs teintes, par la facilité avec laquelle elles sont appliquées sur la fibre textile, par la modicité de leur prix, ces matières colorantes ont, en grande partie, remplacé les matières colorantes naturelles. Nous ajouterons que les principales matières colorantes naturelles ont pu être reproduites artificiellement (alizarine, indigo).

Les matières colorantes doivent être employées à l'état de dissolution, soit dans l'eau, soit dans les liqueurs acides ou alcalines, afin que la fibre textile (soie, laine, coton, fil) soit uniformément imprégnée. Mais tantôt la fibre attire la matière colorante et la fixe d'elle-même, tantôt il est nécessaire de faire intervenir une substance auxiliaire qui, adhérant à la fibre, fixe à son tour la matière colorante ; cette substance intermédiaire porte le nom de *mordant*.

On sait que l'alumine gélatineuse fixe les matières colorantes, avec lesquelles elle forme des *laques* ; le sesquioxyde de fer, le bioxyde d'étain précipités se comportent de même. On *mordance* une étoffe à l'alumine, au fer, à l'étain, en l'immergeant dans un bain convenablement choisi qui laisse les fibres imprégnées de l'oxyde métallique. Le choix du mordant n'est pas indifférent ; car une même matière colorante peut donner, suivant la nature de celui-ci, des teintes ou même des couleurs très différentes.

MATIÈRES COLORANTES NATURELLES.

488. Généralités. — Les matières colorantes végétales ne préexistent pas en général dans les plantes vivantes ; elles se développent le plus souvent aux dépens d'un principe colorant qui subit une sorte de fermentation et quelquefois une oxydation au contact de l'air. La lumière favorise ces réactions. Cependant, par une action prolongée, au contact de l'oxygène de l'air, des réactions peuvent se poursuivre qui amènent une décoration partielle ou totale de la substance; les matières colorantes ainsi altérables sont dites *mauvais teint.*

Le chlore détruit toutes les matières colorantes et les transforme en produits incolores solubles dans les alcalis.

Nous étudierons brièvement quelques-unes des matières colorantes naturelles aujourd'hui encore employées dans l'industrie.

489. Indigo. — Les plantes qui fournissent l'indigo sont cultivées dans les Indes Néerlandaises, les Indes Françaises et l'Amérique Centrale. Après la floraison, les tiges et les feuilles sont abandonnées à la fermentation en présence de l'eau. Au bout de quelque temps on agite le liquide au contact de l'air, ce qui détermine la formation d'un dépôt qu'on lave, qu'on exprime dans des toiles et qu'on fait sécher. L'indigo brut se présente sous la forme de morceaux irréguliers d'un bleu foncé à reflets cuivrés; il renferme d'ailleurs des proportions variables de matière colorante ou *indigotine.*

Dans la préparation de l'indigo, on admet généralement qu'un glucoside (88), l'*indican*, s'est dédoublé en une glucose et en *indigotine*, en fixant les éléments de l'eau.

L'indigo étant insoluble dans l'eau, on l'emploie à l'état soluble pour former les bains de teinture, soit en l'engageant dans une combinaison avec l'acide sulfurique, soit en le transformant en *indigo blanc.*

Dans le premier cas, on délaye l'indigo dans l'acide sulfurique fumant et, en reprenant par l'eau, on a un liquide d'un bleu intense dans lequel il suffit d'immerger l'étoffe : c'est la *teinture en bleu de Saxe.*

Dans la seconde méthode, on prépare ce que l'on appelle une *cuve à l'indigo.*

Par exemple, on éteint 15 kilogrammes de chaux vive dans 100 litres d'eau, puis on mélange avec une lessive alcaline, obtenue en dissolvant 5 kilogrammes de potasse caustique dans 20 litres d'eau et que l'on a fait bouillir pendant deux heures environ avec 5 à 6 kilogrammes d'indigo pulvérisé. Dans la cuve de teinture qui renferme, par exemple, 600 seaux d'eau, on dissout 10 kilogrammes de sulfate ferreux, et on verse le mélange précédent; on remue longuement et on laisse reposer. Dans la liqueur légèrement jaunâtre qui surnage, on immerge les étoffes, et il suffit ensuite de les exposer à l'air libre pour que l'oxydation de l'indigo blanc détermine la formation d'une couleur bleue.

Indigotine, $C^{16}H^{10}Az^2O^2$. — En chauffant légèrement de l'indigo brut dans un courant d'hydrogène, dans un tube de verre, on voit se former une vapeur d'un violet intense et se sublimer sur les parties froides du tube des prismes très déliés *d'indigotine*, d'un violet foncé et doués d'un beau reflet cuivré. On peut opérer plus simplement encore en chauffant au bain de sable une petite quantité d'indigo dans un têt en terre recouvert d'un têt renversé.

Mais en opérant ainsi par voie sèche on détruit une partie de la matière, et le rendement est faible. Il est plus avantageux de transformer l'indigo en indigo blanc et d'abandonner une dissolution alcaline de celui-ci à l'oxydation spontanée:

$$C^{16}H^{12}Az^2O^2 + O = C^{16}H^{10}Az^2O^2 + H^2O.$$

L'indigotine est insoluble dans l'eau; mais, en délayant l'indigo pulvérisé avec de l'acide sulfurique fumant, on obtient une masse de couleur très foncée qui se dissout dans l'eau; on obtient ainsi des liqueurs d'un beau bleu et d'une grande richesse de coloration.

La synthèse de l'indigo a été réalisée dans ces dernières années; mais les réactions qui y conduisent sont très complexes, et le prix de l'indigo de synthèse est tel, qu'on ne peut songer encore à l'employer industriellement.

Indigo blanc, $C^{16}H^{12}Az^2O^2$. — Les corps réducteurs décolorent l'indigotine et la transforment en indigo blanc :

$$C^{16}H^{10}Az^2O^2 + H^2 = C^{16}H^{12}Az^2O^2.$$

Inversément l'indigo blanc exposé à l'air prend de l'hydrogène et se transforme en indigotine.

On effectue la réduction de l'indigotine en maintenant en contact pendant quelques jours l'indigo pulvérisé avec de l'eau, du sulfate ferreux et de la chaux. La chaux déplace l'oxyde ferreux qui agit comme réducteur, en même temps qu'un excès de base dissout l'indigo blanc. On siphonne le liquide limpide à l'abri de l'air et on le mélange avec un excès d'acide chlorhydrique dans des vases hermétiquement fermés : l'indigo blanc se dépose ; on le décante et on le lave avec de l'eau bouillie, dans un courant d'acide carbonique et on le fait sécher dans le vide sur une plaque poreuse.

L'indigo blanc, insoluble dans l'eau, est soluble dans l'alcool et dans les lessives alcalines. Si l'on abandonne à l'air libre une telle dissolution, elle s'oxyde lentement et laisse déposer des cristaux d'indigotine.

C'est en s'appuyant sur ces transformations réciproques de l'indigotine et de l'indigo blanc qu'on prépare les *cuves d'indigo* employées en teinture.

490. **Garance.** — La garance, cultivée en Alsace et en Provence, fournit une des matières colorantes les plus précieuses. La culture de la garance a aujourd'hui beaucoup perdu de son importance et l'on emploie surtout en teinture l'*alizarine artificielle.*

La garance naturelle renferme plusieurs substances colorantes, dont deux seulement jouent un rôle en teinture, l'*alizarine* $C^{28}H^{8}O^{4}$ et la *purpurine* $C^{28}H^{8}O^{8}$; ces matières sont presque insolubles dans l'eau, mais solubles dans les alcalis, qu'elles colorent en rouge.

La racine fraîche de garance ne renferme pas de matières colorantes ; celles-ci se développent peu à peu avec le temps. La racine de garance s'emploie desséchée et pulvérisée ; divers produits commerciaux sont désignés sous le nom de *fleurs de garance* (garance lavée), de *garancine* (garance lavée, bouillie avec de l'acide sulfurique qui détruit la matière organique, lavée et séchée), d'*alizarine commerciale*, obtenue en soumettant la garancine à l'action de la vapeur d'eau surchauffée, enfin d'*extraits de garance* obtenus en extrayant par divers procédés les pigments colorés de la racine.

L'alizarine pure forme avec l'alumine une laque d'un *rouge grenat* et avec le sesquioxyde de fer une laque *violette*, d'autant plus belle qu'elle est plus pure ; elle teint les étoffes en rouge grenat ou en violet, suivant qu'elles sont mordancées à l'alumine ou au fer. La *purpurine* colore les étoffes mordancées à l'alumine en *rouge* franc. Elle ne donne pas de violet avec les étoffes mordancées au fer. C'est un mélange convenable d'alizarine et de purpurine (45 d'alizarine pour 55 de purpurine) qui fournit le *rouge garancé* si recherché. Les divers produits de la garance naturelle, renfermant ces deux principes colorants en quantité variable, ne sont pas identiques au point de vue tinctorial : la garancine, par exemple, est plus riche en purpurine que la garance naturelle, l'alizarine commerciale est plus riche en alizarine, car la purpurine, moins stable, a été détruite par la vapeur d'eau surchauffée.

Alizarine artificielle. — L'alizarine se prépare aujourd'hui industriellement à partir de l'anthracène. L'anthracène $C^{14}H^{10}$ est transformé tout d'abord par le mélange d'acide acétique et de bichromate de potassium en *anthraquinone* $C^{14}H^{8}O^{2}$; le brome transforme celle-ci en un dérivé bromé $C^{14}H^{6}Br^{2}O^{2}$ qui, fondu avec de la potasse, donne l'alizarine $C^{14}H^{8}O^{4}$:

$$C^{14}H^{6}Br^{2}O^{2} + 2KOH = 2KBr + C^{14}H^{6}(OH)^{2}O^{3}.$$

L'*alizarine artificielle* est livrée au commerce sous la forme d'une pâte renfermant la matière colorante combinée avec la potasse. Ce n'est pas une matière simple ; comme la garance naturelle, elle contient de l'alizarine en proportion variable, suivant que l'opération a été dirigée de telle ou telle façon ; mais elle contient aussi divers principes colorants, parmi lesquels le plus important est l'*isopurpurine*, isomère de la purpurine. Le mélange de ces deux matières donne l'*alizarine pour rouge*, teignant les étoffes mordancées à l'alumine en rouge garance. L'alizarine de synthèse, débarrassée des matières colorantes qui l'accompagnent, par un traitement approprié, teint seule les mordants de fer en un beau violet.

491. **Cochenille.** — La *cochenille* est une matière colorante rouge, fournie par le corps desséché d'un insecte hémiptère qui vit sur un Cactus (Nopal) croissant au Mexique, ou cultivé à Java, en Algérie, en Espagne. On la trouve dans le commerce sous la forme de petits grains irréguliers d'un rouge noir, qui se gonflent au contact de l'eau; elle doit ses propriétés tinctoriales à l'*acide carminique*, soluble dans l'eau.

Les tissus mordancés à l'alumine sont teints en rouge violacé; mais avec un mordant mixte formé d'alumine et d'oxyde d'étain on obtient un rouge ponceau; la laine mordancée à l'étain prend une belle couleur écarlate. Avec les mordants de fer, on obtient des gris violets ou des gris noirs.

En faisant macérer la cochenille avec de l'ammoniaque, on obtient la *cochenille ammoniacale*, qui donne en teinture des mauves et des amarantes.

C'est avec la cochenille que l'on prépare le *carmin*, obtenu généralement en épuisant la cochenille par l'eau bouillante et précipitant la liqueur par un sel acide (le sel d'oseille, par exemple); le carmin se dépose par le repos; on le lave et on le sèche. Le carmin pur doit être soluble entièrement dans l'ammoniaque.

492. **Orseille.** — Un certain nombre de lichens renferment des matières analogues à des glucosides (418) qui, en présence de l'eau et sous des influences diverses, se dédoublent en glucose et en un phénol diatomique, l'*orcine* $C^7H^6(OH)^2$. Lorsqu'on ajoute de l'ammoniaque à une solution aqueuse d'orcine et qu'on abandonne la liqueur au contact de l'air, elle se transforme en une matière colorante rouge, l'*orcéine* $C^7H^7AzO^3$.

Lorsqu'on expose à l'air les lichens arrosés d'une solution ammoniacale, une réaction analogue se produit et c'est ainsi que l'on prépare la matière colorante connue sous le nom d'*orseille*. L'orseille teint la laine et la soie sans mordant en rouge ou en violet, suivant la nature du produit; elle est surtout employée à l'état de mélange avec la cochenille, l'indigo, etc.

493. **Bois de teinture.** — Un certain nombre de bois renferment dans leur parenchyme des matières colorantes ou colorables fort employées, aujourd'hui encore, en teinture. Les matières colorantes ne se développent le plus souvent que peu à peu au contact de l'air. On emploie ces bois réduits en copeaux très fins, ou bien on les épuise par l'eau bouillante et, par évaporation sous basse pression, on en fait des extraits d'un transport et d'un emploi plus faciles; la fabrication de ces extraits tend à se faire de plus en plus sur les lieux de production.

Campêche. — Le *bois de Campêche*, ou bois noir fourni par un arbre épineux de la famille des Légumineuses, croît dans l'Amérique méridionale, au Mexique et aux Antilles. La principale matière colorante, soluble dans l'eau, est l'*hématine* ou *hématoxyline*. Le campêche donne avec les mordants d'alumine des violets gris, avec les mordants de fer des noirs, mais ces couleurs sont peu solides. Il sert à teindre le coton, la laine, la soie, le cuir.

Bois rouges. — On désigne sous le nom de *bois rouges* des bois qui, provenant d'espèces différentes de la famille des Légumineuses, renferment une même matière colorante rouge, la *brésiline*. Ces arbres croissent aux Indes Orientales, aux Antilles, dans l'Amérique méridionale. Les principales variétés sont les *bois de Fernambouc, de Brésil, de Sainte-Marthe et de Nicaragua, de Sapan ou du Japon*, etc. La *brésiline* est soluble dans l'eau : elle teint les tissus mordancés en rouge ou en rouge violacé.

Le *bois de Santal*, originaire des Indes Orientales, de Ceylan, peut servir à teindre en rouge la laine et le coton mordancés à l'alumine ou à l'étain.

Bois jaunes. — Un certain nombre de bois servent à la teinture en jaune : *bois de Brésil jaune, bois de Cuba*, etc., originaires de l'Amérique méridionale, de l'Amérique Centrale ou des Indes. Les matières colorantes jaunes sont le *morin* et l'*acide morintannique* : la première, peu soluble dans l'eau froide ; la seconde, très soluble. Les bois jaunes colorent les mordants d'alumine et d'étain en jaune clair ; les mordants d'oxyde de fer, en vert ou en gris.

On emploie également pour la teinture en jaune le *quercitron*, originaire d'Amérique ; la *gaude* contient un principe colorant d'un beau jaune, la *lutéoline*, peu soluble dans l'eau.

Le *bois de fustet* (Antilles, Hongrie, Tyrol) colore les mordants d'alumine en jaune orangé, les mordants d'étain en rouge orangé ; mais ces nuances sont fugaces, elles virent au rouge sous l'influence des alcalis et du savon.

MATIÈRES COLORANTES ARTIFICIELLES.

Indépendamment des matières colorantes naturelles, dont les principales ont été d'ailleurs reproduites synthétiquement, l'industrie de la teinture emploie aujourd'hui un grand nombre de matières tinctoriales artificielles qui tirent leur origine des hydrocarbures, des amines ou des phénols que l'on a extraits du goudron de houille. L'aniline brute a servi tout d'abord à préparer un certain nombre de produits tinctoriaux qui ont été désignés sous le nom de *couleurs d'aniline*. Dans ces dernières années, le nombre de ces matières colorantes s'est extraordinairement étendu.

494. Sels de rosaniline. — La *fuchsine*, obtenue en 1859 à l'aide de l'aniline commerciale, est un sel d'une triamine à fonction mixte, la rosaniline $C^{20}H^{21}Az^3O$. Les sels de cette base et en particulier le chlorure sont des matières colorantes rouges, douées d'un pouvoir tinctorial remarquablement intense. La base elle-même est incolore.

Il faut, pour obtenir la rosaniline, oxyder un mélange de 1 molécule d'aniline, 1 molécule d'orthotoluidine et 1 molécule de paratoluidine.

L'oxydant le plus généralement employé est l'acide arsénique ; une partie de cet acide est réduite à l'état d'anhydride arsénieux, l'autre partie forme un arséniate de rosaniline. On chauffe dans des vases en fonte 100 parties d'aniline commerciale contenant les proportions voulues d'aniline, d'ortho et de paratoluidine, dite *aniline pour rouge* (bouillant entre 185° et 205°), avec 140 parties d'acide arsénique. On reprend la masse solide par une lessive de carbonate de sodium, qui enlève l'acide arsénieux et l'excès d'acide arsénique. En faisant bouillir l'arséniate de rosaniline avec une dissolution de sel marin, le chlorhydrate de rosaniline, peu soluble à froid dans l'eau salée, se dépose, et l'arséniate de sodium reste dans la liqueur. Cette transformation en un chlorure peu soluble a en outre pour effet de séparer le sel de rosaniline de matières colorantes jaunes formées simultanément.

En ajoutant un excès d'ammoniaque, de potasse ou de soude à une dissolution faite dans l'eau chaude du chlorure de rosaniline, on déplace la base ou rosaniline, qui forme un précipité cristallin, incolore, peu soluble dans l'eau froide, plus soluble dans l'alcool.

C'est une base polyacide. Si, en particulier, l'acide est l'acide chlorhydrique, la première molécule donne

$$C^{20}H^{21}Az^3O + HCl = C^{20}H^{20}Az^3Cl + H^2O.$$

Le composé $C^{20}H^{20}Az^3Cl$ est la *fuchsine*, qui cristallise en octaèdres réguliers d'un beau vert mordoré ; il suffit d'une trace de cette substance pour communiquer à l'eau une couleur rouge-cramoisi intense. Cette liqueur teint la soie par simple immersion. Les réducteurs tels que le sulfhydrate d'ammoniaque, le mélange de zinc en poudre et d'acide chlorhydrique ou d'acide acétique la décolorent. La base est ainsi transformée en *leucorosaniline* $C^{20}H^{21}Az^3$, que les oxydants sont susceptibles de transformer de nouveau en rosaniline ou en un sel de rosaniline coloré.

495. Violets et bleu de rosaniline. — En chauffant la fuchsine à 160° avec un excès d'aniline, on obtient, suivant que la réaction est plus ou moins complète, deux matières colorantes violettes et une couleur bleue, toutes trois insolubles dans l'eau, mais solubles dans l'alcool.

Ce sont des chlorhydrates de trois bases qui diffèrent de la rosaniline en ce que 1, 2 ou 3 groupes phényles C^6H^5 se sont substitués à 1, 2 ou 3 atomes d'hydrogène dans autant de groupes AzH^2.

La série des trois bases sera donc

Base du violet rouge (*violet impérial*). .	$C^{40}H^{20}(C^6H^5)Az^3O$.
Base du violet bleu.	$C^{40}H^{19}(C^6H^5)^2Az^3O$.
Base du bleu.	$C^{40}H^{18}(C^6H^5)^3Az^3O$.

Les sels de ces bases et en particulier les chlorhydrates sont insolubles dans l'eau, mais solubles dans l'alcool; ils jouissent d'un pouvoir tinctorial considérable. Les réducteurs les transforment en *leurs bases* dont les dissolutions sont incolores et qui, comme dans le cas de la rosaniline, diffèrent de la base proprement dite par la perte de 1 atome d'oxygène.

Le bleu désigné sous le nom de *bleu de Lyon* ou *bleu de fuchsine* n'offre une teinte bleue pure que si on le débarrasse, par précipitation fractionnée dans l'alcool, des matières violettes qui prennent naissance dans la même réaction. Le bleu ainsi purifié porte le nom de *bleu lumière*, parce qu'il conserve sa teinte à la lumière artificielle.

Ce bleu est soluble dans l'acide sulfurique concentré, avec lequel il forme une combinaison soluble dans l'eau (*bleu soluble* ou *bleu Nicholson*). Cet acide sulfoné est insoluble dans l'eau : ses sels alcalins sont très solubles. Il suffit de plonger le tissu dans une dissolution de sel alcalin et d'ajouter un acide pour précipiter la matière colorante sur la fibre.

496. Violet Hofmann. — Violet de Paris. — En chauffant une dissolution alcoolique de rosaniline avec des éthers éthyl- ou méthyliodhydrique, on obtient des couleurs violettes connues sous le nom de *violet Hofmann*. Ces substances peuvent être considérées comme des sels d'une base nouvelle provenant de la substitution de 3 groupes méthyle CH^3 ou éthyle C^2H^5 à 3 atomes d'hydrogène des groupes AzH^2 dans la rosaniline :

$$C^{20}H^{18}(CH^3)^3Az^3O,$$
$$C^{20}H^{18}(C^2H^5)^3Az^3O.$$

On obtient plus économiquement un beau violet (*violet de Paris*) en préparant tout d'abord la diméthylaniline

$$Az\begin{cases}C^6H^5\\CH^3\\CH^3\end{cases} \quad \text{ou} \quad C^8H^{11}Az$$

et soumettant celle-ci à une oxydation ménagée; on a ainsi la base du violet :

$$3C^8H^{11}Az + 3O = 2H^2O + C^{24}H^{29}Az^3O.$$

On mélange l'amine tertiaire avec du nitrate de cuivre, du sel marin et de l'acide acétique, et 10 fois son poids de sable siliceux, de façon à former une pâte consistante, que l'on découpe en petites masses et que l'on chauffe à l'étuve vers 40°. Lorsque la matière colorante s'est développée, on mélange la masse avec un sulfure alcalin, pour sulfurer le cuivre, puis on reprend par l'eau et on précipite la matière colorante par le sel marin.

497. **Verts d'aniline.** — Dans la préparation du violet Hofmann, lorsqu'on prolonge l'action de l'éther méthyliodhydrique sur la rosaniline, on obtient une belle couleur verte : c'est le *vert à l'iode*, dont la base est une *rosaniline pentaméthylée* $C^{20}H^{18}(CH^3)^5Az^3O^2$.

On prépare un vert identique, mais plus économique, en faisant réagir en vase clos, à 95°, le chlorure de méthyle sur une dissolution rendue alcaline de méthylaniline dans l'alcool méthylique. En ajoutant à la dissolution du chlorure de zinc et du sel marin, on précipite une combinaison de la matière verte avec le chlorure de zinc (*chlorure de rosaniline pentaméthylée* ou *vert lumière*) : $C^{25}H^{31}Az^3Cl^2, ZnCl^2$.

498. **Noir d'aniline.** — Le noir d'aniline n'est pas une matière aussi nettement définie que les corps précédents. On teint directement en noir en imprégnant sur l'étoffe un mélange de chlorate de potasse, de chlorhydrate d'aniline et de chlorure de cuivre épaissi avec de l'empois d'amidon. Il suffit d'exposer l'étoffe à l'air pour que l'impression, tout d'abord incolore, prenne une belle teinte noir velouté, surtout si on lave l'étoffe avec une eau légèrement alcaline. L'emploi d'un sel soluble de cuivre présentant des difficultés et le chlorhydrate d'aniline attaquant les fibres textiles, il est préférable d'employer un mélange de tartrate d'aniline, de chlorhydrate d'ammoniaque, de chlorate de potassium et de sulfure de cuivre. Ce noir ne se fixe bien que sur coton.

ALCALOÏDES OU ALCALIS VÉGÉTAUX.

499. **Propriétés générales.** — Des combinaisons azotées douées de propriétés basiques, et que l'on désigne sous le nom d'*alcalis végétaux* ou d'*alcaloïdes*, ont été retirées de certains végétaux, où elles sont combinées à des acides organiques ; elles constituent plus souvent les principes actifs auxquels les plantes médicinales doivent leurs propriétés.

Les alcaloïdes sont en général peu solubles dans l'eau, plus solubles dans l'alcool et l'éther ; ils forment avec les acides des sels cristallisés. Parmi ces combinaisons salines, les plus importantes sont celles qu'ils forment avec l'acide chlorhydrique. Ces chlorures s'unissent avec le chlorure de platine pour donner des combinaisons insolubles analogues à celles que forme le chlorure d'ammonium. Tandis que quelques-uns de ces alcaloïdes ne se combinent, comme l'ammoniaque, qu'à une seule molécule d'acide chlorhydrique, d'autres s'unissent à 2 et même à 3 molécules d'hydracide.

500. **Alcaloïde de la ciguë.** — Les semences de la ciguë vireuse contiennent un alcaloïde, la *conicine* C^8H^7Az, que l'on sépare en distillant les semences avec une dissolution de carbonate de sodium.

La conicine est un liquide incolore bouillant à 167°, soluble dans l'eau.

501. **Alcaloïde du tabac.** — Les diverses variétés de tabac renferment des proportions variables de *nicotine* $C^{10}H^{14}Az^2$: le tabac du département du Lot en renferme 8 pour 100, le tabac de Virginie 7 pour 100, le tabac de Maryland 2,3 pour 100 et le tabac de la Havane 2,0 pour 100.

Pour extraire la nicotine, on épuise le tabac par l'eau bouillante et on évapore la liqueur au bain-marie à consistance de sirop ; on ajoute un volume double d'alcool et on laisse reposer. La couche alcoolique qui surnage est séparée, évaporée ; l'extrait est mélangé avec de la potasse caustique qui met la nicotine en liberté, puis agité avec de l'éther qui dissout la nicotine ; on évapore l'éther au bain-marie, et on distille le résidu dans une petite cornue tubulée, dans un courant d'hydrogène, en ne recueillant que ce qui passe à 180°.

La nicotine est un liquide incolore, qui à l'air se colore en brun et se résinifie. Elle bout vers 241° en se décomposant partiellement ; soluble dans l'eau, elle est plus soluble encore dans l'alcool et dans l'éther.

La nicotine est une base énergique ; elle précipite les oxydes métalliques de leurs dissolutions. Elle exige pour se saturer 2 molécules d'un acide monobasique; ainsi la formule de son chlorhydrate est

$$C^{10}H^{14}Az^2, 2HCl.$$

La nicotine est un poison redoutable; elle exerce surtout son action sur les centres nerveux.

502. **Alcaloïdes de l'opium.** — La sève qui s'écoule d'incisions pratiquées aux capsules des diverses espèces de pavots, s'épaissit à l'air. Cette matière, façonnée en pains de couleur brune, est connue dans le commerce sous le nom d'*opium*, et l'on distingue, suivant la provenance, les opiums de Smyrne, de Constantinople, d'Egypte.

On peut extraire de l'opium où elles sont unies à divers acides organiques :

Morphine. . . .	$C^{17}H^{19}AzO^3$	Papavérine	$C^{21}H^{21}AzO^4$
Codéine	$C^{18}H^{21}AzO^3$	Narcotine	$C^{22}H^{23}AzO^7$
Thébaïne. . . .	$C^{19}H^{21}AzO^3$	Narcéine	$C^{23}H^{29}AzO^9$

La *morphine* est la plus importante de ces bases. Pour l'extraire, on fait macérer l'opium coupé en tranches avec 7 à 8 fois son poids d'eau froide, on malaxe la matière solide, on filtre et on renouvelle ce traitement jusqu'à ce que l'opium ne cède plus rien au liquide. On obtient ainsi l'*extrait aqueux d'opium*, que l'on concentre jusqu'à consistance sirupeuse, et d'où on précipite la morphine en saturant le liquide encore chaud par du carbonate de sodium ou de l'ammoniaque; la morphine, peu soluble à froid, se dépose. On la purifie en la dissolvant dans l'alcool bouillant, qui la laisse déposer par le refroidissement en petits cristaux prismatiques contenant une molécule d'eau de cristallisation.

La morphine est très peu soluble dans l'eau froide : elle se dissout dans 500 fois son poids d'eau bouillante, dans 40 parties d'alcool froid, dans 25 parties d'alcool bouillant.

Le chlorure d'or et l'azotate d'argent sont réduits par la morphine; la dissolution de permanganate de potassium est décolorée. Lorsqu'on ajoute une petite quantité de morphine réduite en poudre à une dissolution de chlorure ferrique, la liqueur prend une couleur bleue caractéristique de cette base.

Le plus important de ses sels est le chlorhydrate $C^{17}H^{19}AzO^3, HCl + 3H^2O$, qui cristallise en aiguilles soyeuses, solubles dans l'eau et surtout dans l'alcool. La dissolution aqueuse de ce chlorhydrate est employée en médecine, comme calmant, à la dose de quelques centigrammes, en injections sous-cutanées; à dose élevée, les sels de morphine sont des poisons redoutables.

503. **Alcaloïdes des quinquinas** [1]. — Les écorces de *quinquina* contiennent, combinées à des acides organiques et en particulier à l'*acide quinique* $C^6H^7(OH)^4.CO^2H$ un assez grand nombre d'alcaloïdes oxygénés, dont les principaux sont :

Quinine.	$C^{20}H^{24}Az^2O^2 + 3H^2O.$
Cinchonine	$C^{19}H^{22}Az^2O.$
Cinchonidine	$C^{19}H^{22}Az^2O.$

Les arbres à quinquina (*cinchona*) croissent dans les Cordillères, dans le Vénézuela, en Bolivie ; on les cultive aujourd'hui à Java et dans les Indes.

Pour extraire les bases de l'écorce de quinquina, on réduit celle-ci en poudre fine, on la triture avec de la chaux et on lave le mélange avec de l'alcool bouil-

1. Le quinquina a été introduit en Europe en 1640. La comtesse del Cinchon, femme du vice-roi du Pérou, ayant été guérie de la fièvre par cette écorce, le quinquina fut connu tout d'abord sous le nom de *poudre de la comtesse*.

Suivant les espèces qui les fournissent, on distingue trois quinquinas vrais : le *quinquina gris*, riche en cinchonine, le *quinquina jaune*, plus riche en quinine, et le *quinquina rouge*, renfermant de la quinine et de la cinchonine.

lant ou, plus économiquement, avec des huiles lourdes de pétrole; la chaux déplace les alcalis, qui se dissolvent dans les essences carburées. Il suffit d'agiter celles-ci avec de l'acide sulfurique étendu d'eau pour dissoudre la quinine et la cinchonine à l'état de sulfates. En évaporant ces liquides acides on fait cristalliser le sulfate de quinine; le sulfate de cinchonine reste dans les eaux mères.

Il suffit d'ajouter de l'ammoniaque à la dissolution du sulfate de quinine pour isoler l'alcaloïde, qui se présente alors sous la forme d'un précipité caséeux, amorphe. La quinine se dissout dans 400 parties d'eau bouillante, dans 2 parties d'alcool froid; elle se dissout également très bien dans les huiles grasses et les huiles hydrocarburées.

Le sulfate neutre de quinine $(C^{20}H^{24}Az^{2}O^{2})^{2},SO^{4}H^{2}+8H^{2}O$ cristallise en longues aiguilles minces, incolores, très légères, peu solubles dans l'eau; la dissolution est d'une amertume extrême. Ces cristaux se dissolvent dans un excès d'acide sulfurique en formant un sulfate neutre $C^{20}H^{24}Az^{2}O^{2},SO^{4}H^{2}+7H^{2}O$ plus soluble dans l'eau que le précédent. La dissolution sulfurique du sulfate de quinine montre une belle fluorescence bleue.

Le sulfate de quinine est employé comme fébrifuge; le sulfate de cinchonine est moins actif.

504. Alcaloïdes des strychnos. — Les plantes appartenant au genre *strychnos* doivent leurs propriétés toxiques à deux alcaloïdes :

La *strychnine*. . . . . $C^{21}H^{22}Az^{2}O^{2}$.
La *brucine* . . . . $C^{23}H^{26}Az^{2}O^{4}+4H^{2}O$.

C'est de la *noix vomique* que l'on extrait le plus important de ces alcaloïdes, la strychnine.

Le procédé d'extraction le plus simple consiste à faire bouillir la noix vomique pulvérisée avec de l'acide sulfurique étendu. On précipite les deux bases de la dissolution acide en saturant avec de la chaux, et on reprend le précipité par l'alcool bouillant, qui laisse déposer la strychnine par le refroidissement.

La strychnine est cristallisée en octaèdres orthorhombiques incolores. Elle est très peu soluble dans l'eau, insoluble dans l'alcool absolu et dans l'éther; elle se dissout dans l'alcool ordinaire.

Elle fonctionne comme base monacide et forme des sels bien définis et cristallisables :

Chlorhydrate de strychnine. . . . $C^{21}H^{22}Az^{2}O^{2},HCl+3/2H^{2}O$.
Sulfate — . . . . $(C^{21}H^{22}Az^{2}O^{2})^{2}SO^{4}H^{2}+7H^{2}O$.
Azotate — . . . . $C^{21}H^{22}Az^{2}O^{2},AzO^{3}H$.

Les sels de strychnine sont des poisons terribles, qui produisent des effets mortels à la dose de quelques centigrammes; on les emploie en médecine à des doses extrêmement faibles.

CHAPITRE XXXII

MATIÈRES ALBUMINOÏDES — MATIÈRES GÉLATINEUSES

MATIÈRES ALBUMINOÏDES.

505. **Propriétés générales.** — Les matières albuminoïdes, dont le type est l'albumine de l'œuf de poule, sont des matières azotées neutres, très répandues dans l'organisme. Leur composition est complexe : elles renferment du carbone, de l'hydrogène, de l'oxygène, de l'azote et de petites quantités de soufre, et leur composition élémentaire diffère peu de la suivante :

Carbone	53,5
Hydrogène	6,9
Azote	15,6
Oxygène	22,4
Soufre	1,6
	100,0

Nous distinguerons l'*albumine du blanc d'œuf*, l'*albumine du sang* ou *sérine*, la *fibrine*, la *caséine* et les *albumines végétales*.

Les matières albuminoïdes sont amorphes et incolores; elles n'ont ni odeur, ni saveur; desséchées, elles forment des masses blanches ou jaunâtres, translucides et susceptibles de se gonfler au contact de l'eau. Elles existent généralement à l'état soluble dans l'organisme, et se coagulent, c'est-à-dire deviennent insolubles, soit par la chaleur, soit par certains agents chimiques.

Les sels de plomb, de cuivre, précipitent leurs dissolutions.

Soumises à la distillation sèche, elles laissent un résidu charbonneux brillant, boursouflé, riche en azote, en même temps qu'elles dégagent de l'eau, des composés ammoniacaux, des bases parmi lesquelles se trouve l'aniline, et enfin des hydrocarbures.

506. **Albumine.** — Le blanc de l'œuf[1] de poule est en grande

1. Les œufs des divers oiseaux paraissent renfermer des albumines douées de propriétés un peu différentes. Aussi convient-il de prendre comme type l'albumine de l'œuf de poule, la seule d'ailleurs qui ait des applications.

partie formé d'une matière albuminoïde soluble dans l'eau et coagulable par la chaleur : c'est l'*albumine* proprement dite.

Pour extraire l'albumine, on délaye dans l'eau des blancs d'œufs, on filtre à travers un linge et l'on ajoute une dissolution de sous-acétate de plomb jusqu'à cessation de précipité. Celui-ci est recueilli, soigneusement lavé, mis en suspension dans l'eau et décomposé par un courant de gaz carbonique; il se précipite du carbonate de plomb et l'albumine se dissout de nouveau. On débarrasse la liqueur d'une trace de plomb dissoute par quelques gouttes d'hydrogène sulfuré, on chauffe doucement au bain-marie de façon à déterminer un commencement de coagulum qui entraîne le sulfure de plomb, on filtre et on évapore à une température qui ne doit pas dépasser 40° à 50°.

On obtient ainsi une masse transparente, amorphe, jaunâtre, qui se dissout lentement dans l'eau en toutes proportions.

Sèche, l'albumine peut être chauffée au delà de 100° sans perdre sa solubilité dans l'eau; mais sa dissolution se coagule lorsqu'on la chauffe, la température à laquelle se produit le changement d'état dépendant de la concentration de la liqueur; une dissolution concentrée commence à se troubler vers 60°; très étendue d'eau, elle ne laisse déposer quelques flocons que vers 90°.

L'alcool concentré précipite l'albumine de ses dissolutions; il en est de même des acides sulfurique et chlorhydrique; mais un excès d'acide chlorhydrique redissout le précipité. L'acide azotique, l'acide métaphosphorique coagulent complètement l'albumine; par contre, l'acide orthophosphorique, l'acide acétique et les autres acides organiques sont sans action.

Un grand nombre de sels précipitent l'albumine, en formant avec elle des combinaisons : tels sont le sous-acétate de plomb, le bichlorure de mercure, l'azotate d'argent.

L'albumine coagulée par la chaleur est insoluble dans l'eau, l'alcool, l'éther ; les dissolutions alcalines la dissolvent difficilement si elles sont étendues; les dissolutions concentrées la dissolvent rapidement. Elle se gonfle dans l'acide acétique et s'y dissout peu à peu; l'acide chlorhydrique étendu ne la dissout pas; si l'acide est concentré, la dissolution a lieu avec transformation de l'albumine en *syntonine*. En présence de l'acide chlorhydrique étendu et de la *pepsine* (ferment non figuré, qui existe dans le suc gastrique), l'albumine coagulée se dissout vers 35°, en se transformant en *peptone* (509).

507. Fibrine. — La fibrine est la matière albuminoïde qui se sépare du sang par la coagulation spontanée de ce liquide.

Le sang des animaux supérieurs est formé d'un liquide aqueux, le *plasma*, renfermant de la fibrine, une albumine un peu différente de l'albumine du blanc d'œuf ou *sérine* et des sels divers dans lesquels nagent des globules rouges ou *hématines*, des globules blancs et des granulations beaucoup plus petites ou *granulations hématiques*.

Sans parler des gaz, 1000 parties de sang humain renferment en moyenne :

Eau	781,60
Globules secs	135,00
Albumine	70,00
Fibrine	2,50
Sels solubles	8,40
Graisses	1,60
Phosphates terreux	0,35
Fer	0,55
	1000,00

Au sortir de la veine, le sang se coagule en quelques minutes et se sépare en deux masses distinctes : l'une rouge, formée par la *fibrine* coagulée qui emprisonne les globules, l'autre légèrement jaunâtre, le *sérum*.

Si l'on bat le sang frais avec un petit balai, la fibrine s'attache à celui-ci sous forme de filaments qui peuvent être débarrassés complètement de globules rouges par un lavage à l'eau; on lave à l'alcool et à l'éther pour enlever les matières grasses.

La fibrine se présente en masses fibreuses grisâtres, opaques, élastiques; elle est insoluble dans l'eau, l'alcool, l'éther; elle est très soluble dans l'acide acétique et dans les alcalis. Elle se gonfle et se dissout en partie lorsqu'on la fait digérer vers 40° avec diverses solutions salines neutres (salpêtre, sel marin, sulfate de sodium). Lorsqu'elle est humide, elle se putréfie facilement pendant les chaleurs de l'été.

508. **Caséine.** — Le lait des mammifères est une dissolution aqueuse de sels minéraux divers et de lactose dans laquelle se trouve partie en suspension, partie en dissolution, une matière albuminoïde, la *caséine*, et qui tient en suspension des globules gras. Ces globules gras apparaissent, lorsqu'on examine une goutte de lait au microscope, comme de petits sphéroïdes entourés d'un fin liséré brillant, que l'on a cru être une membrane. Il n'en est rien : les globules gras sont disséminés dans le liquide à l'état d'émulsion, et se séparent peu à peu du liquide pour former à la surface une couche de crème, émulsion de matière grasse plus riche que la précédente. Par le battage, on réunit ces globules, et c'est ainsi que l'on fabrique le *beurre*; le liquide clair forme le

petit-lait. Ces phénomènes sont analogues à ceux que l'on obtient lorsqu'on ajoute de l'huile à une dissolution de savon à 1 pour 100 ; en agitant vivement, on obtient un liquide blanc d'apparence homogène, d'où les globules de matière grasse, plus légers que le liquide, se séparent peu à peu.

La caséine est en partie en suspension dans le lait, en partie dissoute. On la sépare du lait écrémé en additionnant celui-ci d'un acide (acide chlorhydrique, acide sulfurique) qui coagule la caséine; celle-ci se sépare en flocons compacts, qu'on lave à l'eau, à l'alcool et à l'éther. On sépare également du lait la majeure partie de la caséine en filtrant le lait écrémé au travers d'un cylindre poreux et à l'aide du vide.

La caséine ainsi obtenue est insoluble dans l'eau, mais elle se dissout dans une lessive alcaline, d'où l'alcool la précipite de nouveau. Elle est précipitée de ses dissolutions très faiblement alcalines par les acides, un grand nombre de sels neutres, tels que le chlorure de sodium, le sulfate de magnésium. La *présure*[1] (*estomac du veau*) coagule le lait; c'est ainsi que l'on fait cailler le lait destiné à la fabrication des fromages. Pendant les chaleurs de l'été, le sucre de lait fermente et se transforme en acide lactique qui, acidifiant ce liquide, détermine la coagulation de la caséine : on dit que le lait *tourne*.

On empêche le lait de tourner en l'additionnant de quelques millièmes de carbonate de sodium ou mieux de borax, de façon à le maintenir légèrement alcalin ; mieux encore en le *pasteurisant* ou en le *stérilisant* (511).

509. Syntonine. — Peptones. — Sous l'influence de l'acide chlorhydrique étendu ou de la pepsine du suc gastrique, les matières albuminoïdes éprouvent des transformations qui en modifient profondément les propriétés physiques.

En épuisant par l'eau froide de la viande fraîche hachée finement, puis maintenant en digestion le résidu insoluble avec de l'acide chlorhydrique à 1 pour 1000, on obtient un liquide qui, filtré, est neutralisé par un carbonate alcalin. On a ainsi un précipité blanc, floconneux, de *syntonine*, insoluble dans l'eau, soluble dans l'acide chlorhydrique étendu.

En présence de très petites quantités d'acide chlorhydrique, la *pepsine* ou diastase du suc gastrique transforme les matières albuminoïdes en *peptones*, solubles dans l'eau, déliquescentes,

1. La *présure* est un ferment soluble sécrété par la muqueuse stomacale des jeunes mammifères en lactation; elle disparait lorsque le régime lacté cesse et fait place à la *pepsine*. Le caillé formé par la présure est inversement transformé en matières solubles et assimilables par une autre diastase, la *caséase*, contenue dans le suc pancréatique (Duclaux).

insolubles dans l'alcool. Les solutions aqueuses de peptone ne sont précipitées ni par les alcalis, ni par les acides.

510. Albumines végétales. — Les organes des végétaux renferment un grand nombre de matières azotées que l'on doit rapprocher des matières albuminoïdes.

Les plus importantes sont celles qui constituent le *gluten*. Cette substance, qui reste comme résidu du lavage de la farine des graminées (433), est une masse grise élastique, de composition complexe et fort mal connue; une partie de la matière est insoluble dans l'alcool et, comme elle présente les propriétés générales de la caséine, on lui donne le nom de *gluten-caséine*; de la partie soluble dans l'alcool on peut isoler un *gluten-fibrine* analogue à la fibrine animale.

L'eau qui a servi au lavage de la farine, débarrassée de toute trace de fécule par filtration, tient en dissolution une *albumine* analogue à celle que contient le blanc d'œuf; il suffit, en effet, de l'aciduler et de la porter à l'ébullition pour obtenir un coagulum.

Les graines des légumineuses et les graines oléagineuses ne contiennent pas de gluten soluble dans l'alcool, mais renferment, indépendamment de l'albumine soluble dans l'eau et coagulable par la chaleur, des matières albuminoïdes (*légumines*) insolubles dans l'eau pure, solubles dans les liqueurs alcalines étendues, précipitables de ces dissolutions par les acides faibles, analogues par conséquent à la caséine végétale.

511. Putréfaction. — Conservation des matières alimentaires. — Les matières albuminoïdes, et d'une façon plus générale tous les liquides de l'organisme ou les masses musculaires, sont le siège de transformations chimiques complexes, accompagnées ou non d'un dégagement de gaz putrides et du développement d'êtres organisés analogues à des ferments, dont l'ensemble constitue la *putréfaction*. Les milieux qui subissent ces transformations sont d'une nature complexe et renferment un grand nombre d'éléments fermentescibles qui rendent l'étude de ces phénomènes fort difficile. On doit considérer cependant la putréfaction comme la résultante d'un grand nombre de fermentations distinctes, dues à des ferments organisés ou aux diastases qu'elles sécrètent.

Si la putréfaction est liée comme les fermentations au développement d'êtres vivants, le problème de la conservation des matières organisées revient à l'étude des conditions dans lesquelles il convient de se placer pour paralyser pendant un temps plus ou moins long les fonctions vitales de ces organismes ou à les suspendre définitivement.

Froid. — Le froid arrête le développement des germes et suspend leur action. On a trouvé à la fin du siècle dernier sur les bords de la mer Glaciale, à l'embouchure de la Léna, des cadavres d'animaux appartenant à des espèces aujourd'hui disparues, enfouis dans le sol ou emprisonnés dans des blocs de glace et qui étaient dans un parfait état de conservation. Des moutons, des bœufs abattus en Australie ou à la Plata sont congelés à — 15°, transportés en Europe dans des chambres frigorifiques et conservés pendant plusieurs mois, sans qu'ils subissent d'altération, à quelques degrés au-dessous de 0°. Le froid est aujourd'hui un des principaux agents de conservation des matières alimentaires employés industriellement et l'emploi de chambres frigorifiques tend à se développer.

Mais le froid ne tue pas les germes, certains d'entre eux du moins; on en a vu résister à une température de — 40° et même de — 80°; momentanément paralysés, ils reprennent toute leur activité dès que l'action du froid est suspendue.

Chaleur. — Maintenue pendant quelques minutes, une température de 140° tue tous les germes de fermentation. On peut même abaisser la température à 120°, ce qui permet d'exposer à l'action de la chaleur et de désinfecter les vêtements et les objets de literie souillés par les germes des maladies contagieuses, sans inconvénient pour les tissus.

Si la chaleur est *humide*, on peut descendre à 110°. C'est ainsi que le lait maintenu pendant cinq minutes à 110° en vases clos, puis enfermé dans des bouteilles ou des boîtes étanches, est dépouillé non seulement des bacilles des maladies infectieuses (tuberculose, fièvre typhoïde,...), mais encore de tous les êtres vivants qui sont susceptibles de l'altérer; il est *stérilisé*, et peut être conservé pendant fort longtemps. Même à 70° (*pasteurisation*) il a déjà perdu tous les germes des maladies infectieuses, mais alors la durée de conservation est moindre. La fabrication des conserves de viandes ou de légumes dans des boîtes scellées est fondée sur ce même principe.

Dessiccation. — La *dessiccation*, en faisant disparaître les liquides qui baignent les tissus, gêne la propagation des germes qui se déposent à leur surface; les tissus musculaires parfaitement desséchés, les légumes et les fruits secs se conservent pendant fort longtemps, à l'abri de l'humidité, sans subir d'altération.

C'est à ces agents d'ordre purement physique que l'industrie de la conservation des matières alimentaires doit rigoureusement se limiter. Il est d'autres agents d'ordre chimique, les *antiseptiques*, qui produisent des effets analogues et qui sont employés plus particulièrement comme désinfectants. Tels sont : le chlore et les hypochlorites; le gaz sulfureux et les sulfites; l'acide nitrososulfurique; le chlorure mercurique; les sels de zinc; l'acide borique et le borax; l'acétate d'aluminium; l'alcool; l'acide benzoïque, l'acide salicylique; les phénols.

MATIÈRES GÉLATINEUSES.

512. Propriétés générales. — On donne le nom de *matières gélatinisables* à des substances qui, sous l'action de l'eau bouillante, ou mieux de l'eau surchauffée, se transforment en une matière soluble dans l'eau et qui se prend en gelée par le refroidissement, la *gélatine*. Tels sont le *tissu conjonctif* (ligaments musculaires, tendons, peau) et la matière animale des os, l'*osséine*. Le *tissu cartilagineux* soumis à l'action de l'eau sous pression ne donne pas de gélatine, mais de la *chondrine*, qui par quelques-unes de ses propriétés diffère de la gélatine.

Les matières gélatinisables et les matières gélatineuses ont une composition élémentaire très voisine de celle des substances albuminoïdes :

	Colle de poisson.	Osséine de bœuf.
Carbone	50,8	50,2
Hydrogène	6,6	7,1
Azote	18,3	18,4
Oxygène et soufre	24,3	24,3
	100,0	100,0

513. Gélatine. — On prépare une gélatine de qualité inférieure à l'aide de matières très diverses (*colles-matières*), telles que débris de peaux vertes, rognures de cuir, débris de peaux provenant des tanneries, des mégisseries, etc. On fait digérer ces substances avec un lait de chaux afin de les débarrasser des poils, de la graisse, du sang, puis, après lavage, on chauffe avec de l'eau sous pression, à 120°, dans des chaudières à double fond. Le liquide soutiré se prend par le refroidissement en une masse gélatineuse. On obtient ainsi la *colle*.

On réserve le nom de *gélatine* à celle que l'on obtient à l'aide des os d'animaux domestiques[1]. On dissout la matière minérale de l'os à l'aide de l'acide chlorhydrique étendu, puis on soumet l'osséine ainsi mise à nu à la coction dans une chaudière fermée; on prépare de cette façon une gélatine de très bonne qualité. Les eaux acides qui ont dissous le phosphate de calcium servent à la préparation de l'acide phosphorique, et par suite du phosphore et des phosphates.

Mais on préfère généralement faire bouillir les os frais avec de l'eau pour les débarrasser des matières grasses, puis les soumettre directement à la coction dans un autoclave dont l'eau est portée à la température de 130°. On transforme ainsi l'osséine en gélatine, qui se sépare de l'eau par le refroidissement. Le résidu (*os dégélatinisés*) peut servir à la préparation du noir animal.

On prépare une gélatine très pure, connue sous le nom de *colle de poisson* ou *ichtyocolle*, avec la vessie natatoire de l'esturgeon. Cette gélatine peut être employée à la confection de gelées alimentaires et au collage des vins. C'est avec les variétés les moins pures que l'on prépare les colles fortes, colles à bouche, etc.

La gélatine se gonfle dans l'eau froide sans s'y dissoudre, mais elle se dissout dans l'eau chaude; pour peu qu'elle renferme 3 pour 100 au moins de substances dissoutes, la liqueur se prend en gelée par le refroidissement. Les alcalis, les acides et même l'acide acétique la dissolvent à froid.

Elle est précipitée par l'alcool de ses dissolutions; elle n'est précipitée ni par l'alun, ni par l'acétate ou le sous-acétate de plomb, et elle se distingue en cela de la *chondrine*. Le tannin précipite abondamment et complètement la gélatine, avec laquelle il forme une combinaison imputrescible; c'est sur cette propriété qu'est fondé le *tannage des peaux*, car les matières gélatinisables, telles que la peau, jouissent de la même propriété.

1. Les os frais renferment en moyenne :

Eau	50
Matières grasses	15,75
Osséine	12,40
Matières minérales	21,85

Privés d'eau par la dessiccation, ils contiennent en centièmes :

Matières organiques	38,2

et des matières minérales qui peuvent être ainsi groupées, arbitrairement d'ailleurs :

Phosphate tricalcique	50,1
Carbonate de calcium	11,7

Cette composition est celle des os spongieux; les os compacts sont plus riches en matière minérale.

Tableau I

Chaleurs de formation des principales combinaisons de l'hydrogène et des métaux avec les métalloïdes de la première famille pris à l'état gazeux.

	Fluor.		Chlore.		Brome.		Iode.	
	1	2	1	2	1	2	1	2
	c.	c.	c.	c.	c.	c.	c.	c.
Hydrogène : HR. .	+38,6	+50,4	+22,0	+39,3	+13,5	+33,5	— 0,8	+18,4
Potassium : KR. .	112,2	108,1	105,0	100,8	100,4	95,0	+85,4	80,1
Sodium : NaR. . .	110,8	110,6	97,3	96,2	90,7	90,4	74,2	75,5
Ammonium : AzH⁴R	87,7	85,6	76,0	72,7	71,2	66,9	56,0	52,5
Argent : AgR . . .	30,9	25,7	29,2	»	27,7	»	19,7	»
Calcium : CaR² . .	219,8	»	170,2	187,6	151,6	176,0	118,6	146,2
Magnésium : MgR².	212,8	»	151,0	187,0	»	»	»	»
Zinc : ZnR²	»	»	97,2	112,8	86,2	101,2	60,0	71,1
Fer : FeR²	»	»	82,0	100,0	»	»		»
— Fe²R⁶	»	»	192,0	255,7	»	»		»
Aluminium : Al²R⁶	»	»	321,8	475,6	265,2	439,0	172,6	350,6
Plomb : PbR². . .	92,4	»	85,2	78,4	77,0	67,0	52,8	»
Cuivre : Cu²R². . .	»	»	71,2	»	60,0	»	43,8	»
— CuR². . .	»	»	51,6	62,6	42,8	51,0	»	»
Mercure : Hg²R². .	»	»	81,8	»	78,4	»	58,4	»
— HgR² . .	»	»	62,8	59,6	59,8	56,4	44,8	»

Nota. — R représente le métalloïde : F, Cl, Br, I. Si Br est liquide, retrancher +4,0 ; si I est solide, retrancher +5,4.

Dans la colonne 1, la chaleur de formation est celle du composé gazeux ou solide, suivant son état actuel ; dans la colonne 2, le corps est dissous.

Tableau II

Chaleurs de formation des principales combinaisons de l'hydrogène et des métaux avec l'oxygène et avec le soufre.

	Oxygène. 1	Oxygène. 2	Soufre. 1	Soufre. 2		Oxygène.	Soufre.
	c.	c.	c.	c.		c.	c.
Hydrogène : H^2R .	+58,2 (gaz)	+69,0 (liq.)	+ 4,6 (gaz)	+ 9,2	Zinc : ZnR	86,4	43,1
— H^2R^2.	»	47,4	»	»	Manganèse : MnR.	94,8	45,2
Potassium : K^2R .	97,2	164,6	102,2	112,4	Fer : FeR	69,0	23,8
— K(RH).	104,3	116,8	»	»	Plomb : PbR. . .	51,0	17,8
Sodium : Na^2R . .	100,2	155,2	88,4	103,2	Cuivre : Cu^2R . .	42,0	20,2
— Na(RH).	102,3	112,1	»	»	— CuR. . .	40,4	10,2
Argent : Ag^2R. . .	7,0	»	3,0	»	Mercure : Hg^2R. .	42,2	»
Calcium : CaR . .	132,0	150,1	92,0	98,0	— HgR . .	31,0	19,8
— $Ca(RH)^2$	216,0	219,1	»	»			
Magnésium : MgR.	145,8	»	79,6	»			
— $Mg(RH)^2$.	218,8	»	»	»			

Nota. — R représente O ou S.

Le soufre est supposé solide; pour avoir la chaleur de formation à partir du soufre gazeux, ajouter +2,6 chaleur de condensation de 1 atome de soufre.

Dans la colonne 1, les corps sont pris dans leur état actuel *gazeux* ou *solide*, sauf pour l'eau, qui est liquide.

Dans la colonne 2, les nombres se rapportent à l'état liquide ou dissous.

Les oxydes ou sulfures, à partir du zinc, sont *précipités*.

Les combinaisons renfermant de l'hydrogène sont calculées à partir du métal, de l'hydrogène et de l'oxygène ou du soufre.

Tableau III

Chaleurs de formation des principales combinaisons des métalloïdes avec l'hydrogène, le chlore, l'oxygène et le soufre.

	HYDROGÈNE.		CHLORE.			OXYGÈNE.		SOUFRE.	
	1	2	1	2		1	2	1	2
	c.	c.	c.	c.		c.	c.	c.	c.
Soufre : SR^2 . . .	− 4,6	+ 9,2	»	»	SO^2	+ 69,2	+ 76,8	—	—
—	—	—	—	—	SO^3	+103,6	+141,0	—	—
Azote : AzR^3 . . .	+12,2	+21,0	»	»	Az^2O	− 20,6	»	»	»
—	—	—	—	—	AzO—AzS	− 21,6	»	−31,9	»
—	—	—	—	—	Az^2O^3	− 22,2	− 8,4	»	»
—	—	—	—	—	AzO^2	− 2,6	»	»	»
—	—	—	—	—	Az^2O^5	− 1,2	+ 28,6	»	»
Phosphore : PR^3 .	+11,6	»	+ 68,9	»	»	»	»	»	»
— PR^5 .	—	—	+107,8	»	P^2O^5	+363,8	+405,4	»	»
…nic : AsR^3 . .	−36,7	»	+ 69,4	»	As^2O^3	+154,6	+147,0	»	»
—	—	—	—	—	As^2O^5	+219,4	+225,4	»	»
…timoine : SbR.	−84,5	»	+ 91,4	»	Sb^2O^3—Sb^2S^3	+248,6	»	+34,0	»
…rbone (dia.) : CR^4	+18,8	»	»	»	CO	+ 26,0	»	—	—
— C^2R^4.	−14,8	»	»	»	CO^2—CS^2	+ 94,3	+ 99,0	−22,6	»
…icium : SiR^4 . . (amorphe.)	+32,9	»	+157,6	»	SiO^2—SiS^2	+219,2	»	+40,0	»
…re : BR^3	—	»	+108,5	»	B^2O^3	+312,6	+319,8	»	»

…ota. — R représente H ou Cl.
…es éléments H, Cl, O sont gazeux, S solide.
…ans la colonne 1 le composé est gazeux, solide ou liquide, suivant son état physique à la …pérature ambiante.
…ans la colonne 2 le composé est dissous.

TABLEAU IV

Chaleurs de neutralisation des acides dissous par les bases dissoutes.

BASES.	CHLORURES HCl. 1mol.=2litr.	AZOTATES AzO^3H. 1mol.=2litr.	SULFATES SO^4H^2. 1mol.=4litr.	SULFURES H^2S. 1m.=16litr.	CARBONATES CO^3H^2. 1mol.=30litr.
	c.	c.	c.	c.	c.
$NaOH$ (1mol = 2lit) . .	13,7	13,7	2 × 15,85	2 × 3,85	2 × 10,2
KOH.	13,7	13,8	2 × 15,7	2 × 3,85	2 × 10,1
AzH^4OH	12,45	12,5	2 × 14,5	2 × 3,1	2 × 5,3
$Ca(OH)^2$ (1mol = 50lit).	2 × 14,0	2 × 13,9	2 × 15,6	2 × 3,9	2 × 9,8*
$Ba(OH)^2$ (1mol = 18lit).	2 × 13,85	2 × 13,9	2 × 18,4*	»	2 × 11,1*
$Mg(OH)^2$ (solide) . .	2 × 13,8	2 × 13,8	2 × 15,6	»	2 × 10,5*
$Fe(OH)^2$	2 × 10,7	»	2 × 12,5	2 × 7,3*	2 × 5,0*
$Zn(OH)^2$	2 × 9,8	2 × 9,8	2 × 11,7	2 × 9,6*	2 × 5,5*
$Pb(OH)^2$.	2 × 7,7	2 × 7,7	2 × 10,7*	2 × 13,3	2 × 6,7*
$Cu(OH)^2$.	2 × 7,5	2 × 7,5	2 × 9,2	2 × 15,8*	2 × 2,4*
$Hg(OH)^2$	2 × 9,45	»	»	2 × 24,35*	»
$AgOH$	20,1*	5,2	2 × 7,2	2 × 27,9*	2 × 6,9*

Nota. — Les nombres marqués * se rapportent au corps précipité.

Tableau V

Chaleurs de formation des principaux sels solides depuis leurs éléments pris dans leur état actuel.

AZOTATES.		SULFATES.		CARBONATES.	
	c.		c.		c.
$Az+O^3+K$ . .	118,7	$S+O^4+K^2$ . . .	342,2	C (2) $+O^3+K^2$ . .	278,0
$Az+O^3+Na$ . .	110,6	$S+O^4+Na^2$ . . .	326,4	$C+O^3+Na^2$ . . .	270,4
$Az+O^3+Ag$ . .	28,7	$S+O^4+Ag^2$ . . .	165,8	$C+O^3+Ag^2$ . .	120,6
$Az^2+O^3+H^4$ (1)	87,9	$S+O^4+H^8+Az^2$ (1)	282,2	»	»
Az^2+O^6+Ca . .	202,4	$S+O^4+Ca$ . . .	320,0	$C+O^3+Ca$ . . .	269,6
Az^2+O^6+Pb . .	105,6	$S+O^4+Pb$ . . .	214,0	$C+O^3+Pb$ . . .	166,6

(1) Sels ammoniacaux : $AzO^3(AzH^4)$ et $SO^4(AzH^4)^2$.
(2) C diamant.

Tableau VI

Chaleurs de neutralisation par les bases dissoutes des principaux acides organiques et du phénol dissous.

		ACÉTATES $C^2H^4O^2$.	FORMIATES CH^2O^2.	OXALATES $C^2H^2O^4$.	CYANURES $CAzH$.	PHÉNOL C^6H^6O.
		c.	c.	c.	c.	c.
$NaOH$	1 mol. .	13,3	13,4	—	2,9	7,9
	2 mol. .	—	—	2 × 14,3	—	—
KOH	1 mol. .	13,3	13,4	—	3,0	—
	2 mol. .	—	—	2 × 14,3	—	—
AzH^4OH	1 mol. .	12,0	11,9	—	1,3	—
	2 mol. .	—	—	2 × 12,7	—	—
$Ca(OH)^2$		2 × 13,4	2 × 13,5	2 × 18,5	2 × 3,2	—
$Ba(OH)^2$		»	2 × 13,5	2 × 16,7	2 × 3,2	—

Tableau VII

Chaleurs de combustion et chaleurs de formation à partir des éléments des principales matières organiques.

		CHALEURS DE COMBUSTION.	CHALEURS DE FORMATION.
		c.	c.
Carbone diam.	C	94,31	»
— graph.	C	94,81	»
— am.	C	97,65	»
Oxyde de carbone	CO	68,2	+ 26,1
Hydrocarbures.			
Méthane	CH^4	213,5	+ 18,8
Éthylène	C^2H^4	341,4	— 14,8
Acétylène	C^2H^2	318,1	— 60,5
Benzine (l.)	C^6H^6	776,0	— 3,2
Naphtaline (s.)	$C^{10}H^8$	1242,7	— 23,7
Anthracène (s.)	$C^{14}H^{10}$	1707,6	— 42,4
Térébenthène (l.)	$C^{10}H^{16}$	1490,8	+ 4,2
Alcools, aldéhydes, acétones.			
Alcool méthylique (l.)	CH^4O	170,0	+ 62,3
— éthylique (l.)	C^2H^6O	324,5	+ 71,1
Éther (l.)	$C^4H^{10}O$	649,0	+ 73,2
Glycérine (l.)	$C^3H^8O^3$	392,5	+ 166,4
Cellulose (s.)	$C^6H^{10}O^5$	682,0	+ 228,8
Glucose (s.)	$C^6H^{12}O^6$	673,0	+ 306,8
Aldéhyde (l.)	C^2H^4O	269,5	+ 57,1
Acétone (l.)	C^3H^6O	424,0	+ 65,9
Phénol (s.)	C^6H^6O	736,4	+ 36,8
Camphre (s.)	$C^{10}H^{16}O$	1404,0	+ 89,8
Acides.			
Acide formique (l.)	CH^2O^2	70,0	+ 93,3
— acétique (l.)	$C^2H^4O^2$	210,3	+ 116,3
— oxalique (s.)	$C^2H^2O^4$	2678,9	+ 260,4
— margarique (s.)	$C^{16}H^{32}O^2$	2371,8	+ 241,0
— stéarique (s.)	$C^{18}H^{36}O^2$	2678,9	+ 260,4
Composés azotés.			
Nitroglycérine	$C^3H^5Az^3O^9$	356,5	+ 98,9
Aniline (l.)	C^6H^7Az	818,5	— 13,0
Acide picrique (s.)	$C^6H^3Az^3O^7$	618,4	+ 50,9
Nitrobenzine (l.)	$C^6H^5AzO^2$	732,0	+ 14,5
Urée (s.)	$C^2H^4Az^2O$	161,5	+ 80,8

TABLE DES MATIÈRES

CHAPITRE V.

Notions générales sur la combinaison chimique. — Lois des combinaisons. — Nomenclature.

CHAPITRE VI.

Poids moléculaires. — Poids atomiques. — Valence. Classification des éléments.

CHAPITRE VII.

Changements d'état physique. — Cristallisation. — Notions de cristallographie. — Chaleur dégagée dans les réactions chimiques.

CHAPITRE VIII.

Acide azotique. — Ammoniaque.

CHAPITRE IX.

Phosphore. — Acide phosphorique. — Bore.

CHAPITRE X.

Soufre. — Acide sulfureux. — Acide sulfurique.
Acide sulfhydrique.

CHAPITRE XI.

Chlore. — Acide chlorhydrique. — Eau régale.
Acide fluorhydrique.

CHAPITRE XII.

Propriétés générales des métaux. — Alliages. — Oxydes, sulfures et chlorures métalliques. — Sels.

CHAPITRE XIII.

Métaux alcalins. — Chlorures alcalins. — Potasses et soudes. Azotate de potassium. — Sels ammoniacaux.

CHAPITRE XIV.

Chaux. — Mortiers et ciments. — Carbonate, sulfate et phosphates de calcium.

CHAPITRE XV.

Magnésium. — Zinc.

CHAPITRE XVI.

Aluminium. — Poteries. — Verres.

CHAPITRE XVII.

Fer. — Manganèse. — Chrome. — Nickel. — Cobalt.

CHAPITRE XVIII.

Plomb. — Étain. — Antimoine. — Bismuth.

CHAPITRE XIX.

Cuivre. — Mercure. — Argent. — Or. — Platine.

CHAPITRE XX.

Éléments des substances organiques. — Principes immédiats. Fonctions chimiques.

CHAPITRE XXI.

Hydrocarbures.

CHAPITRE XXII.

Gaz de l'éclairage. — Flamme.

CHAPITRE XXIII.

Alcool éthylique. — Éthers-sels. — Éther-oxyde.

Fonction alcool. — Phénol.

CHAPITRE XXIV.

Glycérine. — Corps gras.

CHAPITRE XXV.

Sucres.

CHAPITRE XXVI.

Amidon et fécules. — Dextrines. — Gommes. — Celluloses.

CHAPITRE XXVII.

Fermentations. — Alcools d'industrie.

CHAPITRE XXVIII.

Acides monobasiques.

CHAPITRE XXIX.

Acide oxalique. — Acides à fonction complexe. — Tannins.

CHAPITRE XXX.

Amines. — Amides. — Nitriles.

CHAPITRE XXXI.

Matières colorantes naturelles et artificielles. — Alcaloïdes.

CHAPITRE XXXII.

Matières albuminoïdes. — Matières gélatineuses.

TABLEAUX NUMÉRIQUES

Paris. — Imp. LAHURE, rue de Fleurus, 9.

www.ingramcontent.com/pod-product-compliance
Ingram Content Group UK Ltd.
Pitfield, Milton Keynes, MK11 3LW, UK
UKHW020609230726
13926UKWH00005B/2283